高等学校计算机专业系列教材

计算机网络教程

刘淑艳　鲁小利　张玉英　编著

清華大学出版社
北　京

内 容 简 介

本书利用计算机网络体系结构的协议分层,采用自下而上的方法,按照从物理层到应用层的顺序,全面系统地讲解计算机网络的基本原理和应用,内容包括计算机网络概论、物理层、数据链路层、网络层、传输层、应用层、无线网络和移动通信网络以及计算机网络发展新技术等,每章还给出了实验内容和习题(包含一定量的历届考研真题)。

本书概念准确,结构清晰合理,内容通俗易懂,例题丰富,图文并茂,突出实用性。本书教学资源丰富,可作为高等学校计算机科学相关专业"计算机网络"课程的教材,对计算机网络从业人员和考研人员也很有参考价值。

图书在版编目(CIP)数据

计算机网络教程/刘淑艳,鲁小利,张玉英编著. —北京:清华大学出版社,2022.8(2024.1重印)
高等学校计算机专业系列教材
ISBN 978-7-302-61335-0

Ⅰ.①计… Ⅱ.①刘… ②鲁… ③张… Ⅲ.①计算机网络—高等学校—教材 Ⅳ.①TP393

中国版本图书馆 CIP 数据核字(2022)第 122368 号

责任编辑: 龙启铭
封面设计: 何凤霞
责任校对: 胡伟民
责任印制: 杨 艳

出版发行: 清华大学出版社
网 址: https://www.tup.com.cn, https://www.wqxuetang.com
地 址: 北京清华大学学研大厦 A 座 **邮 编:** 100084
社 总 机: 010-83470000 **邮 购:** 010-62786544
投稿与读者服务: 010-62776969, c-service@tup.tsinghua.edu.cn
质量反馈: 010-62772015, zhiliang@tup.tsinghua.edu.cn
课件下载: https://www.tup.com.cn,010-83470236
印 刷 者: 三河市人民印务有限公司
经 销: 全国新华书店
开 本: 185mm×260mm **印 张:** 22.5 **字 数:** 562 千字
版 次: 2022 年 9 月第 1 版 **印 次:** 2024 年1月第3次印刷
定 价: 65.00 元

产品编号:096216-01

前言

伴随着互联网的发展，计算机网络为人工智能、大数据、5G等新技术与各行各业的跨界融合提供了平台与技术支撑，计算机网络迎来了更加广阔的发展空间。因此，需要了解和掌握计算机网络相关知识的群体也在不断扩大。在许多高校的教学中，计算机网络是计算机科学与技术、软件工程、通信工程、大数据应用、网络安全与管理等专业的必修课程。

本书结合多学科不同群体对计算机网络知识学习的需求，采取自下而上的方法，以应用为主线，从理论教学和实践教学两个方面，介绍了计算机网络相关知识和应用技能。本书原理讲解通俗易懂，图文并茂，例题丰富，并归纳了各章的知识点。本书教学资源充实全面，录制了实验讲解微视频，有完善的配套习题及答案，有各章配套的PPT课件和实验用到的工具软件包，方便教师授课和学生自学。

本书共8章。第1章计算机网络概论，使读者了解计算机网络相关的基础知识，具有网络分层的概念；后续按照网络体系结构，自下而上分层介绍了物理层（第2章）、数据链路层（第3章）、网络层（第4章）、传输层（第5章）、应用层（第6章），使读者进一步掌握网络体系结构各层的功能、任务和工作原理，从而建立起清晰的计算机网络体系结构；无线网络和移动通信网络（第7章）和计算机网络发展新技术（第8章）可使读者了解更全面的计算机网络知识，扩充知识面。

本书主要由刘淑艳、鲁小利、张玉英编写，夏琬娇、李卿参与了本书部分内容的编写。其中，第1章和第5章由鲁小利编写；第2章和第3章由张玉英编写；第4章和第6章由刘淑艳编写；第7章由夏琬娇编写；第8章由李卿编写。全书由刘淑艳统稿。感谢刘佩贤对本书编写提供的帮助，感谢王泽坤绘制本书部分网络拓扑图。

由于编者时间和水平有限，书中难免存在错误和不妥之处，敬请广大师生批评指正，不胜感激。

编　者

2022年4月

第 1 章　计算机网络概论　/1

1.1　计算机网络基本概念 …… 1
1.1.1　计算机网络的定义 …… 1
1.1.2　计算机网络的组成 …… 1
1.1.3　计算机网络发展阶段 …… 3
1.2　计算机网络的分类 …… 6
1.2.1　根据网络覆盖范围分类 …… 6
1.2.2　根据网络拓扑结构分类 …… 8
1.2.3　根据网络传输介质分类 …… 12
1.3　计算机网络的性能指标 …… 13
1.3.1　速率 …… 13
1.3.2　带宽 …… 13
1.3.3　吞吐量 …… 14
1.3.4　时延 …… 14
1.3.5　时延带宽积 …… 15
1.3.6　往返时间 …… 16
1.3.7　利用率 …… 16
1.4　计算机网络体系结构与参考模型 …… 17
1.4.1　通信协议与分层体系结构 …… 17
1.4.2　OSI/RM 参考模型 …… 20
1.4.3　TCP/IP 参考模型 …… 24
1.4.4　OSI/RM 与 TCP/IP 的比较 …… 26
1.4.5　本书采用的模型 …… 26
1.4.6　计算机网络的标准化工作及相关组织 …… 27
1.5　实验：网络基本命令应用 …… 30
本章小结 …… 34
习题 …… 35

第 2 章　物理层　/37

2.1　物理层的基本概念 …… 37

2.1.1 物理层的功能 …… 37
2.1.2 物理层协议及其特性 …… 38
2.1.3 物理层接口实例 …… 38
2.2 数据通信基础知识 …… 39
2.2.1 基本概念 …… 40
2.2.2 数据通信中的主要技术指标 …… 41
2.2.3 数据的传输 …… 44
2.3 数据编码技术 …… 50
2.3.1 数字调制技术 …… 50
2.3.2 数据的编码 …… 52
2.4 数据交换技术 …… 56
2.4.1 电路交换 …… 57
2.4.2 报文交换 …… 58
2.4.3 分组交换 …… 59
2.5 多路复用技术 …… 61
2.5.1 频分多路复用技术 …… 61
2.5.2 时分多路复用技术 …… 61
2.5.3 统计时分多路复用技术 …… 63
2.5.4 波分多路复用技术 …… 64
2.6 传输介质 …… 65
2.6.1 有线传输介质 …… 66
2.6.2 无线传输介质 …… 69
2.7 宽带接入技术 …… 71
2.7.1 接入网的定义与概念 …… 71
2.7.2 ADSL 接入技术 …… 72
2.7.3 HFC 接入技术 …… 73
2.7.4 以太网接入技术 …… 74
2.7.5 光纤接入技术 …… 75
2.7.6 宽带无线接入技术 …… 76
2.8 物理层设备 …… 77
2.8.1 中继器 …… 77
2.8.2 集线器 …… 78
2.9 实验：双绞线制作与测试 …… 79
本章小结 …… 83
习题 …… 84

第 3 章 数据链路层 /88

3.1 数据链路层的基本概念 …… 89

3.1.1 数据链路和帧 …… 89
3.1.2 数据链路层基本问题 …… 89
3.2 差错控制技术 …… 92
3.2.1 检错 …… 93
3.2.2 纠错 …… 95
3.3 流量控制技术 …… 97
3.3.1 流量控制与滑动窗口 …… 97
3.3.2 停止—等待协议 …… 99
3.3.3 回退 N 帧协议 …… 100
3.3.4 选择重传协议 …… 101
3.4 点到点信道的数据链路层 …… 101
3.4.1 功能 …… 102
3.4.2 PPP 帧填充方式 …… 102
3.4.3 身份认证模式 …… 103
3.4.4 PPP 的工作过程 …… 104
3.5 广播信道的数据链路层 …… 105
3.5.1 局域网概述 …… 105
3.5.2 以太网 …… 106
3.5.3 介质访问控制 …… 108
3.5.4 以太网的信道利用率 …… 111
3.5.5 以太网帧格式 …… 112
3.5.6 网卡和 MAC 地址 …… 113
3.6 数据链路层设备 …… 116
3.6.1 交换机 …… 116
3.6.2 生成树协议 …… 122
3.6.3 共享式以太网 …… 123
3.6.4 交换式以太网 …… 124
3.7 高速以太网 …… 125
3.7.1 快速以太网组网技术 …… 125
3.7.2 千兆位以太网组网技术 …… 125
3.7.3 万兆位以太网组网技术 …… 126
3.7.4 局域网组网技术的选择 …… 127
3.8 虚拟局域网 …… 127
3.8.1 虚拟局域网的概念 …… 128
3.8.2 IEEE 802.1Q VLAN 标准 …… 129
3.8.3 VLAN 的划分方式 …… 130
3.8.4 不同 VLAN 间的通信 …… 131
3.9 实验：交换机配置 …… 132

3.9.1 交换机的基本配置 …… 132
3.9.2 虚拟局域网的配置 …… 134
本章小结…… 136
习题…… 137

第4章 网络层 /144

4.1 网络层概述 …… 144
4.1.1 网络层功能 …… 144
4.1.2 网络层提供的服务 …… 145
4.2 网际协议 …… 147
4.2.1 IP 概述 …… 149
4.2.2 IPv4 数据报格式 …… 150
4.2.3 IPv4 地址划分 …… 154
4.2.4 地址解析协议 ARP …… 158
4.3 划分子网和无类别域间路由 …… 165
4.3.1 划分子网的方法 …… 165
4.3.2 无类别域间路由 …… 173
4.3.3 网络地址转换 …… 177
4.4 路由选择协议 …… 179
4.4.1 分组交付和路由选择的基本概念 …… 179
4.4.2 路由选择协议的基本概念 …… 188
4.4.3 路由信息协议 RIP …… 192
4.4.4 开放最短路径优先协议 OSPF …… 198
4.4.5 边界网关协议 BGP …… 200
4.5 网际控制报文协议 …… 203
4.5.1 ICMP 报文格式 …… 203
4.5.2 ICMP 报文的类型 …… 204
4.5.3 ICMP 的应用举例 …… 205
4.6 IP 多播与 IGMP 协议 …… 208
4.6.1 IP 多播的基本概念 …… 208
4.6.2 IP 多播地址 …… 210
4.6.3 IGMP 协议的基本内容 …… 212
4.7 IPv6 …… 212
4.7.1 IPv6 数据报格式 …… 213
4.7.2 IPv6 的地址空间 …… 215
4.7.3 从 IPv4 过渡到 IPv6 …… 216
4.8 网络层设备 …… 218
4.8.1 路由器概述 …… 218

4.8.2 路由器分类 …… 220
4.8.3 路由器在网络互连中的作用 …… 221
4.9 实验：路由器配置 …… 223
4.9.1 路由器的基本操作 …… 223
4.9.2 单臂路由 …… 227
本章小结 …… 229
习题 …… 229

第 5 章 传输层 /236

5.1 传输层概述 …… 236
5.1.1 传输层功能及提供的服务 …… 236
5.1.2 应用进程、端口号与套接字 …… 238
5.1.3 传输层的多路复用与多路分解 …… 241
5.1.4 无连接服务与面向连接服务 …… 241
5.2 UDP …… 242
5.2.1 用户数据报概述 …… 243
5.2.2 UDP 应用 …… 245
5.3 TCP …… 246
5.3.1 TCP 服务的主要特点 …… 246
5.3.2 TCP 报文格式 …… 247
5.3.3 TCP 连接管理 …… 249
5.3.4 TCP 可靠传输的实现 …… 252
5.3.5 TCP 流量控制和拥塞控制 …… 254
5.3.6 TCP 应用 …… 257
5.4 实验：TCP 分析 …… 257
本章小结 …… 260
习题 …… 261

第 6 章 应用层 /263

6.1 网络应用模型 …… 263
6.1.1 C/S 模型 …… 263
6.1.2 P2P 模型 …… 264
6.2 C/S 模型应用举例 …… 265
6.2.1 域名解析应用 …… 265
6.2.2 文件传输应用 …… 270
6.2.3 万维网和 HTTP …… 273
6.2.4 电子邮件应用 …… 278
6.2.5 远程登录应用 …… 283

6.2.6 动态地址分配应用 …… 283
6.3 P2P 模型应用举例 …… 285
6.3.1 P2P 文件分发 …… 285
6.3.2 在 P2P 区域中搜索信息 …… 286
6.3.3 案例学习：BitTorrent …… 288
6.4 实验：DNS 服务器配置 …… 290
本章小结 …… 297
习题 …… 298

第 7 章 无线网络和移动通信网络 /301

7.1 无线网络 …… 301
7.1.1 无线个人局域网 …… 301
7.1.2 无线局域网 …… 304
7.1.3 无线城域网 …… 305
7.1.4 无线广域网 …… 308
7.2 移动通信网络 …… 308
7.2.1 移动通信 …… 308
7.2.2 移动通信系统 …… 309
7.2.3 1G …… 311
7.2.4 2G …… 312
7.2.5 3G 和 4G …… 316
7.2.6 5G …… 319
7.3 实验：无线网络配置 …… 321
本章小结 …… 323
习题 …… 324

第 8 章 计算机网络发展新技术 /325

8.1 物联网 …… 325
8.1.1 物联网的发展历程 …… 325
8.1.2 物联网的基本概念 …… 326
8.1.3 物联网的原理 …… 327
8.1.4 物联网的应用场景 …… 328
8.2 云计算 …… 329
8.2.1 云计算的发展历程 …… 330
8.2.2 云计算的基本概念 …… 330
8.2.3 云计算的特点 …… 331
8.2.4 云计算的服务模式 …… 332
8.2.5 云计算的部署方式 …… 333

8.2.6 云计算的发展前景 …… 334
8.3 边缘计算 …… 335
8.3.1 边缘计算的研究背景 …… 335
8.3.2 边缘计算的基本概念 …… 335
8.3.3 边缘计算的特点 …… 336
8.3.4 云计算与边缘计算协同发展 …… 337
8.4 SDN/NFV 技术 …… 337
8.4.1 SDN 的研究背景 …… 337
8.4.2 SDN 的基本概念 …… 338
8.4.3 NFV 的研究背景 …… 339
8.4.4 NFV 的基本概念 …… 339
8.4.5 SDN 和 NFV 的关系 …… 340
8.5 QoS 与 QoE …… 341
8.5.1 QoS 的基本概念 …… 341
8.5.2 QoE 的基本概念 …… 342
8.5.3 QoS 和 QoE 的关系 …… 343
本章小结 …… 344
习题 …… 344

参考文献 /346

第 1 章 计算机网络概论

我们正处于一个以网络为核心的信息时代。网络改变了人们的生活方式，引起了社会、经济、文化等多方面的改革，它已成为信息社会的命脉和发展知识经济的重要基础。本章主要介绍计算机网络的定义、功能、分类及性能等问题，着重介绍了网络体系结构的层次模型，从 OSI 模型和 TCP/IP 模型引出本书使用的五层结构的参考模型。

1.1 计算机网络基本概念

计算机网络技术始于 20 世纪 50 年代中期，它的诞生和发展的动力来源于人们对信息交换和资源共享的需求。而今人类社会已进入信息时代，信息时代的重要特征就是数字化、网络化和信息化，计算机网络无处不在。计算机网络在当今社会和经济发展中起着非常重要的作用。本节讨论计算机网络的概念并介绍其发展过程。

1.1.1 计算机网络的定义

计算机网络定义为：把分布在不同地点且具有独立功能的多个计算机，通过通信设备和通信线路连接起来，在功能完善的网络软件（网络协议、网络操作系统等）运行环境下，以实现资源共享为目标的系统。这个定义涉及了以下三个方面：

（1）计算机之间相互独立，可以分布在不同的位置，可以单机独立工作，也可以联网工作。

（2）计算机之间互相通信交换信息需要有一条通道，即通信线路，它由传输介质来实现，可以是双绞线、光纤等“有线”介质，也可以是激光、微波等“无线”介质。

（3）计算机之间进行通信交换信息，彼此需要遵守统一的约定与规则，这就是协议。

这里强调构成网络的计算机是独立工作的，而所谓功能独立的计算机系统，是为了和多终端分时系统相区别，一般指有 CPU 的计算机。

1.1.2 计算机网络的组成

为了便于分析，计算机网络结构可以从逻辑结构和物理结构两个方面来进行分析。

从逻辑上来看，计算机网络可以划分为通信子网和资源子网，以实现数据通信和数据处理两种最基本的功能。计算机网络的逻辑结构如图 1.1 所示。

1. 通信子网

通信子网由通信控制处理机（Communication Control Processor，CCP）、通信线路与

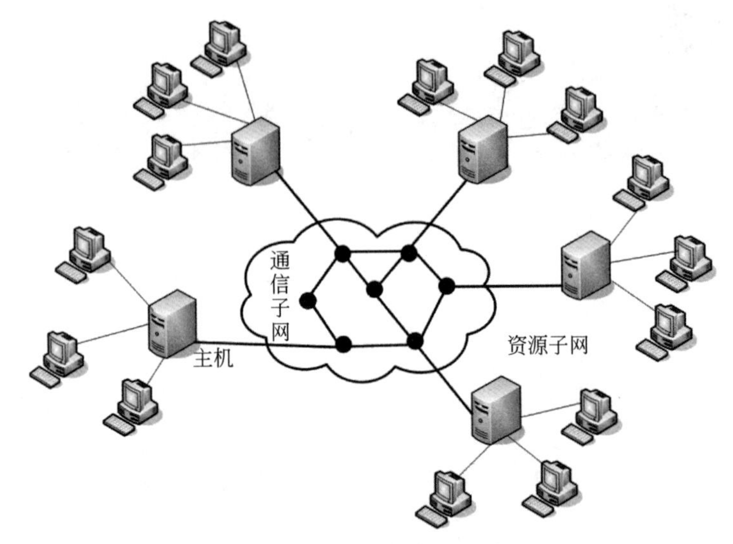

图 1.1 计算机网络的逻辑结构

其他通信设备组成，负责完成网络数据传输、转发等通信处理任务。

通信控制处理机在网络拓扑结构中被称为网络结点。它一方面作为与资源子网的主机、终端连结的接口，将主机和终端连入网内；另一方面它又作为通信子网中的分组存储转发结点，完成分组的接收、校验、存储、转发等功能，实现将源主机报文准确发送到目的主机的作用。

通信线路为 CCP 之间、CCP 与主机之间提供通信信道。计算机网络采用了多种通信线路，如电话线、双绞线、同轴电缆、光缆、无线通信信道、微波与卫星通信信道等。

什么是通信设备？这里的通信设备也就是网络设备。为了提供网络之间相互访问，需要使用网络互连设备。目前常用的网络互连设备主要有集线器、网桥、交换机、路由器、网关等。

2. 资源子网

资源子网由主机系统、终端、终端控制器、连网外设、各种软件资源与信息资源组成。资源子网实现全网的面向应用的数据处理和网络资源共享，它包含以下硬件和软件。

(1) 服务器：网络服务器是计算机网络中最核心的设备之一，它既是网络服务的提供者，又是数据的集散地。按应用分类，网络服务器可以分为数据库服务器、Web 服务器、邮件服务器、视频点播(Video on demand，VOD)服务器、文件服务器等。按硬件性能分类，网络服务器可分为 PC 服务器、工作站服务器、小型机服务器和大型机服务器等。

(2) 客户机：工作站是连接到计算机网络的计算机，工作站既可以独立工作，也可以访问服务器，使用网络服务器所提供的共享网络资源。

(3) 网络协议：为实现网络中的数据交换而建立的规则标准或约定；是网络相互间对话的语言。如常使用的 TCP/IP、SPX/IPX、NETBEUI 协议等。

(4) 网络操作系统：网络操作系统是网络的核心和灵魂，其主要功能包括控制管理网络运行、资源管理、文件管理、用户管理和系统管理等，以及全网硬件和软件资源的共享，并向用户提供统一的、方便的网络接口，便于用户使用网络。目前，常用的网络操作系统有UNIX族、Windows NT/2000、Netware、Linux等。

(5) 网络数据库：它是建立在网络操作系统之上的一种数据库系统，可以集中驻留在一台主机上(集中式网络数据库系统)，也可以分布在每台主机上(分布式网络数据库系统)，它向网络用户提供存取、修改网络数据库的服务，以实现网络数据库的共享。

(6) 应用系统：它是建立在上述部件基础的具体应用，以实现用户的需求。

从物理结构上看，计算机网络结构可以分为网络硬件子系统和网络软件子系统，如图1.2所示。其中硬件子系统包括网络服务器、工作站、网络连接设备和网络传输介质等；软件子系统包括网络操作系统、网络协议和协议软件、网络通信软件和管理及应用软件等。

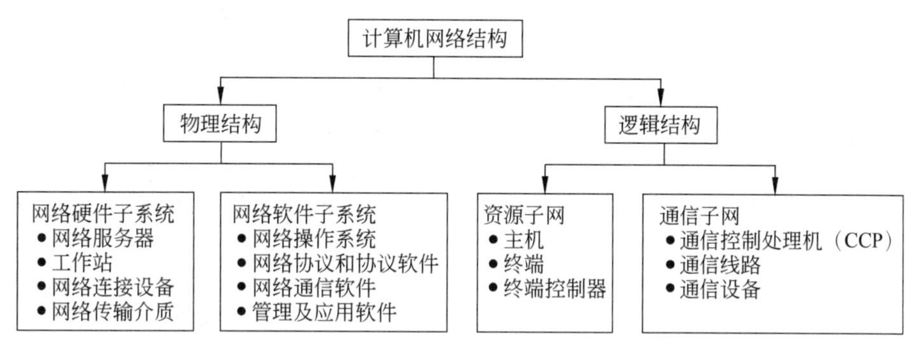

图1.2 计算机网络结构

1.1.3 计算机网络发展阶段

纵观整个过程，计算机网络经历了从简单到复杂、从低级到高级、从地区到全球的发展，大致可分为以下四个阶段：面向终端的计算机网络，计算机通信网络，标准、开放的计算机网络和高速智能的计算机网络。

1. 第一阶段：面向终端的计算机网络

面向终端的计算机网络系统又称终端—计算机网络，是20世纪50年代计算机网络的主要形式。它是将一台计算机经通信线路与若干终端直接相连，如图1.3所示。单机系统中，终端用户通过终端机向主机发送一些数据运算处理请求，主机运算后又发给终端机，而且终端用户的数据是存储在主机里，终端机并不保存任何数据。这一阶段的特点是：主机负担较重，既要进行数据存储和处理，又要负责主机与终端之间的通信功能。第一代网络并不是真

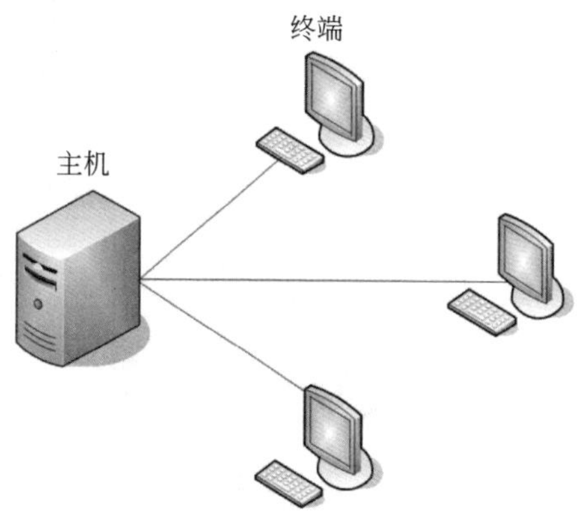

图1.3 面向终端的单机互连通信系统

正意义上的网络，而是一个面向终端的互联通信系统。

2. 第二阶段：多个计算机互连的计算机通信网络

随着终端用户对主机资源需求量的增加，为了减轻主机负担，20 世纪 60 年代在主机和通信线路之间出现了通信控制处理机(Communication Control Processor，CCP)或称为前端处理机，主机的作用就改变了，当时主机主要作用是处理和存储终端用户对主机发出的数据请求，通信任务主要由通信控制处理机(CCP)来完成。这样主机的性能就有了很大的提高，集线器主要负责从终端到主机的数据集中收集及主机到终端的数据分发。此外，在终端聚集处设置多路器(或称集中器)，组成终端群—低速通信线路—集中器—高速通信线路—前端机—主计算机结构，称为多机系统，如图 1.4 所示。

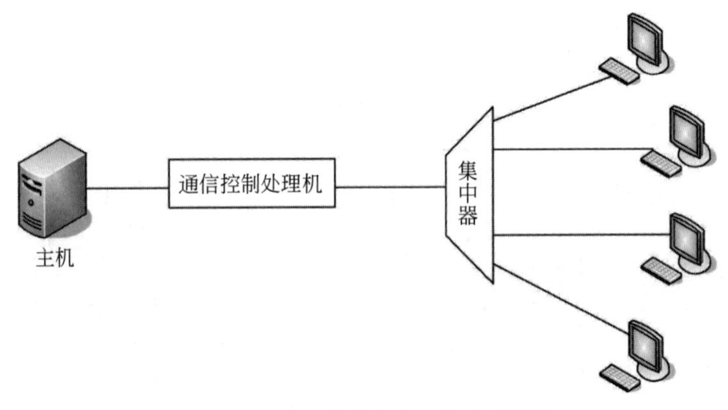

图 1.4　利用通信控制处理机实现通信

计算机网络阶段是 20 世纪 60 年代中期发展起来的，它是由若干台计算机相互连接起来的系统，即利用通信线路将多台计算机连接起来，实现了计算机与计算机之间的通信，如图 1.5 所示。

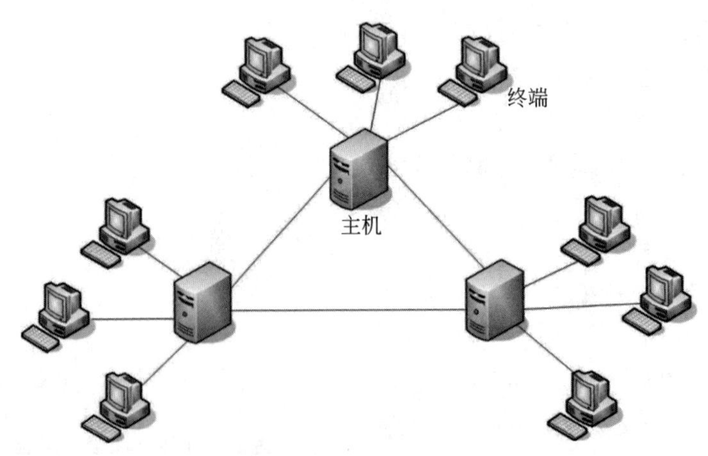

图 1.5　多主机互连系统

20 世纪 60 至 70 年代初期由美国国防部高级研究计划局研制的 ARPANET 网络是这一阶段的代表。ARPANET 网络将计算机网络分为资源子网和通信子网。在

ARPANET 上首先实现了以资源共享为目的不同计算机互连的网络，它奠定了计算机网络技术的基础，是今天 Internet 的前身。

这一阶段结构上的主要优点是：以通信子网为中心，实现了计算机资源的共享。缺点是没有形成统一的互连标准，使网络在规模与应用方面受到了限制。

3. 第三阶段：标准、开放的计算机网络

20 世纪 60 年代末 ARPANET 等的成功运用极大地刺激了各计算机公司对网络的热衷。自 20 世纪 70 年代中期开始，各大公司在宣布各自网络产品的同时，也公布了各自采用的网络体系结构标准，提出成套设计网络产品的概念。例如，IBM 公司于 1974 年率先提出了“系统网络体系结构”(Systems Network Architecture，SNA)，DEC 公司于 1975 年发布“分布网络体系结构”(Distributed Internetwork Architecture，DNA)，UNIVAC 公司则于 1976 年提出了“分布式通信网络体系结构”(Distributed Communication Architecture，DCA)。

在这个时期，不断出现的各种网络虽然极大地推动了计算机网络的应用，但是众多不同的专用网络体系标准给不同网络间的互连带来了很大的不便。鉴于这种情况，国际标准化组织(International Organization for Standardization，ISO)于 1977 年成立了专门的机构从事“开放系统互连”问题的研究，目的是设计一个标准的网络体系模型。1984 年 ISO 颁布了“开放系统互连基本参考模型”，这个模型通常被称为 OSI(Open System Interconnection，OSI)参考模型。OSI 参考模型的提出引导着计算机网络走向开放的标准化的道路，同时也标志着计算机网络的发展步入了成熟的阶段。从此，网络产品有了统一标准，促进了企业的竞争，大大加速了计算机网络的发展。

在 OSI 参考模型推出后，网络的发展一直走标准化道路，而网络标准化的最大体现就是 Internet 的飞速发展。现在 Internet 已成为世界上最大的国际性计算机互联网。Internet 遵循 TCP/IP 参考模型，由于 TCP/IP 仍然使用分层模型，因此 Internet 仍属于第三代计算机网络。

4. 第四阶段：高速、智能的计算机网络

20 世纪 90 年代中期开始，随着通信技术，尤其是光纤通信技术的进步，计算机网络技术得到了迅猛的发展。网络带宽的不断提高更加刺激了网络应用的多样化和复杂化，多媒体应用在计算机网络中所占的份额越来越高。同时，用户不仅对网络的传输带宽提出越来越高的要求，对网络的可靠性、安全性和可用性等也提出了新的要求。为了向用户提供更高的网络服务质量，网络管理也逐渐进入了智能化阶段，包括网络的配置管理、故障管理、计费管理、性能管理和安全管理等在内的网络管理任务都可以通过智能化程度很高的网络管理软件来实现。计算机网络已经进入了高速、智能的发展阶段。

网络的目标是在网络环境上实现各种资源的共享和大范围的协同工作，消除信息孤岛和资源孤岛，利用聚沙成塔而构成的计算能力廉价地解决各种问题。其最终目的，就是要像电力网供给电力、自来水管供给自来水一样，给任何需要的用户提供充足的计算资源和其他资源。

综上所述，计算机网络的发展趋势概括如下。

(1) 向开放式的网络体系结构发展：使不同软硬件环境、不同网络协议的网络可以互相连接，真正达到资源共享、数据通信和分布处理的目标。

(2) 向高性能发展：追求高速、高可靠和高安全性，采用多媒体技术，提供文本、图像、声音、视频等综合性服务。

(3) 向智能化发展：提高网络性能和提供网络综合的多功能服务，更加合理地进行网络各种业务的管理，真正以分布和开放的形式向用户提供服务。

1.2 计算机网络的分类

1.2.1 根据网络覆盖范围分类

按照计算机网络规模和所覆盖的地理范围对其分类，可以很好地反映不同类型网络的技术特征。由于网络覆盖的地理范围不同，所采用的传输技术也有所不同，因此形成了不同的网络技术特点和网络服务功能。按覆盖地理范围的大小，可以把计算机网络分为个域网、局域网、城域网和广域网，如表 1.1 所示。

表 1.1 计算机网络的一般分类

网络的分类	分布距离	跨越地理范围
个域网(PAN)	1m	一米见方
局域网(LAN)	10m	同一房屋
	100m	同一建筑物
	1000m	同一校园内
城域网(MAN)	10km	城市
广域网(WAN)	100km	同一国家或地区
	1000km	同一洲际

表 1.1 大致给出了各类网络的传输范围。IT 界习惯从网络规划、建设和应用的角度用按分布距离对计算机网络进行分类的方法，即把网络分为个域网、局域网、城域网和广域网等。下面我们分别作进一步说明。

1. 个域网

个域网(Personal Area Network，PAN)允许设备围绕着一个人进行通信。一个常见的例子是计算机通过无线网络与其外围设备连接。几乎每一台计算机都有显示器、键盘、鼠标和打印机等外围设备。如果不使用无线传输技术，那么这些外围设备必须通过电缆连接到计算机。在网络构成上，PAN 位于整个网络链的末端，用于实现同一地点终端与终端间的连接，如连接手机和蓝牙耳机等。PAN 所覆盖的范围一般在 10m 半径以内，必须运行于许可的无线频段。PAN 设备具有价格便宜、体积小、易操作和功耗低等优点。

2. 局域网

局域网(Local Area Network，LAN)覆盖的范围往往是地理位置上的某个区域，如一个间房、每个楼层、整栋楼及楼群之间等，范围一般在 2km 以内，最大距离不超过 10km，如图 1.6 所示。它是在小型计算机和微型计算机大量推广使用之后逐渐发展起来的。局域网速率高，延迟小，传输速率通常为 10Mb/s～2Gb/s。因此，网络结点往往能对等地参与对整个网络的使用与监控，再加上成本低、应用广、组网方便及使用灵活等特点，深爱用户欢迎，是目前计算机网络技术发展中最活跃的一个分支。把校园或企业内部的多个局域网互连起来，就构成了校园网或企业网。

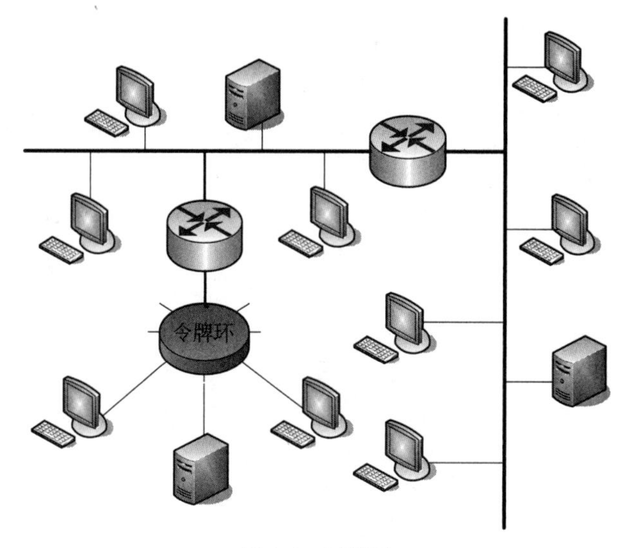

图 1.6 局域网

3. 城域网

城域网(Metropolitan Area Network，MAN)是介于广域网与局域网之间的一种大范围的高速网络，它的覆盖范围通常为几公里至几十公里，传输速率为 2Mb/s～1Gb/s，如图 1.7 所示。最有名的城域网例子是许多城市都有的有线电视网。MAN 与 LAN 相比，扩展的距离更长，连接的计算机数量更多，在地理范围上可以说是 LAN 的延伸。城域网主要指的是大型企业集团、ISP、电信部门、有线电视台和政府构建的专用网络和公用网络。

4. 广域网

广域网(Wide Area Network，WAN)也称远程网，覆盖范围很大，几个城市、一个国家，几个国家甚至全球都属于广域网的范畴，从几十公里到几千或几万公里。此类网络起初是出于军事、国防和科学研究的需要。例如美国国防部的 ARPANET 网络，1971 年在全美推广使用并已延伸到世界各地。由于广域网传播的距离远，其速率要比局域网低得多。另外在广域网中，网络之间连接用的通信线路大多数是租用专线，当然也有专门铺设的线路。物理网络本身往往包含了一组复杂的分组交换设备，通过通信线路连接起来，构成网状结构。由于广域网一般采用点对点的通信技术，所以必须解决寻径问题，这也是广域网的物理网络中心包含网络层的原因。目前，许多全国性的计算机网络都用这种网络，例如 ChinaPAC 网和 ChinaDDN 网等。

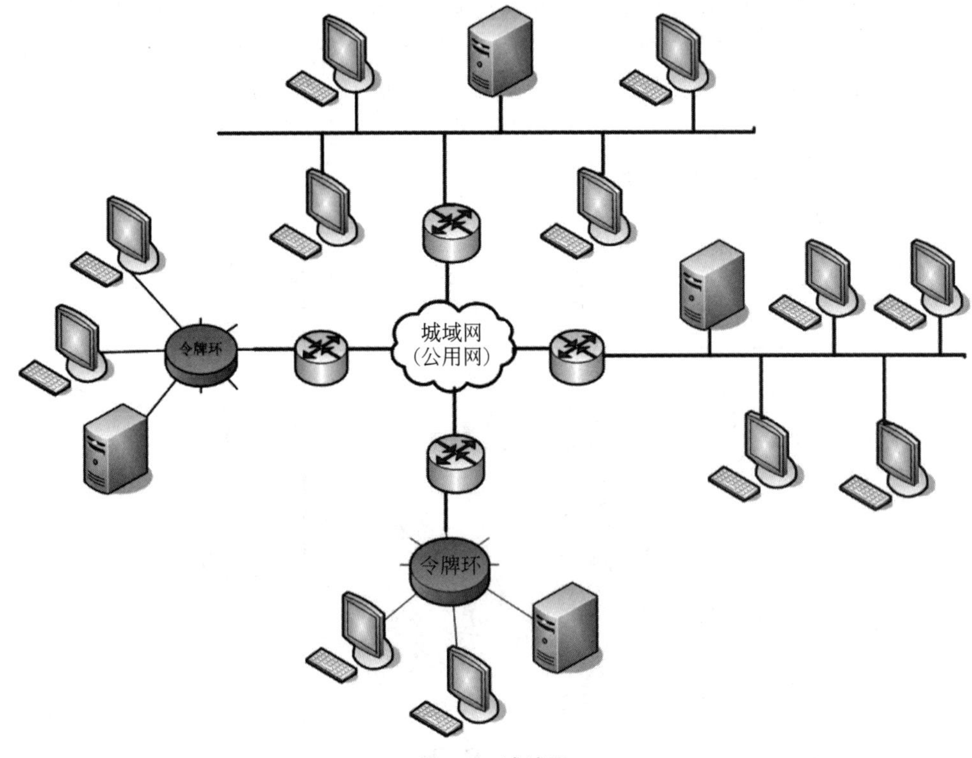

图 1.7 城域网

5. 因特网

从覆盖范围来看,因特网属于广域网。但它并不是一种具体的物理网络技术,它是将不同的物理网络技术按某种协议统一起来的一种高层技术。它是广域网与广域网、广域网与局域网、局域网与局域网之间的互连,形成了局部处理与远程处理、有限地域范围资源共享与广大地域范围资源共享相结合的互联网。目前,世界上发展最快、最热门的互联网就是 Internet,它是世界上最大的互联网。国内这方面的代表主要有:中国电信的 CHINANET 网、中国教育和科研计算机网(CERNET)、中国科学院系统的 CSTNET 和金桥网(GBNET)等。

1.2.2 根据网络拓扑结构分类

网络的拓扑(Topology)结构是指网络中各结点的互连构型,也即连接布线的方式。计算机网络的拓扑结构影响着整个网络的设计、功能、可靠性和通信费用等,是决定计算机网络性能的关键因素之一。

计算机网络拓扑结构一般可以分为:总线型、星型、环型、树型、网状型和混合型等。

1. 总线型拓扑结构

总线型拓扑(Bus Topology)结构是指所有结点都连接到一条作为公共传输介质的总线上,所有的结点都通过相应的接口直接连接到总线上,并通过总线进行数据传输,如图 1.8 所示为总线型拓扑。总线型网络使用广播式传输技术,总线上的所有结点都可以发

送数据到总线上,数据沿总线传播。但是,由于所有结点共享同一条公共通道,所以在任何时候只允许一个站点发送数据。当一个结点发送数据,并在总线上传播时,数据可以被总线上的其他所有结点接收。各站点在收到数据后,分析目的物理地址再决定是否接收该数据。粗、细同轴电缆以太网就是这种结构的典型代表。

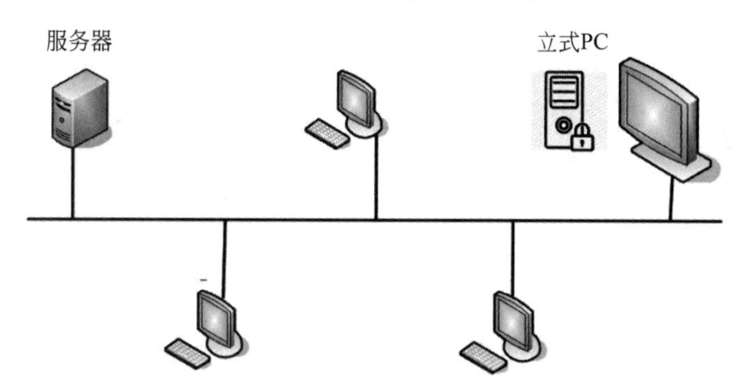

图1.8　总线型拓扑结构

总线型拓扑结构有如下优点:

(1) 不需要其他的互联设备,组网费用低。

(2) 采用分布控制方式,各结点通过总线直接通信,共享能力强,便于广播式传输。

(3) 局部站点故障不影响整体,可靠性较高。

总线型拓扑结构有如下缺点:

(1) 网络响应速度快,但负荷重时则性能迅速下降,而且总线出现故障时影响整个网络。

(2) 总线的传输距离有限,通信范围受到限制。

(3) 易于发生数据碰撞,通信线路争用现象比较严重。

2. 星型拓扑结构

星型拓扑(Star Topology)结构是以一个结点为中心的处理系统,各种类型的入网计算机均与该中心结点有物理链路直接相连,其他任何两个结点要进行通信必须经过该中心结点转发,如图1.9所示。星型拓扑以中央结点为中心,执行集中式通信控制策略,因此,中央结点相当复杂,而各个结点的通信处理负担都很小,又称集中式网络。中央控制器是一个具有信号分离功能的"隔离"装置,它能放大和改善网络信号,外部有一定数量的端口,每个端口连接一个端结点。常见的中央结点如集线器、交换机等。采用星型拓扑的交换方式有线路交换和报文交换,尤以线路交换更为普遍。

图1.9所示为使用集线器的星型拓扑。集线器相当于中间集中点,可以在每个楼层配置一个,它具有足够数量的连接点以供该楼各层的结点使用,结点的位置可灵活放置。

星型结构的主要特点是:

(1) 星型拓扑结构简单,便于管理和维护。

(2) 易实现结构化布线。

(3) 星型结构易扩充,易升级。

(4) 通信线路专用,电缆成本高。

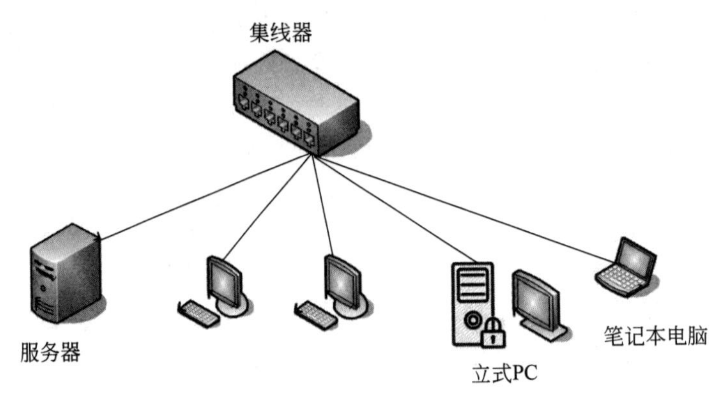

图 1.9　星型拓扑结构

(5) 星型结构的网络由中心结点控制与管理,中心结点的可靠性基本上决定了整个网络的可靠性。

(6) 中心结点负担重,易成为信息传输的瓶颈,且一旦发生故障,全网瘫痪。

3. 环型拓扑结构

环型拓扑(Ring Topology)结构中的各结点通过链路连接,在网络中形成一个首尾相接的闭合环路,信息按固定方向流动,或按顺时针方向流动,或按逆时针方向流动。如令牌环(Token Ring)技术、光纤分布式数据接口(Fiber Distributed Data Interface, FDDI)技术等,环型拓扑结构如图 1.10 所示。

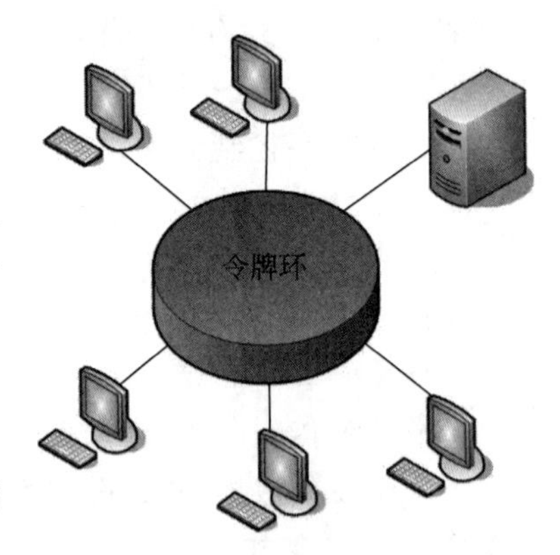

图 1.10　环型拓扑结构

环型拓扑结构的特点是:

(1) 在环型网络中,各工作站间无主从关系,结构简单。

(2) 信息流在网络中沿环单向传递,延迟固定,实时性较好。

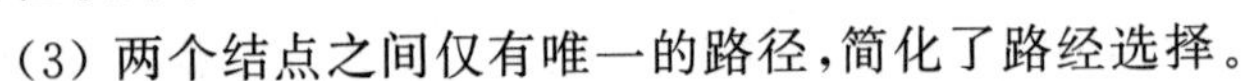

(3) 两个结点之间仅有唯一的路径,简化了路经选择。

(4) 可靠性差,任何线路或结点的故障,都有可能引起全网故障,且故障检测困难。

(5) 可扩充性差。

4. 树型拓扑结构

树型拓扑(Tree Topology)结构是从总线型拓扑演变而来,它把星型和总线型结合起来,形状像一棵倒置的树,顶端有一个带分支的根,每个分支还可以延伸出子分支,如图 1.11 所示。

在这种拓扑结构中,当结点发送时,根接收该信号,然后再重新广播发送到全网。

树型拓扑结构的主要特点是:

(1) 这种结构是天然的分级结构。

(2) 易于扩展。

(3) 易故障隔离,可靠性高。

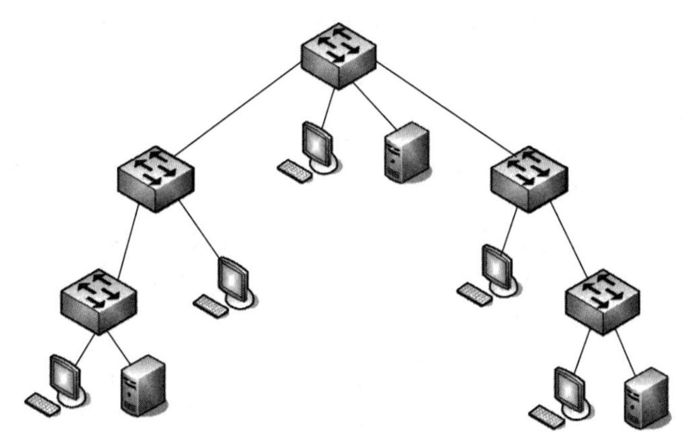

图 1.11 树型拓扑结构

(4) 电缆成本高。

(5) 根结点的依赖性大,一旦根结点出现故障,将导致全网不能工作。

5. 网状型拓扑结构

网状型拓扑(Net Topology)结构是指将各网络结点与通信线路互连成不规则的形状,每个结点至少与其他两个结点相连,或者说每个结点至少有两条链路与其他结点相连。大型互联网一般都采用这种结构,如我国的中国教育和科研计算机网 CERNET、国际互联网 Internet 的主干网都采用网状结构。网状结构分为全连接网状和不完全连接网状两种形式。在全连接网状结构中,每一个结点和网中其他结点均有链路连接。在不完全连接网状网中,两结点之间不一定有直接链路连接,它们之间的通信依靠其他结点转接。

广域网中一般用不完全连接网状结构,如图 1.12 所示。

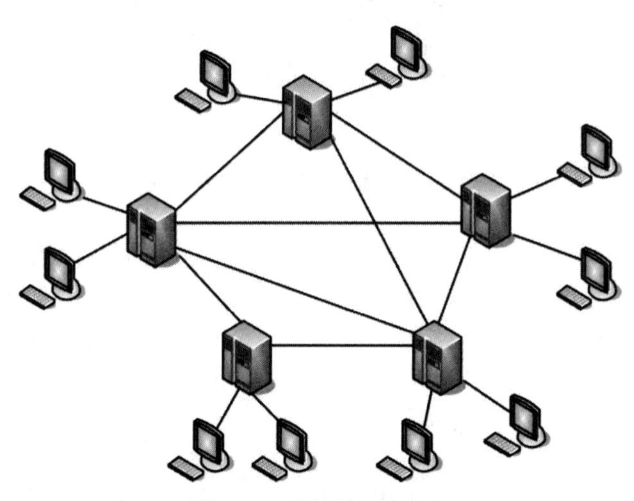

图 1.12 网状型拓扑结构

网状型拓扑结构的主要特点是:

(1) 几乎每个结点都有冗余链路,可靠性高。

(2) 因为有多条路径,所以可以选择最佳路径,减少时延,改善流量分配,提高网络性能,但路径选择比较复杂。

(3) 结构复杂,不易管理和维护。

(4) 适用于大型广域网。

(5) 线路成本高。

以上介绍的是最基本的网络拓扑结构,在组建局域网时常采用星型、环型、总线型和树型拓扑结构。树型和网状型拓扑结构在广域网中比较常见。但是在一个实际的网络中,可能是上述几种网络结构的混合。

在选择拓扑结构时,主要考虑的因素有:安装的相对难易程度、重新配置的难易程度、维护的相对难易程度、通信介质发生故障时受到影响的设备情况及费用等。

6. 混合型拓扑结构

混合型拓扑结构是由以上几种拓扑结构混合而成的,如环星型结构,它是令牌环网和FDDI网常用的结构,总线型和星型的混合结构等,如图1.13所示。

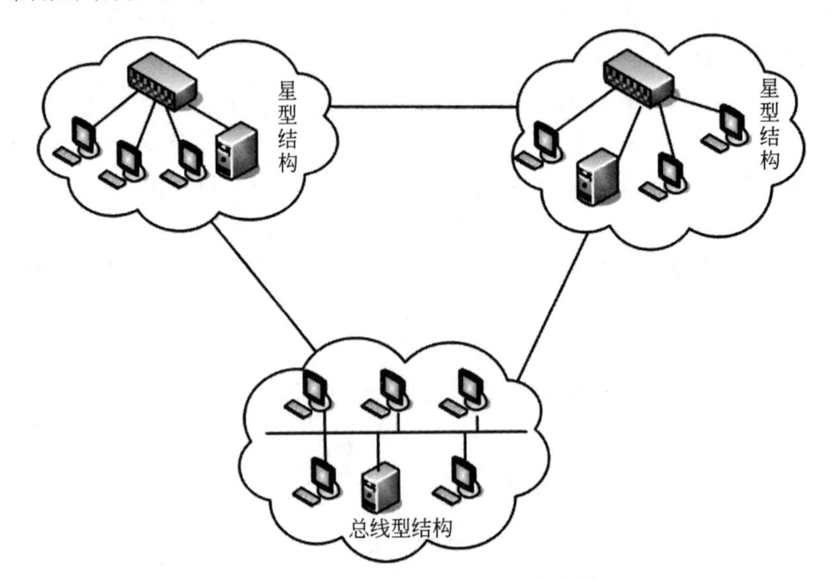

图1.13　总线型和星型的混合结构

当然还有其他的分类方式,如按照网络的逻辑结构分类可以分成对等网络和基于服务器的网络;按照计算机网络管理性质分类可以分成公用网和专用网;按照计算机网络传输技术分类可以分成广播式网络和点对点式网络;按照传输介质不同可以分成有线网和无线网等。

1.2.3 根据网络传输介质分类

根据网络传输介质不同,计算机网络可分为无线网络和有线网络。这两种网络最大的不同点就是传输介质不一样。有线网络所使用的传输介质主要有双绞线、同轴电缆以及光纤等。而无线网络则是利用电磁波在空中传播实现的信息交换。

无线网络已成为人们关注的热点。无线网络在接入和组网方面的便利性,使人们可

以在任意地点接入网络，从而获取各种信息资源，为利用手机等移动设备接入网络提供了手段。和有线网络类似，可以按照覆盖范围大小将无线网络划分为：无线个域网、无线局域网、无线城域网和无线广域网。

其中**无线局域网**(Wireless Local Area Network，WLAN)是相当便利的数据传输系统，它的标准编号为 IEEE 802.11。IEEE 802.11n 协议为双频协议，允许在局域网络环境中使用可以不必授权的 ISM 频段中的 2.4GHz 或 5GHz 射频波段进行无线连接。它们被广泛应用，从家庭到企业再到 Internet 接入热点。

1.3 计算机网络的性能指标

计算机网络的性能是指它的几个主要的性能指标，这些技术指标从不同的方面度量了计算机网络的性能。

1.3.1 速率

速率是计算机网络中最重要的一个性能指标，计算机网络中的速率指的是连接在网络上的主机在数字信道上传送数据的速率。由于计算发出的信号都是数字形式的，所以一般用单位时间内所能传输的数据量，即每秒传送的二进制位数(即比特数)来表示，单位是比特/秒(b/s)，所以数据传输速率也称为数据率或比特率。

数据传输速率的高低取决于每个二进制位(一位“1”或“0”)所占的时间，也即脉冲宽度。脉冲宽度越窄，数据传输率就越高。计算公式如下：

$$S=\frac{1}{T}\log_2 N \tag{1-1}$$

其中：S 表示数据传输速率；T 为脉冲重复周期；N 为一个脉冲所具有的有效离散状态数，是 2 的整数次方。

数据传输速率的常用单位还有 kb/s(千比特每秒)、Mb/s(兆比特每秒)、Gb/s(吉比特每秒)、Tb/s(太比特每秒)。其中：1kb/s$=10^3$b/s；1Mb/s$=10^6$b/s；1Gb/s$=10^9$b/s；1Tb/s$=10^{12}$b/s。

这里还要注意数据传输速率和信号传播速率的区别。信号传播速率是指信号在单位时间内在网络传输介质中的传播距离，其单位为 m/s 或者 km/s。对于电磁波而言，其在真空中的传播速度理论上等于光速，即 3.0×10^8m/s，在铜线电缆中的传播速率为 2.3×10^8m/s，在光纤中的传播速率为 2.0×10^8m/s。信号传播速率和数据传输速率无论是单位还是物理含义都完全不同。

1.3.2 带宽

带宽(bandwidth)本来是指信号具有的频带宽度，也就是可以传送的信号最高频率和最低频率之差，单位是赫兹(Hz)。如标准电话电路的频率范围是 300Hz～3400Hz，带宽即为 3100Hz。

在计算机网络中，带宽常用来表示通信线路传送数据的能力，即数字信道所能传送的

“最高数据率”，单位是 b/s。描述带宽也常常把“比特/秒”省略。例如，带宽是 10M，实际上是 10Mb/s，这里的 M 是 10^6。

在计算机网络中还有一个词需要说明一下，那就是宽带。宽带线路指的是可通过较高数据率的线路。宽带是相对的概念，并没有绝对的标准。在目前，对于用户接入到 Internet 的用户线来说，每秒传送几个兆比特就可以算是宽带速率。可以从上节所介绍的两种速率(数据传输速率和信号传播速率)的不同来进一步理解宽带的概念。宽带传输指的是计算机向网络发送比特的速率较高，也即数据传输速率高。宽带线路和窄带线路上信号的传播速率是一样的，只不过宽带线路中每秒有更多比特从计算机注入线路。如果我们把其比喻成“汽车运货”，那么宽带和窄带线路他们的车速是一样的，但是宽带线路较窄带线路来说车距缩短了。

在时间轴上信号的宽度随带宽的增大而变窄，也即信号周期变小。如带宽为 1Mb/s，表示每秒能发送 10^6 个比特，那么表示一位“1”或“0”的电平持续时间为 1μs；而带宽为 4Mb/s，表示每秒能发送 4×10^6 个比特，那么表示一位“1”或“0”的电平持续时间为 0.25μs。

1.3.3 吞吐量

吞吐量(throughput)表示在单位时间内通过某个网络(或信道、接口)的数据量，单位为 b/s。吞吐量更经常地用于对现实世界中的网络的一种测量，以便知道实际上到底有多少数据量能够通过网络。受算法、网络设备等因素的影响，吞吐量远远低于网络带宽或者数据传输速率。

例如，对于一个带宽为 100Mb/s 的以太网来说，100Mb/s 也是该以太网吞吐量的上限值，一般而言，其典型的吞吐量可能只有 70Mb/s 左右。

1.3.4 时延

时延(Delay 或 Latency)是指数据从网络的一端传送到另一个端所需要的时间，又称为延迟或迟延。时延包括了发送时延、传播时延、处理时延和排队时延等几种不同的时延，它们的总和就是总时延，一般主要考虑发送时延和传播时延。

1. 发送时延

发送时延(Transmission Delay)是指计算机或者交换设备将数据发送到传输介质所需要的时间，也就是从数据块的第一个比特开始发送算起，到最后一个比特发送完毕所需的时间。发送时延又称为传输时延，它的计算公式是：

$$发送时延=\frac{帧的总长度(b)}{数据发送速率(b/s)} \tag{1-2}$$

由此可见，对于一定的网络，发送时延并非固定不变，而是与发送的帧长(b)成正比，与发送速率(b/s)成反比。

2. 传播时延

传播时延(Propagation Delay)是指信号(电磁波)在信道中传播一定的距离所花费的时间。它的计算公式是：

$$传播时延=\frac{信道长度(m)}{信号传播速度(m/s)} \quad (1\text{-}3)$$

如在 100km 的光纤中产生的传播时延为：$100km/(2\times10^5 km/s)=0.5ms$。

【例 1-1】 数据长度为 100MB，数据发送速率为 100kb/s，传播距离 1000km，信号在媒体上的传播速率为 $2\times10^8 m/s$。求发送时延和传播时延。

【解】 发送时延＝数据长度/发送速率＝$(100\times2^{20})/(100\times1000)=8388.6s$

传播时延＝信道长度/传播速率＝$1000\times1000/(2\times10^8)=5\times10^{-3}s=5ms$

3. 处理时延

处理时延(Nodal Processing Delay)是数据在交换结点为存储转发而进行一些必要的数据处理所需的时间。主机或者路由器在收到分组时要花费一定的时间进行处理，例如分析分组的首部，从分组中提取数据部分，进行差错检测等，这就产生了处理时延。

4. 排队时延

排队时延(Queueing Delay)是结点缓存队列中分组排队所经历的时间，是分组在经过网络传输时要经过许多的路由器，但分组在进入路由器后要先在输入队列中排队等待处理，在路由器确定了转发接口后还要在输出队列中排队等待转发，由此产生排队时延。

图 1.14 给出了上述四种时延产生的位置。数据进入结点 A，数据需要通过发送器发送到传输媒介上进行传输，这产生了发送时延；数据进入信道，从 A 传送到 B，所需要花费的时间就是传播时延，中间可能还需要经过路由器等交换结点，产生了排队时延和处理时延。

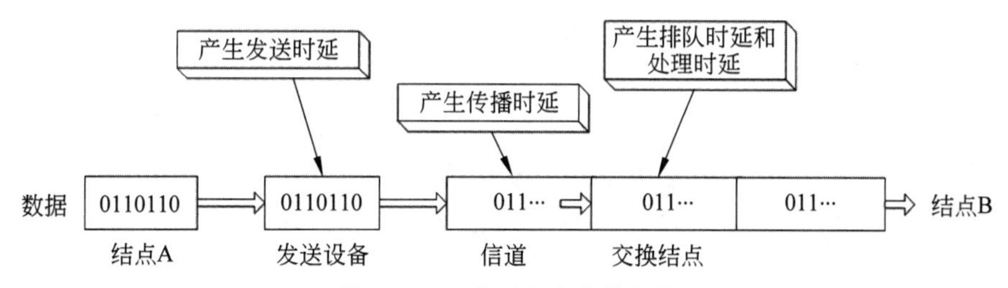

图 1.14 四种时延产生的位置

数据在网络中经历的总时延就是以上四种时延之和：

$$总时延=发送时延+传播时延+处理时延+排队时延 \quad (1\text{-}4)$$

在总时延中，究竟哪种时延占主导地位，必须具体分析。一般情况下，一个低速率、小时延的网络要优于一个高速率、大时延的网络。对于高速网络链路来说，首先需要提高发送设备的数据发送速率，从而减小数据的发送时延；其次增加交换结点，提高交换结点的处理速度，从而减少数据的排队时延和处理时延。

1.3.5 时延带宽积

传播时延带宽积即传播时延与带宽的乘积，即

$$时延带宽积=带宽\times传播时延 \quad (1\text{-}5)$$

时延带宽积示意图如图 1.15 所示。它像一个代表链路的圆柱形管道，管道的长度是

链路的传播时延(请注意,现在以时间作为单位来表示链路长度),而管道的横截面面积是链路的带宽。因此时延带宽积就表示这个管道的体积,表示这样的链路可容纳多少比特。

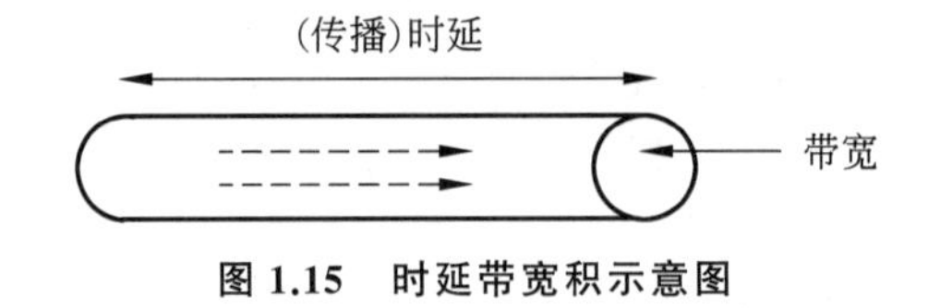

图 1.15 时延带宽积示意图

如设某段链路的传播时延为 20ms,带宽为 10Mb/s,则:

$$时延带宽积 = 20 \times 10^{-3} \times 10 \times 10^{6} = 2 \times 10^{5}\,b$$

这表示,若发送端连续发送数据,则在发送的第 1 个比特即将到达终点时,发送端就已经发送了 20 万比特,而这 20 万比特都正在链路上传输。

1.3.6 往返时间

往返时间(Round-trip Time,RTT)表示从发送端发送数据开始到发送端收到来自接收端的确认(接收端收到数据后便立即发送确认)总共经历的时延。

在计算机网络中,往返时间也是一个重要的性能指标。因为在很多情况下,互联网上的信息是双向交互的,因此,我们有时候需要知道通信双方交互一次所需的时间。

【例 1-2】 主机 A 向主机 B 发送数据,如果数据长度是 100MB,发送速率是 100Mb/s,往返时间 RTT 为 2s。求有效的数据率为多少?

答:发送时延=数据长度/发送速率=$100 \times 2^{20} \times 8/100 \times 10^{6} \approx 8.39$s。

如果主机 B 正确收到 100MB 的数据后,立即向主机 A 发送确认。再假定主机 A 只有在收到主机 B 的确认信息后才继续向主机 B 发送数据。可见,需要等待一个往返时间 RTT(这里假定确认信息很短,忽略主机 B 发送确认的时间)。那么:

有效数据率=数据长度/(发送时延+RTT)=$100 \times 2^{20} \times 8/(8.39+2) \approx 80.7 \times 10^{6}$ b/s$\approx$80.7Mb/s

明显比原来的数据率 100Mb/s 小了很多。

对于复杂的网络,RTT 还包括中间结点的处理时延、排队时延以及转发数据时的发送时延。当使用卫星通信时,RTT 相对较长。

1.3.7 利用率

利用率包括信道利用率和网络利用率两种。信道利用率是指某信道有百分之几的时间是被利用的(也就是有数据传输)。网络的利用率是网络的信道利用率的加权平均值。信道利用率并非越高越好,这是因为根据排队理论,当某信道的利用率增大时,该信道引起的时延也就增加了,和高速公路的情况类似,当高速公路的车流量很大时,由于某些地方会出现堵塞,因此行车的时间就会增加。

当网络的通信量很少时,网络产生的延时并不大,但是当网络的通信量很大时,由于分组的网络结点进行处理时需要排队等候,因此网络的时延就会大大增加。若令 D_0 表示网络空闲时的时延,D 表示网络当前的时延,则在适当的假定条件下,可以用下面的简

单公式表示 D 和 D_0 之间的关系：

$$D=\frac{D_0}{1-U} \tag{1-6}$$

U 是网络的利用率，数值在 0 到 1 之间。图 1.16 所示为时延与利用率之间的关系图。由图中可以看出，当网络的利用率达到其容量的 1/2 时，时延就要加倍。特别值得注意的是，当网络的利用率接近最大值 1 时，网络的时延就趋于无穷大。我们应该有这样的概念：信道或网络的利用率过高会产生非常大的时延。因此一些拥有较大主干的 ISP 经常控制它们的信道利用率不超过 50%，如果超过了就要准备扩容增大线路的带宽。

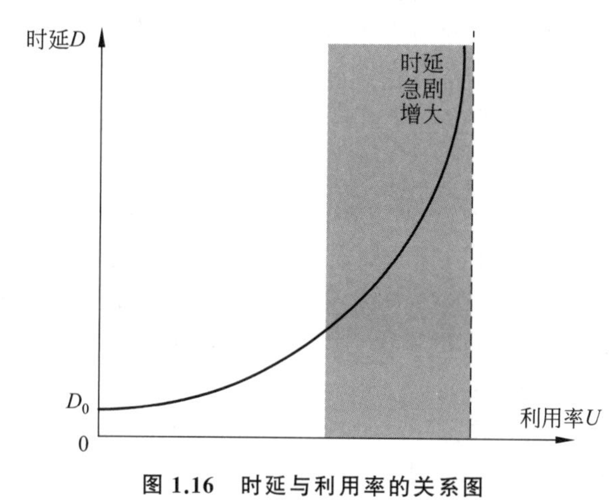

图 1.16 时延与利用率的关系图

1.4 计算机网络体系结构与参考模型

计算机网络是由许多互相连接的结点组成的，这些结点之间要不断交换数据和控制信息。要有条不紊地实现数据的交换，就要求每个结点都必须遵守一整套合理而严谨的规则。在计算机网络的定义中也阐述了网络互连必须遵循某些约定和规则，这就是计算机网络互连协议。计算机网络体系结构中，通常采用层次化结构定义计算机网络系统的组成方法和系统功能，它将一个网络系统分成若干层次，规定了每个层次应实现的功能和向上层提供的服务，以及两个系统各个层次实体之间进行通信应该遵守的协议。本节首先介绍网络体系结构的概念，然后讲述网络体系结构的 OSI 参考模型和 TCP/IP 模型，最后介绍本书所采用的具有五层协议的体系结构。

1.4.1 通信协议与分层体系结构

1. 计算机网络体系结构分层结构

计算机网络是一个复杂的系统。为了降低系统设计和实现的难度，把计算机网络要实现的功能进行结构化和模块化的设计，将整体功能分为几个相对独立的子功能层次，各个功能层次间进行有机的连接，下层为其上一层提供必要的功能服务。这种层次结构的设计称为网络层次结构模型。

在讨论计算机网络的分层体系结构之前，先来看一个现实生活的例子。如图 1.17 所示，甲要向乙发一封信，具体过程如下：首先甲采用中文写好一封信，按照邮局要求的格式在信封上填写好地址、邮编等信息，投入邮箱；邮递员收集信件，然后邮局工作人员按照目的地址进行分类打包，并送到邮政处理中心；邮政处理中心汇聚各个邮包，并再次进行分类，送到铁路或其他的运输部门；运输部门将邮包运送到目的地的邮政处理中心；目的地的邮政处理中心拆包后，根据目的地址将信件送到相应的邮政分理处；分理处将信件送到乙手里；乙收到信后，拆信阅读。一次完整的通信的过程完成。

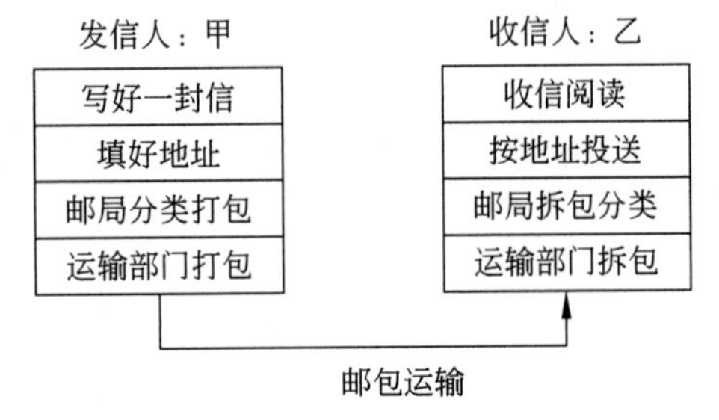

图 1.17　邮件处理过程

从整个邮件处理的过程来看，有两个概念包含其中：一是各个部门相互独立，各自完成各自的工作，但相邻的两个部门功能和任务密切相关，这就是分层的概念；二是邮件地址的格式、邮政分理处负责的区域范围等，都遵守一定的约定，这就是协议的概念。

下面我们来看两台主机之间的通信。如主机 A 和主机 B 利用 QQ 进行文件的传送，该工作过程可以进行如下划分：

第一类工作与传送文件直接相关，如图 1.18 所示，主机 A 和主机 B 同时运行 QQ 应用程序，启动文件传送模块，则看起来文件就是沿着虚线在两台主机间传送的。

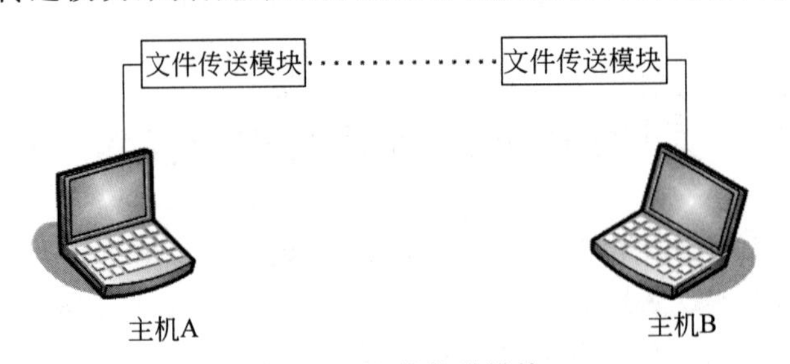

图 1.18　文件传送模块

第二类工作用来保证文件和有关文件传送的命令能够可靠地在两台计算机之间进行交换；需要一个“通信服务模块”来完成。只看这两个通信服务模块好像可直接沿着虚线把文件可靠地传送到对方，如图 1.19 所示。

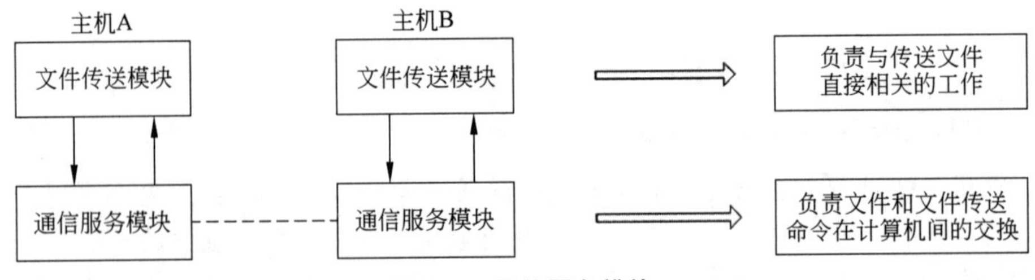

图 1.19　通信服务模块

第三类工作用来完成与网络接口有关的工作，这类工作需要一个“网络接入模块”来完成。中间的“通信服务模块”可以利用这个“网络接入模块”来获得可靠通信服务，如图 1.20 所示。

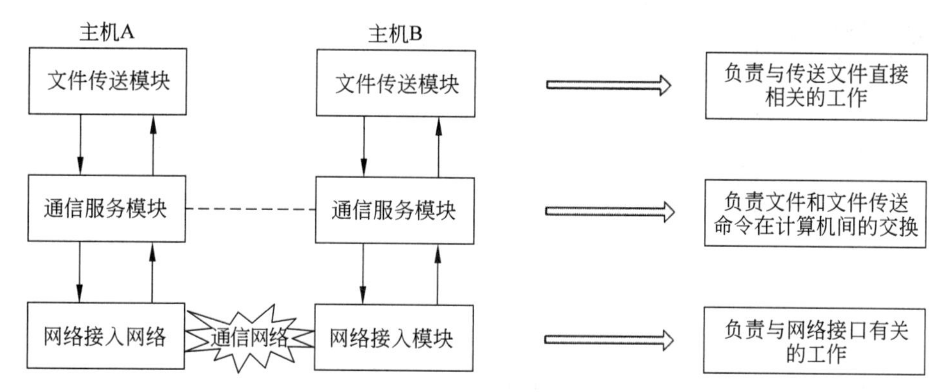

图 1.20　网络接入模块

从以上对实际生活中的整个邮件处理和计算机之间的文件传递过程，可以总结出它们信息传递过程的相似之处：

(1) 邮政信件和网络通信都是层次结构，都可以等价成四个层次的系统。

(2) 不同层次有不同的任务和功能，但相邻层的功能和任务紧密相关。

(3) 通信过程都需要遵循一定的规则和约定，以保证信息的正确传递。

2. 分层原则

在网络体系结构中，分层的原则如下：

(1) 各层的功能及技术实现要有明显的区别，各层要相互独立。

(2) 每层都应有定义明确的功能。

(3) 应当选择服务描述最少、层间交互最少的地方作为分层处。

(4) 层次的数目要适当，同时还要根据数据传输的特点，使通信双方形成对等层关系。

(5) 对于每一层功能的选择应当有利于标准化。

3. 网络体系结构中的一些术语

(1) 实体与对等实体：任何可以发送或接收信息的硬件或软件进程称为实体，如图 1.20中的网络接入模块。

不同机器上位于同一层次、完成相同功能的实体称为对等实体，如图 1.20 中的主机 A 的网络接入模块和主机 B 的网络接入模块。

(2) 协议：网络协议是对等实体之间交换数据或通信时所必须遵守的规则或标准的集合。网络协议有以下三个要素：

- 语法，确定通信双方“如何讲”，定义了数据格式，编码和信号电平等。
- 语义，确定通信双方“讲什么”，定义了用于协调同步和差错处理等控制信息。
- 时序，同步规则，确定通信双方“讲话的次序”，定义了速度匹配和排序等。

(3) 服务和接口：在网络分层结构模型中，每一层为相邻的上一层所提供的功能称为服务。在同一系统中相邻两层的实体进行交互的地方通常称为服务访问点SAP,即接口。

(4) 服务原语：上层使用下层所提供的服务必须通过与下层交换一些命令,这些命令被称为服务原语,如图1.21所示。

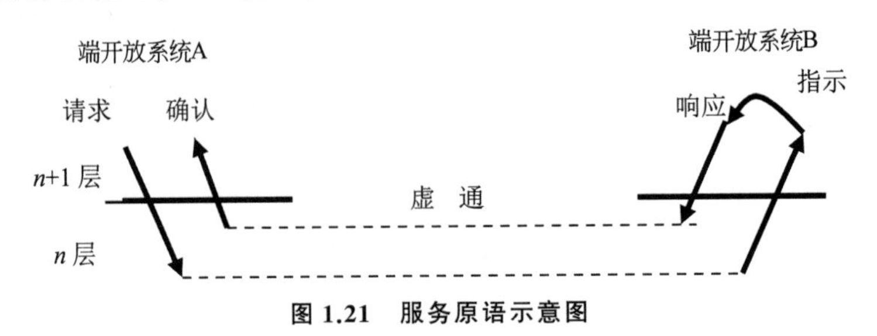

图1.21 服务原语示意图

- 请求,由服务用户发往服务提供者,请求它完成某项工作,如发送数据。
- 指示,由服务提供者发往服务用户,指示发生了某些事件。
- 响应,由服务用户发往服务提供者,作为对前面发生的指示的响应。
- 确认,由服务提供者发往服务用户,作为对前面发生的请求的证实。

(5) 服务数据单元(SDU)、协议数据单元(PDU)和接口数据单元(IDU)：

- 服务数据单元(SDU),指的是第 n 层待传送和处理的数据单元。
- 协议数据单元(PDU),指的是同等层水平方向传送的数据单元。它通常是将服务数据单元(SDU)分成若干段,每一段加上报头,作为单独协议数据单元(PDU)在水平方向上传送。
- 接口数据单元(IDU),指的是在相邻层接口间传送的数据单元,它是由服务数据单元(SDU)和一些控制信息组成。

这里要着重说明服务与协议的区别：协议是“水平的”,控制对等实体之间通信的规则;服务是“垂直的”,由下层向上层通过层间接口提供,如图1.22所示。

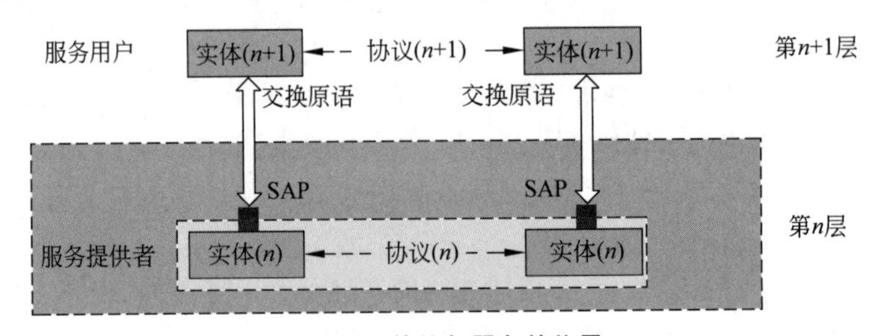

图1.22 协议与服务的位置

1.4.2 OSI/RM参考模型

1. OSI/RM七层参考模型

国际标准化组织(International Standards Organization,ISO)于1983年发布了ISO7498标准,即**开放系统互连参考模型**(Open System Interconnection,OSI)。这个模

型将计算机网络通信协议分为七层，从低到高依次为：物理层、数据链路层、网络层、传输层、会话层、表示层、应用层，如图1.23所示。

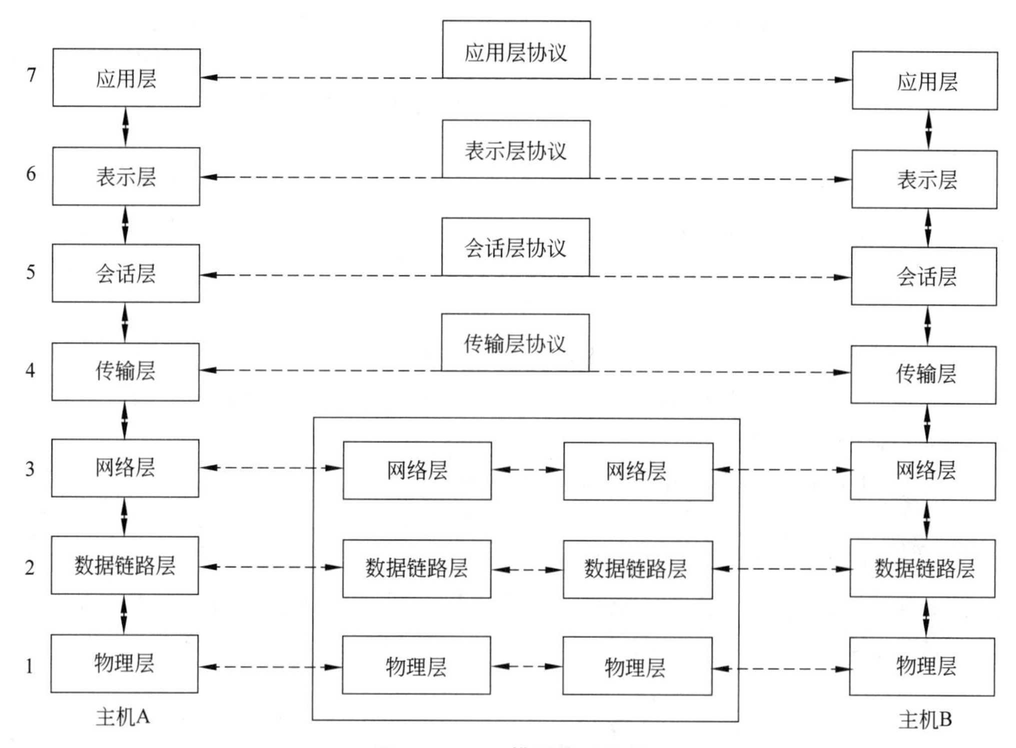

图1.23　OSI模型体系结构

在OSI网络体系结构中，除了物理层之外，网络中数据的实际传输方向是垂直的。数据由用户发送进程给应用层，向下经表示层、会话层等到达物理层，再经传输媒体传到接收端，由接收端物理层接收，向上经数据链路层等到达应用层，再由用户获取。数据在由发送进程交给应用层时，由应用层加上该层有关控制和识别信息，再向下传送，这一过程一直重复到物理层。在接收端信息向上传递时，各层的有关控制和识别信息被逐层剥去，最后数据送到接收进程。

现在一般在制定网络协议和标准时，都把OSI参考模型作为参照基准，并说明与该参照基准的对应关系。例如，在IEEE 802局域网LAN标准中，只定义了物理层和数据链路层，并且增强了数据链路层的功能。一般来说，网络的低层协议决定了一个网络系统的传输特性，例如所采用的传输介质、拓扑结构及介质访问控制方法等，这些通常由硬件来实现；网络的高层协议则提供了与网络硬件结构无关的，更加完善的网络服务和应用环境，这些通常是由网络操作系统来实现的。

下面来详细阐述一下各层的功能。

(1) 物理层(Physical Layer)。

物理层是OSI参考模型的最低层，它利用传输介质为数据链路层提供物理连接。它主要关心的是通过物理链路从一个结点向另一个结点传送比特流，物理链路可能是铜线、卫星、微波或其他的通信媒介。它关心的问题有：多少伏特电压代表1？多少伏特电压代表0？一个比特持续多少纳秒(ns)？比特流传输是否可以在两个方向上同时进行？初始连接如何建立？双方通信结束后如何撤销连接？总的来说物理层关心的是链路的机械、电气、功能和规程特性。目前典型的物理层协议有EIA/TIA RS-232C、EIA/TIA RS-449、V.35、RJ-45等。常见的物理层设备有中继器、集线器、调制解调器等。

(2) 数据链路层(Data Link Layer)。

数据链路层在物理层提供的比特流服务的基础上，在两个相连结点之间建立数据链路，将一条原始的数据传输线路变成一条无差错的通信线路，使得发送方发送的数据帧能够可靠地传输到接收方，同时为其上面的网络层提供服务。该层解决的是两个相邻结点之间的通信问题，传送的协议数据单元称为数据帧。

数据帧中包含物理地址(又称MAC地址)、控制码、数据及校验码等信息。该层的主要作用是通过校验、确认和反馈重发等手段，将不可靠的物理链路转换成对网络层来说无差错的数据链路。

此外，数据链路层还要协调收发双方的数据传输速率，即进行流量控制，以防止接收方因来不及处理发送方来的高速数据而导致缓冲器溢出及线路阻塞。典型的数据链路层协议有同步数据链路控制(Synchronous Data Link Control，SDLC)协议、点对点协议(Point to Point Protocol，PPP)、生成树协议(Spanning Tree Protocol，STP)等。常见的数据链路层设备有二层交换机、网桥等。

(3) 网络层(Network Layer)。

网络层又称为通信子网层，是通信子网与资源子网的接口，为传输层提供服务，传送的协议数据单元称为数据包或分组(Packet)。该层的主要作用是解决如何使数据包通过各结点传送的问题，即通过路径选择算法(路由)将数据包送到目的地。另外，为避免通信子网中出现过多的数据包而造成网络阻塞，需要对流入的数据包数量进行控制(拥塞控制)。当数据包要跨越多个通信子网才能到达目的地时，还要解决网际互连的问题。典型的网络层协议有网际协议(Internet Protocol，IP协议)、路由信息协议(Routing Information Protocol，RIP协议)等，常见的网络层设备有路由器、具有路由功能的三层交换机等。

(4) 传输层(Transport Layer)。

传输层的是真正的点对点，即主机到主机的层，作用是为上层协议提供端到端的可靠和透明的数据传输服务，包括处理差错控制和流量控制等问题。该层向高层屏蔽了下层数据通信的细节，使高层用户看到的只是在两个传输实体间的一条主机到主机的、可由用户控制和设定的、可靠的数据通路。

传输层传送的协议数据单元称为段或报文(Segment)，典型的传输层协议有传输控制协议(Transmission Control Protocol，TCP协议)、用户数据报协议(User Datagram Protocol，UDP协议)等，常见的传输层设备有传输网关等。

(5) 会话层(Session Layer)。

会话层主要功能是管理和协调不同主机上各种进程之间的通信(对话)，即负责建立、管理和终止应用程序之间的会话。会话层得名的原因是它很类似于两个实体间的会话概

念。例如，一个交互的用户会话以登录到计算机开始，以注销结束。

(6) 表示层(Presentation Layer)。

上述五层关注的是如何传递信息，而表示层则关注的是所传递信息的语法和语义，该层处理流经结点的数据编码的表示方式问题，以保证一个系统应用层发出的信息可被另一系统的应用层读出。如果必要，该层可提供一种标准表示形式，用于将计算机内部的多种数据表示格式转换成网络通信中采用的标准表示形式。数据压缩和加密也是表示层可提供的转换功能之一。

(7) 应用层(Application Layer)。

应用层是 OSI 参考模型的最高层，是用户与网络的接口。该层通过应用程序来完成网络用户的应用需求，常见的应用层协议有超文本传送协议(Hyper Text Transfer Protocol，HTTP)、文件传送协议(File Transfer Protocol，FTP)、域名系统(Domain Name System，DNS)协议等。

2. OSI/RM 参考模型中的数据传输

在 OSI 参考模型中，数据是如何在不同主机的不同应用进程之间进行数据传输的呢？如图 1.24 所示，主机 A 上的应用进程 AP1 向主机 B 上的应用进程 AP2 传递数据，过程如下：

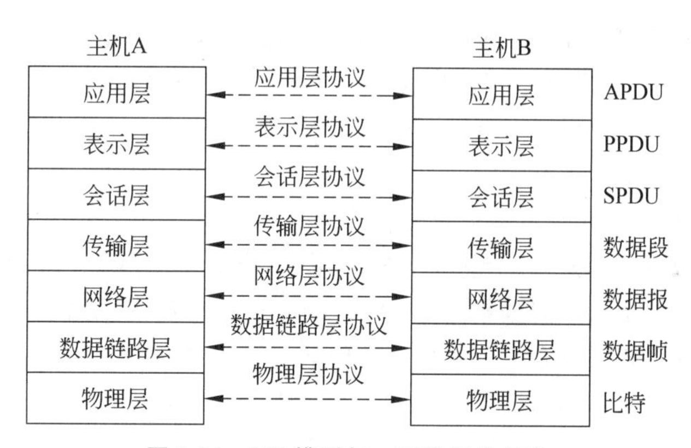

图 1.24　OSI 模型每一层数据的名称

(1) AP1 先将数据交给主机 A 的最高层，即应用层，使用什么协议来传送就在数据前面加上该协议的标记，以便于主机 B 在收到该数据后知道应该用什么软件来处理数据。应用层数据称为应用层协议数据单元(Application PDU，APDU)。

(2) 应用层对数据进行处理后将其交给下面的表示层，表示层对数据进行必要的格式转换，使用一种通信双方都能识别的编码来处理数据。表示层数据称为表示层协议数据单元(Presentation PDU，PPDU)。

(3) 表示层将经过处理的数据交给会话层，会话层在主机 A 和主机 B 之间建立一条只用于传输该数据的会话通道，并监视它的连接状态，直到完成数据同步才断开会话通道。会话层数据称为会话层协议数据单元(Session PDU，SPDU)。

(4) 会话层通道建立后，为了保证数据传输的可靠性，主机 A 的传输层会对数据进行必要的处理，如差错校验、确认、重传等。传输层传输的数据单元称为段(Segment)。

(5) 网络层是实际传输数据的层，它对经过传输层处理的数据进行再次封装，添加上双方的地址信息，并为每个数据分组找到一条传送到主机 B 的最佳路径，然后将数据发送到网络上。网络层传输的数据单元称为分组(Packet)。

(6) 数据链路层会再次对网络层的数据进行封装，添加上能唯一表示每台设备的介质访问控制地址(MAC 地址)。数据链路层传输的数据单元称为帧(Frame)。

(7) 主机 A 的物理层将数据链路层的数据帧转换成比特流，并以传输介质相应的信号形式，如光信号、电磁波等将其传送到接收方主机 B。主机 B 则将收到的比特流向上层层去掉对应层所添加的内容，即解封，最终数据到达主机 B 的应用层，应用层再根据数据的协议标志，交给对应的应用进程 AP2 来处理该数据。

OSI 参考模型的分层禁止了不同主机间的对等层之间的直接通信。因此，主机 A 的每一层必须依靠主机 A 相邻层提供的服务来与主机 B 的对应层通信。假定主机 A 的第四层必须与主机 B 的第四层通信。那么，主机 A 的第四层就必须使用主机 A 的第三层提供的服务。第四层叫服务用户，第三层叫服务提供者。第三层通过一个服务接入点(SAP)给第四层提供服务。这些服务接入点使得第四层能要求第三层提供服务。

1.4.3 TCP/IP 参考模型

OSI 参考模型的概念清楚，理论完整，但它既复杂又不实用，因此，人们从 OSI 参考模型转到另一个模型，该模型被当前广泛应用的 Internet 所使用，这就是 TCP/IP 参考模型。该模型以其中最主要的传输控制协议(TCP)/网际协议(IP)命名。

TCP/IP 参考模型起源于 ARPANET(阿帕网)，该网络是由美国国防部(Department of Defense，DoD)赞助的研究网络。它的初始目标以无缝的方式将多种不同类型的网络，如无线网络、电话网络等相互连接起来，逐渐地又延伸出另一个重要的设计目标：即使在损失子网硬件的情况下，网络还能继续工作。当无线网络和卫星出现以后，现有的协议在和它们相连的时候出现了问题，所以需要一种新的参考体系结构。网络互联技术研究的深入促使了 TCP/IP 协议的出现和发展。1980 年前后，ARPANET 所有的主机都转向 TCP/IP 协议。1989 年，这个体系结构在它的两个主要协议出现以后，被称为 TCP/IP 参考模型(TCP/IP Reference Model)。TCP/IP 参考模型得到了广泛的应用和支持，并成为事实上的国际标准和工业标准。

TCP/IP 模型的分层结构如图 1.25 所示，分为四个层次，从上到下依次为：应用层、传输层、网络层和网络接口层。从图中可以看出，TCP/IP 分层和 OSI 分层的明显区别有两点：其一，无表示层和会话层，这是因为在实际应用中所涉及的表示层和会话层功能较弱，所以将其内容归并到了应用层；其二，无数据链路层和物理层，但是有网络接口层，这是因为 TCP/IP 模型建立的首要目标是实现异构网络的互连，所以在该模型中并未涉及底层网络的技术，而是通过网络接口层屏蔽底层网络之间的差异，向上层提供统一的 IP 报文格式，以支持不同物理网络之间的互连和互通。

下面介绍一下 TCP/IP 各层功能。

1. 网络接口层

网络接口层与 OSI 参考模型中的物理层和数据链路层相对应。它负责监视数据在

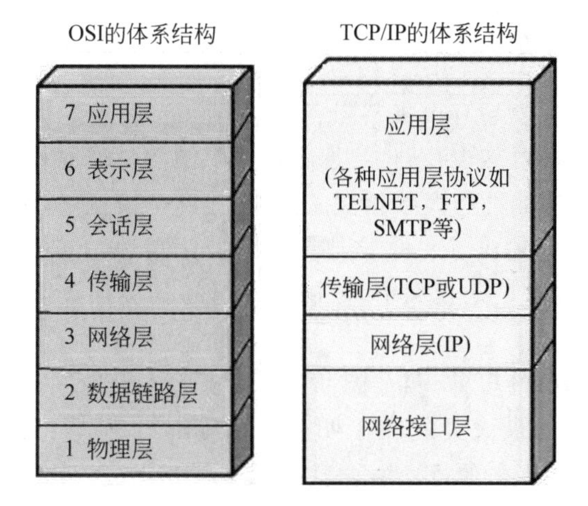

图 1.25 TCP/IP 模型体系结构

主机和网络之间的交换。事实上，TCP/IP 本身并未定义该层的协议，而由参与互连的各网络使用自己的物理层和数据链路层协议，然后与 TCP/IP 的网络接入层进行连接。地址解析协议（ARP）工作在此层，即 OSI 参考模型的数据链路层。

2. 网络层

网络层是将整个网络体系结构贯穿在一起的关键层，它对应于 OSI 参考模型的网络层，主要解决主机到主机的通信问题。它所包含的协议设计数据包在整个网络上的逻辑传输。注重重新赋予主机一个 IP 地址来完成对主机的寻址，它还负责数据包在多种网络中的路由。该层有三个主要协议：网际协议（IP）、互联网组管理协议（IGMP）和互联网控制报文协议（ICMP）。IP 协议是网际互联层最重要的协议，它提供的是一个可靠、无连接的数据报传递服务。

3. 传输层

传输层的功能是使源主机和目的主机的对等实体可以进行会话，它对应于 OSI 参考模型的传输层，为应用层实体提供端到端的通信功能，保证了数据包的顺序传送及数据的完整性。该层定义了两个主要的协议：传输控制协议（Transmission Control Protocol，TCP）和用户数据报协议（User Datagram Protocol，UDP）。TCP 协议提供的是一种可靠的、面向连接的数据传输服务；而 UDP 协议提供的则是不可靠的、无连接的数据传输服务。

4. 应用层

应用层包含所需要的任何会话和表示功能，它针对不同的网络应用引入不同的网络层协议，对应于 OSI 参考模型的高层，为用户提供所需要的各种服务，例如，文件传送协议 FTP、远程登录协议 Telnet、域名系统 DNS、简单邮件传送协议 SMTP 等。

TCP/IP 模型包含 100 多个协议，TCP 协议和 IP 协议仅是其中的两个协议。由于它们是最基础和最重要的两个协议，应用广泛且广为人知，因此通常用 TCP/IP 协议来代表整个 Internet 协议系列。

1.4.4 OSI/RM 与 TCP/IP 的比较

OSI 和 TCP/IP 参考模型有很多共同点。

(1) 两者都以协议栈概念为基础，并且协议栈中的协议彼此相互独立。

(2) 两个模型中各层的功能大致相似。例如，在两个模型中，传输层以及传输层以上各层都为希望通信的进程提供了一种端到端的独立于网络的传输服务。这些层组成了传输服务提供者。而且，在这两个模型中，传输层之上的各层都是传输服务的用户，并且是面向应用的。

除了这些基本的相似性以外，两个模型也有许多不同的地方。

(1) OSI 参考模型的最大贡献在于明确区分了三个概念：服务、接口和协议。而 TCP/IP 模型并没有明确区分服务、接口和协议。因此 OSI 参考模型中的协议比 TCP/IP 模型中的协议具有更好的隐蔽性，当技术发生变化时 OSI 参考模型中协议更容易被新协议所替代。

(2) OSI 参考模型在协议发明之前就已经产生了。这种顺序关系意味着 OSI 模型不会偏向于任何一组特定的协议，这个事实使得 OSI 模型更具有通用性。但这种做法也有缺点，那就是设计者在这方面没有太多的经验，因此对于每一层应该设置哪些功能没有特别好的主意。例如，数据链路层最初只处理点到点网络。当广播式网络出现后，必须在模型中嵌入一个新的子层。而且，当人们使用 OSI 模型和已有协议来构建实际网络时，才发现这些网络并不能很好地满足所需的服务规范，因此不得不在模型中加入一些汇聚子层，以便提供足够的空间来弥补这些差异。

而 TCP/IP 却正好相反：先有协议，TCP/IP 模型只是已有协议的一个描述而已。所以，毫无疑问，协议与模型高度吻合，而且两者结合得非常完美。唯一的问题在于，TCP/IP 模型并不合适任何其他协议栈。因此，要想描述其他非 TCP/IP 网络，该模型并不很有用。

(3) 我们从两个模型的基本思想转到更为具体的方面上来，它们之间一个很明显的区别是有不同的层数：OSI 模型有七层，而 TCP/IP 模型只有四层。它们都有网络层、传输层和应用层，TCP/IP 模型中没有专门的表示层和会话层，它将与这两层相关的表达、编码和会话控制等功能包含到了应用层中去完成。

(4) 两者在无连接和面向连接的通信领域的特点有所不同。OSI 模型在网络层支持无连接和面向连接的两种服务，而在传输层仅支持面向连接的服务。TCP/IP 模型在互联网层则只支持无连接的一种服务，但在传输层支持面向连接和无连接两种服务。

TCP/IP 一开始就考虑到多种异构网的互连问题，将网际协议(IP)作为 TCP/IP 的重要组成部分，并且作为从 Internet 上发展起来的协议，已经成了网络互连的事实标准。但是，目前还没有实际网络是建立在 OSI 七层模型基础上的，OSI 仅仅作为理论的参考模型被广泛使用。

1.4.5 本书采用的模型

OSI 参考模型的实力在于模型本身，概念清楚，理论也比较完整，它已被证明对于讨

论计算机网络特别有益,但它既复杂也不实用。而TCP/IP参考模型的实力体现在协议,在实际中得到了最广泛的应用。但是TCP/IP是一个四层的体系结构,最下面的网络接口层并没有具体内容,因此往往采取折中的办法,即综合OSI和TCP/IP的优点,采用一种只有五层协议的体系结构,自上而下分别是应用层、传输层、网络层、数据链路层和物理层,如图1.26所示。

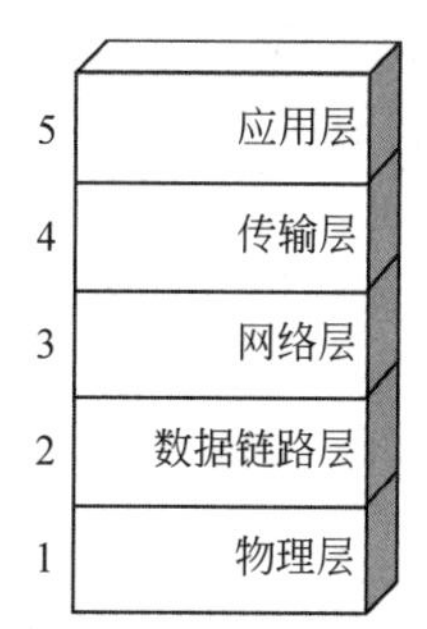

图1.26　五层协议的体系结构

这个模型有五层,从物理层往上穿过数据链路层、网络层和传输层到应用层。物理层规定了如何在不同的介质上以电气(或其他模拟)信号传输比特。数据链路层关注的是如何在两台直接相连的计算机之间发送有限长度的消息,并具有指定级别的可靠性。以太网和IEEE 802.11是数据链路层协议的例子。网络层主要处理如何把多条链路结合到网络中,以及如何把网络与网络联结成互联网络,以便使我们可以在两个相隔遥远的计算机之间发送数据包。网络层的任务包括找到传送数据包所走的路径。IP协议是我们将要学习的网络层主要协议。传输层增强了网络层的传递保证,通常具有更高的可靠性,而且提供了数据交付的抽象,比如满足不同应用需求的可靠字节流。TCP是传输层协议的一个重要实例。最后,应用层包含了使用网络的应用程序,许多网络应用程序都是用户界面,比如Web浏览器,但是也不是所有的应用程序都有用户界面。然而,我们关心的是应用程序中只用网络的那部分程序,在Web浏览器的情况下就是HTTP协议。应用层也有重要的支撑程序供许多其他应用程序使用,比如DNS。

本书的章节顺序就以此模型为基础安排。

1.4.6　计算机网络的标准化工作及相关组织

计算机网络系统是一个非常复杂的系统,要使其能协同工作实现信息交换和资源共享,它们之间必须具有共同约定。如何表达信息、交流什么、怎样交流及何时交流,都必须遵循某种互相都能接受的规则和约定,这就是协议。网络规则和约定的制定就是网络的标准化工作。

1. 网络标准化的重要性

计算机网络的标准化对计算机网络的发展和推广应用具有极为重要的影响。计算机网络的标准或规范就是网络协议。在网络中通信双方在通信时需要遵循协议。协议主要由语义、语法和定时三部分组成,语义规定通信双方准备“讲什么”,即确定协议元素的种类;语法规定通信双方“如何讲”,即确定数据的信息格式、信号电平等;定时则包括速度匹配和排序等。

各种不同类型的网络都有自己的标准或规范,例如,局域网有以太网标准、无线局域网标准;广域网有x.25网络标准、DDN网络标准、ATM网络标准、SDH网络标准;接入网有ADSL标准、V.90/92标准等。

Internet也有自己的标准,Internet的所有标准都以RFC(Request for Comments)的形式在Internet上发布。组织和个人欲建立一个Internet标准,都可以写成文档(文本格式),并以RFC的形式发布到Internet上,供其他人评价、修改。RFC按接收时间的先后从小到大编号，一个 RFC 文档更新后就使用新的编号，并在新文档中载明原来老编号的文档为旧文档。

RFC 文档也称请求注释（Requests for Comments，RFC）文档，这是用于发布 Internet 标准和 Internet 其他正式出版物的一种网络文件或工作报告。RFC 文档初创于 1969 年，RFC 出版物由 RFC 编辑（RFC Editor）直接负责，并接受 IAB 的一般性指导。

制订因特网的正式标准要经过以下四个阶段。

（1）因特网草案（Internet Draft）——在这个阶段还不是 RFC 文档。

（2）建议标准（Proposed Standard）——从这个阶段开始成为 RFC 文档。

（3）草案标准（Draft Standard）。

（4）因特网标准（Internet Standard）。

2. 制定计算机网络标准化的国际组织

在制定计算机网络标准方面，起着重大作用的国际组织如下。

（1）国际标准化组织（ISO）。

ISO 成立于 1946 年，是一个全球性的非政府组织，也是目前世界上最大、最有权威性的国际标准化专门机构。ISO 与 600 多个国际组织保持着协作关系，其主要活动是制定国际标准，协调世界范围的标准化工作，组织各成员国和技术委员会进行情报交流，以及与其他国际组织进行合作，共同研究有关标准化问题。

截止到 2002 年 12 月底，ISO 已制定了 13 736 个国际标准，例如，著名的具有七层协议结构的开放系统互联参考模型（OSI）、ISO9000 系列质量管理和品质保证标准等。

（2）美国国家标准协会（American National Standards Institute，ANSI）。

ANSI 是成立于 1918 年的非营利性质的民间组织。ANSI 同时也是一些国际标准化组织的主要成员，如国际标准化委员会和国际电工委员会（IEC）。ANSI 标准广泛应用于各个领域，典型应用有：美国标准信息交换码（ASCII）和光纤分布式数据接口（FDDI）等。

（3）电气与电子工程师协会（Institute of Electrical and Electronics Engineers，IEEE）。

IEEE 建会于 1963 年，由从事电气工程、电子和计算机等有关领域的专业人员组成，是世界上最大的专业技术团体。IEEE 是一个跨国的学术组织，目前拥有 36 万会员，近 300 个地区分会分布在 150 多个国家。IEEE 下设许多专业委员会，其定义或开发的标准在工业界有极大的影响和作用力。例如，1980 年成立的 IEEE 802 委员会负责有关局域网标准的制定事宜，制定了著名的 IEEE 802 系列标准，如 IEEE 802.3 以太网标准、IEEE 802.4 令牌总线网标准和 IEEE 802.5 令牌环网标准等。

（4）国际电信联盟（International Telecommunication Union，ITU）。

1865 年 5 月，法、德、俄等 20 个国家为顺利实现国际电报通信，在巴黎成立了一个国际组织“国际电报联盟”；1932 年，70 个国家的代表在西班牙马德里召开会议，“国际电报联盟”改为“国际电信联盟”；1947 年，国际电信联盟成为联合国的一个专门机构。国际电信联盟是电信界最有影响的组织，也是联合国机构中历史最长的一个国际组织，简称“国际电联”或 ITU。联合国的任何一个主权国家都可以成为 ITU 的成员。

ITU 是世界各国政府的电信主管部门之间协调电信事务的一个国际组织，它研究制

定有关电信业务的规章制度，通过决议提出推荐标准，收集相关信息和情报，其目的和任务是实现国际电信的标准化。

ITU 的实质性工作由无线通信部门（ITU-R）、电信标准化部门（ITU-T）和电信发展部门（ITU-D）承担。其中，ITU-T 就是原来的国际电报电话咨询委员会（CCITT），负责制订电话、电报和数据通信接口等电信标准化。

ITU-T 制定的标准被称为"建议书"，是非强制性的、自愿的协议。由于 ITU-T 标准可保证各国电信网的互联和运转，所以越来越广泛地被世界各国所采用。

（5）国际电工委员会（International Electrotechnical Commission，IEC）。

IEC 成立于 1906 年，至今已有近百年的历史，它是世界上成立最早的国际性电工标准化机构，负责有关电气工程和电子工程领域中的国际标准化工作。ISO 正式成立后，IEC 曾作为电工部门并入，但是在技术和财务上仍保持独立性。1979 年 ISO 与 IEC 达成协议，两者在法律上都是独立的组织，IEC 负责有关电气工程和电子工程领域中的国际标准化工作，ISO 则负责其他领域内的国际标准化工作。

（6）电子工业协会（Electronic Industries Association，EIA）。

EIA 是美国的一个电子工业制造商组织，成立于 1924 年。EIA 颁布了许多与电信和计算机通信有关的标准。例如，众所周知的 RS-232 标准，定义了数据终端设备和数据通信设备之间的串行连结。这个标准在今天的数据通信设备中被广泛采用。在结构化网络布线领域，EIA 与美国电信行业协会（TIA）联合制定了商用建筑电信布线标准（如 EIA/TIA568 标准），提供了统一的布线标准并支持多厂商产品和环境。

（7）国家标准与技术研究院（National Institute of Standards and Technology，NIST）。

NIST 成立于 1901 年，前身是隶属美国商业部的国家标准局，现在是美国政府支持的大型研究机构。NIST 的主要任务是建立国家计量基准与标准、发展为工业和国防服务的测试技术、提供计量检定和校准服务、提供研制与销售标准服务、参加标准化技术委员会制定标准、技术转让、帮助中小型企业开发新产品等。NIST 下设多个研究所，涉及电子与电机工程、制造工程、化学材料与技术、物理、建筑防火、计算机与应用数学、材料科学与工程、计算机系统等。

（8）Internet 协会（Internet Society，ISOC）。

ISOC 成立于 1992 年，是一个非政府的全球合作性国际组织，主要工作是协调全球在 Internet 方面的合作，就有关 Internet 的发展、可用性和相关技术的发展组织活动。ISOC 的网址为 http://www.isoc.org。

ISOC 的宗旨是：积极推动 Internet 及相关的技术，发展和普及 Internet 的应用，同时促进全球不同政府、组织、行业和个人进行更有效的合作，充分合理地利用 Internet。

ISOC 采用会员制，会员来自全球不同国家各行各业的个人和团体。ISOC 由会员推选的监管委员会进行管理。ISOC 由许多遍及全球的地区性机构组成，这些分支机构都在本地运营，同时与 ISOC 的监管委员会进行沟通。中国互联网协会成立于 2001 年 5 月，由国内从事互联网行业的网络运营商、服务提供商、设备制造商、系统集成商以及科研、教育机构等 70 多家互联网从业者共同发起成立。

1.5 实验：网络基本命令应用

一、实验目的

(1) 掌握 Windows 系统环境下网络设置的方法。

(2) 掌握常用网络命令的使用，解决一般网络问题。

二、实验环境

Windows 10、命令提示符(基于 Windows 10 系统的 DOS 环境)。

三、实验步骤

(1) 查看、理解本机的本地连接配置、详细的 TCP/IP 协议设置。

实验结果如图 1.27 所示。

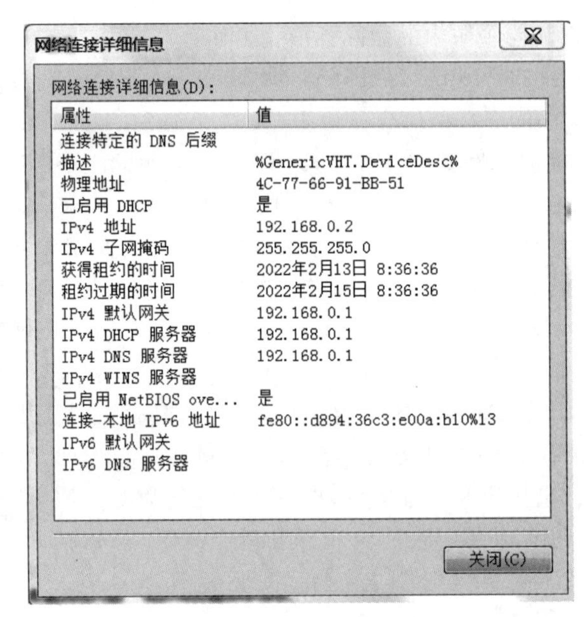

图 1.27　查看本地网络连接

(2) 在命令提示符下，分别运行网络基本命令，并分析结果。

开始 → 运行→输入“cmd”并回车，调出系统命令提示符窗口。

- ipconfig

命令功能：ipconfig 命令可以用于获得主机配置信息，包括 IP 地址、子网掩码和默认网关，用于检验人工配置的 TCP/IP 设置是否正确。

命令格式：(主要参数 /all　/release　/renew)。

通过 ipconfig /all 命令可以查询到本机的物理地址、IP 地址、子网掩码和默认网关。

实验结果如图 1.28 所示。

通过 ipconfig /relese 命令可以释放当前 IP 配置，ipconfig /renew 命令可以重新向 DHCP 服务器申请一个 IP 地址。

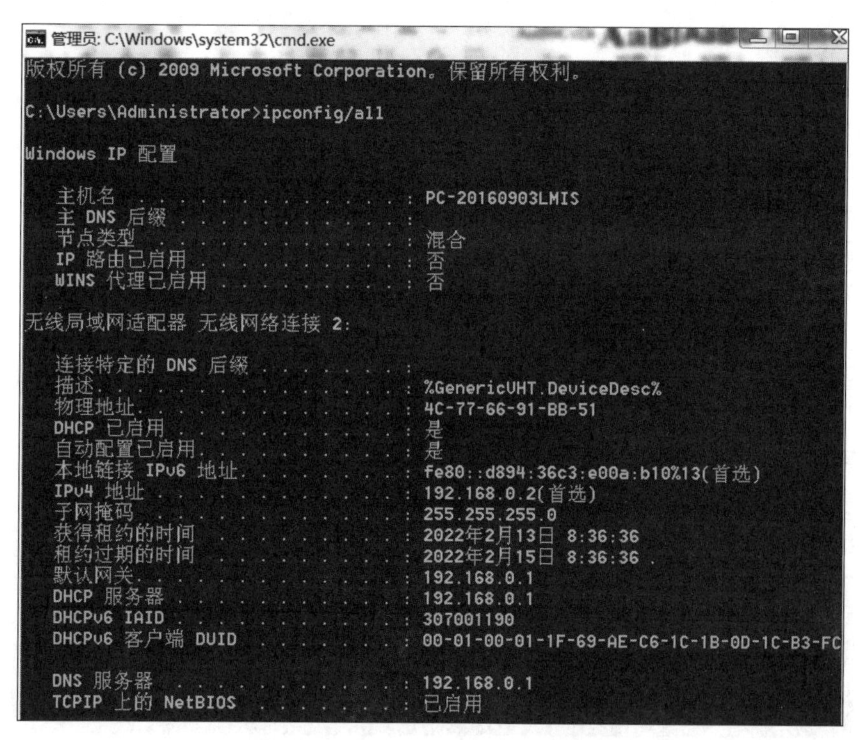

图 1.28　ipconfig /all 命令查询结果

实验结果如图 1.29 所示。

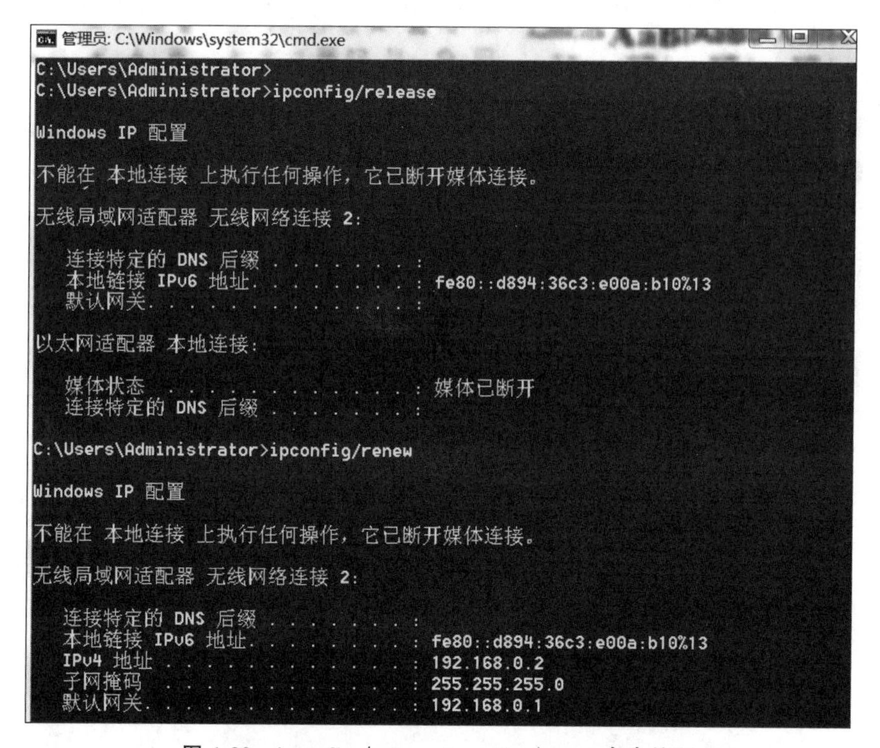

图 1.29　ipconfig /release、ipconfig /renew 命令结果

- ping

命令功能：ping 用于确定本地主机是否能与另一台主机交换(发送与接收)数据报。根据返回的信息,就可以推断 TCP/IP 参数是否设置得正确以及运行是否正常。ping 就是一个连通性测试程序。

命令格式：(主要参数-t -a -n -l -f -r)。

ping ftp 服务器的 IP 地址查看网络是否畅通。

实验结果如图 1.30 所示。

```
PC>ping 192.168.0.253

Pinging 192.168.0.253 with 32 bytes of data:

Reply from 192.168.0.253: bytes=32 time=2ms TTL=128
Reply from 192.168.0.253: bytes=32 time=1ms TTL=128
Reply from 192.168.0.253: bytes=32 time=0ms TTL=128
Reply from 192.168.0.253: bytes=32 time=0ms TTL=128

Ping statistics for 192.168.0.253:
    Packets: Sent = 4, Received = 4, Lost = 0 (0% loss),
Approximate round trip times in milli-seconds:
    Minimum = 0ms, Maximum = 2ms, Average = 0ms
```

图 1.30　ping ftp 服务器的结果

ping 127.0.0.1 或者 ping localhost：失败则表示 TCP/IP 的安装或运行存在某些基本问题。

实验结果如图 1.31 所示。

```
C:\Users\Administrator>ping 127.0.0.1

正在 Ping 127.0.0.1 具有 32 字节的数据:
来自 127.0.0.1 的回复: 字节=32 时间<1ms TTL=128
来自 127.0.0.1 的回复: 字节=32 时间<1ms TTL=128
来自 127.0.0.1 的回复: 字节=32 时间<1ms TTL=128
来自 127.0.0.1 的回复: 字节=32 时间<1ms TTL=128

127.0.0.1 的 Ping 统计信息:
    数据包: 已发送 = 4, 已接收 = 4, 丢失 = 0 (0% 丢失),
往返行程的估计时间(以毫秒为单位):
    最短 = 0ms, 最长 = 0ms, 平均 = 0ms
```

图 1.31　ping 127.0.0.1 结果

ping 邻座同学 IP(此处替换成 IP 地址) -t：不断地向目标主机发送数据包,直到按下 Ctrl+C。

实验结果如图 1.32 所示。

ping 域名：例如,ping www.baidu.com 测试外网连接是否畅通。

实验结果如图 1.33 所示。

```
PC>ping 192.168.0.4

Pinging 192.168.0.4 with 32 bytes of data:

Reply from 192.168.0.4: bytes=32 time=1ms TTL=128
Reply from 192.168.0.4: bytes=32 time=3ms TTL=128
Reply from 192.168.0.4: bytes=32 time=0ms TTL=128
Reply from 192.168.0.4: bytes=32 time=0ms TTL=128

Ping statistics for 192.168.0.4:
    Packets: Sent = 4, Received = 4, Lost = 0 (0% loss),
Approximate round trip times in milli-seconds:
    Minimum = 0ms, Maximum = 3ms, Average = 1ms
```

图 1.32　ping 邻座同学 IP 结果

```
C:\Users\Administrator>ping www.baidu.com

正在 Ping www.a.shifen.com [39.156.66.14] 具有 32 字节的数据:
来自 39.156.66.14 的回复: 字节=32 时间=18ms TTL=50
来自 39.156.66.14 的回复: 字节=32 时间=21ms TTL=50
来自 39.156.66.14 的回复: 字节=32 时间=18ms TTL=50
来自 39.156.66.14 的回复: 字节=32 时间=18ms TTL=50

39.156.66.14 的 Ping 统计信息:
    数据包: 已发送 = 4, 已接收 = 4, 丢失 = 0 (0% 丢失),
往返行程的估计时间(以毫秒为单位):
    最短 = 18ms, 最长 = 21ms, 平均 = 18ms
```

图 1.33　ping www.baidu.com 结果

(3) tracert(可以跟踪路由 www.baidu.com)。

命令功能：tracert 是路由跟踪实用程序，用于确定数据报访问目标所采取的路径。

命令格式：(主要参数 /d -h)。

运行 tracert www.baidu.com，将看到网络在经过几个连接之后所到达的目的地，也就知道网络连接所经历的过程。

实验结果如图 1.34 所示。

```
C:\Users\Administrator>tracert www.baidu.com

通过最多 30 个跃点跟踪
到 www.a.shifen.com [39.156.66.14] 的路由:

  1     1 ms    <1 毫秒     2 ms  192.168.0.1 [192.168.0.1]
  2     2 ms     1 ms     2 ms  192.168.1.1 [192.168.1.1]
  3     6 ms     5 ms     5 ms  100.116.216.1
  4    17 ms     5 ms     6 ms  111.11.74.65
  5     *        *        *     请求超时。
  6     *        *        *     请求超时。
  7    18 ms    20 ms    19 ms  221.183.40.17
  8     *        *        *     请求超时。
  9    17 ms    17 ms    15 ms  39.156.27.5
 10    16 ms    15 ms    15 ms  39.156.67.97
 11     *        *        *     请求超时。
 12     *        *        *     请求超时。
 13     *        *       19 ms  10.166.2.10 [10.166.2.10]
 14    19 ms    19 ms    19 ms  39.156.66.14

跟踪完成。
```

图 1.34　tracert www.baidu.com 结果

- nslookup

命令功能：命令 nslookup 的功能是查询任何一台机器的 IP 地址和其对应的域名。它通常需要一台域名服务器来提供域名。如果用户已经设置好域名服务器，就可以用这个命令查看不同主机的 IP 地址对应的域名。

在本地机上使用 nslookup 命令查看本机的 IP 及域名服务器地址。

直接输入命令，系统返回本机的服务器名称（带域名的全称）和 IP 地址，并进入以“>”为提示符的操作命令行状态；输入“?”可查询详细命令参数；若要退出，需输入 exit。

查看本机域名服务器结果如图 1.35 所示。

```
C:\Users\Administrator>nslookup
默认服务器:  192.168.0.1
Address:  192.168.0.1
```

图 1.35 查看本机域名服务器结果

(3) 为本机配置一个静态 IP 地址，192.168.1.x（x 即为本人学号后两位），子网掩码 255.255.255.0，网关 192.168.1.1，其他不用配置。

配置完成后，与邻座同学互相 ping 对方主机，测试网络是否连通。

实验结果如图 1.36 所示。

```
PC>ping 192.168.1.55

Pinging 192.168.1.55 with 32 bytes of data:

Reply from 192.168.1.55: bytes=32 time=8ms TTL=128
Reply from 192.168.1.55: bytes=32 time=0ms TTL=128
Reply from 192.168.1.55: bytes=32 time=0ms TTL=128
Reply from 192.168.1.55: bytes=32 time=0ms TTL=128

Ping statistics for 192.168.1.55:
    Packets: Sent = 4, Received = 4, Lost = 0 (0% loss),
Approximate round trip times in milli-seconds:
    Minimum = 0ms, Maximum = 8ms, Average = 2ms
```

图 1.36 ping 对方主机结果

本 章 小 结

本章主要讲述了以下重点内容。

(1) 计算机网络的概述：计算机网络是计算机与通信技术高度发展、紧密结合的产物、网络技术的进步正在对当前信息产业的发展产生重要的影响。从资源共享观点来看，计算机网络是以能够相互共享资源的方式互连起来的自制计算机集合。从计算机网络组成的角度看，典型的计算机网络从逻辑功能上可以分为资源子网和通信子网两部分。资源子网向网络用户提供各种网络资源与网络服务，通信子网完成网络中数据传输、转发等通信处理任务。

（2）计算机网络的分类：按覆盖范围分，网络可以分成PAN、LAN、MAN和WAN。个域网允许设备围绕着一个人进行通信。典型的LAN覆盖一座建筑物，并且可以很高速率运行。MAN通常覆盖一座城市，比如有线电视系统，现在有许多用户通过这个网络来访问Internet。WAN可以覆盖一个国家或者一个洲。按拓扑结构分，一般可以分为总线型、星型、树型、环型、网状型等；按传输介质分为有线网络和无线网络。

（3）影响计算机网络性能的主要指标：速率、带宽、吞吐量、时延、时延带宽积、往返时间RTT、利用率等。

（4）两个模型：网络软件由网络协议组成，而协议是进程通信必须遵守的规则。大多数网络支持协议的层次结构，每一层向它的上一层提供服务，同时屏蔽掉较低层使用的协议细节。协议栈通常基于OSI模型或者TCP/IP模型。这都有网络层、传输层和应用层，但是它们在其他层不同。结合两模型的优缺点，提出了本书使用的模型五层协议的体系结构。为了使多台计算机可相互之间通信，需要大量的标准化工作，不管是硬件方面还是软件方面。比如ISO、IEEE这样的组织负责管理标准化进程的不同部分。

习　　题

一、选择题

1. 最早的计算机网络起源于（　　）。

A. 中国　　B. 美国　　C. 澳大利亚　　D. 加拿大

2. 下列组件属于通信子网的是（　　）。

A. 主机　　B. 终端　　C. 设备　　D. 传输介质

3. 下列网络属于局域网的是（　　）。

A. 因特网　　B. 校园网

C. 上海热线　　D. 中国教育和科研计算机网

4. 计算机网络是由（　　）技术相结合而形成的一种新的通信形式。

A. 计算机技术、通信技术　　B. 计算机技术、电子技术

C. 计算机技术、电磁技术　　D. 电子技术、电磁技术

5. 数据解封装的过程是（　　）。

A. 段-包-帧-流-数据　　B. 流-帧-包-段-数据

C. 数据-包-段-帧-流　　D. 数据-段-包-帧-流

6. 完成路径选择功能是在OSI模型的（　　）。

A. 物理层　　B. 数据链路层　　C. 网络层　　D. 传输层

7.（　　）不属于计算机网络的功能目标。

A. 资源共享　　B. 提高可靠性

C. 提供CPU运算速度　　D. 提高工作效率

8. 在TCP/IP参考模型中，网络层的主要功能不包括（　　）。

A. 处理来自传输层的分组发送请求

B. 处理接收的数据报

C. 处理互连的路径、流控与拥塞问题

D. 处理数据格式变换、数据加密和解密、数据压缩与恢复等

9. TCP/IP 层的网络接口层对应 OSI 的(　　)。

A. 物理层　　B. 链路层

C. 网络层　　D. 物理层和链路层

10. (　　)不是信息传输速率比特的单位。

A. bit/s　　B. b/s　　C. bps　　D. t/s

11. 制定 OSI 参考模型的组织是(　　)。

A. CCITT　　B. ARPA　　C. NSF　　D. ISO

12. 下列选项中,不属于网络体系结构所描述的内容是(　　)。

A. 网络的层次　　B. 每一层使用的协议

C. 协议的内部实现细节　　D. 每一层必须完成的功能

二、综合题

1. 简述:什么是计算机网络,计算机网络由哪些组成。

2. 简述:计算机网络的主要功能。

3. 简述:计算机网络分为哪些子网,各个子网都包括哪些设备,各有什么特点。

4. 简述:计算机网络的拓扑结构有哪些,它们各有什么优缺点。

5. 简述:小写和大写开头的英文名字 internet 和 Internet 在意思上有何重要区别?

6. 假设信号在媒体上的传播速率为 2×10^8 m/s,媒体长度分别为:

(1) 10cm(网络接口卡)。

(2) 100m(局域网)。

(3) 100km(城域网)。

(4) 5000km(广域网)。

试计算出当数据率分别为 1Mb/s 和 10Gb/s 时,正在以上媒体上传播的比特数。

7. 简述计算机网络按照覆盖范围分类分成几类,并举例说明每一类的特点。

8. 收发两端之间的传输距离为 2000km,信号在媒体上的传播速率为 2×10^8 m/s。试计算数据块长度为 100MB,数据发送速率为 100kb/s 的情况下发送时延和传播时延。

9. 根据教材中邮政快递系统的事例,列举一些日常生活中具有分层体系结构的事例。

10. 简述五层协议体系结构各层功能。

11. 简述 OSI 参考模型和 TCP/IP 模型的异同。

12. 以电子邮件应用为例,分别从发送方和接收方的角度出发,简述 TCP/IP 模型中数据传输的过程。

第2章 物 理 层

物理层是计算机网络的最底层。本章首先讨论物理层的基本理论，然后介绍数据通信基础知识，接着介绍数据编码技术、数据交换技术和信道多路复用技术，然后介绍传输介质和宽带接入技术，最后讲解物理层设备和双绞线制作直通线和交叉线的实验。

2.1 物理层的基本概念

物理层位于OSI模型的最底层，但它是整个开放系统的基础。本节我们首先明确物理层的功能，然后进一步指出物理层协议及其特性，接着通过介绍两个物理层接口实例让大家建立清晰的有关物理层的理论基础。

2.1.1 物理层的功能

物理层为设备之间的数据通信提供传输媒体及互连设备，为数据传输提供可靠的环境。物理层既不是指计算机网络中的具体硬件设备，也不是指负责信号传输的具体传输介质，而是指在连接开放系统的物理介质上为上一层数据链路层提供传送比特流的一个物理信道。其中，物理信道是指用来传送信号或数据的物理通路，主要由传输介质和相应的信号发送和接收设备所组成，因此传输介质是物理信道的一个组成部分。

物理层的主要功能是要确保原始的比特流可以在各种物理媒介上正确地传输，要实现将一台计算机中的数字信号即比特流通过传输介质正确传输到另一台计算机上的目的，物理层必须要实现以下功能：

(1) 提供网络设备(结点)之间传输数据所需要的物理连接的建立、维持和释放的连接管理和传输控制。

(2) 对信号进行调制或转换，使得网络设备中的数字信号(比特流)定义能够与传输介质上实际传送的信号(例如，电信号、光信号或电磁波信号)相匹配，以使得这些数字信号可以经由有线信道或无线信道来进行传输。

(3) 实现比特流的透明传输，为数据链路层提供服务。计算机网络中的硬件设备和传输介质的种类非常繁多，通信手段也有不同的方式，物理层的作用是尽可能地屏蔽掉这些差异，使上层的数据链路层感觉不到这些差异，而专注于完成本层的协议与服务。

由以上物理层的功能描述可知，物理层考虑的是怎样才能在连接各种网络设备的传输介质上传输比特流信息，而并不关心连接网络设备的具体物理设备或具体的传输介质是什么，物理层仅单纯关心比特流信息的传输问题，而不涉及比特流中各比特之间的关系

(即物理层不涉及信息格式及其含义),对传输差错也不做任何控制。这就像快递员只负责投递货物,不必关心是什么货物一样。

2.1.2 物理层协议及其特性

物理层的功能是通过物理层协议来实现的。物理层主要任务可以看成是确定与传输介质的接口有关的一些特性。物理层的协议即物理层接口标准,也称为物理层规程。在"协议"这个名词出现前人们就先使用了"规程"这一名词。物理层协议规定了与建立、维持以及断开物理信道有关的机械连接特性、电气特性、功能特性以及规程特性。其中,这四种特性分别是指:

(1) 机械特性,也称物理特性,主要是指通信实体之间硬件连接接口的机械特点。例如,接口所用连接器的形状(包括插头和插座)和尺寸、插针或插孔芯数及排列方式以及固定和锁定装置形式等。机械特性决定了网络设备与通信线路在形状上的可连接性。图 2.1 列出了 RS-232 接口的插孔芯数和排列方式。

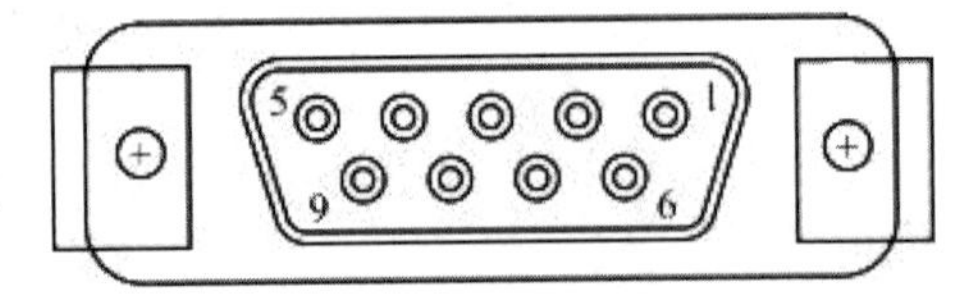

图 2.1 RS-232 接口的插孔芯数和排列方式

(2) 电气特性,主要是指通信实体之间硬件连接接口的各根导线(也称电路)的电气连接及有关电路的特性,一般包括接收器和发送器的电路特性说明、表示信号状态的电压/电流电平的识别、最大传输速率的说明、与互连电缆相关的规则、发送器的输出阻抗以及接收器的输入阻抗等电气参数等。

(3) 功能特性,主要是指通信实体之间硬件连接接口的各条信号线的用途与用法,接口信号线按其功能一般可分为接地线、数据线、控制线、定时线等类型,接口信号线的命名则通。

(4) 规程特性,主要是指通信实体之间硬件连接接口的各条信号线之间的工作规程与时序关系。接口信号线的规程特性指明了利用接口传输比特流的操作过程及各项用于传输的事件发生的合法顺序,包括事件的执行顺序、各信号线的工作顺序和时序以及数据传输方式等,从而使得比特流通过接口在通信实体之间的传输得以实现。

以上是有关物理信道的四方面特性规定,不同的设备制造厂家遵照这些规定的标准各自独立地制造出相互兼容的网络通信设备,因而采用这些网络通信设备即可确保物理层能够通过物理信道在相邻的网络结点之间正确地收发比特流信息。

2.1.3 物理层接口实例

物理层协议与具体的物理传输技术有关,不同的技术采用不同的协议标准。OSI 在定义物理层协议标准时,采纳了各种现成的协议,如 RS-232、RS-449、X.21、V35、ISDN,以及 IEEE 802、IEEE 802.3、IEEE 802.4、IEEE 802.5 等协议。EIA RS-232C 和 X.21 两个物理层通常使用的物理层协议,这里简介它们作为物理层的协议实例。

1. RS-232C 接口

RS-232C 是美国电子工业协会(Electronic Industry Association,EIA)在 1996 年颁布的异步通信接口标准,是为使用公用电话网进行数据通信而制定的标准。由于公用电话网是传输模拟信号的网络,计算机产生的信息号是数字信号,两台计算机主机通过电话网进行数据通信时,需要使用调制解调器完成模拟信号和数字信号的转换,在发送方的调制解调器将计算机主机的数字信号转换成模拟信号送入电话网,传输到后接收端后,接收端的调制解调器将接收到的模拟信号恢复为数字信号交给计算机。

RS-232C 就是为实现这种方式下的通信而设计的协议标准,RS-232C 协议是实现计算机主机与调制解调器连接的物理层接口协议标准,如图 2.2 所示。

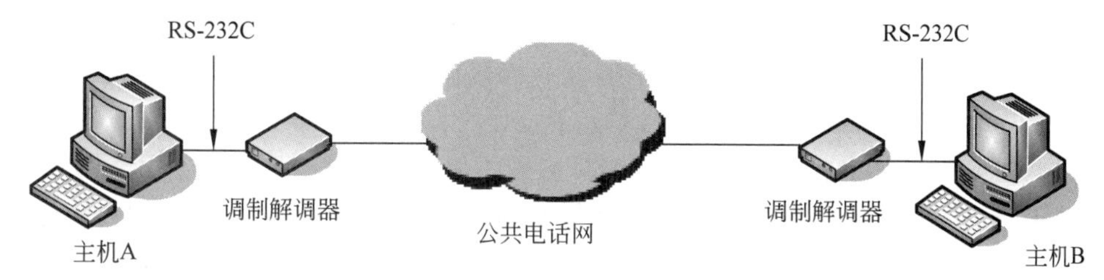

图 2.2 计算机和调制解调器连接的 RS-232C 接口

2. 同步通信接口 X.21 接口

以上介绍的 RS-232C 接口是为在模拟信道上传输数据而制定的接口标准,但早在 1969 年,国际电报电话咨询委员会(International Telephone and Telegraph Consultative Committee,CCITT)就预见数据通信迟早会从模拟信道演变成数字信道,于是开始研究和制定数字信道的接口标准。1976 年 CCITT 通过了用于数字信道传输的数字信道同步通信接口标准的建议书 X.21。

公用数据网是传输数字信道的网络,X.21 就是为采用公用数据网实现数据通信而设计的协议标准。在采用公用数据网进行数据通信时,计算机需要通过公用数据交换网的接入设备 PAD 接入公用数据网,X.21 就是数据终端设备 DTE 与公用数据交换网的接入设备 PAD 之间的接口标准。图 2.3 给出了两台计算机连接到公用数据网进行数据通信的连接结构图。按照通信模型,这里的计算机主机为 DTE,公用数据网接入设备为 DCE,X.21 是计算机通过公用数据网实现数据通信的物理层接口标准。

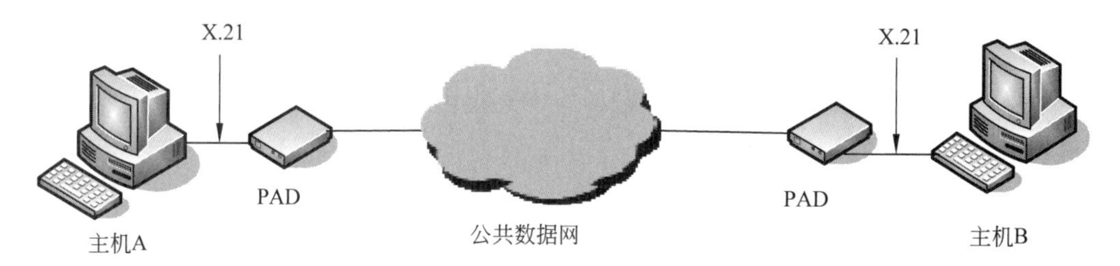

图 2.3 两台计算机连接到公用数据网进行数据通信的连接结构

2.2 数据通信基础知识

数据通信是计算机网络的基础,没有数据通信技术的发展,就没有计算机网络的今天。学习本节主要可以了解有关计算机网络的通信部分的基础知识,本节首先简单介绍数据通信的基本概念和数据通信系统模型，然后介绍数据通信中的主要技术指标和数据传输方式。

2.2.1 基本概念

1. 信息、数据和信号

通信的目的是传送信息，信息(Information)是指对客观事物的反映，可以是对物质的形态大小、结构性能等的描述，也可以是对物质与外部世界的联系的描述。信息的载体包括数字、文字、语音、图形、图像等。计算机及其外围设备所产生和交换的信息都是由二进制代码表示的字母、数字或控制符号的组合。

数据是指对客观事物的一种符号表示(包括图形、数字、字母等)。在计算机科学中，数据是指所有能输入到计算机并可被计算机程序所处理的符号的总称，数据是运送信息的实体。

信号是指数据在有线传输介质(双绞线、同轴电缆、光纤等)或无线传输介质(微波、红外线、激光、卫星等)中传输的过程中的电信号、光信号或电磁波信号的表示形式。不同的数据必须在转换为相应的信号之后才能在传输介质中进行传输。按照数据在传输介质上传输时的信号表示形式不同，信号可以分为模拟信号和数字信号两类。

(1) 模拟信号(Analog Signal)：是指在时间或幅度上连续的信号，因此通常又称为连续信号。例如，电话通信中，在通信线路上传送的是音频信号，是用电流的频率直接反映声音的频率，用电流的强弱直接反映声音的分贝值，其幅度取值均是随着用户声音大小的连续变化而连续变化的，故而是一种连续信号，即模拟信号，其波形为如图 2.4(a)所示的正弦波。

(2) 数字信号(Digital Signal)：是指在时间上与幅度上都是离散的、不连续的信号，因此通常又称为离散信号。例如，由计算机或终端等数字设备直接发出的二进制信号，其幅度取值只有两种，即“1”或“0”，分别用高(或低)电平或低(或高)电平表示，其波形为如图 2.4(b)所示的方波。

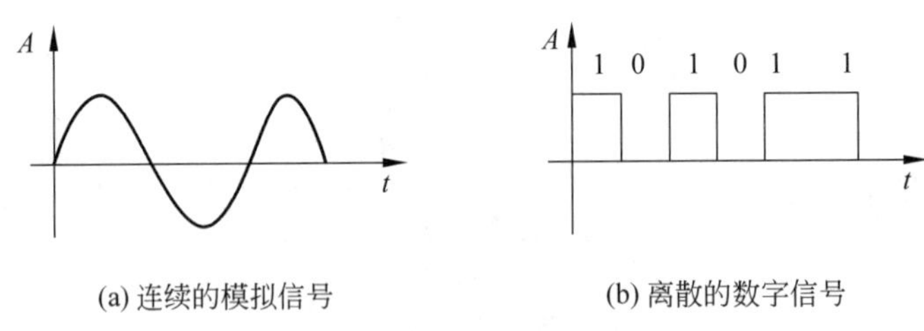

图 2.4 模拟信号和数字信号的波形图

2. 数据通信系统模型

如图 2.5 所示，两台 PC 经过普通电话机的连线，再经过公用电话网进行通信。这个简单的例子说明一个数据通信系统可划分为三大部分，即源系统(或发送端、发送方)、传输系统(或传输网络)和目的系统(或接收端、接收方)。

(1) 源系统。源系统就是发送信号的一端，它一般包括以下两个部分。

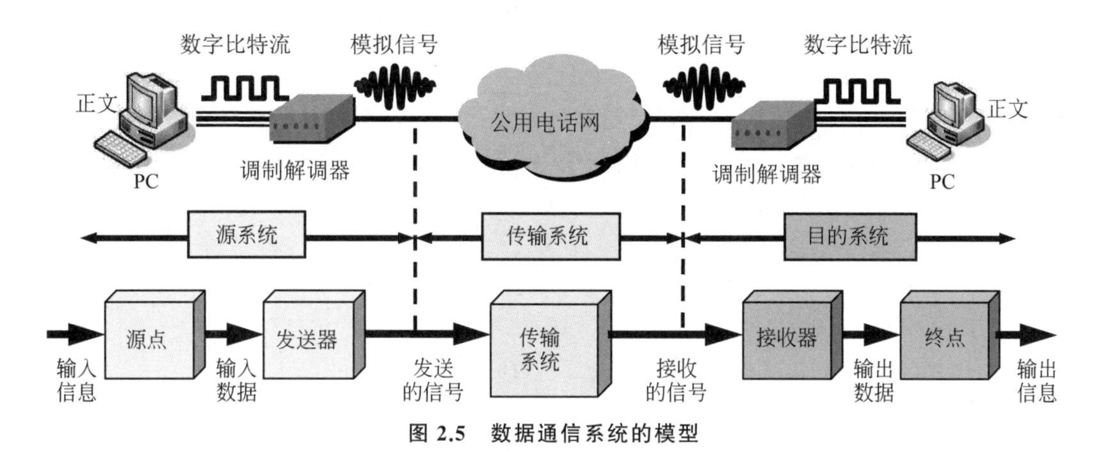

图 2.5 数据通信系统的模型

- 源点：也称信源，产生要传输的数据的计算机或服务器等设备。
- 发送器：对要传送的数据进行编码的设备，如调制解调器等。常见的网卡中也包括收发器组件和功能。

(2) 传输系统。这是网络通信的信号通道，如双绞线通道、同轴电缆通道、光纤通道或者无线电波通道等。当然还包括线路上的交换机和路由器等设备。

(3) 目的系统。目的系统就是接收发送端所发送的信号的一端，它一般也包括以下两个部分。

- 接收器：接收从发送端发来的信息，并把它们转换为能被目的站设备识别和处理的信息。它也可以是调制解调器之类的设备，不过此时它的功能当然就不再是调制，而是解调了。常见的网卡中也包括接收器组件的功能。
- 终点：从接收器获取由发送端发送的信息的计算机或服务器等。

图 2.5 所示的数据通信系统，说它是计算机网络也可以，这里从通信的角度介绍数据通信系统的一些要素，这些在计算机网络中我们就不再讨论了。

2.2.2 数据通信中的主要技术指标

数据通信的任务是传输数据信息，希望达到传输速度快、出错率低、信息量大、可靠性高，并且既经济又便于使用维护。这些要求可以用下列技术指标加以描述。

1.比特率和波特率

数据信号是用离散的码元序列表示的，一个离散的状态位就是一个码元。在二进制中，0 或 1 中取一个状态位就是一个码元。一个字符 A 的 ASCII 码 01000001 是用八位二进制数字来表示的，即由八个码元构成。在四进制中，离散的状态值有 3、2、1、0 四个取值。同样这四个取值中取一个状态位就是一个码元。可见，码元与它的离散状态值的取值多少无关，无论几进制的数字信号，一位状态码就是一个码元。

多数情况下数字信号都是二进制信号，在二进制情况下，一个比特就是一个码元。一个码元携带的信息量由码元取的离散的状态值个数决定。在二进制情况下，码元取 0 和 1 两个离散状态值，则一个码元携带一位二进制比特数，传输出一位二进制数，就传输了一个二进制比特数。在四进制情况下，码元可取 0、1、2、3 四个离散状态值，而四进制的四个离散值0、1、2、3可以用两位二进制进行表示，即00、01、10、11，这意味着每传送了一个四进制的码元，相当于传送了两位二进制比特数。也就是说在四进制中，一个码元携带2比特信息，同样，在八进制中，一个码元携带3比特信息。按照以上分析，可以得出码元携带的信息量n(比特)与码元取的离散值个数N有如下关系：

$$n = \log_2 N \tag{2-1}$$

另一个技术指标是波特率，也称码元速率、调制速率或信号传输速率，单位为波特(Baud)。信号传输速率表示单位时间内通过信道传输的码元个数，也就是信号经调制后的传输速率。若信号码元的宽度为T秒，则码元速率定义：

$$B = 1/T \quad (\text{Baud}) \tag{2-2}$$

所谓数据传输速率，也称比特率，是指每秒能传输的二进制信息位数，单位为比特/秒(bits per second)，记作bps或b/s，它可由下式确定：

$$R = 1/T \cdot \log_2 N \quad (\text{b/s}) \tag{2-3}$$

式中，T为一个数字脉冲信号的宽度或重复周期，单位为秒。一个数字脉冲也称为一个码元，N为一个码元所取的有效离散值个数，N一般取2的整数次方值。

在有些调幅和调频方式的调制解调器中，一个码元对应于一位二进制信息，即一个码元有两种有效离散值，此时调制速率和数据传输速率相等。但在调相的四相信号方式中，一个码元对应于两位二进制信息，即一个码元有四种有效离散值，此时调制速率只是数据传输速率的一半。由以上两式合并可得到调制速率和数据传输速率的对应关系式：

$$R = B \cdot \log_2 N \quad (\text{b/s}) \tag{2-4}$$

或

$$B = R/\log_2 N \quad (\text{Baud}) \tag{2-5}$$

一般在二元调制方式中，R和B都取同一值，习惯上二者是通用的。但在多元调制的情况下，必须将它们区别开来。例如采用四相调制方式，即$N=4$，且$T=833\times10^{-6}$s，则可求出数据传输速率为：

$$R = 1/T \cdot \log_2 N = 1/(833\times10^{-6}) \cdot \log_2 4 = 2400 \quad (\text{b/s})$$

而调制速率为：

$$B = 1/T = 1/(833\times10^{-6}) = 1200 \quad (\text{Baud})$$

通过上例可见，虽然数据传输速率和调制速率都是描述通信速度的指标，但它们是完全不同的两个概念。打个比喻来说，假如调制速率是公路上单位时间经过的卡车数，那么数据传输速率便是单位时间里经过的卡车所装运的货物箱数。如果一车装一箱货物，则单位时间经过的卡车数与单位时间里卡车所装运的货物箱数相等；如果一车装多箱货物，则单位时间经过的卡车数便小于单位时间里卡车所装运的货物箱数。

2. 信道带宽

在模拟信道中，人们一般采用“带宽”表示信道传输信号的能力，信道带宽(Band Width)即信道所能传送的信号的频率宽度，也就是可传送信号的最高频率与最低频率之差。通常称信道带宽为信道的通频带，单位用赫兹(Hz)表示。

例如，一条传输线可以接受从300Hz到3000Hz的频率，则在这条传输线上传送频率的带宽就是2700Hz。信道的带宽由传输介质、接口部件、传输协议及传输信息的特性等

因素所决定。它在一定程度上体现了信道的传输性能，是衡量传输系统的一个重要指标。信道的容量、传输速率和抗干扰性等均与带宽有密切的联系。通常，信道的带宽越大，信道的容量也越大，其传输速率相应也较高。

3.信道容量——奈奎斯特准则与香农定理

信道容量表征一个信道传输数据的能力，单位也用比特/秒(b/s)。信道容量与数据传输速率的区别在于，前者表示信道的最大数据传输速率，是信道传输数据能力的极限；而后者则表示实际的数据传输速率。这就像公路上的最大限速值与汽车实际速度之间的关系一样，信道容量和传输速率之间应满足以下关系：信道容量>传输速率，否则高的传输速率在低信道上传输，其传输速率受信道容量所限制，肯定难以达到原有的指标。

奈奎斯特(Nyquist)首先给出了无噪声情况下码元速率的极限值 B_{max} 与信道带宽 H 的关系：

$$B_{max}=2\cdot H \quad \text{(Baud)} \tag{2-6}$$

其中，H 是信道的带宽，也称频率范围，即信道能传输的上、下限频率的差值，单位为 Hz。由此可推出表征信道数据传输能力的奈奎斯特公式：

$$R_{max}=2\cdot H\cdot \log_2 N \quad \text{(b/s)} \tag{2-7}$$

此处，N 仍然表示携带数据的码元可能取的离散值的个数，C 即是该信道最大的数据传输速率。

在实际网络中，多数情况还是采用二进制信号进行传输。在这种情况下，信道容量可以简单地表示为 $R_{max}=2\cdot H$(b/s)，即在带宽为 H 的信道中，信道容量为信道带宽的两倍。

由以上两式可见，对于特定的信道，其码元速率不可能超过信道带宽的两倍，但若能提高每个码元可能取的离散值的个数，则数据传输速率便可成倍提高。例如，普通电话线路的带宽约为 3kHz，则其码元速率的极限值为 6kBaud。若每个码元可能取的离散值的个数为 16(即 $N=16$)，则最大数据传输速率可达 $R_{max}=2\times 3\text{k}\times \log_2 16=24\text{kb/s}$。

实际的信道总要受到各种噪声的干扰，如图 2.6 所示，香农(Shannon)则进一步研究了受随机噪声干扰的信道的情况，给出了计算信道容量的香农公式：

$$C=H\cdot \log_2(1+S/N) \quad \text{(b/s)} \tag{2-8}$$

公式中的 H 是信道带宽(Hz)，S 是信号功率(W)，N 是噪声功率(W)。

当噪声功率趋于 0 时，S/N 趋于无穷大，信道传输的信息多少由带宽决定。此时，信道中每秒所能传输的最大比特数由奈奎斯特准则 $R_{max}=2\cdot H\cdot \log_2 N$(b/s)决定。

公式表明，信道带宽限制了比特率的增加，信道容量还取决于系统信噪比以及编码技术的种类，通常把信噪比表示成 $10\lg(S/N)$，以分贝(dB)为单位来计量。它表明了当信号与作用在信道上的随机噪声的平均功率给定时，具有一定频带宽度 H 的信道上，理论上单位时间内可能传输的是信息量的极限数值。

例如，信噪比为 30dB，带宽为 3kHz 的信道的最大数据传输速率为：

$$R_{max}=3\text{k}\times \log_2(1+10^{30/10})=3\text{k}\times \log_2(1+1001)=30\text{kb/s}$$

由此可见，只要提高信道的信噪比，便可提高信道的最大数据传输速率。

奈奎斯特准则描述了有限带宽且无噪声信道的最大数据传输速率与信道带宽之间的

(a) 通信质量较好的信道

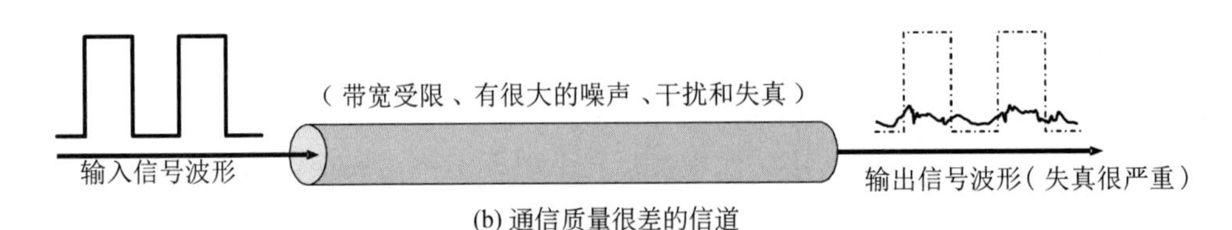

(b) 通信质量很差的信道

图 2.6　数字信号通过实际的信道

关系，而香农定理则描述了有限带宽且有随机热噪声信道的最大传输速率与信道带宽及信噪比之间的关系。显然，信道数据传输速率的实际上限是分别依据奈奎斯特准则和香农定理所得到的两个数据传输速率之间的最小值。

另外，由奈奎斯特准则还可知，若想要提高信道的数据传输速率，仅仅依靠提高信号的采样率是不可能的，因为奈奎斯特准则表明，即使对于完美的 3kHz 传输线路，若每个码元仅包含一位(即，用 0V 电压表示比特 0，用 1V 电压表示比特 1)，则其最大数据传输速率为 $2\times3\text{kHz}\times\log_2 2=6\text{kHz}$，故采样率超过 6kHz 是没有意义的。因此，若要想获得更高的数据传输速率，则只有利用调制技术尽可能提高每次采样发送的信息的位数，即增大码元的长度。

4. 误码率

误码率是衡量通信系统线路质量的一个重要参数。误码率的定义为：二进制符号在传输系统中被传错的概率，它近似等于被传错的二进制符号数 N_e 与所传输的二进制符号总数 N 的比值。

$$P_e=N_e/N \tag{2-9}$$

计算机网络中，一般要求误码率低于 10^{-6}，即平均每传输 10^6 位数据仅允许错一位。若误码率达不到这个指标，可以通过差错控制方法进行检错和纠错。

2.2.3　数据的传输

1. 并行通信与串行通信

在计算机内部各部件之间、计算机与各种外部设备之间及计算机与计算机之间都是以通信的方式传递交换数据信息的。通信有两种基本方式，即串行方式和并行方式。

并行通信(Parallel Communication)：如图 2.7(a)所示，在并行通信方式中一次同时传送多位二进制数据，因此，从发送端到接收端需要多根数据线。并行方式主要用于近距离通信，例如，在计算机内部的数据通信通常是以并行方式进行的。并行方式的优点是传输速度快，处理简单。

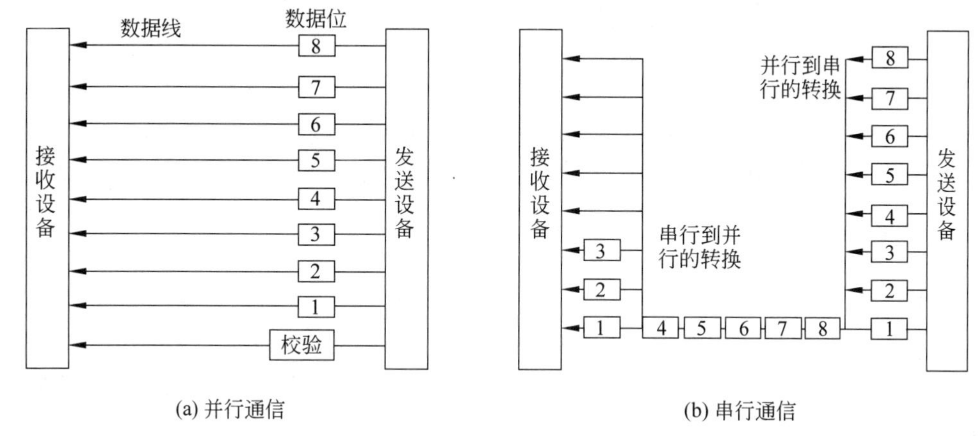

图 2.7　串行通信与并行通信方式原理

串行通信（Serial Communication）：如图 2.7(b)所示，在串行通信方式中一次只传送一位二进制的数据，因此，从发送端到接收端只需要一根传输线。串行方式虽然传输率低，但适合于远距离传输，因此，在计算机网络中，普遍采用串行通信方式。

并行传输时，需要一根至少有 8 条数据线（因一字节是 8 位）的电缆将两个通信设备连接起来。当进行近距离传输时，这种方法的优点是传输速度快，处理简单；但进行远距离数据传输时，这种方法的线路费用就难以容忍了。串行数据传输时，数据是一位一位地在通信线上传输的，如图 2.8 所示，与同时可传输好几位数据的并行传输相比，串行数据传输的速度要比并行传输慢得多。以串行传输方式通信，对于计算机网络来说具有更大的现实意义。

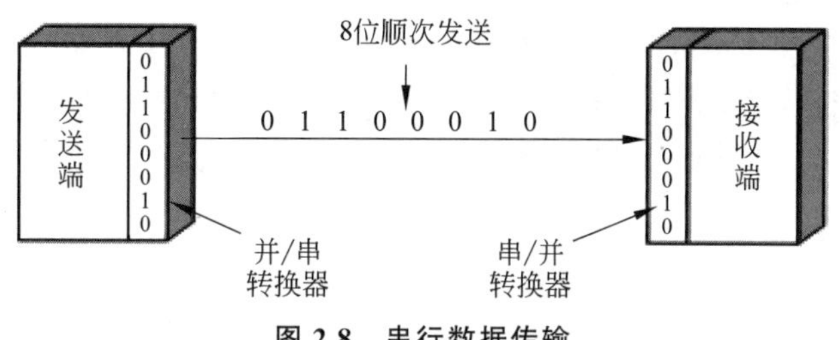

图 2.8　串行数据传输

串行数据传输时，先由具有 8 位总线的计算机内的发送设备，将 8 位并行数据经并/串转换硬件转换成串行方式，再逐位经传输线到达接收站的设备中，并在接收端将数据从串行方式重新转换成并行方式，以供接收方使用。

2. 基带传输、频带传输与宽带传输

信号每秒钟变化的次数称为频率（Frequency），其单位为赫兹（Hz）。信号的频率有高有低，就像声音有高有低一样。信号包含的最高频率与最低频率之间的频率范围称为信号的带宽（Bandwidth），不同的信号具有不同的带宽。信源（模拟信源、数字信源）所发出的没有经过调制（频谱搬移与变换）的原始电信号（无论是数字信号还是模拟信号）称为基带信号（Base Band Signal），而在信道中直接传送基带信号的方式，就称为基带传输

(Base Band Transmission)。在基带传输中,由于整个信道只传输一种信号,因此其信道利用率低。

由于在近距离范围内基带信号的衰减不大,从而信号内容不会发生变化。因此,在传输距离较近时,计算机网络通常都采用基带传输方式。例如,从计算机到显示器、打印机等外设的信号就是采用基带传输的方式。另外,在大多数的局域网(如以太网、令牌环网等)也都是采用基带传输的方式。例如局域网设计标准 10Base-T 所使用的就是基带信号。

基带信号一般包含较多的低频成分,甚至有直流成分,而许多信道并不能传输这样的低频分量或直流分量。例如,人说话的频率(话音)为 300~3000Hz(如图 2.9 所示),图像信号为 0~6 MHz,因此,出于抗干扰和提高数据传输率的考虑,基带信号不适合用于远距离通信。

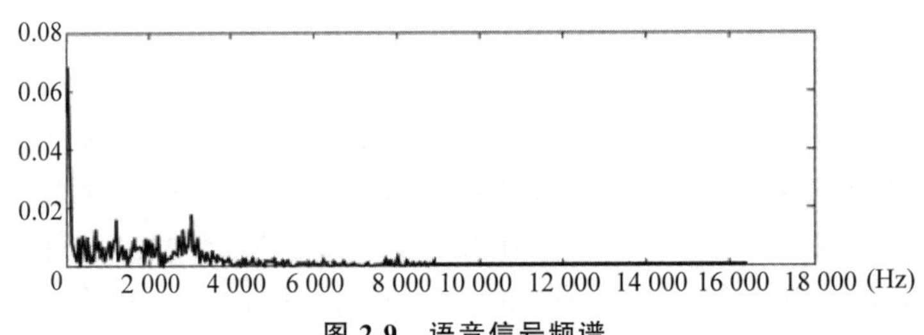

图 2.9 语音信号频谱

在远距离通信时,通常首先将基带信号变换(调制)成便于在模拟信道中传输的具有较高频率范围的模拟信号,称为频带信号(Frequency Band Signal)。然后再将这种频带信号在模拟信道中进行传输。这种在信道中传送频带信号的方式,称为频带传输(Frequency Band Transmission)。频带传输的优点是可以利于现有的模拟信道(例如,公用电话线路等)进行通信,不但价格便宜,而且容易实现。频带传输的缺点是传输速率低、误码率高。另外,频带传输在传输系统的发送端和接收端都需要安装调制解调器(Modem)。

相对一般说的频带传输而言,比音频(4kHz)还要宽的频带传输称为宽带传输(Broad Band Transmission)。显然,宽带传输是一种频带传输,传输的是模拟信号。此外,通过借助频带传输,宽带传输系统还可以将物理链路容量分解成两个或更多的逻辑信道,其中每个信道都可携带不同的信号,且所有的信道都可以同时发送信号,因此,与基带传输相比,宽带传输具有以下优点:

(1) 能在一个信道中同时传输声音、图像和数据信息,从而使得系统可具有多种用途。

(2) 一条宽带信道能划分为多条逻辑基带信道,实现多路复用,因此宽带传输系统中信道的容量大大增加了。

(3) 宽带传输比基带传输的距离更远。

3. 数据通信的方向

信道是用来表示向某一个方向传送信息的媒体。通信线路可由一个或多个信道组成，根据信道在某一时间信息传输的方向，可以是单工、半双工和全双工三种通信方式。

所谓单工(Simplex)指的是两个数据站之间始终是一个方向的通信，发送端仅能把数据发往接收端，接收端也只能接受发送来的数据，如图2.10(a)所示。比如，听广播和看电视就是单工通信的例子，信息只能从广播电台和电视台发射并传输到各家庭接收，而不能从用户传输到电台或电视台。

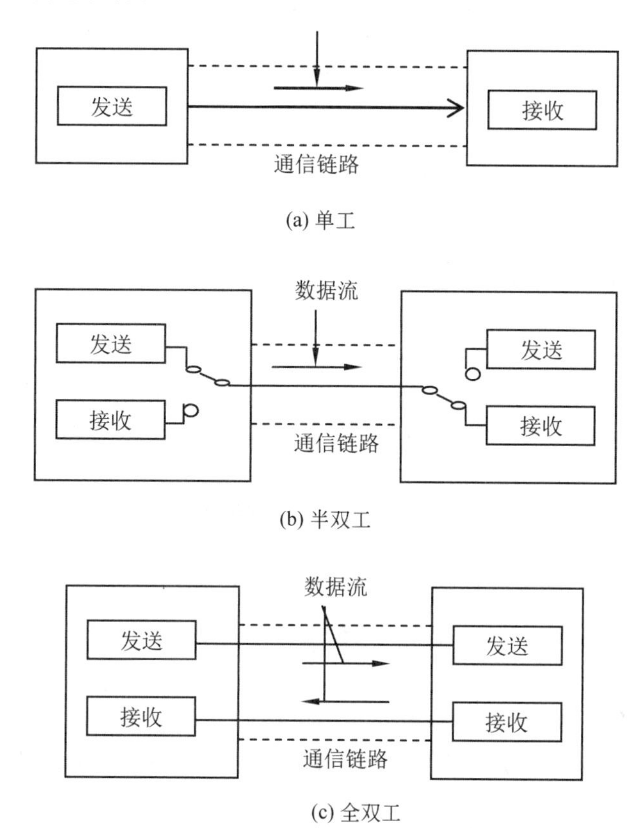

图2.10　单工、半双工和全双工通信

所谓半双工(Half Duplex)通信是指信息流可以在两个方向传输，但同一时刻只限于一个方向传输，如图2.10(b)所示。通信的双方都具备发送和接收装置，即每一端可以是发送端也可以是接收端，信息流是轮流使用发送和接收装置的。比如：对讲机的通信就是半双工通信。

所谓全双工(Full Duplex)通信是指同时可以作双向的通信，即通信的一方在发送信息的同时也能接收信息，如图2.10(c)所示。

全双工通信往往采取四线制。每两条线负责传输一个方向的信号。若采用频分多路复用，可将一条线路分成两个子信道，一个子信道完成一个方向的传输，则一条线路就可实现全双工通信。

4. 数据通信的同步方式

在数据通信中，通信双方收发数据序列必须在时间上取得一致，这样才能保证接收的数据与发送的数据一致,这就是数据通信中的同步。一般串行通信广泛采用的同步方式有同步通信和异步通信两种。如果不采用数据传输的同步技术则有可能产生数据传输的误差。在网络的数据传输中,数据是由许多字符组成帧来进行传送的,在数据帧的传输中,也同样也存在要能识别一个字符的开始和结束,即要解决字符的同步问题。字符同步的实现技术有异步传输和同步传输。

所谓异步传输(Asynchronous Transmission)又称起止式传输,即指发送方和接收方之间不需要合作。也就是说,发送方可以在任何时候发送数据,只要被发送的数据已经是可以发送的状态的话。接收方则只要数据到达,就可以接收数据。每一个字符按一定的格式组成一个帧进行传输。即在一个字符的数据位前后分别插入起始位、检验位和停止位构成一个传输帧,如图 2.11 所示。

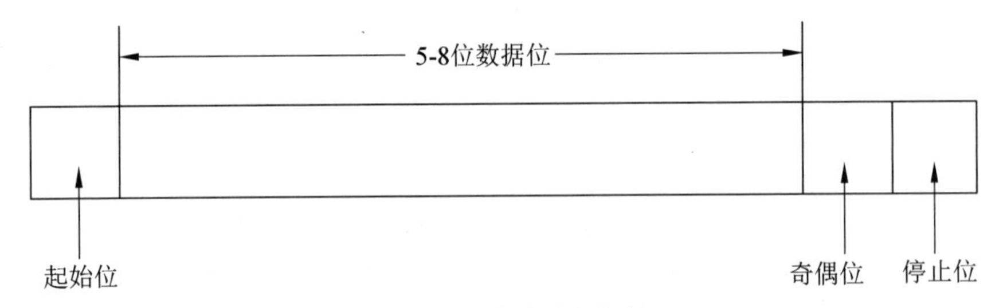

图 2.11 异步传输数据帧

它在每一个被传输的字符的前、后各增加一位起始位、一位停止位,用起始位和停止位来指示被传输字符的开始和结束,通常,起始位为一个码元,极性为 0,终止位为一个码元,极性为 1。

在接收端,去除起、止位,中间就是被传输的字符。接收端根据“终止位”到“起始位”的跳变(“1”与“0”)识别一个新的字符,从而区分一个个字符。这种传输技术由于增加了很多附加的起、止信号,因此传输效率不高,异步通信传输方式如图 2.12 所示。

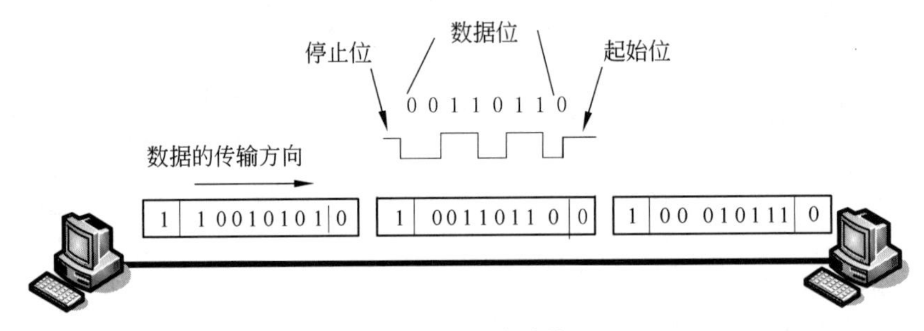

图 2.12 异步传输

由于每一个字符独立形成一个帧进行传输,一个连续的字符串同样是被封装成连续的独立帧进行传输的,各个字符间的间隔是可以任意的,所以这种传输方式称为异步传输。

异步传输中每一个字符都必须装配成一个帧进行传输。由于起止位、检验位和停止位的加入会引入20%～30%的开销，传输的额外开销大，使传输效率只能达到70%左右。如一个帧其字符为七位代码，一位校验位，一位停止位，加上起始位的一位，则传输效率为7/(1+7+1+1)=7/10。另外，异步传输仅采用奇偶校验进行检错，检错能力较差。但是，异步传输所需要的设备简单，所以在通信中也得到了广泛的应用。例如，计算机的串口通信就是采用这种方式进行传输，网络中通过电话线、调制解调器上网就是采用异步传输方式实现的。

同步传输(Synchronous)将一次传输的若干字符组成一个整体的数据块再加上其他控制信息构成一个数据帧进行传输。这种传输方式由于每个字符间不能有时间间隔，必须一个字符紧跟一个字符(同步)，所以称为同步传输，如图2.13所示。

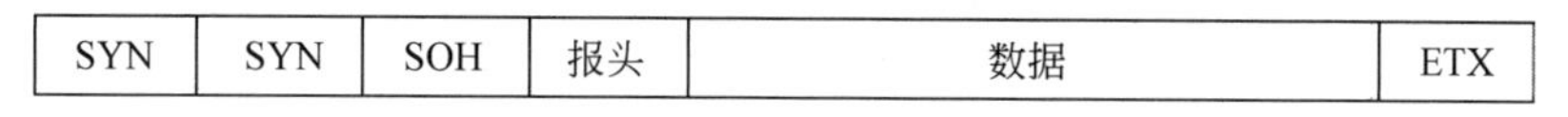

图2.13 同步传输

按照这种方式，在发送前先要封装帧。即在一组字符(数据)之前先加一串同步字符SYN来启动帧的传输，然后加上表示帧开始的控制字符(SOH)、再加上传输的数据，在数据后面加上表示结束的控制字符(如ETX)等。SYN、SOH、数据、ETX等构成一个封装好的数据帧。

只要检测到连续两个以上的SYN字符就确认已进入同步状态，准备接收信息。随后的数据块传送过程中双方以同一频率工作(同步)，直到指示数据结束的ETX控制字符到来时，传输结束。这种同步方式在传输一组字符时，由于每个字符间无时间间隔，仅在数据块的前后加入控制字符SYN、SOH、ETX等同步字符，所以效率更高。在计算机网络的数据传输中，多数传输协议都采用同步传输方式。

一组字符采用同步传输和异步传输的示意如图2.14所示。同步传输每个字符间不能有时间间隔(同步)，而异步传输的每个字符间的时间间隔可以任意(异步)。

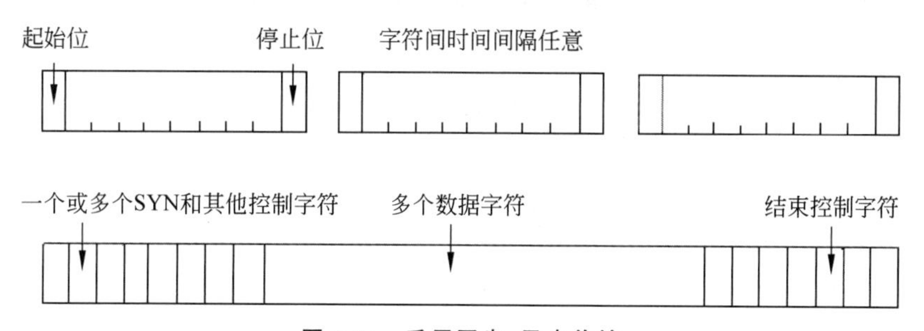

图2.14 采用同步、异步传输

根据同步、异步的概念，我们可以说异步传输字符间是异步的，而在字符内是比特同步的；而同步传输字符间是同步的且字符内是比特同步的。

与异步传输相比，同步传输在技术实现上复杂，但不需要对每一个字符单独加起、止码元作为识别字符的标志，只是在一串字符的前后加上同步字符。因此，传输效率高，适合较高速率的数据通信系统(2.4kb/s以上)。

2.3 数据编码技术

在计算机中数据是以二进制 0、1 比特序列方式表示的，而计算机数据在传输中采用什么样的编码取决于它所采用的通信信道所支持的数据类型。计算机网络中常用的通信信道分为两类：模拟信道和数字信道。所谓的模拟信道指其上只能传送模拟信号，也就是电流或电压随时间连续变化的信号。而数字信道指传输数字信号的信道，数字信号指电流或电压不连续变化的信号，或叫离散信号。计算机发出的二进制数据信号就是典型的数字信号。

为了实现计算机网络之间的远程通信，必须首先根据不同类型的信道将不同类型的信号进行变换（数据编码）才能够在公共网上传输。这就要利用信号的调制与解调技术，这些信号调制技术主要用于调制解调器中。

2.3.1 数字调制技术

1. 数字调制技术的基本形式

所谓调制，就是指在通信系统的发送端将数字信号变换成模拟信号的过程，负责调制的设备称为调制器（Modulator）。在数字信号的频带传输系统中，为了在模拟信道中传输数字信号，必须先在发送端将数字信号转换成模拟信号，然后再在接收端将模拟信号还原成数字信号。其中，将模拟信号还原成数字信号的过程称为解调，负责解调的设备称为解调器（Demodulator），而同时具备调制与解调功能的设备则称为调制解调器，调制解调器是频带传输中最典型的一种通信设备。在远程系统中的调制解调器如图 2.15 所示。

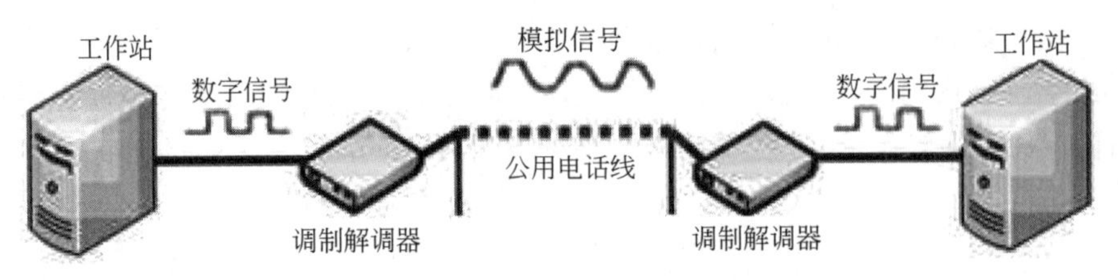

图 2.15 远程系统中的调制解调器

如图 2.15 所示，目前主要的数字调制技术（将数字信号变换为模拟信号的技术）有以下三种基本形式，即移幅键控法、频移键控法、相移键控法。

（1）幅度键控（Amplitude Shift Keying，ASK）：是指按照数字信号的值（0 或 1）来调制载波的振幅。例如，如图 2.16 所示，在二进制幅度键控法中，如果调制的数字信号为“1”，则传输载波；而如果调制的数字信号为“0”，则不传输载波。

（2）频移键控（Frequency Shift Keying，FSK）：是指按照数字信号的值（0 或 1）来调制载波的频率。例如，在二进制频移键控法中，如果调制的数字信号为“1”，则传输一种频率的载波；而如果调制的数字信号为“0”，则传输另一种频率的载波。

（3）相移键控（Phase Shift Keying，PSK）：是指按数字信号的值（0 或 1）来调制载波的相位。例如，如图 2.16 所示，在二进制相移键控法中，如果调制的数字信号为“1”，则传

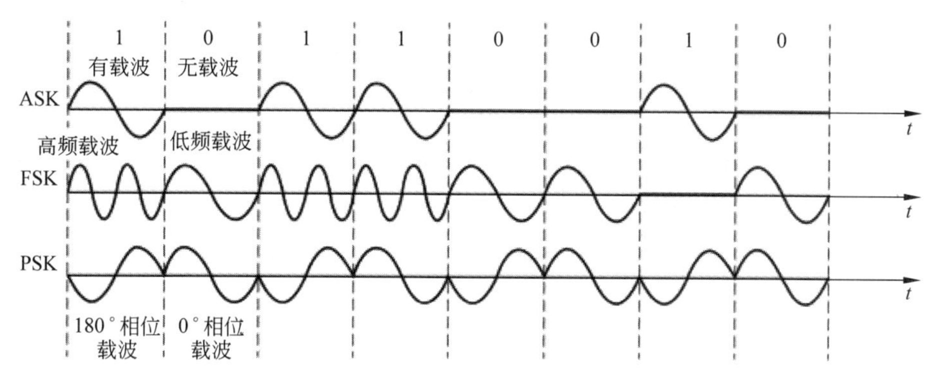

图 2.16 数字调制的三种基本形式

输 180°相移的载波；而如果调制的数字信号为“0”，则传输 0°相移的载波。

2.正交调制

为了满足现代通信系统对传输速率和带宽提出的新要求，人们不断地推出一些新的数字调制解调技术。正交幅度调制(Quadrature Amplitude Modulation，QAM)就是一种高效的数字调制方式。与其他调制技术相比，这种调制解调技术能充分利用带宽，且具有抗噪声能力强等优点，因而在中、大容量数字微波通信系统、有线电视网络高速数据传输、卫星通信等领域得到广泛应用。

正交幅度调制是一种在两个正交载波上进行幅度调制的调制方式(采取幅度与相位相结合的方式)。这两个载波通常是相位差为 90°(π/2) 的正弦波，因此被称为正交载波。

模拟信号的相位调制和数字信号的相位调制可以被认为是幅度不变、仅有相位变化的特殊的正交幅度调制。由此，模拟信号频率调制和数字信号频率调制也可以被认为是 QAM 的特例。

QAM 发射信号集可以用星座图方便地表示。星座图上每一个星座点对应发射信号集中的一个信号。设正交幅度调制的发射信号集大小为 N，称为 N-QAM。星座点经常采用水平和垂直方向等间距的正方网格配置，当然也有其他的配置方式。数字通信中数据常采用二进制表示，这种情况下星座点的个数一般是 2 的幂。常见的 QAM 形式有 16-QAM、64-QAM、256-QAM 等。星座点数越多，每个符号能传输的信息量就越大。但是，如果在星座图的平均能量保持不变的情况下增加星座点，会使星座点之间的距离变小，进而导致误码率上升，因此高阶星座图的可靠性比低阶要差。

当对数据传输速率的要求高过 8-PSK 能提供的上限时，一般采用 QAM 的调制方式。因为 QAM 的星座点比 PSK 的星座点更分散，星座点之间的距离因之更大，所以能提供更好的传输性能。但是 QAM 星座点的幅度不是完全相同的，所以它的解调器需要能同时正确检测相位和幅度，不像 PSK 解调只需要检测相位，这增加了 QAM 解调器的复杂性。

同其他调制方式类似，QAM 通过载波某些参数的变化传输信息。在 QAM 中，数据信号由相互正交的两个载波的幅度变化表示，如图 2.17 所示，16-QAM 由于 4 比特编码共有 16 种不同的组合，因此这 16 个点中的每个点可对应于一种 4 比特的编码。

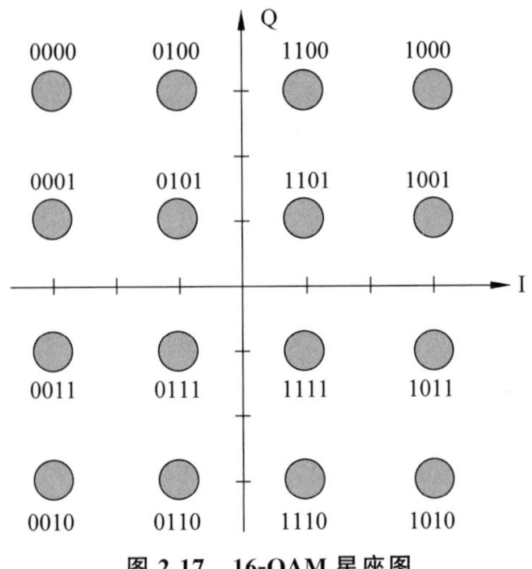

图 2.17　16-QAM 星座图

基于奈奎斯特准则可知，针对话音信道（带宽 4000Hz），若采用 QAM-16 调制技术，则信道的数据传输速率可达 32kb/s。

显然，星座图中的点越多，则采用该调制技术将使得信道的数据传输速率越大。但星座图中的点越多，使得噪声对信号影响也就越大，因此，星座图中的点不可能无限制增多，这也使得在采用调制技术的情形下，信道的数据传输速率不可能无限制增大。

2.3.2　数据的编码

计算机数据在网络上传输的过程中，数据编码的类型主要取决于它采用的通信信道。网络中的通信信道分为模拟信道和数字信道两种，而依赖于信道传输的数据也分为模拟数据与数字数据，因此数据的编码方法包括数字数据的编码与调制和模拟数据的编码与调制，如图 2.18 所示。

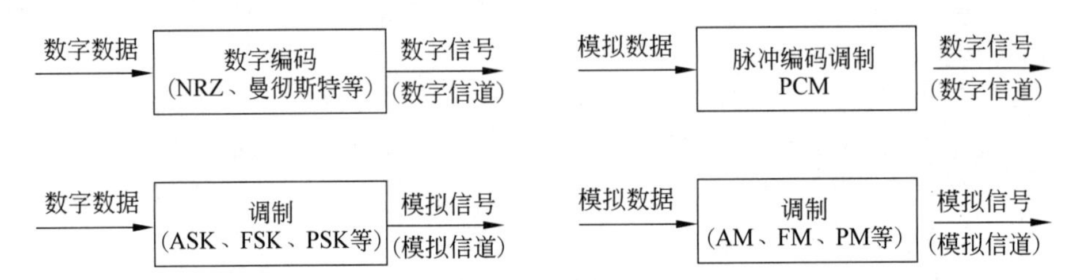

图 2.18　数据的编码和调制技术

1. 数字数据的模拟信号编码

要在模拟信道上传输数字数据，首先要用模拟信号作为载波运载要传送的数字数据。载波信号可以表示为正弦波形式：$f(t)=A\sin(\omega t+\varphi)$，其中幅度 A、频率 ω 和相位 φ 的变化均影响信号波形。因此，通过改变这三个参数可实现对模拟信号的编码。相应的调制方式分别称为幅度调制 ASK、频率调制 FSK 和相位调制 PSK。结合 ASK、FSK 和 PSK 可以实现高速调制，常见的组合是 PSK 和 ASK 的结合。

幅移键控(Amplitude Shift Keying,ASK),简称调幅。使用载波频率的两个不同振幅来表示两个二进制值,参见图 2.16。在一般情况下,用振幅恒定载波的存在与否来表示两个二进制字。ASK 方式的编码效率较低,容易受噪音变化的影响,抗干扰性较差。在音频电话线路上,一般只能达到 1200b/s 的传输速率。

频移键控(Frequency Shift Keying,FSK),简称调频。使用载波频率附近的两个不同频率来表示两个二进制值,参见图 2.16。FSK 比 ASK 的编码效率高,不易受干扰的影响,抗干扰性较强。在音频电话线路上的传输速率可以大于 1200b/s。

相移键控(Phase Shift Keying,PSK),简称调相。使用载波信号的相位移动来表示二进制数据,参见图 2.16。在 PSK 方式中,信号相位与前面信号序列同相位的信号表示 0,信号相位与前面信号序列反相位的信号表示 1。PSK 方式也可以用于多相的调制,例如在四相调制中可把每个信号序列编码为两位。PSK 方式具有很强的抗干扰能力,其编码效率比 FSK 还要高。在音频线路上传输速率可达 9600b/s。

在实际的调制解调器中,一般将这些基本的调制技术组合起来使用,以增强抗干扰能力和编码效率。常见的组合是 PSK 和 FSK 方式的组合或者 PSK 和 ASK 方式的组合。

由 PSK 和 ASK 结合的相位幅度调制 PAM,是解决相移数已达到上限但还能提高传输速率的有效方法。

2. 数字数据的数字信号编码

数字数据的数字信号编码,就是要解决数字数据的数字信号表示问题,即通过对数字信号进行编码来表示数据。数字数据为二进制数(0 或 1),数字信号为高电平或低电平进行传输,所以需要将二进制数转换为高电平或低电平。数字信号编码的工作由网络上的硬件完成,常用的编码方法不归零码、归零码、曼彻斯特编码三种。

不归零码(Non Return to Zero,NRZ)又可分为单极性不归零码和双极性不归零码。图 2.19(a)所示为单极性不归零码,在每一码元时间内,有电压表示数字“0”,有恒定的正电压表示数字“1”。每个码元的中心是取样时间,即判决门限为 0.5,0.5 以下为“0”,0.5 以上为“1”。图 2.19(b)所示为双极性不归零码,在每一码元时间内,以恒定的负电压表示数字“0”,以恒定的正电压表示数字“1”。判决门限为零电平,0 以下为“0”,0 以上为“1”。

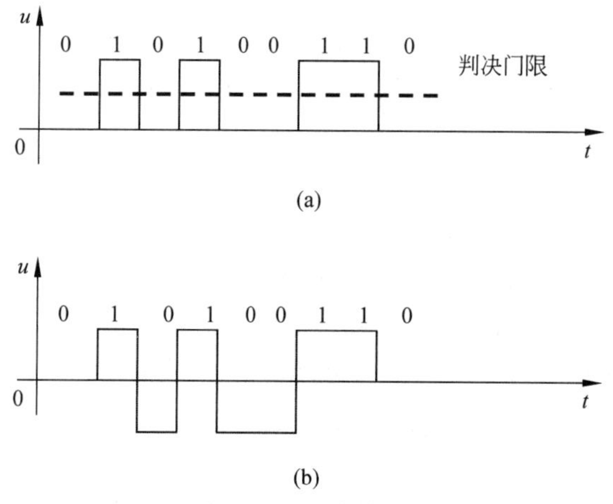

图 2.19 不归零码

不归零码是指编码在发送“0”或“1”时，在一码元的时间内不会返回初始状态(零)。当连续发送“1”或者“0”时，上一码元与下一码元之间没有间隙，使接收方和发送方无法保持同步。为了保证收、发双方同步，往往在发送不归零码的同时，还要用另一个信道同时发送同步时钟信号。计算机串口与调制解调器之间采用的是不归零码。常用－5V 表示 1，＋5V 表示 0。

不归零码的缺点是：存在直流分量，传输中不能使用变压器；不具备自同步机制，必须使用外同步。

归零码是指编码在发送“0”或“1”时，在一码元的时间内会返回初始状态(零)，如图 2.20 所示。归零码可分为单极性归零码和双极性归零码。

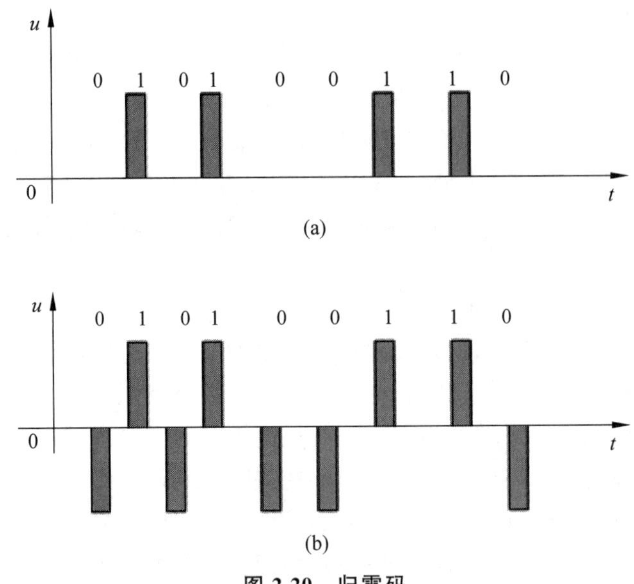

图 2.20　归零码

图 2.20(a)所示为单极性归零码：以无电压表示数字“0”，以恒定的正电压表示数字“1”。与单极性不归零码的区别是：“1”码发送的是窄脉冲，发完后归到零电平。图 2.20(b)所示为双极性归零码，以恒定的负电压表示数字“0”，以恒定的正电压表示数字“1”。与双极性不归零码的区别是：两种信号波形发送的都是窄脉冲，发完后归到零电平。

曼彻斯特编码也称为自同步码(Self－Synchronizing Code)。它具有自同步机制，无须外同步信号。自同步码是指编码在传输信息的同时，将时钟同步信号一起传输过去。这样，在数据传输的同时就不必通过其他信道发送同步信号。局域网中的数据通信常使用自同步码，典型代表是曼彻斯特编码和差分曼彻斯特编码，如图 2.21 所示。

曼彻斯特(Manchester)编码：在基带数字信号的每一位的中间(1/2 周期处)有一跳变，该跳变既作为时钟信号(同步)，又作为数据信号。从高到低的跳变表示数字“0”，从低到高的跳变表示数字“1”。

差分曼彻斯特(Different Manchester)编码：每一位的中间(1/2 周期处)有一跳变，但是，该跳变只作为时钟信号(同步)。数据信号根据每位开始时有无跳变进行取值，有跳变表示数字“0”,无跳变表示数字“1”。

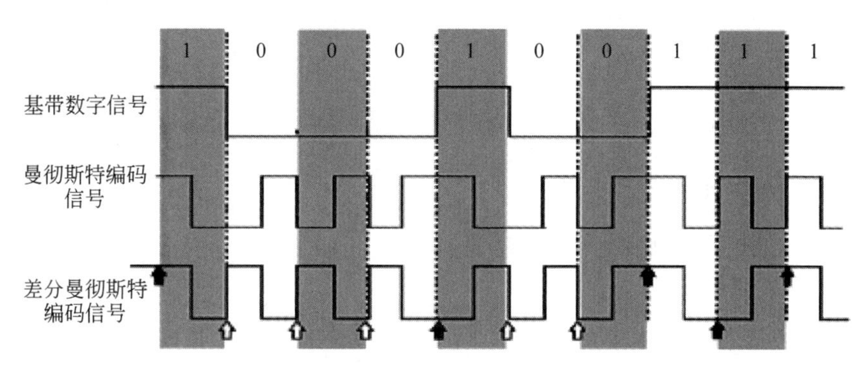

图 2.21　曼彻斯特编码和差分曼彻斯特编码

差分曼彻斯特编码缺点：需要双倍的传输带宽(即信号速率是数据速率的 2 倍)。

3. 模拟数据的数字信号编码

当利用数字通信信道传输模拟信号时,就要对模拟数据进行数字信号编码。模拟数据的数字信号编码最常用的方法是脉冲编码调制(Pulse Code Modulation,PCM),如图 2.22 所示。脉冲编码调制是由美国贝尔实验室于 1939 年研发的,它是波形编码中最重要的一种方式,在光纤通信、数字微波通信、卫星通信等均获得了极为广泛的应用,现在的数字传输系统大多采用 PCM 体制。PCM 最初并不是用来传送计算机数据的,采用它是为了解决电话局之间中继线不够,使一条中继线不只传送一路而是可以传送几十路电话。PCM 技术的典型应用是语音数字化,PCM 过程主要由采样、量化与编码三个步骤组成。

图 2.22　PCM 编码的基本过程

若对连续变化的模拟信号进行周期性采样,只要采样频率大于等于有效信号最高频率或其带宽的两倍,则采样值便可包含原始信号的全部信息,利用低通滤波器可以从这些采样中重新构造出原始信号。这就是脉冲编码调制的理论基础(也称香农采样定理)。

采样：根据采样频率,隔一定的时间间隔通过高频率的探测来采集模拟信号当时的电压瞬时值,如图 2.23 所示。

量化：采用就近原则(“四舍五入”),按一定的量化级(本例采用 8 级),将采样得到的电压值划分为不同的等级,得到一系列离散值,如图 2.23 所示。

编码：经过量化后的信号也存在很多不同的信号电压,若要计算机能够识别,就需要将每个采样电压等级转化成计算机可识别的二进制编码,得到数字信号,如图 2.23 所示。

PCM 用于数字化语音系统时,将声音分为 128 个量化级,采用 7 位二进制编码表示,再使用 1 比特进行差错控制,采样频率为 8000Hz,因此一路语音的数据传输速率为 8×8000b/s＝64kb/s。

在网络中,常常需要用数字信道传输话音信号,这时在经过脉码调制 PCM 就可把模拟信号的话音信号转换成数字信号,并用数据表示出来,成为二进制数据序列,再将二进制数据转换成幅度不等的量化脉冲,然后通过数字信道传输,再经过滤波,就可使幅度不同的量化脉冲还原成原来的模拟信号形式的话音信号。

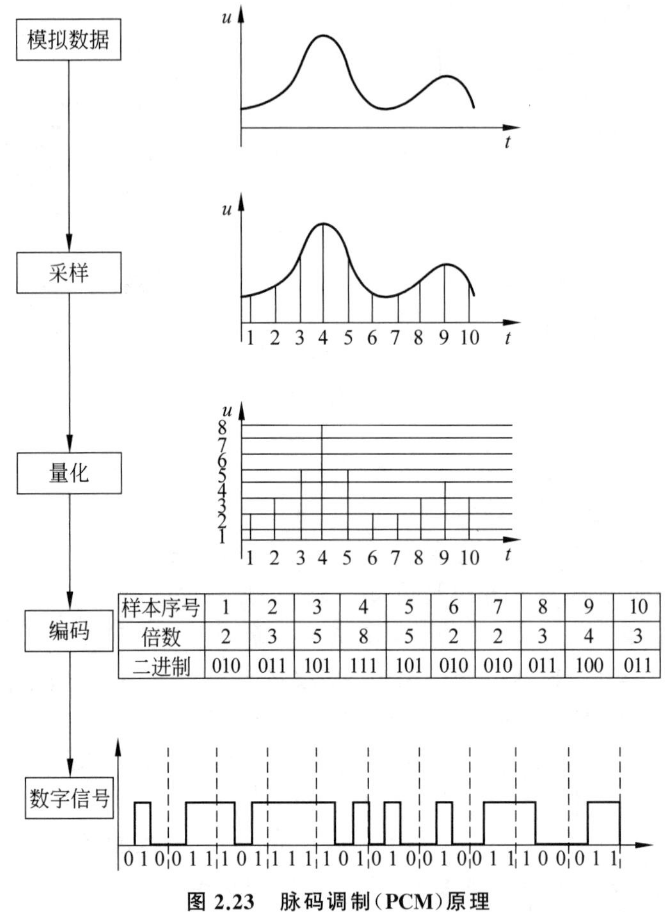

样本序号	1	2	3	4	5	6	7	8	9	10
倍数	2	3	5	8	5	2	2	3	4	3
二进制	010	011	101	111	101	010	010	011	100	011

图 2.23　脉码调制(PCM)原理

4. 模拟数据的模拟信号编码

模拟数据经由模拟信号传输时常用的两种调制技术是幅度调制和频率调制。

幅度调制可简称为调幅,也称为幅移键控,通过改变输出信号的幅度,来实现传送信息的目的。一般在调制端输出的高频信号的幅度变化与原始信号成一定的函数关系,在解调端进行解调并输出原始信号。

频率调制可简称为调频,也称为频移键控,是一种以载波的瞬时频率变化来表示信息的调制方式。在模拟应用中,载波的频率跟随输入信号的幅度直接呈等比例变化。在数字应用领域,载波的频率则根据数据序列的值作离散跳变,即所谓的频移键控。

2.4　数据交换技术

经编码后的数据在通信线路上进行传输的最简单形式是在两个互联的设备之间直接进行数据通信。最初的数据通信是在物理上两端直接相连的设备间进行的,随着通信的设备的增多、设备间距离的扩大,这种每个设备都直连的方式是不现实的。两个设备间的通信需要一些中间结点来过渡,我们称这些中间结点为交换设备。这些交换设备并不需

要处理经过它的数据的内容,只是简单地把数据从一个交换设备传到下一个交换设备,直到数据到达目的地。这些交换设备以某种方式互相连接成一个通信网络,从某个交换设备进入通信网络的数据通过从交换设备到交换设备的转接、交换被送达目的地如图2.24所示,中间的A、B、C、D、E和F为交换结点。

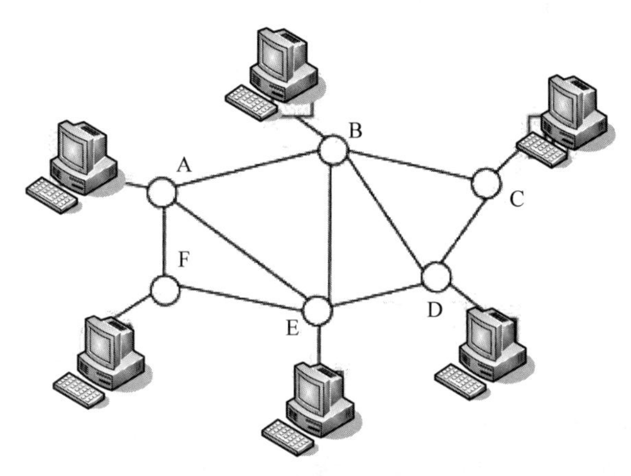

图2.24　交换网拓扑结构

交换结点转发信息的方式就是所谓的交换方式。交换方式又可分为电路交换、报文交换和分组交换三种最基本的方式。

2.4.1　电路交换

电路交换(Circuit Switching)也称为线路交换。该交换技术是在两个通信站点进行通信之前,通过通信网络中各个交换设备的线路连接,在通信源点和目的点之间建立起一条物理通路,然后在这条通路上进行信息传输。电路交换的通信过程分为电路建立、数据传输、拆除电路连接三个阶段。

(1) 电路建立:要发送信息的一方发出带有被呼方地址的呼叫请求,沿途经过交换设备逐点接通一条物理通路,如果被呼方同意进行通信,就沿着已建立的通路发回接受呼叫的信息。

(2) 数据传输:电路建立完成后,就可以在这条临时的专用电路上传输数据,通常为全双工传输。

(3) 拆除电路连接:当通信双方中任一方提出拆除连接请求时,则由沿途的交换设备拆除物理通路。

电话系统采用了电路交换技术。通过各个交换设备中的输入线与输出线的物理连接,在呼叫电话和接收电话间建立了一条物理线路。通话双方可以一直占有这条线路通话,通话结束后,这些交换设备中的输入线与输出线断开,物理线路被切断,如图2.25所示。

电路交换的优点为:

(1) 连接建立后,数据以固定的传输速率进行传输,传输延迟时间短。

(2) 由于物理线路被单独占用,因此不可能发生冲突。

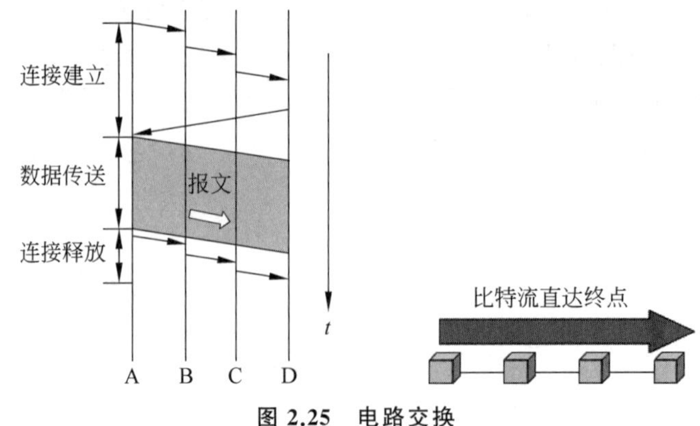

图 2.25 电路交换

(3) 适用于实时大批量连续的数据传输。

电路交换的缺点为:

(1) 建立连接将跨多个设备或线缆,需要花费很长的时间。

(2) 电路交换连接建立后,物理通路被通信双方独占,即使通信线路空闲,也不能供其他用户使用,因而信道利用率低。

(3) 电路交换时,数据直达,不同类型、不同规格、不同速率的终端很难相互进行通信,也难以在通信中进行差错控制。

2.4.2 报文交换

在报文交换方式中(如图 2.26 所示),两个站点之间无须建立专用通道。当发送方有数据块要发送时,它把数据块作为一个整体(称为报文)交给交换设备。交换设备便根据报文的目的地址,选择一条合适的空闲输出线,将报文传送出去。在这个过程中,交换设备的输入线与输出线之间不必建立物理连接。报文在传输过程中与线路交换一样,也可经过若干交换设备。在每一个交换设备处,报文首先被存储起来,并且在报文登记表中进

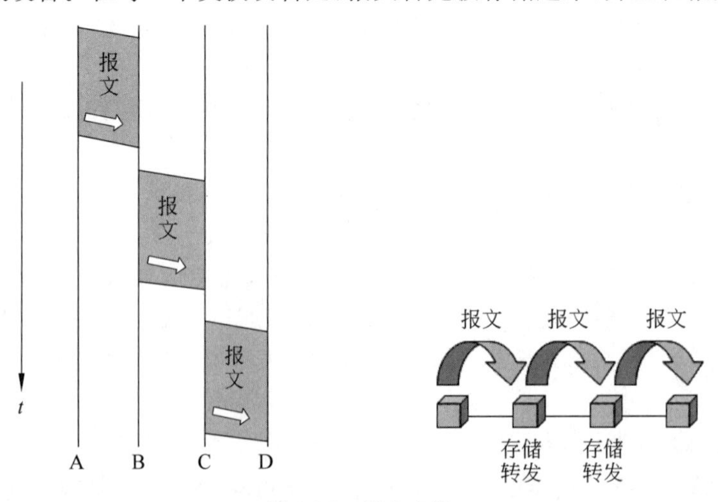

图 2.26 报文交换

行登记，等待报文前往的目的地址的路径空闲时再转发出去，所以报文交换技术是一种存储转发交换技术。

报文交换线路利用率高，信道可为多个报文共享；接收方和发送方无须同时工作，在接收方“忙”时，报文可暂存交换设备处；可同时向多个目的站发送同一报文；能够在网络上实现报文的差错控制和纠错处理；还能进行速度和代码转换。但报文交换不适用于实时通信或交互通信，也不适用于交互的“终端－主机”连接的情况。电子邮件系统适合于采用报文交换方式。

报文交换的优点为：

(1) 报文交换不需要为通信双方预先建立一条专用的通信线路，不存在连接建立时延，用户可随时发送报文。

(2) 由于采用存储转发的传输方式，因而提高了传输的可靠性；便于在类型、规格和速度不同的计算机之间进行通信；提供多目标服务，即一个报文可以同时发送到多个目的地址，这在电路交换中是很难实现的；允许建立数据传输的优先级，使优先级高的报文优先传输。

(3) 通信双方不是固定占有一条通信线路，而是在不同的时间一段一段地部分占有这条物理通路，因而大大提高了通信线路的利用率。

报文交换的缺点为：

(1) 传输延时较长，不适合实时信息传输。

(2) 出错时需重传整个报文，重传信息量大。

(3) 交换设备上需要有足够的存储空间。

2.4.3　分组交换

分组交换(Packet Switching)又称报文分组交换，或包交换，也是一种存储转发技术。分组交换把长的报文或大的数据块分割成小段，并为每小段附上地址、分组编号、校验等信息构成一个数据分组(也称数据包)，作为存储转发的逻辑数据单位。数据分组暂时存储在交换设备的内存中，并对各个数据分组独立选择路由进行发送。目的结点需要将接收到的多个分组重新组装成报文或大的数据块。

在分组交换网中，有两种常用的处理数据的方法，即数据报方式和虚电路方式。

1. 数据报方式

在数据报方式中，每个分组被称为一个数据报(数据包)，若干个数据报构成一次要传送的报文或数据块。数据报方式采用与报文交换一样的方法，对每个分组单独进行处理(把分组看成一个小报文)，如图 2.27 所示。

在数据报中，每个数据分组被独立地处理，就像在报文交换中每个报文被独立地处理那样，每个交换设备根据一个路由选择算法，为每个数据分组选择一条路径，使它们的目的地相同。每个数据分组都有相应的分组编号，接收端根据这些信息把它们重新组合起来，恢复原来的数据块。

2. 虚电路方式

如图 2.28 所示，在虚电路方式中，数据在传送以前，发送和接收双方在网络中建立起

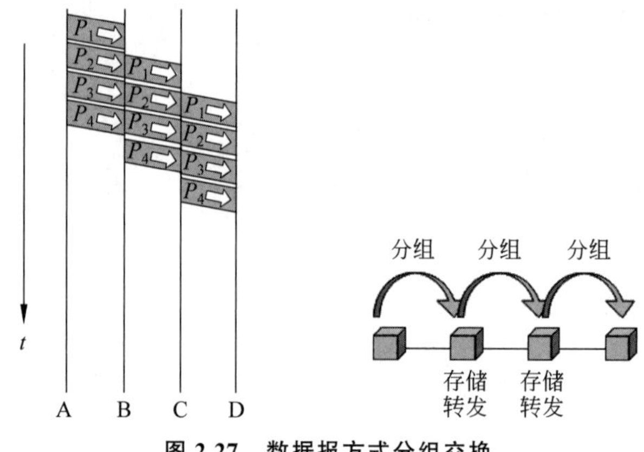

图 2.27　数据报方式分组交换

一条逻辑上的连接路径，但它并不是像电路交换中那样有一条专用的物理通路。逻辑连接路径上的各个交换设备都有缓冲装置，缓冲装置服从于这条逻辑线路的安排，也就是按照逻辑连接的方向和接收的次序进行转发。发送方依次发出的每个数据包经过若干次存储转发，按顺序到达接收方。双方完成数据交换后，拆除该虚电路。

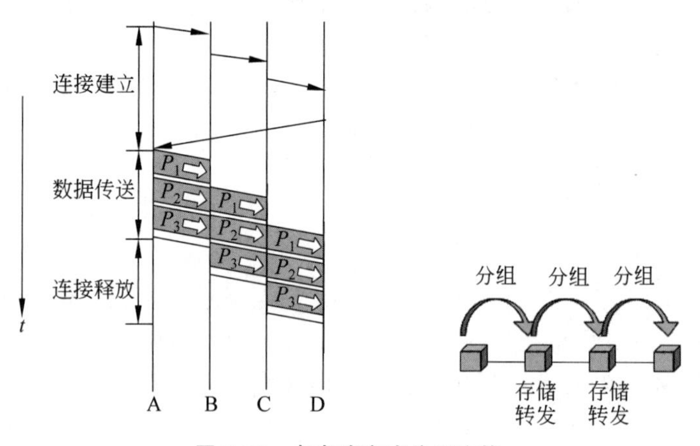

图 2.28　虚电路方式分组交换

分组交换相对报文交换来说，有如下明显的优点。

(1) 缩短了时间延迟。

(2) 每个交换设备上所需的缓冲容量减少了(因为分组长度小于报文长度)，有利于提高交换设备存储资源的使用效率。

(3) 传输数据发生错误时，分组交换方式只需重传一个分组而不是整个报文，减少了每次传输发生错误的概率及重传信息的数量。

(4) 易于重新传输。

分组交换的缺点是：每个分组都要附加一些控制信息，增加了所传信息的容量，相应地，加工处理时间也有所增加。

分组交换是计算机网络中广泛使用的交换技术。

2.5　多路复用技术

多路复用技术是将多路信号通过一条信道传输的技术。信道复用的目的是让不同的计算机连接到相同的信道上，以共享信道资源。当建设一个通信网络时，在长距离、大规模的线路铺设是很昂贵的，而现有的传输介质可能又没有得到充分的利用。如一对电话线的通信频带一般在100kHz以上，而一路电话信号的频带一般在4kHz以下。因此，为了节约经费，我们可以用共享技术，在一条传输介质上传输多个信号，这样就可以提高线路的利用率，降低网络的成本。这种共享技术就是多路复用技术。采用信道多路复用技术一方面传输多个信号仅需一条传输线路，可节省成本、安装与维护费用，另一方面使得传输线路的容量得到充分的利用。

多路复用技术主要包括以下几种：频分多路复用技术(Frequency Division Multiplexing，FDM)、时分多路复用技术(Time Division Multiplexing，TDM)、统计时分多路复用技术(Statistics Time Division Multiplexing，STDM)、波分复用技术(Wavelength Division Multiplexing，WDM)、码分复用技术(Code Division Multiplexing，CDM)等。目前的高速数据网多数都是采用了多路复用技术。如现今的公共电话交换网PSTN、异步转移模式ATM、同步数字系列SDH都采用了多路复用技术。使用多路复用技术可以有效地利用高速干线的通信能力。

2.5.1　频分多路复用技术

频分多路复用技术将一条宽带传输线路分成多个窄带的子信道，每一个子信道传输一路信号，实现在一条线路上传输多路信号，频分多路复用的工作原理如图2.29所示。在频分多路复用技术中，n路低速信号占用不同的(互不重叠的)窄频带，依次排列在宽带线路的频带的信道上进行传输，再借助于滤波器将各路低速信号分开。

例如，在传统的无线电广播中，均采用频分多址(FDMA)方式，每个广播信道都有一个频点，如果要收听某一广播信道，则必须把收音机调谐到这一频点上。

网络中采用FDM技术传输数字数据信号时，利用频移键控调制FSK将不同信道的数字数据信号调制成多个频率不同的模拟载波信号依次排列在宽带线路的频带内进行多路传输。

除FSK调制以外，FDM技术也可采用ASK、PSK以及它们的组合。每一个载波信号形成了一个子信道，各子信号的频率不相重合，子信道之间留有一定宽度隔离频带，防止相互串扰。

2.5.2　时分多路复用技术

时分多路复用技术是多路信号分时使用一条传输线路，实现在一条线路上传输多路信号。在TDM中，将时间分成若干时隙，每路低速信号使用信道的一个时隙，将N路信号顺序发送到高速复用信道上。分时就是通道按时间片轮流占用整个带宽，TDM的特点是独占时隙，而信道资源共享，每一个子信道使用的时隙不重叠，时分多路复用技术的

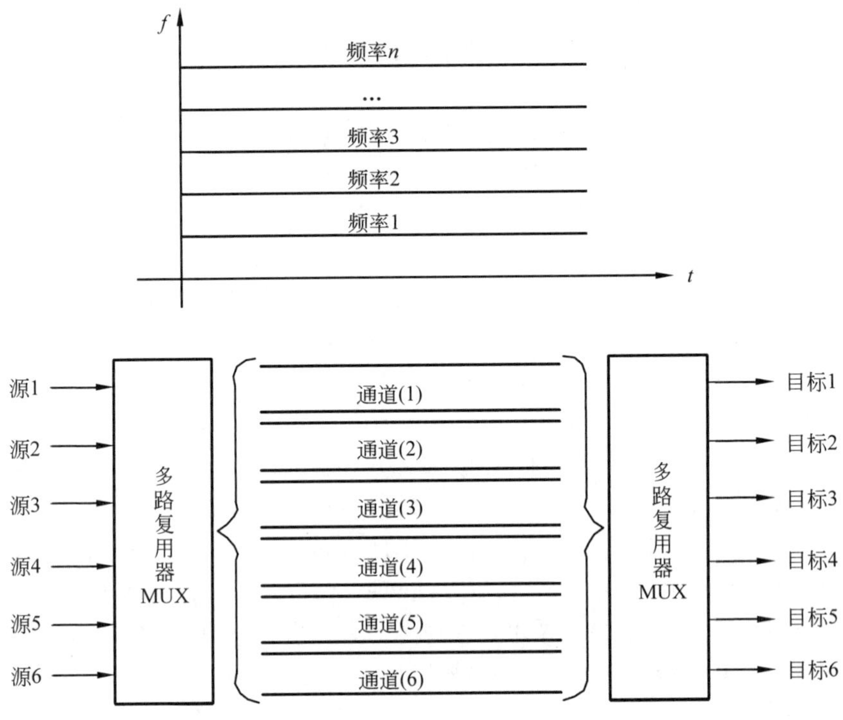

图 2.29 频分多路复用技术的工作原理示意

原理如图 2.30 所示。

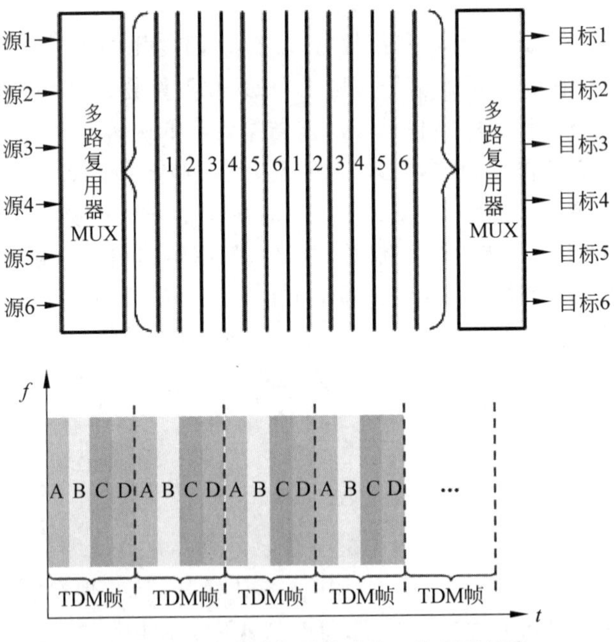

图 2.30 时分多路复用技术的工作原理示意

时间片的大小可以按一次传送一位、一字节或一个固定大小的数据块所需的时间来确定。这种传统的时分多路复用又称为同步时分多路复用。

例如，如图2.31所示，贝尔系统的T1载波采用TDM技术将24路音频信道复用在一条通信线路上；每路音频模拟信号在送到多路复用器前要通过一个PCM编码器，编码器每秒取样8000次；24路PCM信号的每一路轮流将一字节插入帧(Frame)中；每字节的长度为8比特，其中7比特是数据位，1比特用于信道控制；每帧由24×8=192比特组成，附加一位作为帧开始标志位，所以每帧共有193比特；每次取样发送一帧，因此，发送一帧需要125 μs；因此，T1载波的数据传输速率为1.544 Mb/s(=193比特/125 μs)。

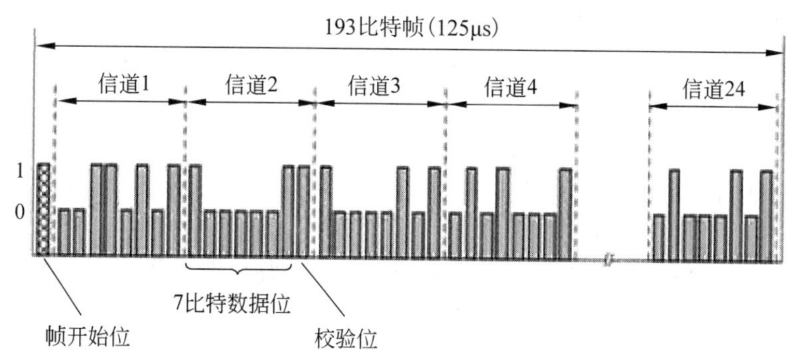

图2.31　T1载波采用TDM技术原理图

2.5.3　统计时分多路复用技术

统计时分多路复用技术又称智能时分多路复用技术，它的主要思想是提高TDM的效率。在TDM技术中，整个传输时间划分为固定大小的周期。每个周期内，各子通道都在固定位置占有一个时隙。这样在可以按约定的时间关系恢复各子通道的信息流。当某个子通道的时隙来到时，如果没有信息要传送，这一部分带宽就浪费了。统计时分复用能动态地将时隙仅分配给有数据待传送的端口，而对于无数据传输的端口就不分配时隙，大大提高线路利用率，统计时分多路复用技术的原理如图2.32所示。

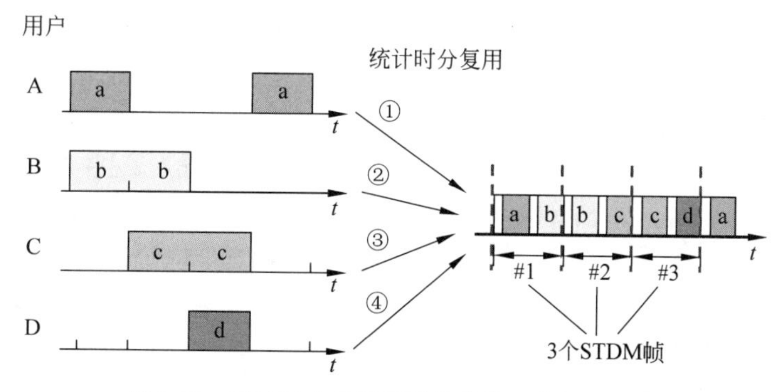

图2.32　统计时分多路复用技术的工作原理示意

在网络中，我们把统计时分方式下的多路复合器称为集中器。集中器依次循环扫描各个子信道。若某个子信道有信息要发送则为它分配一个时隙，若没有信息要发送就跳过，这样就没有空时隙在线路上传播了。然而分配器的工作就更复杂，需要在每个时隙中加入一个控制域，以指示该时隙是属于哪个子通道的，以便接收方准确接收。

在网络技术中，频分多路复用和时分多路复用往往还可以混合使用。在一个传输系统，可以采用频分多路复用技术将线路分成许多条子信道，每个子信道再利用时分多路复用来细分。在宽带局域网中，可以使用这种混合技术。

在介绍脉码调制 PCM 时曾提到，对 4kHz 的话音信道按 8kHz 的速率采样，256 级量化，则每个话音信道的数据速率是 64kb/s。为每一个这样的低速信道敷设一条通信线路是不划算的，所以在实际中往往是采用高带宽的通信线路，使用多路复用技术建立更高效的通信线路。在美国使用很广的一种通信标准是贝尔系统的 Tl 载波。

T1 载波也称为一次群，它就是利用 PCM 和 TDM 技术，使 24 路采样话音信号，复用到一条 1.544Mb/s 的高速信道上进行传输。该系统的工作是这样的，用一个编码解码器轮流对 24 路话音信道取样、量化和编码，一个取样周期中(125μs)得到的 7 位一组的数字合成一串，共 7×24 位长。这样的数字串在送入高速信道前要在每一个 7 位组的后面插入一个控制位(信令)，于是变成了 8×24＝192 位长的数字串。这 192 位数字组成一帧，最后再加入一个帧同步位，故帧长 193 位，每 125μs 传送一帧。T1 载波结构如图 2.33 所示。

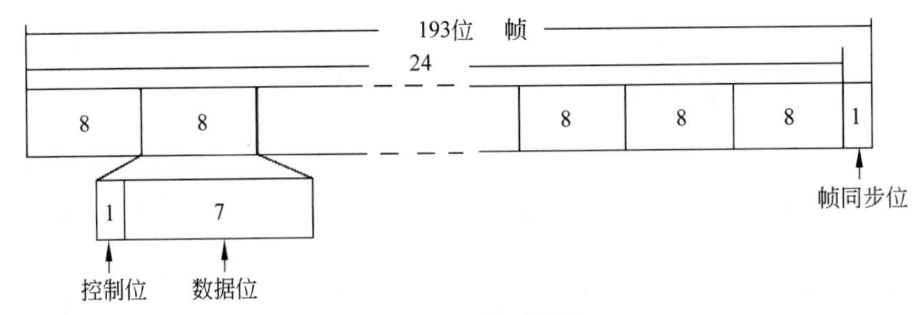

图 2.33 T1 载波结构

这样，我们可以算出 TI 载波的各项比特率。对 24 路话音信道的每一路来说传输数据的比特率为 7b/125μs＝56kb/s，传输控制信息的比特率为 8kb/s(＝1b/125μs)，总的传输比特率为 193b/125μs＝1.544Mb/s。

除了 T1 载波，还有 T2 载波、T3 载波。T2＝6.312Mb/s、T3＝44.736Mb/s。

CCITT 建议两种载波标准，一种是和 Tl 一样的 1.544Mb/s，另一种是 E1 标准。E1 标准的速率为 2.048Mb/s，它的每一帧开始处有 8 位作同步用，中间有 8 位用作信令，再组织 30 路 8 位数据，共 32 个 8 位数据组成一帧，一个帧含 256 位数据，以每秒 8000 帧的速率传输，可计算出数据传输率为 2.048Mb/s，这是 E1 载波是欧洲标准，也称为 E1 线路，我国一般采用 E1 标准。

2.5.4 波分多路复用技术

如图 2.34 所示，波分多路复用技术(WDM)是将两种或多种不同波长的光载波信号

(携带各种信息)在发送端经复用器(亦称合波器,Multiplexer)汇合在一起,并耦合到光线路的同一根光纤中进行传输的技术;在接收端,经解复用器(亦称分波器或称去复用器,Demultiplexer)将各种波长的光载波分离,然后由光接收机做进一步处理以恢复原信号。这种在同一根光纤中同时传输两个或众多不同波长光信号的技术,称为波分多路复用。

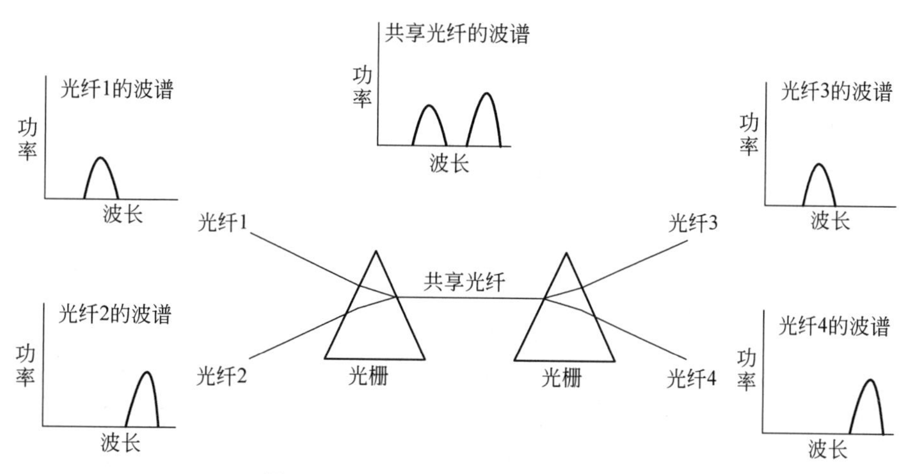

图 2.34　WDMA 多路复用技术原理图

WDM 主要用于光纤通信系统中,其本质上是一种光纤上的频分复用(FDM)技术。波分复用又分为密集波分复用(DWDM)和稀疏波分复用(CWDM)。DWDM 使更多的不同波长光载波信号在同一根光纤中进行传输,CWDM 相对使用不太多的不同波长光载波信号在同一根光纤中进行传输。在一根光纤上复用 80 路或更多路的光载波信号称为密集波分复用(Dense Wavelength Division Multiplexing,DWDM)。

波分复用技术当前研究的热点之一是 DWDM,DWDM 实验室水平可达到在一根光纤中传输 100 路 10Gb/s 的数据,即 100×10Gb/s,中继距离 400km;30×40Gb/s,中继距离 85km;64×5Gb/s,中继距离 720km。

2.6　传 输 介 质

传输介质也称为传输媒体或传输媒介,它是数据传输系统中在发送器和接收器之间的物理通路。传输介质是传输信息的载体。

传输介质的种类很多,但基本可以分为两类。一类是有线传输介质,包括双绞线、同轴电缆、光纤等。对于有线传输介质,电磁波沿着固体传输介质被导引;另一类是无线传输介质,无线传输介质就是指自由空间。在无线传输介质中,电磁波在空气或外层空间中传播。

图 2.35 是电信领域使用的电磁波频谱。

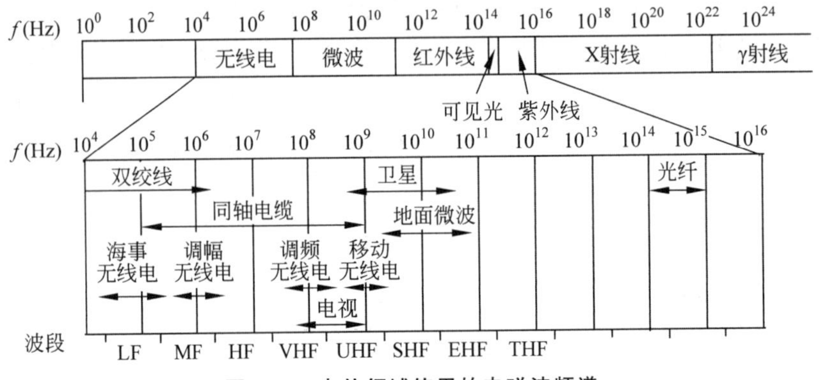

图 2.35 电信领域使用的电磁波频谱

2.6.1 有线传输介质

1. 双绞线

双绞线是最便宜并且最为普遍的导引型传输介质。把两根互相绝缘的铜导线并排放在一起,然后规则地绞合(Twist)起来就构成了双绞线。通常是由 4 对按螺旋结构排列的铜导线所构成的双绞线电缆。把各个线对扭在一块儿可使导线之间的电磁干扰最小,这样可减少串扰及信号放射影响的程度,每根导线在导电传输中放出的电波会被另一根线上发出的电波所抵消。

双绞线一般分为非屏蔽双绞线(Unshielded Twisted Pair,UTP)和屏蔽双绞线(Shielded Twisted Pair,STP)两种,如图 2.36 和图 2.37 所示。

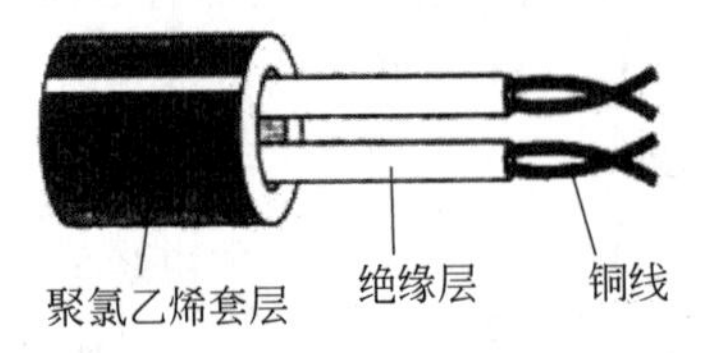

图 2.36 非屏蔽双绞线电缆的结构

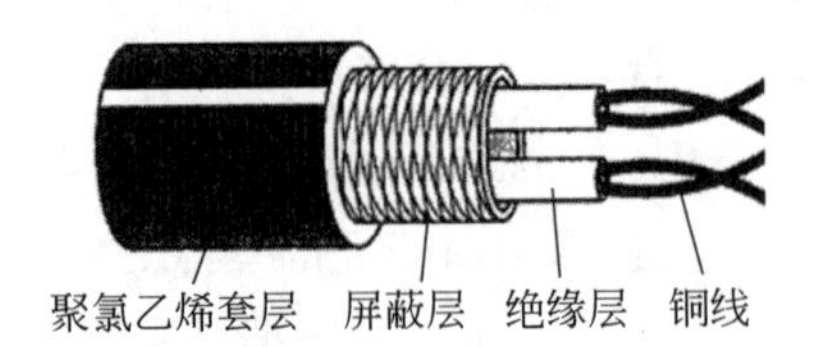

图 2.37 屏蔽双绞线电缆的结构

1991 年,美国电子工业协会(Electronic Industries Association,EIA)和电信行业协会(Telecommunications Industries Association,TIA)联合发布了一个标准 EIA/TIA-568,即“商用建筑物电信布线标准”。这个标准规定了用于室内传送数据的无屏蔽双绞线和屏蔽双绞线的标准。随着局域网上数据传送速率的不断提高,高性能双绞线标准也不断推出。表 2.1 给出了常用的双绞线的类别、带宽和典型应用。

表 2.1 常用的双绞线

类别	带宽(MHz)	典 型 应 用
3	16	模拟电话;低速网络
4	20	短距离的 10BASE-T 以太网
5	100	10BASE-T 以太网,100BASE-T 快速以太网

续表

类别	带宽(MHz)	典 型 应 用
超5类	100	100BASE-T快速以太网;1000BASE-T吉比特以太网
6	250	1000BASE-T吉比特以太网;ATM网络
7	600	10吉比特以太网

实际上,无论哪种类别的线,衰减都随频率的升高而增大。线对内两根导线的胶合度和线对之间的绞合度都必须经过精心的设计,使干扰在一定程度上得以抵消。使用更粗的线可以降低衰减,但却增加了价格和重量。由于五类线比三类线通过增加缠绕密度、高质量绝缘材料,极大地改善了传输介质的性质,所以可用于高速网络。

屏蔽双绞线电缆的内部与非屏蔽双绞线电缆的内部一样是双绞铜线,在双绞铜线的外面加上用金属丝编织的屏蔽层,这样可以提高双绞线的抗电磁干扰性能,如图2.37所示。

屏蔽双绞线相对来讲具有较高的传输速率,要贵一些,它的安装要比非屏蔽双绞线电缆难一些,类似于同轴电缆。它必须配有支持屏蔽功能的特殊连接器和相应的安装技术。

2. 同轴电缆

同轴电缆由铜质内芯、绝缘层、网状编织金属屏蔽层以及保护塑料外皮组成,同轴电缆的结构形式如图2.38所示。这种结构中的金属屏蔽网可防止中心导体向外辐射电磁波,也可用来防止外界电磁场干扰中心导体的信号,具有较好的抗干扰特性。

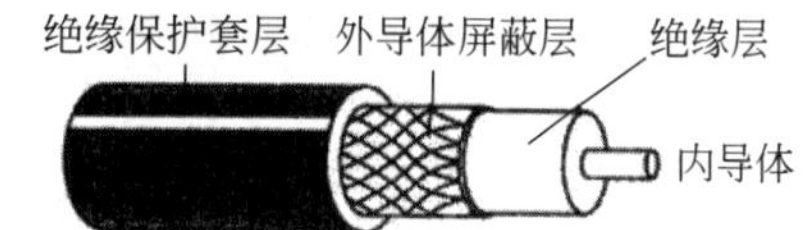

图2.38　同轴电缆的结构

常见的同轴电缆有以下几种。

(1) RG-58A/u: 阻抗50Ω,直径0.18inch,用于传输基带数据信号,又称为“细同轴电缆”,简称“细缆”。

(2) RG-11: 抗50Ω,直径0.4inch,也用于传输基带数据信号,又称为“粗同轴电缆”,简称“粗缆”。粗缆相对于细缆抗干扰能力更强,传输距离也更长,但相应地连接复杂,价格略高。

(3) RG-59u: 阻抗75Ω,直径0.25inch,常用于有线电视电缆线,也可作为宽带数据传输线。

(4) RG-62u: 阻抗95Ω,直径0.25inch,是专用同轴电缆。用于IBM终端,ARCnet等。

与双绞线相比,同轴电缆由于有金属屏蔽网,因而受到的电磁干扰较小,传输距离较长;但布线不够方便,且成本相对较高。

在局域网发展的初期曾广泛地使用同轴电缆作为传输介质。但随着技术的进步,在局域网领域基本上都是采用双绞线作为传输介质。目前同轴电缆主要用于有线电视网的居民小区中。

3. 光纤

光纤通信作为一门新兴技术,其近年来发展速度之快、应用面之广是通信史上罕见的，也是世界新技术革命的重要标志和未来信息社会中各种信息的主要传输介质。

光纤是光纤通信的传输介质。光纤传播的是光脉冲信号，当有光脉冲信号则相当于“1”，而没有光脉冲信号则相当于“0”。在发送端可以采用发光二极管或半导体激光器作为光源，它们在电脉冲的作用下产生光脉冲。在接收端利用光电二极管做成光检测器，在检测到光脉冲信号时可还原出电脉冲。

光纤通常采用非常透明的石英玻璃拉成细丝，主要由纤芯和包层构成的双层通信圆柱体。二者由两种光学性能不同的介质构成。实用的光缆外部还须有一个保护层，如图 2.39 所示。其中，纤芯为很细，其直径只有 8μm 至 100μm。光波通过它进行传导；包层由较纤芯有较低的折射率。当光线从高折射率的纤芯射向低折射率的包层时，其折射角大于入射角。当入射角足够大，就会发生全反射，即光线碰到包层时就会折射回纤芯，如图 2.40 所示。光线不断发生全反射，光就沿着光纤传输下去。

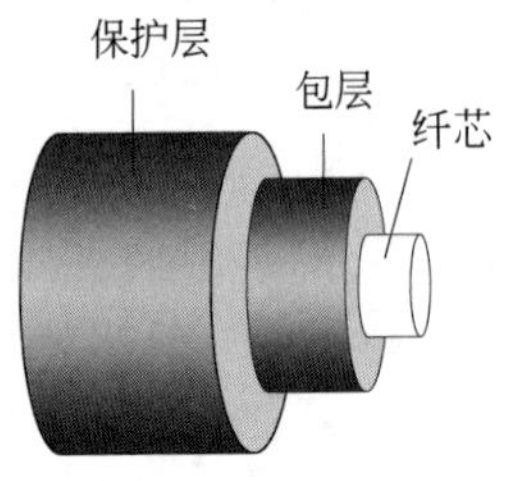

图 2.39　光缆的结构

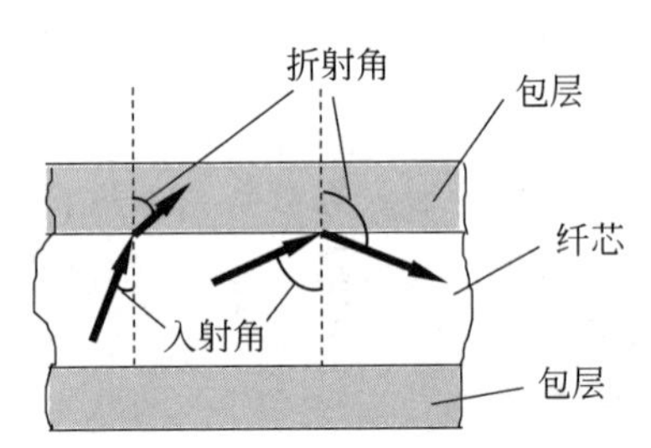

图 2.40　光线在光纤中折射

光纤有多模和单模之分。

只要从纤芯中射到纤芯表面的光线的入射角大于某一临界角度，就可产生全反射。若光纤的纤芯较粗(10～75μm)，光波以不同入射角度在一条光纤中以不同路径(非轴路径)进行传输。这种光纤称为多模光纤，如图 2.41 所示。光脉冲在多模光纤中传输时会逐渐展宽，造成失真，因此多模光纤只适合于近距离传输。

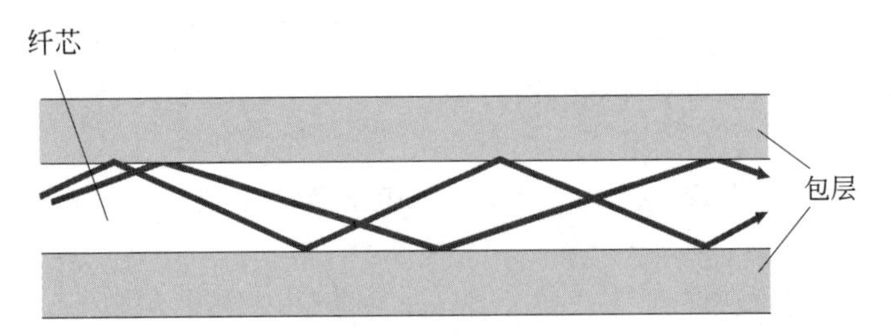

图 2.41　多模光纤

当光纤的纤芯直径减小到与光波波长大致相同，则光信号基本沿轴线以一条途径向前传输，而不会产生多次反射，如图 2.42 所示。这样的光纤称为单模光纤，其直径只有几个微米，制造成本较高。单模光纤的光源要使用昂贵的半导体激光器，而不能使用便宜的发光二极管。但单模光纤的衰减较小，在 2.5Gb/s 的高速率下可传输数十千米而不必使用中继器。

由于光纤很细，连包层一起的直径也不到 0.2mm，因此需要做成很结实的光缆。一

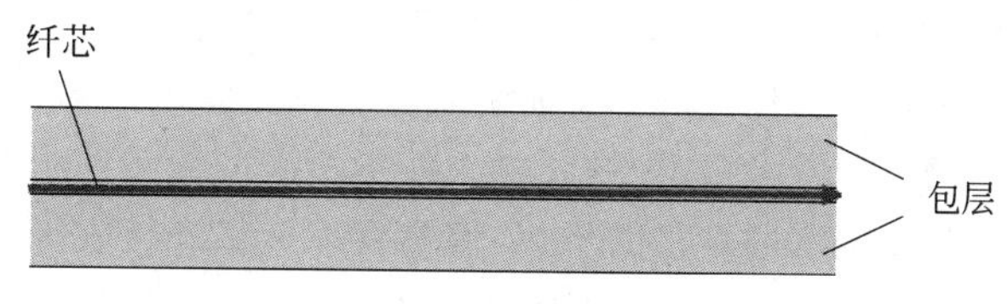

图 2.42 单模光纤

根光缆可以包括一根至数百根光纤，再加上加强芯和填充物，必要时光缆内还有电源线，最后再加上包带层和外护套。

光纤低衰减，中继距离长，通信容量非常大，对远距离传输特别经济；电磁隔离、抗干扰性能好，无串音干扰，保密性好，数据也不易被窃听和截取；体积小，重量轻，耐腐蚀；将两根光纤精确地进行连接需要专用设备。

2.6.2 无线传输介质

除了可以利用上述有线传输介质传输信息外，还可以利用自由空间以电磁波的形式传播数据，即各通信结点没有可见的物理通信线路。由于不需要铺设电缆，对于连接不同建筑物内的局域网特别有用，这是因为很难在建筑物之间架设电缆，不论在地下或用电线杆，特别是要穿越的空间属于公共场所，例如要跨越公路时，会更加困难。而使用无线技术只需在每个建筑物上安装设备。微波对一般雨和雾的敏感度较低。

可以在自由空间利用电磁波发送和接收信号进行通信就是无线传输。地球上的大气层为大部分无线传输提供了物理通道，就是常说的无线传输介质。无线传输所使用的频段很广，人们现在已经利用了好几个波段进行通信，紫外线和更高的波段目前还不能用于通信。在自由空间传输的电磁波根据频谱可将其分为无线电波、微波、红外线、激光等，信息被加载在电磁波上进行传输。

1. 无线电波

无线电波是指在自由空间(包括空气和真空)传播的射频频段的电磁波。无线电技术是通过无线电波传播声音或其他信号的技术。

无线电技术的原理在于，导体中电流强弱的改变会产生无线电波。利用这一现象，通过调制可将信息加载于无线电波之上。当电波通过空间传播到达收信端，电波引起的电磁场变化又会在导体中产生电流。通过解调将信息从电流变化中提取出来，就达到了信息传递的目的。

短波(Shortwave)频率范围为 3MHz～300MHz，这一频率范围的振荡波可以从地球上空的电离层反射回来，因而传输得较远，但由于该电离层是处于地球上空的一层带电离子区域，受太阳辐射就会游离，一年四季，白天黑夜都在变化着，从而导致电磁波反射回来的强度不同；另外反射途径也不止一条，所以反射回来的电磁波会互相干扰，由此造成通信质量较差。然而它具有灵活、机动、经济的特点，适用于移动式的通信。

2. 微波

微波是指频率为 300MHz～300GHz 的电磁波，是无线电波中一个有限频带的简称，即波长在 1m(不含 1m)到 1mm 之间的电磁波，是分米波、厘米波、毫米波的统称。微波频率比一般的无线电波频率高，通常也称为“超高频电磁波”。

微波是频率在 108Hz～1010Hz 之间的电磁波。在 100MHz 以上，微波就可以沿直线传播，因此可以集中于一点。通过抛物线状天线把所有的能量集中于一小束，便可以防止他人窃取信号和减少其他信号对它的干扰，但是发射天线和接收天线必须精确地对准。由于微波沿直线传播，所以如果微波塔相距太远，地表就会挡住去路。因此，隔一段距离就需要一个中继站，微波塔越高，传的距离越远。微波通信被广泛用于长途电话通信、监察电话、电视传播和其他方面的应用。

微波(microwave)一般是指频率大于 300MHz 的电磁波，它在电离层已不能反射，而在地球表面绕射损耗又很大，所以只能用于视距之内的通信，通俗地说，就是接收天线与发送天线要互相可见，在长距离通信的情况下，就要通过“接力”方式来实现，即每隔一定距离(如 50km)设一个中继站，从而构成一个微波中继系统。

卫星通信系统也是微波通信的一种，只不过其中继站设在卫星上。卫星通信利用在 36 000km 高空轨道运行地球同步卫星作中继来转发微波信号，如图 2.43 所示。卫星通信可以克服地面微波通信距离的限制。一个同步卫星可以覆盖地球的三分之一以上表面，三个这样的卫星就可以覆盖地球上全部通信区域，这样地球上的各个地面站之间都可以互相通信了。由于卫星信道频带宽，也可采用频分多路复用技术分为若干子信道，有些用于由地面站向卫星发送(称为上行信道)，有些用于由卫星向地面转发(称为下行信道)。

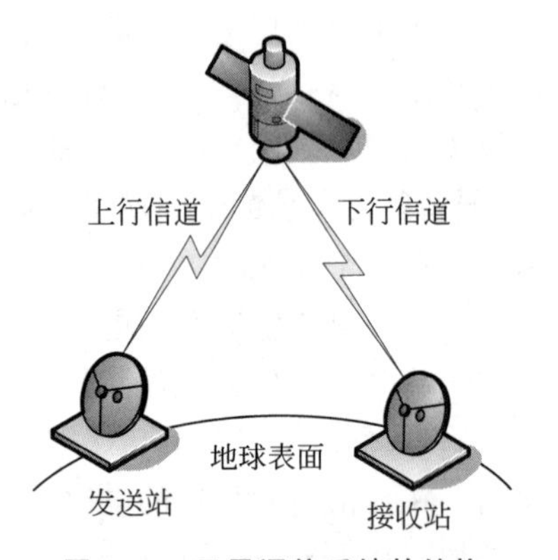

图 2.43 卫星通信系统的结构

卫星通信优点是容量大、距离远。此外，采用无线通信方式进行数据传输的一个最大优点就是具有广播能力、多站可以同时接收一组信息。缺点是传播延迟时间长。从发送站通过卫星转发到接收站的传播延迟时间为 270ms，且这个传播延迟时间是和两站点间的距离无关的。这相对于地面电缆传播延迟时间来说，特别对于近距离的站点要相差几个数量级。

随着低成本的卫星通信地面站甚小口径终端(Very Small Aperture Terminal，VSAT)的出现，加速了卫星通信的发展。VSAT 系统中只要地面发送方或接收方中任一方有大的天线和大功率的放大器，另一方就可以只用 1m 天线的微型终端 VSAT。两个 VSAT 终端之间的通信是通过大天线和大功率的放大器来进行转接的。

3. 红外线

红外线是太阳光线中众多不可见光线中的一种，由德国科学家霍胥尔于 1800 年发现，又称为红外热辐射。他将太阳光用三棱镜分解开，在各种不同颜色的色带位置上放置了温度计，试图测量各种颜色的光的加热效应。结果发现，位于红光外侧的那支温度计升温最快。因此得到结论：太阳光谱中，红光的外侧必定存在看不见的光线，这就是红外线。红外线也可以当作传输媒介。太阳光谱上红外线的波长大于可见光线，波长为 0.75μm～1000μm。红外线可分为三部分，即近红外线，波长为 0.75μm～1.50μm；中红外线，波长为 1.50μm～6.0μm；远红外线，波长为 6.0μm～1000μm。

红外线通信有两个最突出的优点：

(1) 不易被人发现和截获，保密性强。

(2) 几乎不会受到电气、天电、人为干扰，抗干扰性强。此外，红外线通信机体积小，重量轻，结构简单，价格低廉。但是它必须在直视距离内通信，且传播受天气的影响。在不能架设有线线路，而使用无线电又怕暴露自己的情况下，使用红外线通信是比较好的。

4. 激光传输

通过装在楼顶的激光装置来连接两栋建筑物里的 LAN，由于激光信号是单向传输，因此每栋楼房都得有自己的激光以及测光的装置。激光传输的缺点之一是不能穿透雨和浓雾，但是在晴天里可以工作得很好。

2.7 宽带接入技术

接入网的概念自 1975 年被英国电信首次提出之后，1995 年 11 月国际电联电信标准部 ITU－T 发布了第一个基于电信网的接入网标准 G.902。这也是接入网首次作为一个独立的网络出现。2000 年 11 月国际电联电信标准部 ITU－T 发布了第二个接入网标准 Y.1231，Y.1231 是基于 IP 网的接入网标准。Y.1231 的发布，符合 Internet 迅猛发展的潮流，揭开了 IP 接入网迅速发展的序幕。随着有线技术和无线技术的发展，传统的电信概念和体系结构已经发生了深刻地变革，接入网(Access Network，AN)也逐渐成为人们关注的焦点。

2.7.1 接入网的定义与概念

网络存在电信建设的网络部分和用户建设的网络部分。从整个电信网的角度讲，可以将网络划分为公用网和用户驻地网两大块。其中用户驻地网属用户所有，公用网属电信运营商所有，如校园网、企业网属于用户驻地网，而电信公司建设的公网属于公用网，因而，通常意义的电信网指的是公用电信网部分。

公用电信网又可以划分为长途网、中继网和接入网三部分，长途网和中继网合并称为核心网。相对于核心网，接入网介于核心网和用户驻地网之间，主要完成使用户接入到核心网的任务。接入网在整个电信网中的位置如图 2.44 所示。

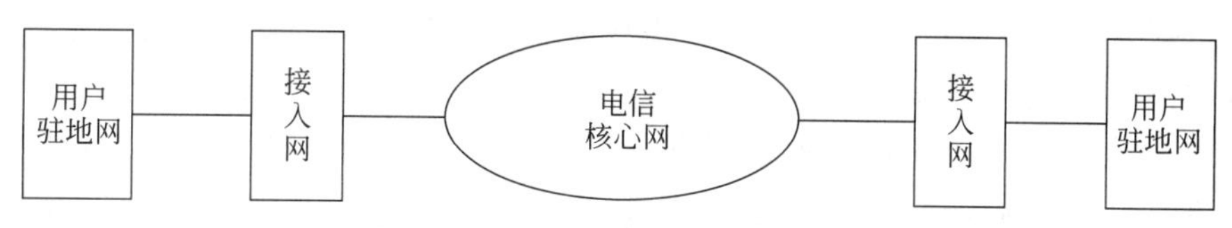

图 2.44 接入网在通信网中的位置

从交换技术的角度，核心网也可以认为是由交换网和传输网两个部分组成，交换网是完成语音或数据交换的网络，传输网是传输电信号或光信号的网络，所以公用数据网又可以划分为交换网、传输网和接入网三个部分。

接入网是将用户终端连接到核心网的网络，是电信部门业务结点与用户终端设备之间的系统。接入网使用户可以接入核心网,获取核心网提供的各种业务服务。接入网可以只是由连接一台具体的用户设备(也可以是由多台设备)组成与核心网连接的用户驻地网。接入网在用户终端与核心网之间的传输数据,这些数据承载着各种业务。除了传送业务数据以外,接入网还可以具有用户管理的功能,以满足网络运营或网络安全的需要,如接入认证、接入收费管理等。

当前,从整个电信网络建设的情况来看,核心网的建设已经具有相当大的规模,基本可以满足目前通信的需要,突出的矛盾主要体现在接入网方面,即用户和核心网络的连接部分,也称为"最后一千米"的问题。

传统的接入网主要是以铜缆的形式为用户提供一般的语音业务和少量的数据业务。但随着社会经济的发展,人们对各种新业务特别是宽带综合业务的需求日益增加,为了顺应业务发展的这一要求,未来接入技术的宽带化、接入承载的差异化和接入终端设备的可控化,将成为新一代宽带接入网的发展趋势和重要特征。接下来分别简介目前应用较广的宽带接入网技术。

2.7.2 ADSL 接入技术

ADSL 是一种利用现有电话网络的双绞线资源,实现高速、高带宽的数据接入技术。ADSL 采用频分复用(Frequency Division Multiplexing,FDM)技术和离散多音频(Discrete Multi-Tone,DMT)调制技术,在保证不影响正常电话使用的前提下,利用原有的电话双绞线进行高速数据传输。

ADSL 在铜质电话线上创建了可以同时工作的 3 个信道,即供数据传输的下行信道、上行信道以及供话音通信的话音信道,使得在传统电话线上能实现数据和话音信号互不干扰的同时传输。

针对网络业务访问的特点,ADSL 采用不对称的带宽实现数据的双向传输,即从 ISP 端到用户端(下行)采用较大的带宽传输,而从用户端到 ISP 端(上行)采用较小的带宽传输,从而获得有效的带宽利用。目前,ADSL 能够向终端用户提供 8Mb/s 的下行传输速度和 1Mb/s 的上行传输速度,远远大于传统调制解调器或者 ISDN 的速度。

为了在电话线上分隔有效带宽,产生多路信道,ADSL 调制解调器采用频分复用 FDM 技术和离散多音调制技术 DMT 实现上下行信道和话音信道。FDM 在现有带宽中分配一段频带作为语音通道,一段频带作为数据下行通道,同时分配另一段频带作为数据上行通道,具体划分情况如下:

将铜缆线路的 0～1104kHz 频带划分为 3 个频段,其中 0～4kHz 的频段为话音频段,用于普通电话业务的传输,其他的频带被分成 255 个子载波,子载波之间的频率间隔为 4.3125kHz。在每个子载波上分别进行 QAM 调制(正交振幅调制)形成一个子信道,其中低频部分的一部分子载波用于上行数据的传输,其余子载波用于下行信号传输,上下行载波的分离点由具体设备设定。

ADSL 的接入模型主要由用户 ADSL 调制解调器和话音、数据分离/整合器,以及交换局端模块接入多路复用系统 DSLAM 组成(如图 2.45 所示)。

在用户端传输数据时,ADSL 调制解调器将计算机的数据和电话信号整合(调制)后

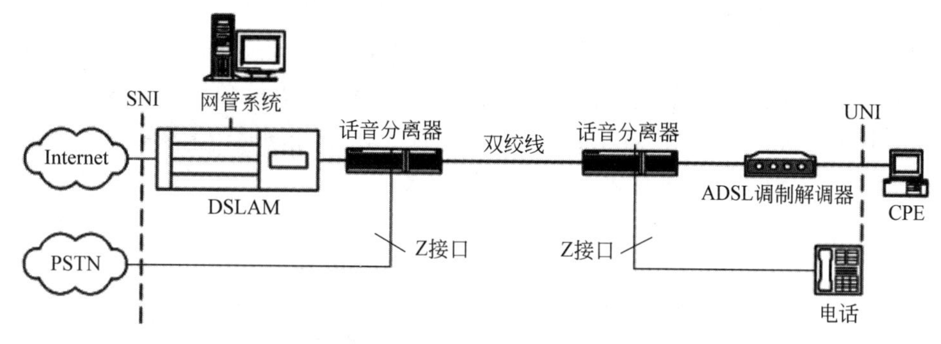

图 2.45 ADSL 的接入模型

通过一条双绞线传输到局端。达到局端后重新被分离成话音信号和数据信号，话音信号送到公用电话网 PSTN，数据信号送到数据网 Internet。

DSLAM(DSLAM 多路复用器)是提供 ADSL 服务的局端设备，类似局端的程控交换机，DSLAM 将多个 ADSL 接入数据复接成一高速数据流经高速骨干网进行传输。

话音、数据分离/整合器是一个重要的部分。在局端 DSLAM 输出的数据信号和来自电话网的话音信号通过话音分离/合成器将二者整合在一条线路进行远距离传输，传输到了用户端后再通过用户端的话音、数据分离/整合器将数据信号和语音信号分离，分出的数据信号经数据线送到计算机，分离出的语音信号经电话连接线，送到电话机。

从接入网的角度来认识 ADSL 技术，用户计算机使用 ADSL 调制解调器接入 ADSL 系统，ADSL 调制解调器连接计算机的接口就是用户网络接口 UNI，通过局端的多路复用器 DSLAM 接入 Internet，多路复用器 DSLA 与 Internet 网络间的接口就是业务网络接口 SNI，处于 SNI 和 UNI 间的 ADSL 系统部分就是接入网。

ADSL 能够向终端用户提供 8Mb/s 的下行传输速率和 1Mb/s 的上行速率，比传统的 56 kb/s 调制解调器快几十倍，也是传输速率达 128kb/s 的 ISDN(综合业务数据网)所无法比拟的。

特别不容忽视的是，目前，全世界有将近 7.5 亿铜制电话线用户，而且还在不断地剧增，ADSL 技术由于无须改动现有铜缆网络设施就能提供宽带网络业务，加上它的技术成熟、价格低廉，成为家庭用户接入网络的首选技术。

2.7.3 HFC 接入技术

混合光纤同轴电缆网络(Hybrid Fiber-Coaxial，HFC)是目前电视网络公司广泛采用的有线网络系统，与传统有线电视网 CCTV 网络是单向系统，只能实现电视节目下传不同，HFC 使用双向放大器，并在一条线路上采用频分多路复用技术实现双向传输，能满足网络业务双向传输的需要。

HFC 是综合应用模拟和数字传输技术，采用同轴电缆和光纤作为传输介质的宽带接入网络。HFC 除了传输有线电视视频节目，还能实现话音、数据的通信，使用户在家中利用电视网络线路，就能实现收看电视、访问网络，及在家庭闭路电视线路上实现视频通信和数据通信。

HFC系统由光纤干线网、同轴电缆分配网以及用户引入线路几部分构成，如图2.46所示。光纤干线网采用星型拓扑结构，同轴电缆分配网采用树型拓扑结构。HFC利用光纤的宽频特性实现主干线路上大容量的信息传输，利用同轴电缆相对的宽带特性和低造价实现服务区的信息传输，使整个系统具有较高的性价比，能同时传输数据业务和视频业务，在一个网络系统内实现了视频、数据业务的传输。

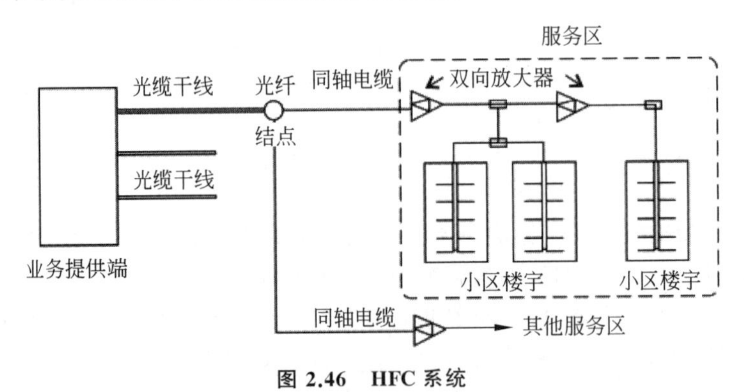

图2.46 HFC系统

在HFC系统中，电视信号和网络数据信号从业务提供端经合成器合成后转变成光信号在光纤干线网上传输，到达住宅服务区域后把光信号转换成电信号，经由同轴电缆配线网分配后送到各楼宇分线盒，再从各楼宇分线盒经用户引线路引入用户室内。

HFC网络采用的是光纤到服务区的结构，一个光纤结点可以连接多个服务区，构成星型拓扑结构，而在服务区内通过同轴电缆分配到各楼宇，各楼宇使用楼宇分线盒经用户引线路引入用户室内，构成树型拓扑结构。在服务区内连接到各楼宇的所有用户共享一根同轴电缆，服务区内用户越多，每个用户分到的带宽越窄，所以HFC对一个服务区的用户数有所限制。一般一个服务区内可以接入126～500用户，一个光纤结点可以连接4个服务区，一个光纤结点可以接入500～2000用户。

为了实现双向传输，HFC采用频分复用技术，对同轴电缆的频带进行了划分，低端的5MHz～65MHz的频段用来供数据传输的上行信道使用，65MHz～550MHz频段用来供现有的电视CCTV信号传输使用，550MHz～750MHz频段用来供数据传输的下行信道使用，高于750MHz的频段用于各种双向通信业务。

2.7.4 以太网接入技术

自1982年IEEE正式发布了以太网的标准以来，经过20多年的发展，又推出许多新的标准，网络速度能支持百兆、千兆、万兆，传输介质主要有双绞线和光纤两种。

双绞线早就用在电话通信中传输模拟信号，它安装容易、价格便宜，是一种简单、经济的物理介质。相对来说，它的带宽较小，高频时损耗较大，一般传输距离为几百米，对于远距离的传输要加中继器，对外界噪声的抗干扰能力也较弱。

以太网问世后，双绞线作为以太网的传输介质一直得到不断地发展，从支持10Mb/s以太网的3类线，到支持100Mb/s以太网的5类线、超5类线以及到支持1000Mb/s以太网的六类线、超6类线不断推出。

目前以太网双绞线常用的接口标准是 100BASE-T 和 1000BASE-T。光纤常用的接口标准是既支持多模、也支持单模光纤上的长波激光的千兆以太网标准 1000BaseSX，支持短波传输的万兆以太网标准 10GBASE-SR 和长波传输的万兆以太网标准 10GBASE-LR 以及支持远距离传输的万兆以太网标准 10GBASE-ER、10GBASE-ZR、10GBASE-EW、10GBASE-ZW 等。

以太网主要是通过楼宇的综合布线系统和接入交换机接入以太局域网，再通过以太局域网的边界路由器实现和互联网的连接。典型的接入应用如图 2.47 所示。

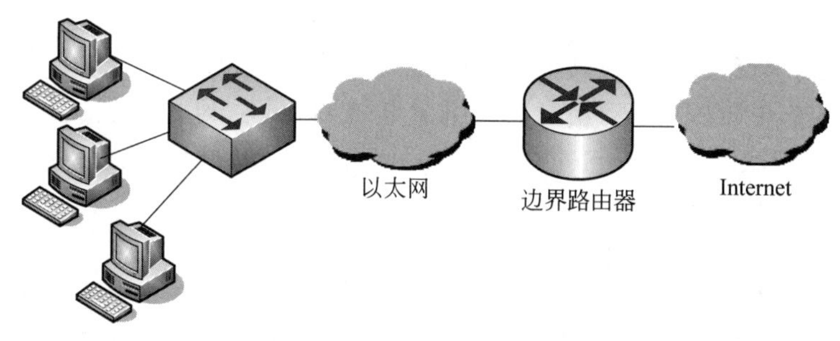

图 2.47 以太网的典型的接入应用

目前，大部分的商业大楼和新建住宅楼都进行了综合布线，布放了五类无屏蔽双绞线，将以太网插口布到了桌边。所以，在商业大楼和新建高档住宅楼，以太网接入方式将会是最有前途的宽带接入手段。

2.7.5 光纤接入技术

光纤接入网是指传输媒质为光纤的接入网。由于光纤具有通信容量大、质量高、性能稳定、防电磁干扰、保密性强等优点，因此，光纤不但在干线通信中扮演着重要角色，同样，在接入网中也正成为发展的重点，特别是无源光网络(Passive Optical Network，PON)几乎是综合宽带接入中最经济有效的一种方式。

在光纤接入网中，光纤的接入是从运营商到最终用户逐渐延伸的。目前运营商的接入光纤通常连接到路边的分线盒，在分线盒处还需设置光网络单元(Optical Network Unit，ONU)完成光/电转换、完成用户信息分接和复接等功能。早期光纤的价格较为昂贵，主要用于网络主干的传输介质使用，随着生产技术的不断发展，光纤价格在不断下降。现在价格在不断减低，光纤开始进入底层网络，进入接入网，所以接入网中采取光纤接入是一个逐渐演进的过程，这个过程中 ONU 不断地向前延伸。光纤在接入网中首先用于接入的前馈部分，用馈线光纤代替馈线电缆，继而演进到光纤用于分配网络，并最终向光纤用于用户挺进，即实现光纤入户。光纤接入网的最终目标是 ONU 将直接设置在用户住宅，实现光纤纯接入网。

目前根据 ONU 的位置，光纤接入网(Optical Access Network)的方式可分为如下几种(统称为 FTTX)。

(1) FTTC：Fiber to the Curb(光纤到路边)。

(2) FTTB：Fiber to the Building(光纤到大楼)。

(3) FTTH：Fiber to the Home(光纤到用户)。

FTTC通常用于为多个用户接入。FTTC的ONU设置在公共道路路边的交接箱或配线盒处，ONU到用户之间仍然采用同轴电缆或双绞线。如果用户接入是采用ADSL，则接入采用的是FTTC+ADSL形式，此种情况下，ONU到用户之间采用的是电话双绞线。如果用户接入是采用HFC，则接入采用的是FTTC+HFC形式，此种情况下，则ONU到用户之间采用同轴电缆。

FTTB的ONU直接放在居民住宅或单位办公大楼旁边，然后通过5类双绞线或更高等级的双绞线通过布线系统到用户家中或办公大楼的各个房间。FTTB比FTTC的光纤化程度更高，光纤已经铺设到大楼，更适合于高密度用户区。

FTTH直接将光纤铺设到用户大楼并直接光纤入户，即光纤直接进入用户房间，ONU将直接设置在用户房间。FTTH可以采用无源光传输设备实现，真正实现了纯光纤接入用户，是接入网的终极目标。

目前在高性能主干网上，光纤通信已经成为主流。对于接入网而言，光纤接入已经成为发展的重点，正在显示出前所未有的光明前景。光纤接入网指的是接入网中的传输介质为光纤的接入网。由于光纤的带宽特性，基于光纤的接入网被认为是今后宽带接入网的发展趋势和唯一选择。

2.7.6 宽带无线接入技术

光纤接入技术与其他接入技术(例如，双绞线、同轴电缆、五类线、无线等)相比，最大优势在于可用带宽大，而且还有巨大潜力可以开发，在这方面其他接入技术根本无法与其相比。光纤接入网还有传输质量好、传输距离长、抗干扰能力强、网络可靠性高、节约管道资源等特点。但光纤接入技术也存在着一定的劣势，例如，光纤接入网的成本很高，尤其是光结点离用户越近，每个用户分摊的接入设备成本就越高。另外，与宽带无线接入技术相比，光纤接入技术还需要管道资源，这也是很多新兴运营商看好光纤接入技术，但又不得不选择宽带无线接入技术(Broadband Wireless Access，BWA)的原因。

宽带无线接入技术目前还没有通用的定义，一般是指把高效率的无线技术应用于宽带接入网络之中，以无线方式向用户提供宽带接入(大于2 Mb/s)的技术。IEEE 802标准组负责制定无限宽带接入BWA各种技术规范，根据覆盖范围的不同，可以将宽带无线接入划分为：无线个域网(Wireless Personal Area Network，WPAN)、无线局域网(Wireless Local Area Network，WLAN)、无线城域网(Wireless Metropolitan Area Network，WMAN)、无线广域网(Wireless Wide Area Network，WWAN)。

Wi-Fi即无线保真(Wireless Fidelity)技术的简称，是第一个得到广泛部署的高速宽带无线接入技术。基于Wi-Fi技术的无线局域网络主要由Wi-Fi热点(Access Point，AP)和无线网卡组成，其组网简单，可以不受布线条件的限制，因此非常适合移动办公用户群体的需要，现在已经被广泛应用于家庭、办公室、咖啡屋、酒店以及机场等地点。目前，Wi-Fi可使用的标准主要有IEEE 802.11a、IEEE 802.11b、IEEE 802.11g和IEEE 802.11n等。其中，IEEE 802.11b的带宽为11 Mb/s，IEEE 802.11a/802.11 g的带宽为54 Mb/s，而IEEE 802.11n的带宽为300Mb/s。

在 Wi-Fi 网络的覆盖范围之内，允许用户在任何时间、任何地点访问公司的办公网或国际互联网随时随地享受网上证券、视频点播、远程教育、远程医疗以及视频会议、网络游戏等一系列宽带信息增值服务，并实现移动办公。但 Wi-Fi 也存在以下几个方面的不足。

(1) 数据传输速率有限：虽然 Wi-Fi 的最高传输速率可达 11～54 Mb/s，但系统开销会使应用层速率减少 50%左右。

(2) 无线电波间存在相互影响的现象：特别在同频段、同技术设备之间更是存在明显影响，在多运营商环境中，不同 AP 间的频率干扰会使得 Wi-Fi 的数据传输速率明显降低。

(3) 质量和信号的稳定性不高：无线电波在传播中根据障碍物不同将发生折射、反射、衍射、信号无法穿透等情况，Wi-Fi 的质量和信号的稳定性都不如有线接入方式。

(4) 网络覆盖半径小：用户只有保持在距离 Wi-Fi 热点 300 英尺的范围之内才能实现高速网络连接。

(5) 不支持移动性：虽然 IEEE 802.11s 协议对 Wi-Fi 的移动性进行了一定程度的增强，但最多也只能支持步行的移动速度。

(6) 空中接口没有 QoS 保障机制：只支持 Best Effort 业务，适用于 Web 浏览、FTP 下载以及收发 E-mail 等；语音通信、视频传输等业务的 QoS 很难得到保障。

2.8 物理层设备

不可避免的信号衰减限制了信号的远距离传输，从而使每种传输介质都存在传输距离的限制。但是在实际组建网络的过程中，经常会碰到网络覆盖范围超越介质最大传输距离限制的情形。为了解决信号远距离传输所产生的衰减和变形问题，需要一种能在信号传输过程中对信号进行放大和整形的设备以拓展信号的传输距离、增加网络的覆盖范围。将这种具备物理上拓展网络覆盖范围功能的设备称为网络互连设备。

在物理层主要有两种类型的网络互连设备，即中继器(Repeater)和集线器(Hub)。

2.8.1 中继器

中继器又称重发器。中继器具有对物理信号进行放大和再生的功能，将其从输入接口接收的物理信号通过放大和整形再从输出接口输出。中继器具有典型的单进单出结构，所以当网络规模增加时，可能会需要许许多多的单进单出结构的中继器作为信号放大之用，如图 2.48 所示。

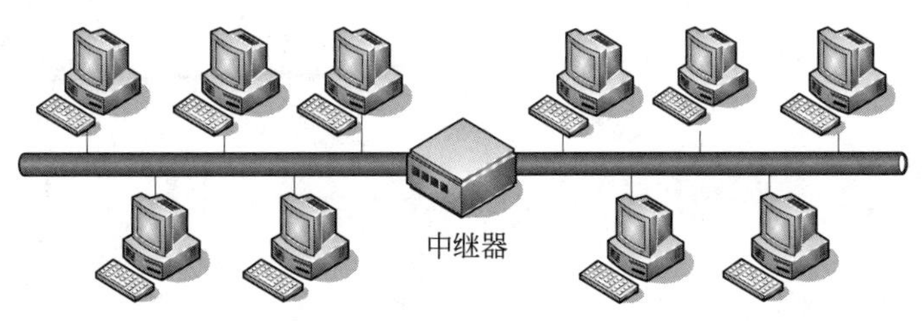

图 2.48 中继器连接两个网段

1. 中继器的功能

中继器主要负责在两个结点之间双向转发工作，对接收信号进行再生和发送，从而扩展网络连接距离。中继器是最简单的网络连接设备，主要完成物理层的功能，负责在两个结点的物理层上按位传递信息，完成信号地复制、调整和放大功能，以此来延长网络的长度。

2. 中继器的使用原则

由于传输线路噪声的影响，承载信息的数字信号或模拟信号只能传输有限的距离，如果想要连接更多主机使一个以太网范围更大，就需要使用中继器(集线器)的功能，对接收信号进行再生和发送，从而增加信号传输的距离。但使用中继器连接的网络受限于中继规则("5-4-3-2-1"规则)。"5"是局域网最多可有5个网段；"4"是全信道上最多可连4个中继器；"3"是其中3个网段可连结点；"2"是有两个网段只用来扩长而不连任何结点，其目的是减少竞发结点的个数，而减少发生冲突的概率；"1"是由此组成一个共享局域网。

2.8.2 集线器

集线器就是通常所说的Hub，如图2.49所示，是一种多端口中继器。二者的区别仅在于中继器只是连接两个网段，而集线器能够提供更多的端口服务。

图 2.49 集线器

1. 集线器的功能

集线器处于物理层，其实质是一个中继器，主要功能是对接收到的信号进行再生放大，以扩大网络的传输距离。

集线器只是一个多端口的信号放大设备。当一个端口接收到数据信号时，信号在传输过程中已有了衰减，集线器将该信号进行整形放大，使被衰减的信号再生到发送时的状态，紧接着转发到其他所有处于工作状态的端口上(广播)，它并不具备交换功能。

2. 集线器的特点

很多小型局域网使用带有RJ-45接头的双绞线组成星型局域网。在表面上看，使用集线器的局域网物理上是星型网，如图2.50所示，在逻辑上仍然是总线网，如图2.51所示。

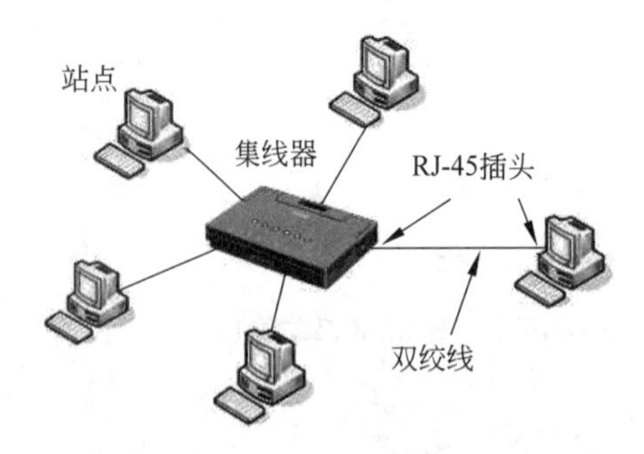

图 2.50 使用集线器的星型网

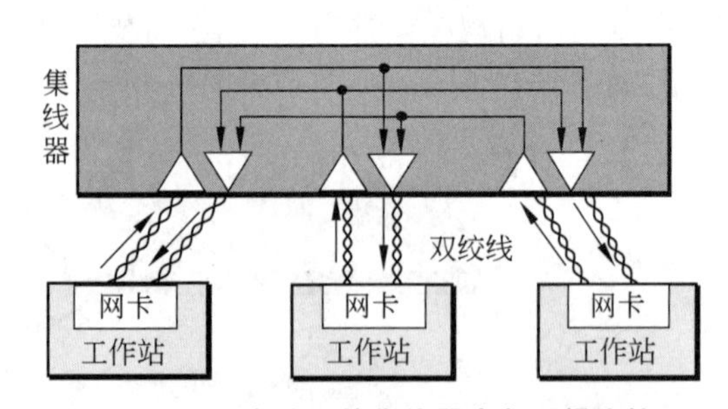

图 2.51 三个端口的集线器内部逻辑连接

一个集线器有很多端口，如 8 口、12 口、16 口、24 口、48 口等，每个端口通过 RJ-45 接头用两对双绞线与其他设备相连。RJ-45 端口既可以直接连接计算机、网络打印机等终端设备，也可以与其他交换机、集线器或路由器等设备进行连接。需要注意的是，当连接至不同的设备时，所使用的双绞线电缆的跳线方法有所不同。

与中继器一样，集线器工作在物理层，它的每个端口只简单地转发比特——收到 1 就转发 1，收到 0 就转发 0。

以太网的同一时刻只允许有一个站点占用公用通信信道而发送数据，所有端口共享带宽。

一般地，集线器有一个“UP Link 端口”，用于与其他设备(如上层集线器、交换机、路由器或服务器等)的级联。集线器只与它的上联设备进行通信，同层的各端口之间不直接进行通信，而是通过上联设备再通过集线器将信息广播到所有端口上。

集线器对工作站进行集中管理，网络中某个工作站出现问题，并不会影响整个网络的正常运行。

很多小型局域网使用带有 RJ-45 插头的双绞线连接集线器，集线器在家庭网、企业网、校园网等局域网中有广泛的应用。

2.9　实验：双绞线制作与测试

一、实验目的

(1) 掌握使用网线钳制作具有 RJ-45 接头的双绞线跳线的技能。

(2) 能够使用网线测试仪测试双绞线跳线的正确性。

(3) 培养初步的协同工作能力。

二、实验设备

(1) RJ-45 压线 1 把。

(2) 超 5 类双绞线若干。

(3) 测线仪 1 个。

(4) 水晶头 4 个。

三、实验任务

(1) 制作一条超 5 类双绞线的直通线。

(2) 制作一条超 5 类双绞线的交叉线。

四、实验步骤

1. 制作标准与跳线类型

每条双绞线中都有 8 根导线，导线的排列顺序必须遵循一定的规律，否则就会导致链路的连通性故障，或影响网络传输速率。

1) T568-A 与 T568-B 标准

目前，最常用的布线标准有两个，分别是 EIA/TIA T568-A 和 EIA/TIA T568-B 两种。在一个综合布线工程中，可采用任何一种标准，但所有的布线设备及布线施工必须采用同一标准。通常情况下，在布线工程中采用 EIA/TIA T568-B 标准。

(1) 按照 T568-B 标准布线水晶头的 8 针(也称插针)与线对的分配如图 2.52 所示。线序从左到右依次为：1-白橙、2-橙、3-白绿、4-蓝、5-白蓝、6-绿、7-白棕、8-棕。4 对双绞线电缆的线对 2 插入水晶头的 1、2 针，线对 3 插入水晶头的 3、6 针。

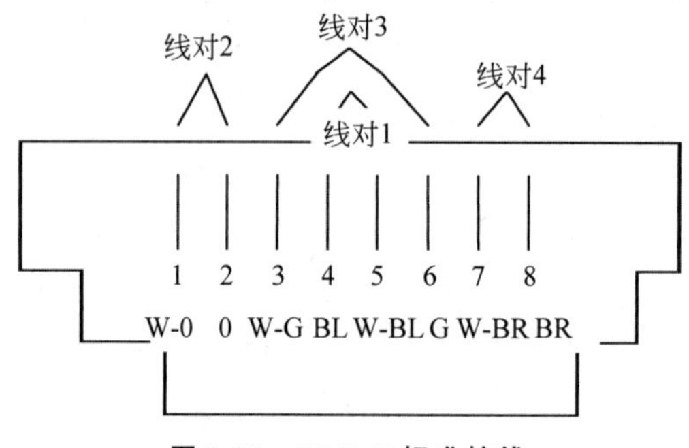

图 2.52 T568-B 标准接线

(2) 按照 T568-A 标准布线水晶头的 8 针与线对的分配如图 2.53 所示。线序从左到右依次为：1-白绿、2-绿、3-白橙、4-蓝、5-白蓝、6-橙、7-白棕、8-棕。4 对双绞线对称电缆的线对 2 接信息插座的 3、6 针，线对 3 接信息插座的 1、2 针。

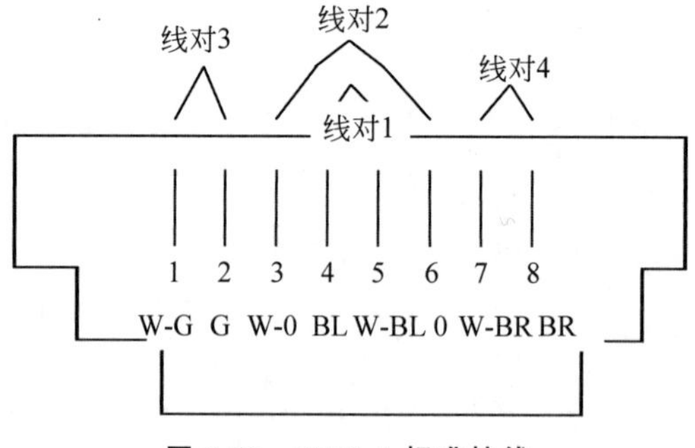

图 2.53 T568-A 标准接线

2) 判断跳线线序

只有搞清楚如何确定水晶头针脚的顺序，才能正确判断跳线的线序。将水晶头有塑料弹簧片的一面朝下，有针脚的一方向上，使有针脚的一端指向远离自己的方向，有方型孔的一端对着自己，此时，最左边的是第 1 脚，最右边的是第 8 脚，其余依次顺序排列。

3) 跳线的类型

按照双绞线两端线序的不同，通常划分两类双绞线。

(1) 直通线。根据 EIA/TIA 568-B 标准，两端线序排列一致，一一对应，即不改变线的排列，称为直通线。直通线线序如表 2.2 所示，当然也可以按照 EIA/TIA 568-A 标准制作直通线，此时跳线的两端的线序依次为：1-白绿、2-绿、3-白橙、4-蓝、5-白蓝、6-橙、7-白棕、8-棕。

表 2.2 直通线线序

端 1	白橙	橙	白绿	蓝	白蓝	绿	白棕	棕
端 2	白橙	橙	白绿	蓝	白蓝	绿	白棕	棕

(2) 交叉线。根据 EIA/TIA 568-B 标准,改变线的排列顺序,采用"1-3,2-6"的交叉原则排列,称为交叉网线。交叉线线序如表 2.3 所示。

表 2.3 交叉线线序

端 1	白橙	橙	白绿	蓝	白蓝	绿	白棕	棕
端 2	白绿	绿	白橙	蓝	白蓝	橙	白棕	棕

在进行设备连接时,需要正确选择线缆。通常将设备的 RJ-45 接口分为 MDI 和 MDIX 两类。当同种类型的接口通过双绞线互连时(两个接口都是 MDI 或都是 MDIX),使用交叉线;当不同类型的接口(一个接口是 MDI,一个接口是 MDIX)通过双绞线互连时,使用直通线。通常主机和路由器的接口属于 MDI,交换机和集线器的接口属于 MDIX。例如交换机与主机相连采用直通线,路由器和主机相连则采用交叉线。表 2.4 列出了设备间连线,表中 N/A 表示不可连接。

表 2.4 设备间连线

	主机	**路由器**	**交换机 MDIX**	**交换机 MDI**	**集线器**
主机	交叉	交叉	直通	N/A	直通
路由器	交叉	交叉	直通	N/A	直通
交换机 MDIX	直通	直通	交叉	直通	交叉
交换机 MDI	N/A	N/A	直通	交叉	直通
集线器	直通	直通	交叉	直通	交叉

注意:*随着网络技术的发展,目前一些新的网络设备,可以自动识别连接的网线类型,用户不管采用直通网线或者交叉网线均可以正确连接设备。*

2. 任务 1:双绞线直通线的制作

在动手制作双绞线跳线时,还应该准备好以下材料。

(1) 双绞线:在将双绞线剪断前一定要计算好所需的长度。如果剪断的比实际长度还短,将不能再接长。

(2) RJ-45 接头:RJ-45 即水晶头。每条网线的两端各需要一个水晶头。水晶头质量的优劣不仅是网线能够制作成功的关键之一,也在很大程度上影响着网络的传输速率,推荐选择真的 AMP 水晶头。假的水晶头的铜片容易生锈,对网络传输速率影响特别大。

制作过程可分为四步,简单归纳为"剥""理""查""压"四个字,具体如下。

步骤 1:准备好 5 类双绞线、RJ-45 插头和一把专用的压线钳,如图 2.54 所示。

步骤 2:用压线钳的剥线刀口将 5 类双绞线的外保护套管划开(小心不要将里面的双

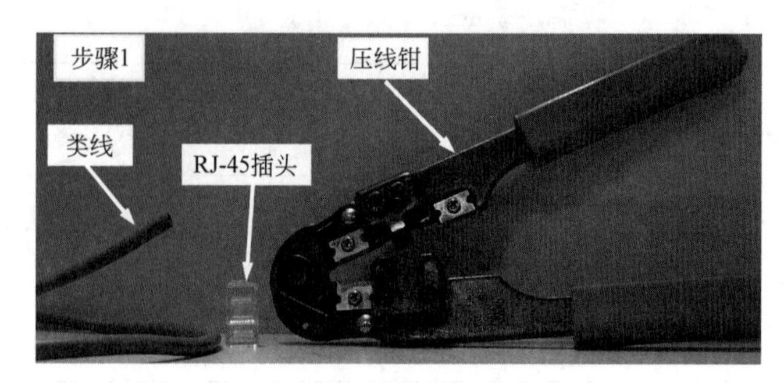

图 2.54　步骤 1

绞线的绝缘层划破)，刀口距 5 类双绞线的端头至少 2 厘米。

步骤 3：将划开的外保护套管剥去(旋转、向外抽)，露出 5 类线电缆中的 4 对双绞线。

步骤 4：按照 EIA/TIA-568B 标准(橙白、白、绿白、蓝、蓝白、绿、棕白、棕)和导线颜色将导线按规定的序号排好，然后将 8 根导线平坦整齐地平行排列，导线间不留空隙。

步骤 5：准备用压线钳的剪线刀口将 8 根导线剪断。请注意：一定要剪得很整齐。剥开的导线长度不可太短。可以先留长一些。不要剥开每根导线的绝缘外层。

步骤 6：将剪断的电缆线放入 RJ-45 插头试试长短(要插到底)，电缆线的外保护层最后应能够在 RJ-45 插头内的凹陷处被压实。反复进行调整。

步骤 7：在确认一切都正确后(特别要注意不要将导线的顺序排列反了)，将 RJ-45 插头放入压线钳的压头槽内，准备最后的压实。

步骤 8：双手紧握压线钳的手柄，用力压紧。请注意，在这一步骤完成后，插头的 8 个针脚接触点就穿过导线的绝缘外层，分别和 8 根导线紧紧地压接在一起。步骤 8 如图 2.55 所示。

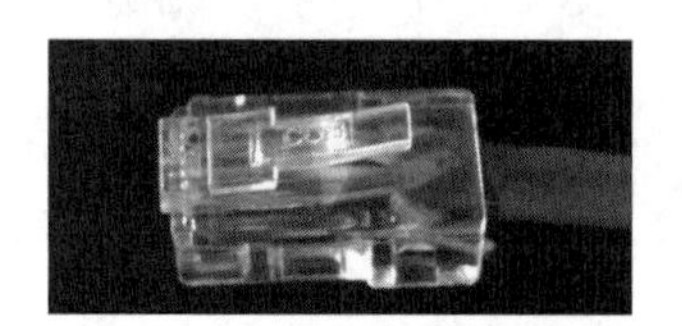
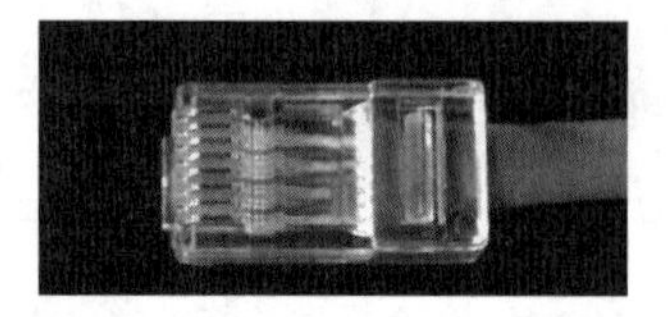

图 2.55　步骤 8

现在已经完成了线缆一端的水晶头的制作，下面需要制作双绞线的另一端的水晶头，按照 EIA/TIA-568B 和前面介绍的步骤来制作另一端的水晶头。

3. 任务 2：双绞线交叉线的制作

制作双绞线交叉线的步骤和操作要领与制作直通线一样，只是交叉线两端一端按 EIA/TIA-568B 标准，另一端是 EIA/TIA-568A 标准。

4. 跳线的测试

制作完成双绞线后，下一步需要检测它的连通性，以确定是否有连接故障。

通常使用电缆测试仪进行检测。建议使用专门的测试工具(如 Fluke DSP4000 等)进行测试，也可以购买廉价的网线测试仪。网络电缆测试仪如图 2.56 所示。

测试时将双绞线两端的水晶头分别插入主测试仪和远程测试端的 RJ-45 端口，将开

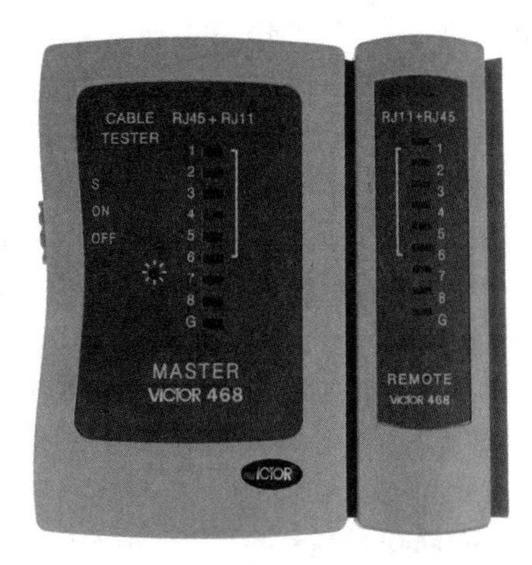

图 2.56　网络电缆测试仪

关开至“ON”(S为慢速挡),主机指示灯从1至8逐个顺序闪亮。

若连接不正常,按下述情况显示:

(1) 当有1根导线断路,则主测试仪和远程测试端对应线号的灯都不亮。

(2) 当有几条导线断路,则相对应的几条线都不亮,当导线少于2根线连通时,灯都不亮。

(3) 当两头网线乱序,则与主测试仪端连通的远程测试端的线号亮。

(4) 当导线有2根短路时,则主测试器显示不变,而远程测试端显示短路的2根线灯都亮。若有3根以上(含3根)线短路时,则所有短路的几条线对应的灯都不亮。

(5) 如果出现红灯或黄灯,就说明存在接触不良等现象,此时最好先用压线钳压制两端水晶头一次,再测,如果故障依旧存在,就得检查一下芯线的排列顺序是否正确。如果芯线顺序错误,那么就应重新进行制作。

提示:如果测试的线缆为直通线缆的话,测试仪上的8个指示灯应该依次闪烁。如果线缆为交叉线缆的话,其中一侧同样是依次闪烁,而另一侧则会按3、6、1、4、5、2、7、8这样的顺序闪烁。如果芯线顺序一样,但测试仪仍显示红色灯或黄色灯,则表明其中肯定存在对应芯线接触不好的情况。此时就需要重做网线了。

本章小结

本章主要对OSI参考模型的物理层的功能、协议以及数据通信相关的主要技术、传输介质、物理层设备、双绞线制作直通线与交叉线等分别进行了详细介绍,通过本章的学习,需要掌握OSI参考模型中物理层的基本功能与相关的术语及定义,了解数据通信的数据编码技术、数据交换技术、宽带接入技术以及多路复用技术等主要技术,掌握集线器和中继器的工作原理,会动手进行双绞线和水晶头的连接,制作直通线和交叉线。

物理层实现在计算机网络中的各种硬件设备和传输介质上传输数据比特流,将一个一个比特从一个结点移动到下一个结点。物理层主要任务可以看成是确定与传输介质的接口有关的一些特性。物理层的协议即物理层接口标准，也称为物理层规程。物理层协议实际上是规定与传输介质接口的机械特性、电气特性、功能特性和规程特性。

数据通信基础知识简单介绍数据通信的基本概念和基本原理，然后介绍数据编码技术、数据交换技术、信道多路复用技术。

传输介质基本可以分为两类。一类是导引型传输介质，包括双绞线、同轴电缆、光纤等。对于导引型传输介质，电磁波沿着固体传输介质被导引。另一类是非导引型传输介质，非导引型传输介质就是指自由空间。

宽带接入技术发展迅速，不断满足人们对网络接入带宽的需要。接入网存在多种接入方式，主要包括铜线（普通电话线）接入、光纤同轴电缆（有线电视电缆）混合接入、光纤接入、以太网接入和无线接入等。

在物理层主要有中继器（Repeater）和集线器（Hub）两种类型的网络互连设备。

双绞线8根铜线起作用的4根是1-2脚和3-6脚。双绞线连接标准有EIA/TIA-568-A简称T568-A和EIA/TIA-568-B简称T568-B两种。如果双绞线的两端均采用同一标准（如T568-B），则称这根双绞线为直通线。如果双绞线的两端采用不同的连接标准（如一端用T568-A，另一端用T568-B），则称这根双绞线为跳接（交叉）线。

习　　题

一、选择题

1. 物理层四个重要特性包括：机械特性、功能特性、电气特性和（　　）。

A. 规程特性　　B. 接口特性　　C. 协议特性　　D. 物理特性

2. 不受电磁干扰或噪声影响的介质是（　　）。

A. 双绞线　　B. 光纤　　C. 同轴电缆　　D. 微波

3. 误码率是描述数据通信系统质量的重要参数之一。在下面这些有关误码率的说法中，（　　）是正确的。

A. 误码率是衡量数据通信系统在正常工作状态下传输可靠性的重要参数

B. 误码率是衡量数据通信系统不正常工作状态下传输可靠性的重要参数

C. 当一个数据传输系统采用CRC校验技术后，这个数据传输系统的误码率为0

D. 如果用户传输1M字节时没发现传输错误，那么该数据传输系统的误码率为0

4. 与多模光纤相比，单模光纤的主要特点是（　　）。

A. 高速度、短距离、高成本、粗芯线

B. 高速度、长距离、低成本、粗芯线

C. 高速度、短距离、低成本、细芯线

D. 高速度、长距离、高成本、细芯线

5. 关于微波通信说法正确的是（　　）。

A. 微波波段频率低，频段范围窄

B. 障碍物妨碍微波通信

C. 微波通信有时受气候影响不大

D. 与电缆通信相比较,微波通信的隐蔽性和保密性较好

6. 在中继系统中,中继器处于(　　)。

A. 物理层　　B. 数据链路层　　C. 网络层　　D. 高层

7. (　　)信号的电平是连续变化的。

A. 数字　　B. 模拟　　C. 脉冲　　D. 二进制

8. (　　)是指将数字信号转变成可以在电话线上传输的模拟信号的过程。

A. 解调　　B. 采样　　C. 调制　　D. 压缩

9. (　　)是指在一条通信线路中可以同时双向传输数据的方法。

A. 单工通信　　B. 半双工通信　　C. 同步通信　　D. 全双工通信

10. 数据传输速率是指每秒钟传输构成数据二进制代码的(　　)数。

A. 帧　　B. 信元　　C. 伏特　　D. 位

11. 利用模拟通信信道传输数据信号的方法称为(　　)。

A. 频带传输　　B. 基带传输　　C. 异步传输　　D. 同步传输

12. 基带传输是指在数字通信信道上(　　)传输数字数据信号的方法。

A. 调制　　B. 脉冲编码　　C. 直接　　D. 间接

13. 在网络中,计算机输出的信号是(　　)。

A. 模拟信号　　B. 数字信号　　C. 广播信号　　D. 脉冲编码信号

14. Internet 上的数据交换采用的是(　　)。

A. 分组交换　　B. 电路交换　　C. 报文交换　　D. 光交换

15. FDM 是指(　　)。

A. 频分多路复用　　B. 时分多路复用

C. 波分多路复用　　D. 码分多路利用

16. 在数据通信系统中,传输介质的功能是(　　)。

A. 在信源与信宿之间传输信息　　B. 纠正传输过程中的错误

C. 根据环境状况自动调整信号形式　　D. 将信号从一端传至另一端

17. 可用于将数字数据编码为数字信号的方法是(　　)。

A. FSK　　B. NRZ　　C. PCM　　D. QAM

18. 下列关于曼彻斯特编码的叙述中,(　　)是正确的。

A. 为确保收发同步,将每个信号起始边界作为时钟信号

B. 将时钟与数据取值都包含在信号中

C. 这种模拟信号的编码机制特别适合传输语音

D. 每位的中间不跳变时表示信号的取值为 1

19. “复用”是一种将若干个彼此独立的信号合并为一个可在同一信道上传输的(　　)。

A. 调制信号　　B. 已调信号　　C. 复用信号　　D. 单边带信号

20. 在光纤中采用的多路复用技术是(　　)。

A. 时分多路复用(TDM)　　B. 频分多路复用(FDM)

C. 波分多路复用(WDM)　　D. 码分多路复用(CDMA)

21. 下列选项中,不属于物理层接口规范定义范畴的是(　　)。

A. 接口形状　　B. 引脚功能

C. 物理地址　　D. 信号电平

22. 若一段链路的频率带宽为 8kHz,信噪比为 30dB,该链路实际数据传输速率约为理论最大数据传输速率的 50%,则该链路的实际数据传输速率约是(　　)。

A. 8kb/s　　B. 20kb/s　　C. 40kb/s　　D. 80kb/s

23. 下列因素中,不会影响信道数据传输速率的是(　　)。

A. 信噪比　　B. 频率宽带

C. 调制速率　　D. 信号传播速度

24. 在无噪声情况下,若某通信链路的带宽为 3kHz,采用 4 个相位,每个相位具有 4 种振幅的 QAM 调制技术,则该通信链路的最大数据传输速率是(　　)。

A. 12kb/s　　B. 24kb/s　　C. 48kb/s　　D. 96kb/s

25. 以太网交换机进行转发决策时使用的 PDU 地址是(　　)。

A. 目的物理地址　　B. 目的 IP 地址

C. 源物理地址　　D. 源 IP 地址

二、综合题

1. 物理层的主要功能是什么?
2. 物理层协议(或接口标准)有哪几个特性? 各包含什么内容?
3. 简述数据通信系统模型的构成。
4. 请区分信息、数据和信号,并举例说明。
5. 举例说明传输线路和信道、信号带宽和信道带宽之间的关系。
6. 举例说明单工通信、半双工通信和全双工通信。
7. 简述异步传输方式和同步传输方式的区别。
8. 数据传输速率和信号传输速率的关系是什么?
9. 数据传输速率和信道容量之间的关系是什么?
10. 常见的传输介质有哪些? 各有何特点?
11. 简述多模光纤和单模光纤的区别。
12. 双绞线中的线缆为何要成对地绞在一起,其作用是什么?
13. 什么是基带传输、频带传输与宽带传输?
14. 并行通信和串行通信方式的区别是什么?
15. 宽带接入技术有哪些?
16. 数字数据信号的编码方式主要有哪些? 它们的原理分别是什么?
17. T568-B 的线序是怎样的?
18. 集线器的功能是什么?
19. 有 10 个信号,每个要求 4000Hz,现在用 FDM 将它们复用在一条信道上,对于被复用的信道,最小要求带宽为多少? 假设每个信号之间的警戒带宽是 400Hz。
20. 10 个 9.6kb/s 的信道按时分多路复用在一条线路上传输,如果忽略控制开销,在同步 TDM 情况下，复用线路的带宽应该是多少？在统计 TDM 情况下，假定每个子信道具有 30%的时间忙，复用线路的控制开销为 10%，那么复用线路的带宽应该是多少？

21. 假设某条电路的信号功率为 500W、噪声功率为 0.05W，那么该电路的信噪比为多少 dB？

22. 假设某个信道的带宽为 500Hz、信噪比为 20dB，则该信道的容量是多少？($\log_{10}101\approx2.00432$，$\log_{10}2\approx0.301029$)。

23. 在数字传输系统中，调制速率为 1200 波特，数据传输速率为 3600b/s，则每个信号可有几种不同状态？如要使调制速率和数据传输速率相等，则每个信号应有几种不同状态？

24. 对于带宽为 6MHz 的信道，若每个信号可表示 4 种不同状态，在不考虑噪声的情况下，该信道的最大数据传输速率是多少？

25. 信道带宽为 3kHz，信噪比为 30dB，则每秒能发送的比特数不会超过多少？

26. 要在带宽为 4kHz 的信道上用 2 秒发送完 5000 个汉字，按照香农公式，信道的信噪比最小应为多少分贝？(取整数值)

第3章 数据链路层

数据链路层属于计算机网络的低层，数据链路层有两种截然不同的信道。第一种类型链路层信道是广播信道。这种信道使用一对多的广播通信方式，同一信道上连接的主机很多，需要使用专用的介质访问控制协议来协调传输和避免“碰撞”，局域网中常用这种信道。第二种类型链路层信道是点对点信道。这种信道使用一对一的点对点通信方式。如两台路由器之间的通信链路或一个住宅的拨号调制解调器与一个 ISP 路由器之间的通信链路。协调点对点信道的访问是很容易的，但也存在一些重要问题，如组帧、可靠数据传输、差错检测和流量控制等。

如图 3.1 所示，在两台主机通过互联网通信时，从源主机 H_1 开始，经过一系列路由器(R_1、R_2、R_3)，到目的主机 H_2 结束。所经过的网络可以是多种，如电话网、局域网和广域网。该通信路径由一系列通信链路组成。从协议的层次看，主机 H_1 和 H_2 有完整的协议层次，路由器的协议栈只有下面三层。数据进入路由器后先从物理层上到网络层，在网络层的转发表中找到下一条的地址后，再下到物理层转发数据。

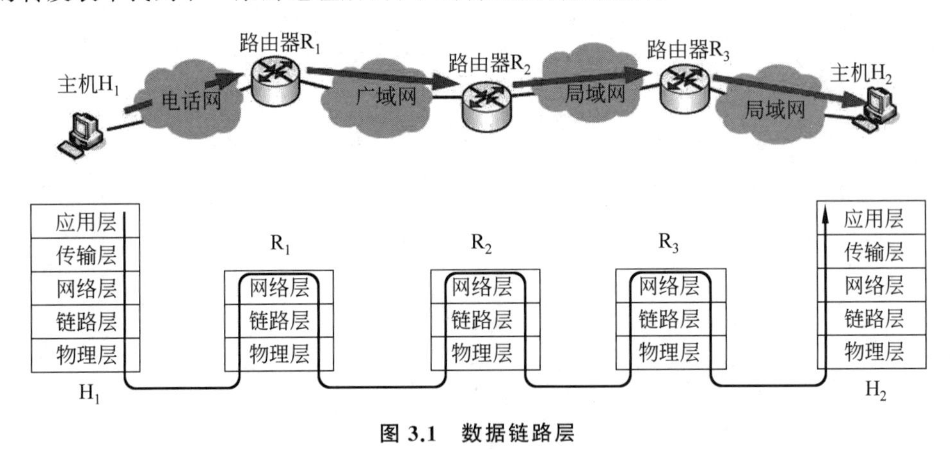

图 3.1 数据链路层

当我们研究数据链路层的问题时，很多情况下可以从各结点协议栈的数据链路层水平方向来着眼，如图 3.2 所示。当主机 H_1 向 H_2 发送数据时，我们可以想象数据是在数据链路层从左向右水平传送，即通过这样的四段链路：H_1 链路层→R_1 链路层、R_1 链路层→R_2 链路层、R_2 链路层→R_3 链路层和 R_3 链路层→H_2 链路层。

协议数据单元如何通过各段链路？在单段链路上，网络层的“分组”如何被封装成数据链路层的“帧”？数据链路层协议能够提供可靠地传输吗？在整个通信路径上不同的链

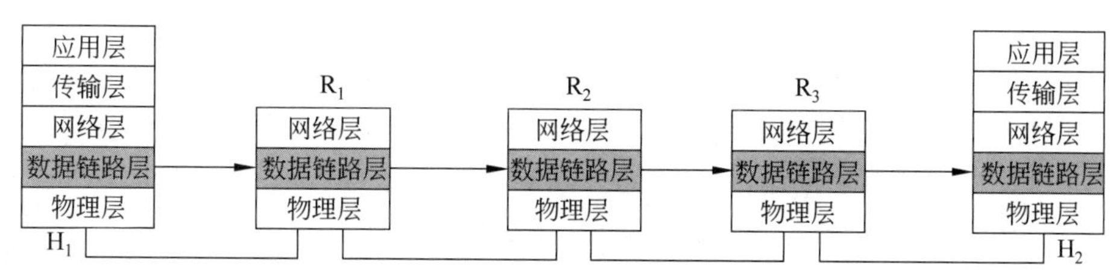

图 3.2 只考虑数据在数据链路层流动

路是采用的相同的链路层协议吗？这类重要问题我们就在这一章来回答。

3.1 数据链路层的基本概念

3.1.1 数据链路和帧

先来学习一些术语。为方便讨论，我们把主机和路由器统称为结点，我们将不关心一个结点是主机还是路由器。我们把沿着通信路径连接相邻结点的通信信道称为链路，有人将其称为物理链路。链路的中间没有任何其他的交换结点。两个主机通信时，通信路径上要经过许多独立的链路。当在一条通信路径上传输数据时，除了要有物理链路外，还必须要有通信协议来控制这些数据的传输。把实现数据传输协议的硬件和软件加到链路上，就构成了数据链路，有人将其称为逻辑链路。网络适配器就是实现这些协议的硬件和软件。一般的适配器包含了数据链路层和物理层这两层的功能。链路层协议交换的数据单元称为帧(frame)。

所有的数据链路层的基本功能都是将数据帧通过单条链路从一个结点移动到相邻结点，如图 3.3 所示，但具体细节依赖于该链路上应用的具体数据链路层协议。链路层协议包括以太网、IEEE 802.11 无线局域网、令牌环和 PPP 等。链路层的一个重要特点是在通信路径的不同链路上可能由不同的链路层协议来处理。例如在第一段链路上可能由 PPP 来处理，在最后一段链路上可能由以太网来处理，在中间的链路上由广域网链路层协议来处理。需要着重注意的是，不同的数据链路层协议的提供功能是不同的。例如一个数据链路层协议可能提供可靠的交付，另一个数据链路层协议可能不提供可靠的交付。

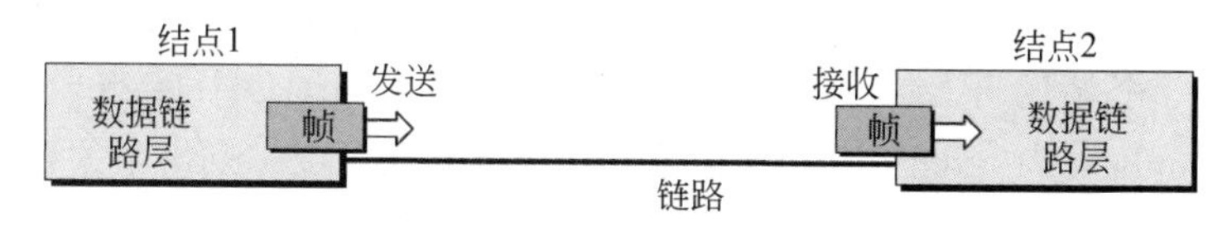

图 3.3 帧在数据链路层一条链路上移动

3.1.2 数据链路层基本问题

数据链路层可能提供的服务包括：组帧、差错控制、流量控制、可靠传输和介质访问控制。

1. 组帧

在网络层分组在链路上传输前,链路层协议用数据链路层的帧将其封装。一个帧由数据字段和首部字段组成,网络层的分组就插在数据字段中。一个帧可能包含尾部字段,我们把首部字段和尾部字段合并起来称为首部字段。接收端在收到物理层上交的比特流后,能根据首部字段的标记,从收到的比特流中识别帧的开始和结束,如图 3.4 所示。帧的结构由数据链路层协议规定。

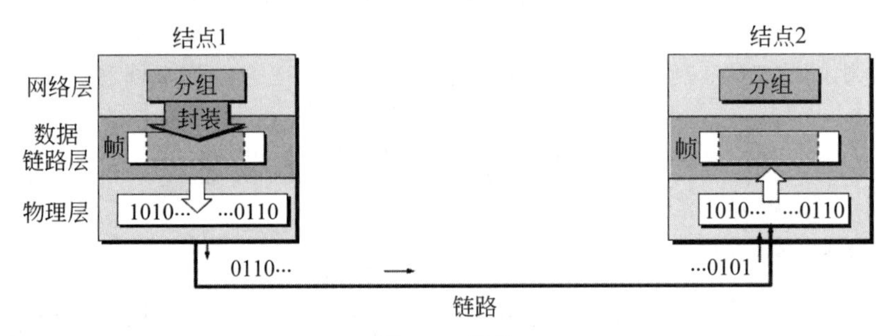

图 3.4 组帧

数据链路层的主要工作是添加一个帧头部和帧尾部,不同的数据链路层协议可能格式不同,但是基本的格式都是相似的,如图 3.5 所示。

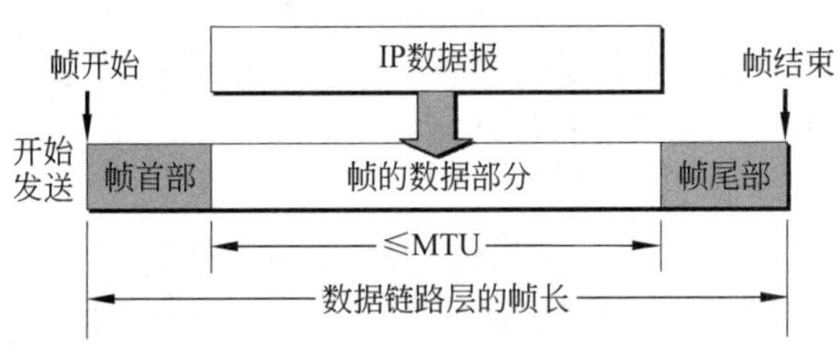

图 3.5 帧格式

这里的数据部分,一般有一个最大程度,我们称为最大传输单元(Maximum Transmission Unit,MTU),是指一种通信协议的某一层上面所能通过的最大数据包大小(以字节为单位),对于时下大多数使用以太网的局域网来说,最大传输单元的值是 1500 字节。这里要说的是,当数据是由可打印的 ASCII 码组成的文件时,可以使用特殊的帧定字符来标明一个帧的开始和结束。比如使用 SOH(Start Of Header)-0x01 和 EOT(End Of Transmission)-0x04 来表示,这样数据链路层就可以识别出帧的开始和结束。

如果我们提供任何数据输入,数据链路层都可以成功传递,那么称之为透明传输,即数据链路层的功能对于网络层和上层是透明的。比如文本字符数据输入,SOH 和 EOT 都可以很好地工作,因为二者没有交集。但是对于二进制数据输入来说,就有可能在数据中出现 0x01 和 0x04,导致帧意外地中断和丢弃。因此,我们需要一种机制来处理这种情况,最经典、最常用的就是字节填充或字符填充的方式。比如在 SOH 和 EOT 的前面分别插入一个转义字符 ESC-0x1B,在接收端的数据链路层在将数据送往网络层之前删除这个插入的转义字符,这就称为字节填充。

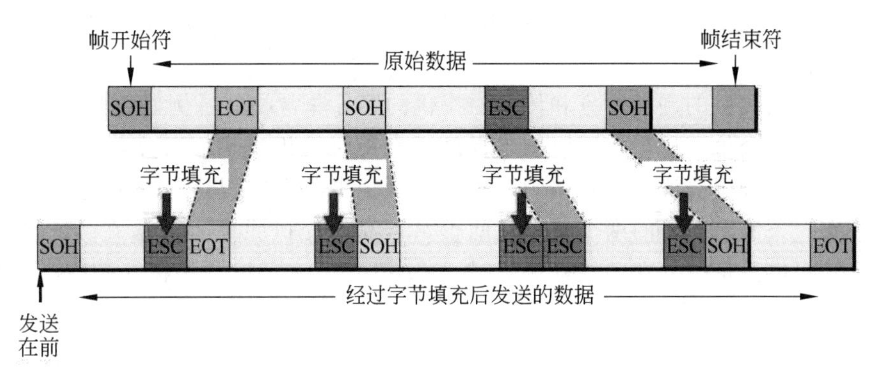

图 3.6　字节填充法实现透明传输

2. 差错控制

设计数据链路层的主要目的就是要将有差错的物理线路改进成无差错的数据链路，因此，差错控制功能是数据链路层中一个非常重要的基本功能，也是确保数据通信正常进行的基本前提。目前，数据链路层所采取的差错控制方法主要包括差错检测技术、差错纠正技术，以及数据帧重传技术等。

数据链路层的许多协议提供检测是否存在差错的机制。这是通过在帧中设置差错检测冗余位，让接收结点对收到的帧进行差错检测来完成的。链路层的差错检测通常很复杂，并且通过硬件来实现。

差错纠正不仅能检测是否帧中出现了差错，而且能够判断帧中的差错出现在哪里并纠正这些错误。一些协议如 ATM 只为分组的首部提供链路层差错纠正。

3. 流量控制

由于链路的每一结点具有有限的帧缓存，接收结点在某个时间段收到帧的速率比其处理的速度快，没有流量控制，接收方的缓存会溢出，帧会丢失。链路层协议提供流量控制机制，当接收方来不及处理发送方发送的数据时，及时控制发送方发送数据的速率，旨在使收发方协调一致。

4. 可靠传输

当数据链路层提供可靠传输服务时，它保证将网络层的分组无差错地通过数据链路层。OSI 的观点是必须把数据链路层做成是可靠传输的。前面讲过，传输层的协议 TCP 也提供可靠的传输服务。和传输层的可靠传输服务类似，链路层的可靠传输是通过确认和重传来获得的。现在通信线路的质量已经大大提高了，通信链路不好引起差错的概率已经大大降低。低差错率的链路，包括光纤、双绞线和同轴电缆，链路层的可靠传输被认为是不必要的开销。为了提高通信效率，许多有线的链路层协议不提供可靠的交付，Internet 广泛使用的数据链路层不提供可靠的服务。数据链路层可靠的传输服务常用于容易产生高差错率的链路，如无线链路。

5. 介质访问控制

介质访问控制协议定义了帧在链路上传输的规则。对于在链路的一端有一个发送方、另一端有一个接收方的点对点链路，介质访问控制协议比较简单，甚至不存在。对于多个结点共享单个广播链路，就是被称为多址访问的问题，介质访问控制协议用来协调多个结点的帧传输。

数据链路层提供的许多服务和传输层提供的服务非常相似。例如数据链路层和传输层都能提供可靠交付。尽管这两层用于提供可靠交付的机制相似，这两个可靠交付服务却是不同的。传输层协议在端到端的基础上为两个进程之间提供可靠交付；而可靠的链路层协议在一条链路相连的两个结点之间提供可靠的交付服务。同样地，数据链路层和传输层都能提供流量控制和差错检测，传输层协议中的流量控制是在端到端的基础上提供的，而链路层协议是在结点对相邻结点基础上提供的。

6. 链路管理

数据链路层的“链路管理”功能包括数据链路的建立、链路的维持和释放三个主要方面。当网络中的两个结点要进行通信时，数据的发送方必须知道接收方是否已处在准备接收的状态。为此，通信双方必须先要交换一些必要的信息，以建立一条基本的数据链路。在传输数据时，要维持数据链路；而在通信完毕时，要释放数据链路。大多数广域网的通信子网的数据链路层均采用有确认面向连接的服务，源计算机和目标计算机在传输数据前需要先建立一个连接，而且该连接上发送的每一帧也都要被编号，以确保帧传输的内容与顺序的正确性，为此，数据链路层除了可保证每一帧都会被接收方收到之外，还可保证每一帧都只会被按正常顺序接收到一次。

7. MAC 寻址

MAC 寻址是数据链路层中的 MAC 子层的一项主要功能。在以太网中，介质访问控制（Media Access Control，MAC）地址被烧录到每个以太网网卡中作为通信结点数据链路层的唯一标识，而在多点连接的网络通信中，数据链路层必须要保证让每一帧都能准确地送到正确的接收方，且接收方也应当知道发送方到底是哪一个结点，为此，数据链路层必须要能够通过采用 MAC 地址来进行寻址。

3.2 差错控制技术

差错控制指的是在数据通信过程中能发现或纠正差错，把差错限制在尽可能小的允许范围内的技术和方法。

信号在物理信道中传输时，线路本身电器特性造成的随机噪声、信号幅度的衰减、频率和相位的畸变、电器信号在线路上产生反射造成的回音效应、相邻线路间的串扰以及各种外界因素（如大气中的闪电、开关的跳火、外界强电流磁场的变化、电源的波动等）都会造成信号的失真。在数据通信中，将会使接收端收到的二进制数位和发送端实际发送的二进制数位不一致，从而造成由“0”变成“1”或由“1”变成“0”的差错。

通信信道的噪声分为两类：热噪声和冲击噪声。其中，热噪声是信道固有的、持续存在的随机热噪声，它引起的差错是随机差错；冲击噪声是由外界特定的短暂原因所造成的噪声，它引起的差错是突发差错，引起突发差错的位长称为突发长度。在通信过程中产生的传输差错，是由热噪声的随机差错与冲击噪声的突发差错共同构成的。数据通信的差错程度通常是以“误码率”来定义的，它是指二进制比特在数据传输系统中被传错的概率，它在数值上近似等于 $Pe=Ne/N$。其中，N 为传输的二进制比特总数，Ne 为被传错的比特数。

最常用的差错控制方法是差错控制编码。数据信息位(k 位)在向信道发送之前，先按照某种关系附加上一定的冗余位(n 位)，构成一个码字后再发送，这个过程称为差错控制编码过程。编码效率就是 k 除以($k+n$)的值。接收端收到该码字后，检查信息位和附加的冗余位之间的关系，以检查传输过程中是否有差错发生，这个过程称为检验过程。

差错控制编码可分为检错码和纠错码。检错码是能自动发现差错的编码；纠错码是不仅能发现差错而且能自动纠正差错的编码。

差错控制方法分两类，一类是自动请求重发 ARQ，另一类是前向纠错 FEC。在 ARQ 方式中，当接收端发现差错时，就设法通知发送端重发，直到收到正确的码字为止。ARQ 方式只使用检错码。在 FEC 方式中，接收端不但能发现差错，而且能确定二进制码元发生错误的位置，从而加以纠正。FEC 方式必须使用纠错码。

3.2.1 检错

目前在数据链路层广泛使用了循环冗余检验(Cyclic Redundancy Check，CRC)的检错编码。循环冗余检验编码也称为多项式编码，因为能把比特串看作是系数为 0 和 1 的一个多项式，对比特串的操作被解释为多项式算术。

在发送端要发送的 k 比特的数据 M，发送结点要把数据 M 发送给接收结点。发送方和接收方首先要协商一个 $n+1$ 比特生成码 P，称为生成多项式 $P(x)$。要求 $P(x)$的最高有效位的比特(最左边)是 1。

对于一个给定的数据 M，发送方要选择 n 位的附加比特 R 即冗余码(冗余码常称为帧检验序列 FCS)，附加在 M 后面，使得产生的 $k+n$ 比特的数据一起发送到接收端。在所要发送的数据后面增加 n 位冗余码，虽然增大了数据传输的开销，但却可以进行差错检测，往往是很值得的。

这 n 位的冗余码 R 是如何得出的呢？是用模 2 运算(在加法中不进位，在减法中不借位。这意味着加法和减法是相同的，而且等价于操作数的按位异或(XOR)运算)，相当于在 M 后面添加 n 个 0。得到($k+n$)位的数除以发送方和接收方协商好的 $n+1$ 位除数 P，得出的商是 Q 余数是 R(n 位，比 P 少一位)。

【例 3-1】已知：信息码 M110011，信息多项式 $M(x)=x^5+x^4+x+1$。

生成码 P1101，生成多项式 $P(x)=x^3+x^2+1(n=3)$。

求：冗余码和码字。

【解】 (1) 被除数是信息码 M 后添加 $n=3$ 个 0，即 110011000。

(2) 除数是 P 即 1101。

(3) 用模 2 运算(如图 3.7 所示)。由计算结果知冗余码是 001，码字就是 110011001。

在接收端把收到的数据以帧为单位进行 CRC 检验。用 CRC 进行差错检验的过程很简单：接收方用 P 去除接收到的 $k+n$ 位比特。如果余数为 0，则认为正确而被收下得到信息码；如果余数为非 0，则接收方认为发生错误，就丢弃该帧，请求对方重发。

【例 3-2】 已知：接收码字 1100111001，多项式 $T(x)=x^9+x^8+x^5+x^4+x^3+1$。

```
                        100101 ← Q (商)
P (除数) → 1101 ⟌ 110011000 ← 2ⁿ(被除数)
              1101
               0011
               0000
                0111
                0000
                 1110
                 1101
                  0110
                  0000
                   1100
                   1101
                    001 ← R (余数)，作为 FCS
```

图 3.7　求冗余码的例子

生成码 P 11001,生成多项式 $P(x)=x^4+x^3+1(n=4)$。

求:码字的正确性。若正确,则指出冗余码和信息码。

【解】 (1) 用码字除以生成码,余数为 0,如图 3.8 所示,所以码字正确。

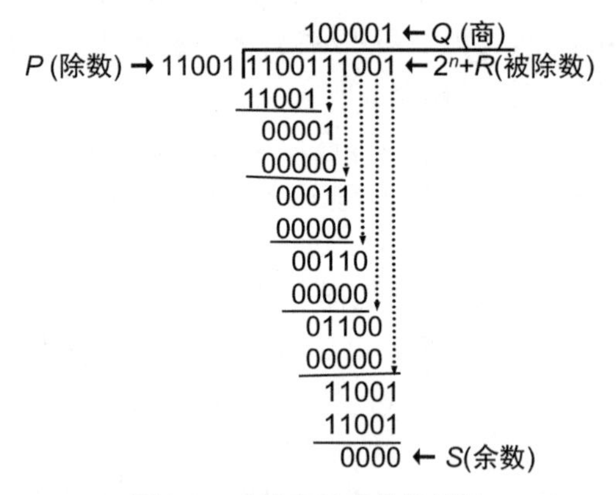

图 3.8　求码字正确性的例子

(2) 因 $n=4$,所以冗余码是:1001,信息码是:110011。

现在广泛使用的生成多项式 $P(x)$ 有如下几种:

CRC-16$=x^{16}+x^{15}+x^2+1$

CRC16-CCITT$=x^{16}+x^{12}+x^5+1$

CRC-32$=x^{32}+x^{26}+x^{23}+x^{22}+x^{16}+x^{12}+x^{11}+x^{10}+x^8+x^7+x^5+x^4+x^2+x+1$

CRC 码不能 100%地发现错误,余数为 0 时可能发生差错。一般生产多项式阶数越高,检错能力越强。凡是接收方数据链路层接受的帧,我们都能以非常接近于 1 的概率认为这些帧在传输过程中没有产生差错。通常都这样近似地认为:凡是接收方数据链路层接受的帧均无差错。

在数据链路层,发送端帧检验序列 FCS 的生成和接收端 CRC 检验都是用硬件完成的,处理很迅速,因此不会延误数据的传输。

CRC 码不可以自动纠错,要做到可靠传输,必须加上确认和重传机制。

采用检错码技术虽然能够检测出帧在传输过程中是否发生了错误，但由于在检测到错误发生之后，需要发送方重传整个帧，故检错码技术仅适用于光纤等具有高可靠性的信道上，而不适合于错误发生很频繁的无线信道上，这是因为在错误发生很频繁的信道上，即便重传也还是很可能出错的，因此难以有效保证帧的正确传送。在无线信道上，最好的办法是使用纠错码(Error Correcting Code)技术，通过在每一个发送的数据帧中包含足够的冗余信息(校验位)，让接收方在收到该数据帧后不但可以检测出其中是否发生了错误，而且一旦发现出错，还可以还原出原始的帧内容，不需要依靠重传来解决问题。

3.2.2　纠错

采用纠错码进行差错控制时，接收端不仅能发现差错，而且知道出错码元的位置，从而自动进行纠正。这种方式称为前向纠错(Forward Error Correction，FEC)。海明码就是一种纠错码。

发送方进行海明码编码，所需步骤如下：

(1) 确定最小的校验位数 k。

(2) 原有信息和 k 个校验位一起编成长为 $m+k$ 位的新码字——海明码。选择 k 校验位(0 或 1) 以满足必要的奇偶条件。

接收方对收到的码字进行译码，所需步骤如下：

(1) 接收端对所接收的信息作所需的 k 个奇偶检查。

(2) 如果所有的奇偶检查结果均为正确的，则认为信息无错误。如果发现有一个或多个错了，则错误的位由这些检查的结果来唯一地确定。

1. 校验位的位数

推求海明码时的一项基本考虑是确定所需最少的校验位数 k。考虑长度为 m 位的信息，若附加了 k 个校验位，则所发送的总长度为 $m+k$。在接收器中要进行 k 个奇偶检查，每个检查结果或是真或是伪。这个奇偶检查的结果可以表示成一个 k 位的二进字，它可以确定最多 2^k 种不同状态。这些状态中必有一个其所有奇偶测试都是真的，它便是判定信息正确的条件。于是剩下的 (2^k-1) 种状态，可以用来判定误码的位置。于是导出下一关系：

$$2^k-1 \geqslant m+k \tag{3-1}$$

2. 码字格式

从理论上讲，校验位可放在任何位置，但习惯上校验位被安排在 1、2、4、8、…的位置上。表 3.1 列出了 $m=4$，$k=3$ 时，信息位和校验位的分布情况。

表 3.1　海明码中校验位和信息位的定位

码字位置	B_1	B_2	B_3	B_4	B_5	B_6	B_7
校验位	x	x		x			
信息位			x		x	x	x
复合码字	P_1	P_2	D_1	P_3	D_2	D_3	D_4

3. 各校验位的确定

k 个校验位是通过对 $m+k$ 位复合码字进行奇偶校验而确定的。

其中：P_1 位负责校验海明码的第 1、3、5、7、…（P_1、D_1、D_2、D_4、…）位（包括 P_1 自己，检验 1 位，跳过 1 位）。

P_2 负责校验海明码的第 2、3、6、7、…（P_2、D_1、D_3、D_4、…）位（包括 P_2 自己，检验 2 位，跳过 2 位）。

P_3 负责校验海明码的第 4、5、6、7、…（P_3、D_2、D_3、D_4、…）位（包括 P_3 自己，检验 4 位，跳过 4 位）。

对 $m=4,k=3$，偶校验的例子，只要进行三次偶性测试。这些测试（以 A、B、C 表示）在表 3.2 所示各位的位置上进行。

表 3.2 奇偶校验位置

奇偶条件	码字位置						
	B_1	B_2	B_3	B_4	B_5	B_6	B_7
A	x	x		x			
B			x		x	x	x
C	P_1	P_2	D_1	P_3	D_2	D_3	D_4

因此可得到三个校验方程及确定校验位的三个公式：

$$A=B_1\oplus B_3\oplus B_5\oplus B_7=0 \text{ 得 } P_1=D_1\oplus D_2\oplus D_4 \tag{3-2}$$

$$B=B_2\oplus B_3\oplus B_6\oplus B_7=0 \text{ 得 } P_2=D_1\oplus D_3\oplus D_4 \tag{3-3}$$

$$C=B_4\oplus B_5\oplus B_6\oplus B_7=0 \text{ 得 } P_3=D_2\oplus D_3\oplus D_4 \tag{3-4}$$

例如四位信息码为 1001，利用这三个公式可求得三个校验位 P_1、P_2、P_3 值和海明码。

$$P_1\ P_2\ 1\ P_3\ 0\ 0\ 1$$

三个校验位：$P_1=0$；$P_2=0$；$P_3=1$。

海明码：0011001。

上面是发送方的处理。

4. 接收方译码

在接收方，也可根据这三个校验方程对接收到的信息进行同样的奇偶测试：

$$A=B_1\oplus B_3\oplus B_5\oplus B_7=0 \tag{3-5}$$

$$B=B_2\oplus B_3\oplus B_6\oplus B_7=0 \tag{3-6}$$

$$C=B_4\oplus B_5\oplus B_6\oplus B_7=0 \tag{3-7}$$

若三个校验方程都成立即方程式右边都等于 0，则说明没有错。若不成立即方程式右边不等于 0，说明有错。从三个方程式右边的值，可以判断哪一位出错。例如，如果第 3 位数字反了，则 $C=0$（此方程没有 B_3），$A=B=1$（这两个方程有 B_3）。可构成二进制数 CBA，以 A 为最低有效位，则错误位置就可简单地用二进制数 $CBA=011$ 指出。

同样，若三个方程式右边的值为 001，说明第一位出错。若三个方程式右边的值为

100,说明第四位出错。

例如,接收码字为0110111经测试$A=1$;$B=0$;$C=1$。说明第五位有错,则只须将第五位变反,就可还原成正确的数码0110011。

海明码能够检测出两位同时出错,或者能检测出一位出错并能自动给出错位的正确值。

3.3 流量控制技术

在本节,我们介绍一般意义上的可靠数据传输问题。可靠数据传输可以在数据链路层实现,也可在传输层和应用层实现。一般性的问题对网络来说更为重要。

OSI的观点是必须把数据链路层做成是可靠传输的。因此在CRC检错的基础上,增加了流量控制、确认和重传机制。采取适当的措施限制发送速率,避免由于接收方来不及接收而造成数据丢失。接收方收到正确的帧就要向发送方发送确认。发送端在一定期限内没有收到对方的确认,就认为出现了差错,因而就进行重传,直到收到对方的确认为止。但现在通信线路的质量已经大大提高了,由于通信链路不好引起差错的概率已经大大降低。为了提高通信效率,Internet广泛使用的数据链路层不提供可靠的服务。数据链路层可靠的传输服务常用于容易产生高差错率的链路,如无线链路。

3.3.1 流量控制与滑动窗口

当发送数据的速率高于接收数据的速率时,必须采取适当的措施限制发送速率,否则会由于来不及接收而造成数据丢失。流量控制就是让发送方的发送速率不要太快,要让接收方来得及接收。在本节,我们介绍如何用滑动窗口机制来达到流量控制的目的。

尽管流量控制可以用多种方式实现,但通常的方式是使用两个缓冲区:一个位于发送方,另一个位于接收方。缓冲区是一组内存单元,它可以在发送端和接收端存储分组。这样的缓冲区又称为窗口,在发送端和接收端分别设置发送窗口和接收窗口。

通常,数据链路层采用基于确认的流量控制机制来进行流量控制。在该方法中,一般是通过定义一些良好的规则,这些规则规定了发送方什么时候可以发送下一帧。通常,由接收方给发送方回送信息,告诉发送方被允许发送多少数据,而在没有得到接收方许可之前,禁止发送方向接收方发送数据帧。基于确认的流量控制机制包括停止—等待技术、基于回退N帧(Go Back N)技术的机制与基于选择性重传(Selective Repeat)技术的机制,这些机制统称为滑动窗口机制(Sliding Window Mechanism)。此外,除了利用滑动窗口机制来进行流量控制之外,为了进一步提高数据传输效率,数据链路层通常还采用捎带确认、发送窗口与接收窗口等设计思想与技术。

(1) 捎带确认:在收发双方在进行通信时,为了提高信道的利用率,将利用捎带确认的方法进行数据帧的确认。其原理如下。当一方收到一帧A,如果其网络层有一个新的分组到来要发送给对方,则通过在其数据帧的头部设置的ack域中捎带对A的确认,然后再将该数据帧发送给对方(而不单独发送确认帧给对方,从而节约了网络带宽)。否则,若在一定的时间周期内其网络层都没有新的分组到来,则发送一个单独的确认帧给对方。

(2) 发送窗口：是指发送方维持的一组序列号，分别对应于发送方允许它发送的帧，或它已发送但仍未被确认的帧。由于当前发送窗口内的帧最终可能在传输过程中丢失或被破坏，因此，发送方需要用缓存区保存好这些帧以备重传。若发送窗口的大小为 n，则发送方需要 n 个缓存区来存放未被确认的帧。若发送窗口达到最大尺寸，则发送方的链路层需要强制关闭其网络层，直到有一个缓存区空闲出来为止。

(3) 接收窗口：是指接收方维持的一组序列号，分别对应于一组接收方允许接收的帧。任何落在接收窗口外面的帧都将被接收方无条件丢弃。当一个新到的帧的序列号等于接收窗口的下界时，接收方会把该新到帧以及接收窗口(即接收方缓存区)中原来保存的其后续各帧依次传递给网络层，并生成一个确认帧给发送方，然后将接收窗口前移。

发送窗口和接收窗口统称为滑动窗口。

1. 发送窗口的规则

发送窗口用来对发送端进行流量控制。发送窗口是发送方用来保存允许发送和已发送但尚未经确认的数据分组。发送窗口的大小 W_T 代表在还没有收到对方确认信息的情况下发送端最多可以发送多少个分组。图 3.9 表示了发送窗口的规则。

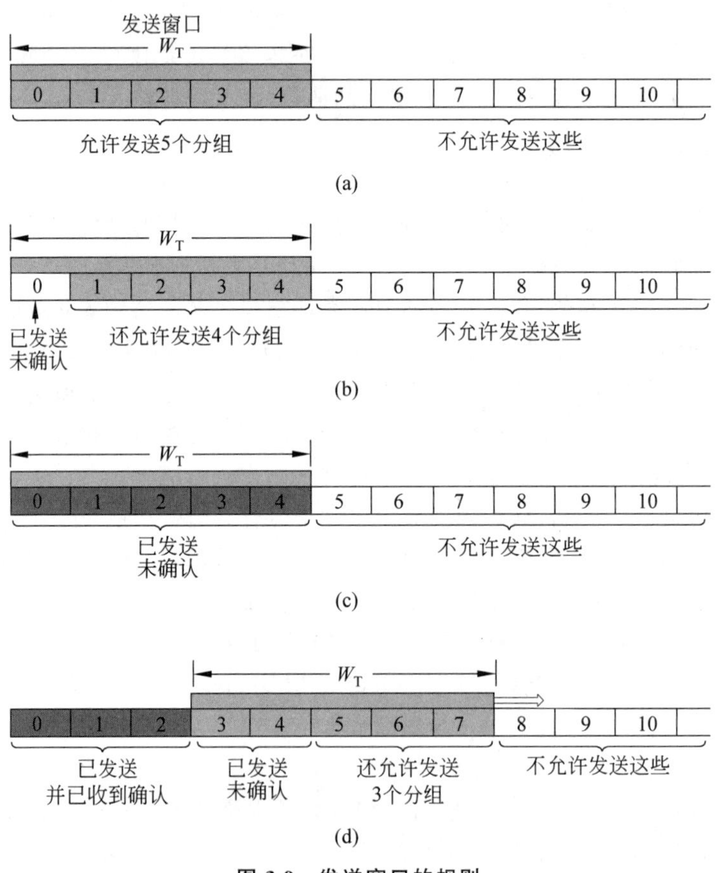

图 3.9 发送窗口的规则

(1) 发送窗口内的分组是允许发送的分组(如图 3.9(a)，发送窗口大小为 5)。

（2）每发送完一个分组，允许发送的分组数减1，但发送窗口的位置、大小不变（如图3.9(b)）。

（3）若所允许发送的分组都发送完了，但还没有收到任何确认，发送方就不能再发送，进入等待状态（如图3.9(c)）。

（4）发送方收到对方对一个分组的确认信息后，将发送窗口向前滑动一个分组的位置（如图3.9(d)，依次收到3个确认分组）。

（5）发送方设置一个超时计时器，当超时计时器满且未收到应答，则重发分组。

2. 接收窗口的规则

接收窗口是为了控制可以接收的数据分组的范围。接收窗口是接收方用来保存已正确接收但尚未交给上层的分组。接收窗口的规则如下：

（1）只有当收到的分组序号落入接收窗口内才允许收下，否则丢弃它。

（2）当接收方接收一个序号正确的分组，接收窗口向前滑动，并向发送端发送对该分组的确认。

只有在接收窗口向前滑动时（与此同时也发送了确认），发送窗口才有可能向前滑动。收发两端的窗口按照以上规律不断地向前滑动，因此这种协议又称为滑动窗口协议。使用滑动窗口机制，由接收方控制发送方的数据流，实现了流量控制。同时采用有效的确认重传机制，向高层提供可靠传输的服务。

下面的停止—等待协议、回退 N 帧协议和选择重传协议三个协议都实现了流量控制，是保证数据可靠传输常采用的协议。

3.3.2 停止—等待协议

停止—等待协议（Stop-and-Wait-Protocol），发送方和接收方都使用大小为1的滑动窗口。停止—等待协议（也称为停一等协议）的规则是：发送方每发送一个分组后就要停下来等待接收方的确认返回，仅当接收方正确接收，并返回确认分组ACK，发送方接收到确认分组后，才可以发送下一分组，如图3.10(a)所示。

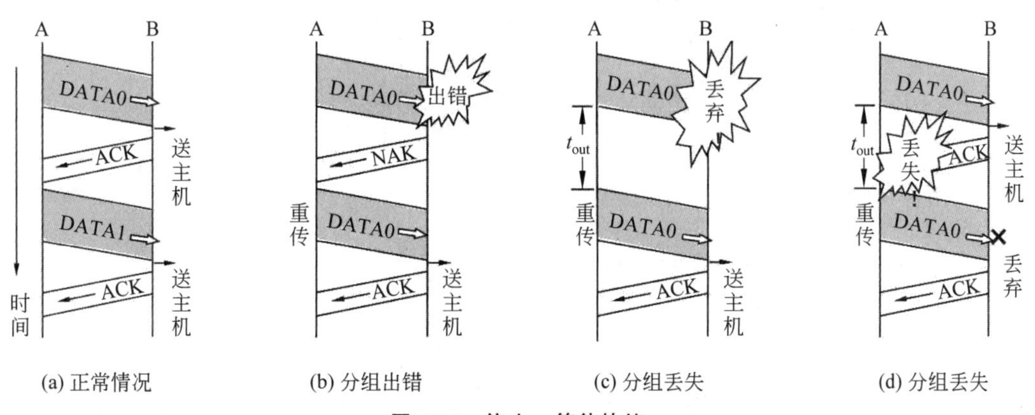

图 3.10 停止—等待协议

接收方收到一个数据分组，通过差错检测发现数据是错误的，接收方向发送方发送一个否认分组 NAK，发送方收到否认分组后重传出错分组，如图 3.10(b)。

由于链路干扰或其他原因，在发送方发送的数据分组或接收方发送的确认分组 ACK 丢失的情况下，发送方没有收到确认分组，到了超时计时器所设置的重传时间，发送方会重传该分组，如图 3.10(c)和图 3.10(d)。

3.3.3 回退 N 帧协议

为了提高传输效率，当发送端等待确认时，可以传输多个分组。换言之，当发送端等待确认时，我们需要让不止一个分组处于未完成状态，以此确保信道忙碌。回退 *N* 帧协议(Go-back-*N*,GBN)也称为连续自动重传请求(Automatic Repeat Request，ARQ)协议，可以看成是发送窗口大于 1，接收窗口等于 1 的滑动窗口协议。该协议的规则如下：

(1) 在发送完一个数据帧后，不是停下来等待确认帧，而是可以连续再发送若干个数据帧。由于减少了等待时间，整个通信的吞吐量就提高了。

(2) 如果这时收到了接收端发来的确认帧，那么还可以接着发送数据帧。

(3) 如果发送方发送了前五个帧，而中间的第三个帧丢失了。这时接收方只能对前两个帧发出确认。发送方无法知道后面三个帧的下落，而只好把后面的三个帧都再重传一次。这就称为 Go-back-*N*(回退 *N*)，表示需要再退回来重传已发送过的 *N* 个帧，如图 3.11 所示。

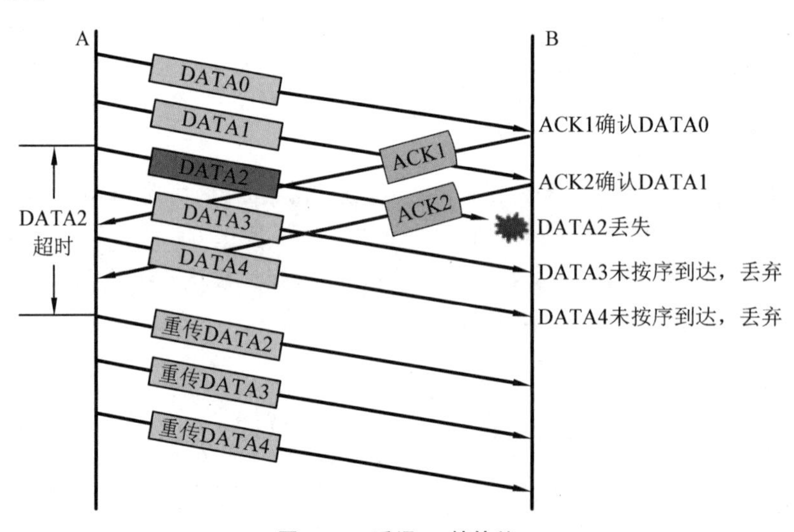

图 3.11 后退 *N* 帧协议

接收端只按序号顺序接收数据帧。虽然在有差错的 2 号帧之后接着又收到了正确的三个数据帧，但接收端都必须将这些帧丢弃，因为在这些帧前面有一个 2 号帧还没有收到。虽然丢弃了这些不按序的无差错帧，但应重复发送已发送过的最后一个确认帧(防止确认帧丢失)。在图 3.11 中 ACK1 表示确认 0 号分组 DATA0，并期望下次收到 1 号分组；ACK2 表示确认 1 号分组 DATA1，并期望下次收到 2 号分组，依此类推。

结点 A 在每发送完一个数据帧时都要设置该分组的超时计时器。如果在所设置的超时时间内收到确认帧，就立即将超时计时器清零。但若在所设置的超时时间到了而未

收到确认分组，就要重传相应的数据帧（仍需重新设置超时计时器）。

在等不到 2 号分组的确认而重传 2 号数据帧时，虽然结点 A 已经发完了 4 号分组，但仍必须向回走，将 2 号帧及其以后的各帧全部进行重传。这就是回退 N 帧协议，意思是当出现差错必须重传时，要向回走 N 个帧，然后再开始重传。

在回退 N 帧协议中，接收窗口的大小 $W_R=1$，如图 3.12 所示。只有当收到的帧的序号与接收窗口一致时才能接收该帧（如图 3.11 中的 DATA0、DATA1），否则就丢弃它（如图 3.11 中的 DATA3、DATA4、DATA5）。

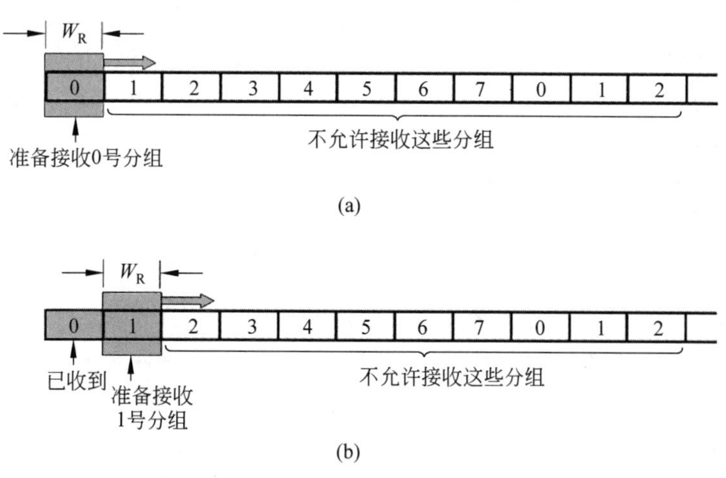

图 3.12　接收窗口为 1 的情况

3.3.4　选择重传协议

回退 N 帧协议简化了接收方的进程。接收方只记录一个变量，没有必要缓冲时序分组；它们被简单地丢弃。然而，如果下层网络层丢失很多分组，那么这个协议就是低效的。每当一个分组丢失或被破坏，发送方要重新发送所有未完成分组，即使有些时序分组已经被完全完整地接收了。如果网络层由于网络拥塞丢失了很多分组，那么重发所有这些未完成分组将会使得拥塞更严重，最终更多的分组丢失。

选择重传协议（Selective-Repeat Protocol）已经被设计出来，正如其名，支持选择性重发分组，即那些确实丢失的分组。在选择重传协议中，发送窗口大于 1，接收窗口大于 1。选择重传协议规则是加大接收窗口，先收下发送序号不连续但仍处在接收窗口中的那些数据分组。等到所缺序号的数据分组收到后再一并送交主机。

选择重传协议可避免重复传送那些本来已经正确到达接收端的数据分组，但我们付出的代价是在接收端要设置具有相当容量的缓存空间。

3.4　点到点信道的数据链路层

广域网一般最多包括 OSI 参考模型的下三层，网络层提供的服务有虚电路和数据报服务，数据链路层协议有 PPP、HDLC 和帧中继等，PPP 协议占有绝对优势。

现在我们讨论点对点链路的数据链路层协议，即点对点协议(Point-to-Point Protocol，PPP)。这种链路提供全双工操作，并按照顺序传递数据包。设计目的主要是用来通过拨号或专线方式建立点对点连接发送数据，使其成为各种主机、网桥和路由器之间简单连接的一种共通的解决方案。使用拨号电话线接入 Internet 采用 PPP 协议，如图 3.13 所示。

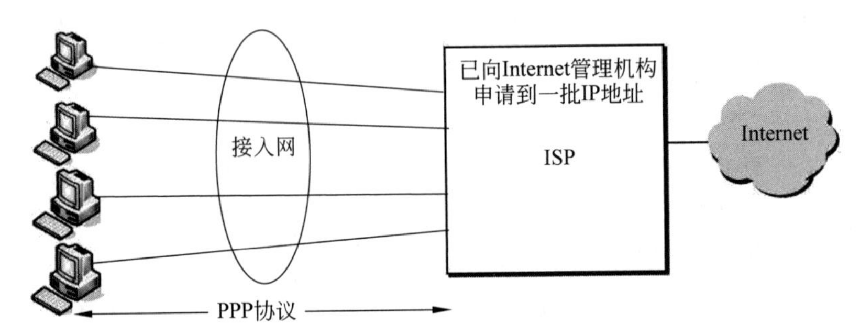

图 3.13 用户采用 PPP 协议接入 Internet

PPP 协议是 Internet 工程任务组(Internet Engineering Task Force，IETF)推出的一种适用于点到点连接的数据链路控制协议，是一种正式的 Internet 数据链路层协议标准，该协议在 RFC 1661、RFC 1662 和 RFC 1663 中进行了描述。PPP 协议有三个组成部分：组帧即一个将 IP 数据报封装到串行链路的方法；一个用来建立、维护和拆除数据链路连接的链路控制协议(Link Control Protocol，LCP)；一套网络控制协议(Network Control Protocol，NCP)族，PPP 允许多个网络协议共用一个链路，网络控制协议(NCP)负责连接 PPP(第二层)和网络协议(第三层)。对于所使用的每个网络层协议，PPP 都分别使用独立的 NCP 来连接。例如，IP 使用 IP 控制协议(IPCP)，IPX 使用 Novell IPX 控制协议(IPXCP)。

3.4.1 功能

(1) PPP 具有动态分配 IP 地址的能力，允许在连接时刻协商 IP 地址。

(2) PPP 支持多种网络协议，比如 TCP/IP、NetBEUI、NWLINK 等。

(3) PPP 协议只检错不纠错。

(4) PPP 具有身份验证功能。

(5) PPP 可以用于多种类型的物理介质上，包括串口线、电话线、移动电话和光纤(例如 SDH)，PPP 也用于 Internet 接入。

3.4.2 PPP 帧填充方式

1. 帧格式各字段的含义

PPP 协议的帧格式如图 3.14 所示。

标志字段 F 为 0x7E(符号“0x”表示后面的字符是用十六进制表示。十六进制的 7E 的二进制表示是 01111110)，每个 PPP 帧都是以 01111110 的 1 字节标志字段来作为开始和结束。

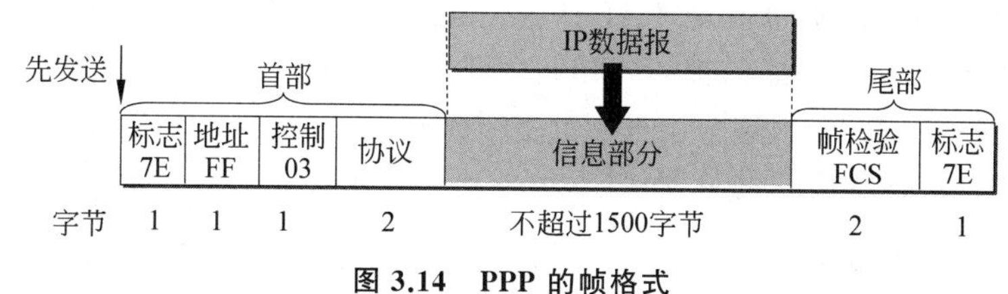

图 3.14　PPP 的帧格式

地址字段 A 只置为 0xFF,地址字段实际上并不起作用。

控制字段 C 通常置为 0x03,表明这是一个无序号帧,即意味着:在默认方式下,PPP 并没有采用序号和确认来实现可靠的传输。

PPP 是面向字节的,所有的 PPP 帧的长度都是整数字节。

PPP 有一个 2 字节的协议字段:当协议字段为 0x0021 时,PPP 帧的信息字段就是 IP 数据报。若为 0xC021,则信息字段是 PPP 链路控制数据。若为 0x8021,则表示这是网络控制数据。

信息字段的长度是可变的,不超过 1500 字节。

2. 比特填充

当 PPP 用在同步传输链路时,协议规定通常采用硬件来完成比特填充,采用零比特填充实现透明传输。

采用零比特填充法使信息字段不会出现 6 个连续 1。在发送端,当一串比特流数据中有 5 个连续 1 时,就立即填入一个 0。在接收帧时,每当发现 5 个连续 1 时,就将其后的一个 0 删除,以还原成原来的比特流。

例如,比特流"011111011111110…"的输出位流模式为"01111100111110110…",当接收方收到"01111100111110110…"时,则自动删除连续 5 个输入位"1"后的位"0",即将输入流还原成"011111011111110…"。

3. 字符填充

当 PPP 用在异步传输时,就使用一种特殊的字符填充法。字符填充法是将信息字段中出现的每一个 0x7E 字节转变成为 2 字节序列(0x7D;0x5E)。若信息字段中出现一个 0x7D 的字节;则将其转变成为 2 字节序列(0x7D;0x5D)。若信息字段中出现 ASCII 码的控制字符(即数值小于 0x20 的字符),则在该字符前面要加入一个 0x7D 字节,同时将该字符的编码加以改变。

PPP 协议之所以不使用序号和确认机制是出于以下的考虑:在数据链路层出现差错的概率不大时,使用比较简单的 PPP 协议较为合理;在 Internet 环境下,PPP 的信息字段放入的数据是 IP 数据报。数据链路层的可靠传输并不能够保证网络层的传输也是可靠的;帧检验序列 FCS 字段可保证无差错接受。

3.4.3　身份认证模式

有两种身份认证模式:一种是 PAP,一种是 CHAP。相对来说 PAP 的认证方式安全性没有 CHAP 高。PAP 在传输 password 是明文的,而 CHAP 在传输过程中不传输密码，取代密码的是 hash(哈希值)。PAP 认证是通过两次握手实现的，而 CHAP 则是通过三次握手实现的。PAP 认证是被叫提出连接请求，主叫响应。而 CHAP 则是主叫发出请求，被叫回复一个数据包，这个包里面有主叫发送的随机的哈希值，主叫在数据库中确认无误后发送一个连接成功的数据包连接。

3.4.4 PPP 的工作过程

PPP 协议的工作过程如下。

(1) 当用户拨号接入 ISP 后，就建立了一条从用户 PC 到 ISP 的物理连接。

(2) 这时用户 PC 向 ISP 发送一系列的 LCP 分组(封装成多个 PPP 帧)，以便建立 LCP 连接。这些分组及其响应选择了将要使用的一些 PPP 参数。

(3) 协商结束后就进入鉴别状态。若通信的双方鉴别身份成功，则进入网络层协议状态。

(4) 接着还要进行网络层配置，NCP 给新接入的用户 PC 分配一个临时的 IP 地址。这样，用户 PC 就成为 Internet 上的一个有 IP 地址的主机了。

(5) 当用户通信完毕时，NCP 释放网络层连接，收回原来分配出去的 IP 地址。接着，LCP 释放数据链路层连接。最后释放的是物理层的连接。

注：PPP 链路的起始和终止状态永远是“链路静止”(Link Dead)状态，这时在 PC 和 ISP 的路由器之间并不存在物理层的连接。

图 3.15 的右边方框是对 PPP 协议的几个状态的说明。从设备之间无链路开始，到先建立物理链路，再建立链路控制协议 LCP 链路。经过鉴别后再建立网络控制协议 NCP 链路，然后才能交换数据。由此可见，PPP 协议已不是纯粹的数据链路层的协议，它还包含了物理层和网络层的内容。

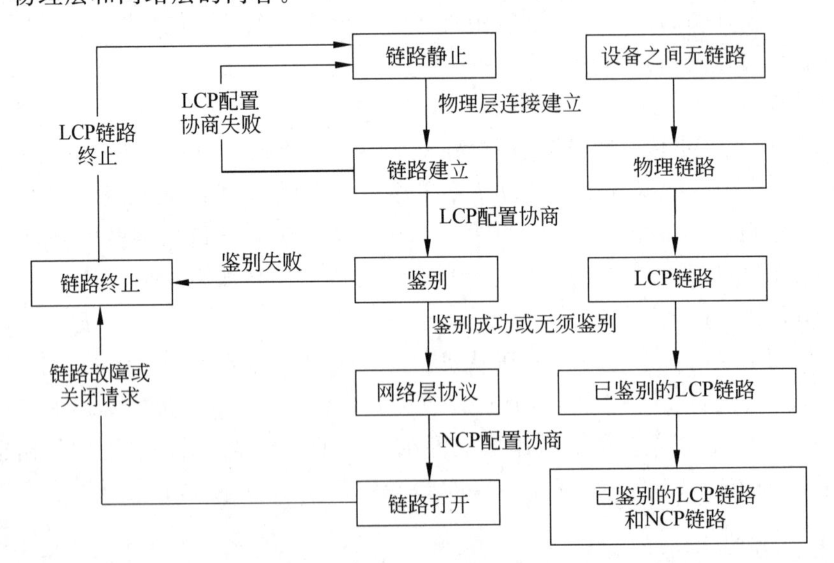

图 3.15 PPP 协议的工作流程和工作状态

3.5 广播信道的数据链路层

广播信道使用一对多的广播通信方式，同一信道上连接的主机很多。以太网起源于20世纪70年代，是目前使用最为广泛的局域网。

3.5.1 局域网概述

目前，全球范围内局域网(Local Area Network，LAN)的数量远超广域网。局域网已经从低速向高速，从共享式向交换式，从半双工式向全双工式发展与进步。通常把局域网定义为：在较小的地理范围内，局域网主要利用通信线路将办公室、企业、校园、小区等较小区域内的计算机、网络通信设备等连接在一起，配以接口和高层软件，进行高速数据传输和软硬件资源共享的系统。

1. 局域网的特点

局域网的特点主要有以下几点：

(1) 通常为一个单位拥有，地理范围有限，站点数量有限。

(2) 所有的站点共享较高的总带宽。

(3) 较高的时延和较低的误码率。

(4) 支持几种传输介质，包括双绞线、同轴电缆、光纤和无线介质等。

(5) 拓扑结构简单，主要有总线型、环型、星型结构等。

2. 局域网的体系结构

由于局域网大多采用共享信道，当通信局限于一个局域网内部时，任意两个结点之间都有唯一的链路，即网络层的功能可由链路层来完成，所以局域网中不单独设立网络层。IEEE 802提出的局域网参考模型(LAN/RM)如图3.16所示。

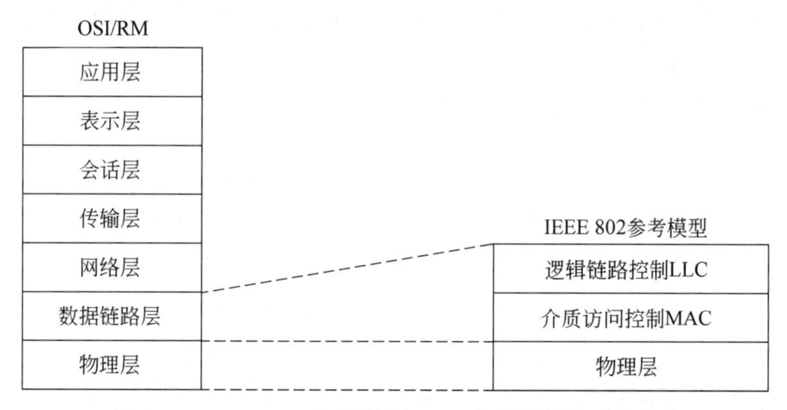

图3.16 IEEE 802参考模型与OSI参考模型的对应关系

与OSI参考模型相比，局域网的参考模型就只相当于OSI的最低两层。为了使数据链路层能更好地适应多种局域网标准，IEEE 802委员会就将局域网的数据链路层拆成逻辑链路控制LLC(Logical Link Control)子层和媒体接入控制MAC(Medium Access

Control)子层两个子层,与接入到传输媒体有关的内容都放在 MAC 子层,而 LLC 子层则与传输媒体无关,不管采用何种协议的局域网对 LLC 子层来说都是透明的。由于 TCP/IP 体系经常使用的局域网是 DIX Ethernet V2 而不是 IEEE 802.3 标准中的几种局域网,因此现在 IEEE 802 委员会制定的逻辑链路控制子层 LLC(即 IEEE 802.2 标准)的作用已经不大了。很多厂商生产的适配器上就仅装有 MAC 协议而没有 LLC 协议。

3.5.2 以太网

以太网(Ethernet)指的是由 Xerox 公司创建并由 Xerox、Intel 和 DEC 公司联合开发的基带局域网规范。1982 年 12 月,IEEE 公布了与以太网规范兼容的 IEEE 802.3 标准,它们的出现标志着以太网技术标准的起步,为符合国际标准、具有高度互通性的以太网产品的面世奠定了基础。

通常我们所说的以太网主要是指以下三种不同的局域网技术。

(1) 10 Mb/s 以太网,又称为标准以太网、传统以太网。采用同轴电缆作为网络媒体,传输速率达到 10 Mb/s。

(2) 100 Mb/s 以太网,又称为快速以太网。采用双绞线作为网络媒体,传输速率达到 100 Mb/s。

(3) 1000 Mb/s 以太网,又称为千兆以太网。采用光缆或双绞线作为网络媒体,传输速率达到 1000 Mb/s。

以太网跨越数据链路层和物理层,有许多不同的以太网标准,它们有不同的速率(2Mb/s、10Mb/s、100Mb/s、1Gb/s、10Gb/s)、不同的物理层媒体,但它们有共同的 MAC 协议和帧格式。

由于以太网结构简单、组网容易、建网成本低、扩充方便,一出现就受到业界的普遍欢迎而迅速发展起来,在很大程度上逐步取代了其他局域网标准。如当时比较流行的令牌环、FDDI 和 ARCNET 都逐渐被以太网淘汰。目前以太网成为局域网技术的主流技术。

1. 以太网工作原理

以太网是一种以总线方式连接、广播式传输的网络,所有站点通过共享总线实现数据传输,一个站发出的数据帧,所有的站都能收到,这种工作方式带来了冲突问题,需要采用相应的介质访问控制方式解决。以太网采用带有冲突检测的载波侦听多路访问(CSMA/CD)协议实现介质访问控制,在 IEEE 802 标准中,以太网标准为 IEEE 802.3 标准。以太网结构示意图如图 3.17 所示。

10Base-5 以太网与 10Base-2 以太网缺点很多,因此在 1990 年,IEEE 发布了新的以太网标准,这就是 10Base-T 以太网。10Base-T 以太网有两项革命性的改进,一是用双绞线代替同轴电缆,二是用星型拓扑结构代替总线型拓扑结构,这在以太网的发展史上有里程碑性的意义。经此改进,以太网安装简单、设备价格低廉、故障易于定位,为以太网战胜其他局域网奠定了牢固的基础。“10”与“Base”的含义与“10Base-5”以太网相同,“T”表示传输介质使用双绞线。

10Base-T 以太网的传输媒介质使用 3 类非屏蔽双绞线,更好的双绞线当然也可以。与同轴电缆与 T 型头相比,双绞线与 RJ-45 头的价格低廉,连接简单;同轴电缆中只有一

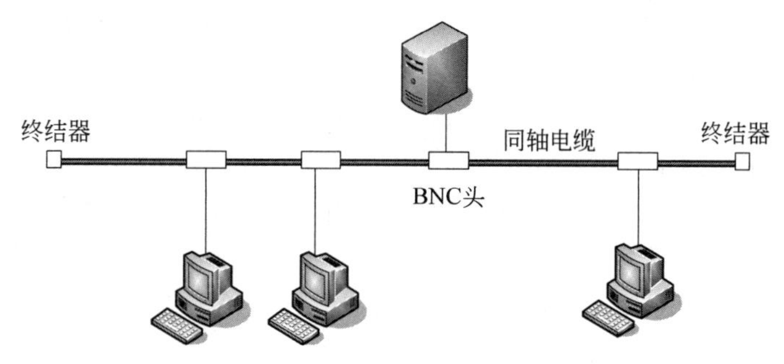

图 3.17 以太网结构示意图

个电回路,不能进行全双工通信,而双绞线里面有 8 根电线,两根构成发送电回路,另两根构成接收电回路,可以全双工通信。10Base-T 以太网中每根双绞线最长为 100m,再长时信号衰减严重,可能无法正确接收,如图 3.18 所示。

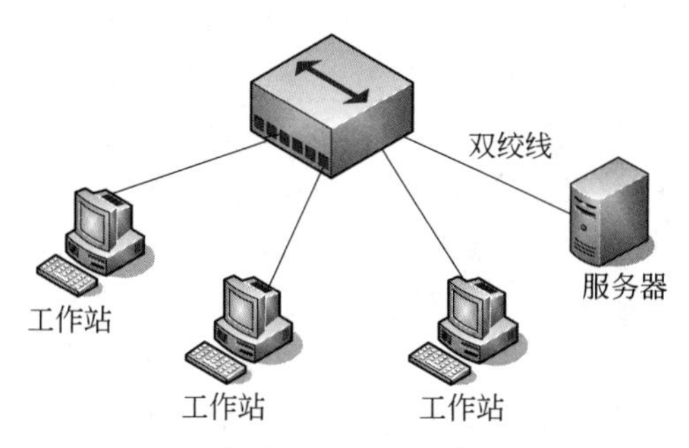

图 3.18 10Base-T

以太网通常使用专门的网络接口卡或通过系统主电路板上的电路实现。以太网使用收发器与网络媒体进行连接。收发器可以完成多种物理层功能,其中包括对网络碰撞进行检测。收发器可以作为独立的设备通过电缆与终端站连接,也可以直接被集成到终端站的网卡中。

以太网采用广播机制,所有与网络连接的工作站都可以看到网络上传递的数据。通过查看包含在帧中的目标地址,确定是否进行接收或放弃。如果证明数据确实是发给自己的,工作站将会接收数据并传递给高层协议进行处理。

作为一种基于竞争机制的网络环境,以太网允许任何一台网络设备在网络空闲时发送信息。因为没有任何集中式的管理措施,所以很有可能出现多台工作站同时检测到网络处于空闲状态,进而同时向网络发送数据的情况。这时,发出的信息会相互碰撞而导致损坏。工作站必须等待一段时间之后,重新发送数据。补偿算法用来决定发生碰撞后,工作站应当在何时重新发送数据帧。

2. 以太网标准

1982 年 2 月,IEEE 推出了 IEEE 802.3 规范,这是最早的 10Mb/s 以太网的标准。

1995 年 3 月,IEEE 通过了 IEEE 802.3u 规范,这是一个关于以 100Mb/s 的速率运行的快速以太网的规范。

1998年6月，IEEE通过了IEEE 802.3z规范，使以太网进入了千兆以太网时代，以太网数据传输速率达到了1000 Mb/s。

2002年7月，IEEE通过了IEEE 802.3ae规范，使以太网进入了万兆以太网时代，以太网数据传输速率达到了10000Mb/s，即10Gb/s。

2010年6月，IEEE通过了IEEE 802.3ba规范，使以太网进入了十万兆以太网时代，以太网数据传输速率达到了100Gb/s。

无论是10Mb/s以太网、100Mb/s快速以太网，还是千兆以太网乃至万兆以太网都采用CSMA/CD MAC层协议和相同的以太网帧结构。相同的协议和帧结构，使得以太网在对网络性能进行升级的同时，保护了原有的投资，受到用户的欢迎。

3.5.3 介质访问控制

1. CSMA/CD协议

在本章的引言中，我们提到了两种类型的信道：点对点信道和广播信道。点对点信道的链路由链路一端的单个发送方和链路另一端的单个接收方组成。许多链路层协议是为点对点信道的链路设计的。前面的PPP协议和HDLC协议就是这种协议。第二种类型的信道是广播信道，它能够有多个发送和接收结点连接到相同的、单一的、共享的广播信道。广播的含义是当任何一个结点传输一帧时，该信道广播该帧，从而每个其他结点都可以收到一个副本。以太网是广播链路层的例子。

共享信道要着重考虑的一个问题就是如何协调多个发送和接收结点对一个共享广播信道的访问，即介质访问控制问题。在技术上有静态划分信道和动态介质访问控制两种方法。

我们在第2章介绍的频分复用(FDM)、时分复用(TDM)、波分复用和码分复用等就是静态划分介质访问控制。用户只要分配到了信道就不会和其他用户发生冲突。这种信道划分方法代价较高，不适合在局域网使用。

所有的用户可随时地发送信息，但如果有两个以上的用户在同一时刻发送信息，那么在共享介质上就要产生碰撞(即冲突)，使得这些用户的发送都失败。

在随机访问协议中，一个传输结点总是以信道的全部速率传输。当有碰撞发生时，发生碰撞的每个结点反复地重传它的帧，直到该帧无碰撞地通过。但是要注意的是，当一个结点发生碰撞时它不是立刻重传该帧，而是等待一个随机时延。每个碰撞的结点选择独立的随机时延，这样有可能这些结点的某个结点选择的时延远远小于其他碰撞结点的时延，并因此能够无碰撞地将它的帧发送到信道中。

随机访问介质访问控制协议有很多，如ALOHA协议、CSMA协议、CSMA/CD协议和CSMA/CA等。CSMA/CD协议是一个很流行并在以太网中广泛使用的协议。

载波监听多路访问/冲突检测协议(Carrier Sense Multiple Access with Collision Detection，CSMA/CD)已广泛应用于局域网中，以此来决定对介质的访问权。

最早的CSMA方法起源于美国夏威夷大学的ALOHA广播分组网络。在1980年，美国DEC、Intel和Xerox公司联合宣布Ethernet网采用CSMA技术，并增加了检测碰撞功能，才有后来的CSMA/CD技术。这种争用协议只适用于逻辑上属于总线型拓扑结构的网络。在总线网络中，每个站点都能独立决定帧的发送，如果有两个或多个站同时发送帧，就会产生冲突，导致所有同时发送的帧都出错。因此一个用户发送信息成功与否，在很大程度上取决于监测总线是否空闲的算法，以及当两个不同结点同时发送分组，发生冲突后所使用的中断传输的方法。

由 IEEE 802.3 标准确定的 CSMA/CD 检测冲突的方法如下：

(1) 当一个站点想要发送数据的时候，它检测网络查看是否有其他站点正在传输，即监听信道是否空闲。

(2) 如果信道忙，则等待，直到信道空闲；如果信道闲，站点就传输数据。

(3) 在发送数据的同时，站点继续监听网络确信没有其他站点在同时传输数据。因为有可能两个或多个站点都同时检测到网络空闲然后几乎在同一时刻开始传输数据。如果两个或多个站点同时发送数据，就会产生冲突。

(4) 当一个传输结点识别出一个冲突，它就发送一个拥塞信号，这个信号使得冲突的时间足够长，让其他的结点都能发现。

(5) 其他结点收到拥塞信号后，都停止传输，等待一个随机产生的时间间隙(回退时间，Backoff Time)后重发。

如图 3.19 所示，现假定 A、B 两个站点位于总线两端，两站点之间的最大传播时延为 τ。当 A 站点发送数据后，在经过接近于而没达到最大传播时延 τ 即 $\tau-\delta$(δ 趋近于 0)时，B 站点检测到信道空闲，正好也发送数据，此时冲突便发生。发生冲突后，B 站点立即(即 τ 时)可检测到该冲突，而 A 站点需再经过一个最大传播时延 τ(即 $2\tau-\delta$ 时)后，才能检测出冲突。也即最坏情况下，对于基带 CSMA/CD 来说，检测出一个冲突的时间等于任意两个站之间最大传播时延的两倍(2τ)。

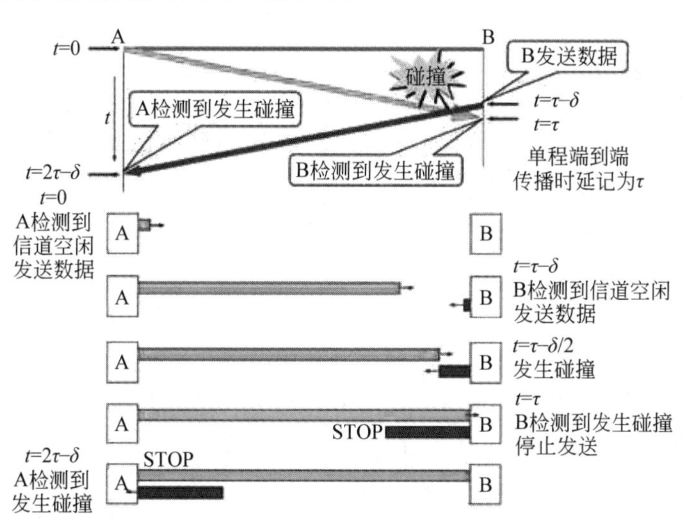

图 3.19 载波监听多路访问/冲突检测协议

发送数据帧的 A 站，在发送数据帧后至多经过 2τ 就可知道所发送的数据帧是否发生了碰撞。因此以太网的端到端的往返时间 2τ 称为争用期，又称为碰撞窗口、时间槽。它是一个重要的参数，因为一个站在发送完数据后，经过争用期的考验，也就是说经过争用期这段时间还没有检测到碰撞,就能肯定这次发送不会发生碰撞。

数据帧从一个站点开始发送,到该数据帧发送完毕所需的时间和为“数据传输时延”;同理,数据传输时延也表示一个接收站点开始接收数据帧,到该数据帧接收完毕所需的时间。数据传输时延(s)=数据帧长度(b)/数据传输速率(b/s)。若不考虑中继器引入的延迟,数据帧从一个站点开始发送,到该数据帧被另一个站点全部接收所需的总时间,等于数据传输时延与信号传播时延之和。

由上述分析可知,为了确保发送数据站点在传输时能检测到可能存在的冲突,数据帧的传输时延至少要两倍于传播时延。换句话说,要求分组的长度不短于某个值,否则在检测出冲突之前传输已经结束,但实际上分组已被冲突所破坏。若不考虑中继器引入的延迟,由此引出了 CSMA/CD 总线网络中最短帧长的计算关系式如式(3-8)所示。

$$\frac{\text{最短帧长(b)}}{\text{数据传输速率(Mb/s)}} = 2 \times \frac{\text{任意两点间最大距离(m)}}{\text{信号传播速度(m/}\mu\text{s)}} \tag{3-8}$$

例如,考虑一个使用 CSMA/CD 介质访问控制技术的 100Mb/s 局域网,若该网络跨距为 1km,信号在网络上传播速度为 200m/μs;则能够使用此协议的最小帧长度为多少?

【解】
$$\text{最短帧长(b)} = 2 \times \frac{\text{任意两点间最大距离(m)}}{\text{信号传播速度(m/}\mu\text{s)}}$$

$$= 2 \times \frac{1000}{200} \times 100 = 1000\text{(b)}$$

在 CSMA/CD 算法中,一旦检测到碰撞并发完阻塞信号后,为了降低再次冲突的概率,不是等待信道变为空闲后就立即再发送数据,而是等待(即退避)一个随机时间,然后再使用 CSMA/CD 方法试图传输。以太网采用了一种称为“截断二进制指数退避”算法来解决碰撞问题。

“截断二进制指数退避算法”的规则如下:

(1) 确定基本退避时间,它就是争用期 2τ。以太网把争用期定为 51.2μs。对于 10Mb/s 以太网,在争用期内可发送 512b,即 64 字节,即最小帧长 64 字节。1 比特时间是发送 1 比特所需的时间,也可以说争用期是 512 比特时间。

(2) 设置参数 k=min[重传次数,10],即重传次数不超过 10 时,k=重传次数;重传次数超过 10 时,k=10。

从离散的数据集合[0,1,2,…,(2^k-1)]中随机地取一个数,记为 r。重传应推后的时间就是 r 倍的争用期。

(3) 设置一个最大重传次数 16,超过此值,则丢弃该帧,不再重发,并报告出错。

如第一次重传时,$k=1$,r 为从集合{0,1}中选一个数。重传站可选择的重传推迟时间为 0 或 2τ,在这两个时间中随机选取一个。

第二次重传时,$k=2$,r 为从集合{0,1,2,3}中选一个数。重传站可选择的重传推迟时间为 0、2τ、4τ 和 6τ,在这 4 个时间中随机选取一个。

若再次发送碰撞,则第三次重传 $k=3$,r 为从集合{0,1,2,3,4,5,6,7}中选一个数。以此类推。

若连续多次发生冲突,就表明可能有较多的站参与争用信道。使用上面的算法可使重传需要推迟的平均时间随重传次数增加而增大。即少冲突的帧重发的机会大，冲突多的帧重发的机会小。

为了使刚收到数据帧的站的接收缓存来得及清理，做好接收下一帧的准备，以太网还规定了帧间最小间隔为 9.6 μs。

CSMA/CD 控制方式的优点是：原理比较简单，技术上也容易实现，网络中各工作站处于平等地位，不需集中控制，不提供优先级控制。但在网络负载增大时，发送时间增长，发送效率急剧下降。它的代价是用于检测冲突所花费的时间。

2. 以太网中出现的几个术语

(1) 冲突与冲突域。

冲突(Collision)：在以太网中，当两个数据帧同时被发到物理传输介质上，并完全或部分重叠时，就发生了数据冲突。当冲突发生时，物理网段上的数据都不再有效。

冲突域：在同一个冲突域中的每一个结点都能收到所有被发送的帧。

影响冲突产生的因素：冲突是影响以太网性能的重要因素，由于冲突的存在使得传统的以太网在负载超过 40%时，效率将明显下降。产生冲突的原因有很多，如同一冲突域中结点的数量越多，产生冲突的可能性就越大。此外，诸如数据分组的长度、网络的直径等因素也会影响冲突的产生。因此，当以太网的规模增大时，就必须采取措施来控制冲突的扩散。通常的办法是使用网桥和交换机将网络分段，将一个大的冲突域划分为若干小冲突域。

(2) 广播与广播域。

广播：在网络传输中，向所有连通的结点发送消息称为广播。

广播域：网络中能接收任何一设备发出的广播帧的所有设备的集合称为广播域。

广播和广播域的区别：广播网络指网络中所有的结点都可以收到传输的数据帧，不管该帧是否是发给这些结点的。非目的结点的主机虽然收到该数据帧但不做处理。广播是指由广播帧构成的数据流量，这些广播帧以广播地址(MAC 地址的每一位都为"1")为目的地址，告之网络中所有的计算机接收此帧并处理它。

随着局域网设备数量的不断增加，用户访问网络也变得更加频繁，为了解决传统以太网的冲突域问题，局域网从共享介质方式发展到交换式局域网。

3.5.4 以太网的信道利用率

如图 3.20 所示，假设检测到碰撞后不发送干扰信号，T_0 指的是发送时间，争用期为 2τ，即端到端传播时延的两倍。若在争用期内发生了碰撞，则需要立即停止发送数据，等待一段时间进行重传；重传后可能又发生了碰撞，经过 n 个争用期，一个帧发送成功。

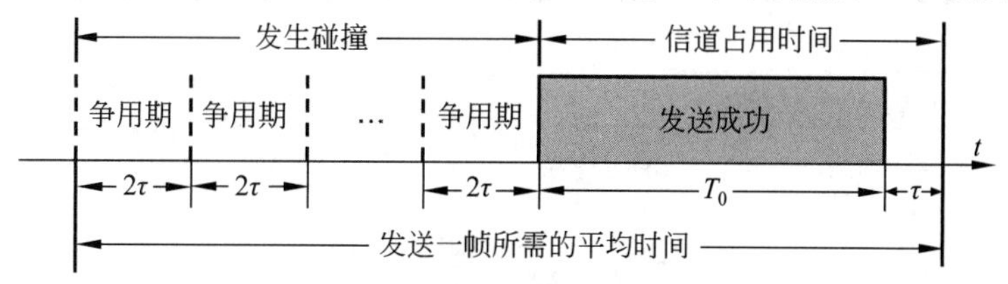

图 3.20 以太网信道占用情况

设帧长为 L(b)，数据发送速率为 C(b/s)，则帧的发送时间 $T_0=L/C$(s)。

信道利用率：

$$S = 发送时间\ T_0/(传播时延\ \tau + 碰撞等待时间\ 2n\tau + 发送时间) \tag{3-9}$$

成功发送一个帧需要占用信道的时间为 $T_0+\tau$，比这个帧的发送时间 T_0 还要多一个单程端到端时延 τ。

要提高以太网的信道利用率，就必须减少 τ 与 T_0 的比值，在以太网中定义了参数 a，它是以太网单程端到端时延 τ 与帧的发送时间 T_0之比：

$$a=\tau/T_0 \tag{3-10}$$

参数 a 和信道利用率的关系为：

(1) 参数 a 越小，以太网的信道利用率就越高，a 趋向 0 时，表示一发生碰撞就可以立即检测出来，并立即停止发送，因而信道利用率很高。

(2) a 越大，表明争用期所占的比例增大，每发生一次碰撞就浪费许多信道资源，使信道利用率明显降低。

所以，对参数 a 的要求是：

(1) 当数据率一定时，以太网的连线长度受到限制，否则 τ 的数值会变大；

(2) 以太网的帧长不能太短，否则 T_0 的值会太小，使 a 的值太大。

最理想的情况就是，以太网在进行数据传输时，没有发生碰撞(最理想情况，实际不可能达到)，即总线一旦空闲就有某一个站立即发送数据。此时能够达到最大的信道利用率：

$$S_{max}=T_0/(T_0+\tau)=1/(1+a) \tag{3-11}$$

从这种理想情况来看，当 $a<<1$ 时，才能达到尽可能高的极限传输速率。实际情况是根据统计，当以太网的信道利用率达到 30%时就已经处于重载的情况了，很多的网络容量被网上的碰撞消耗掉了。

3.5.5 以太网帧格式

以太网的帧结构如图 3.21 所示。

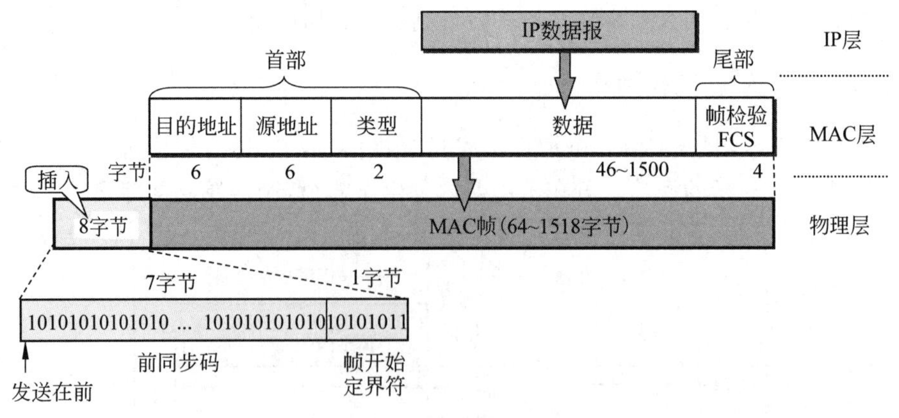

图 3.21 以太网帧结构

(1) 前导同步码：占7字节，用于接收方的接收时钟与发送方的发送时钟同步，以便数据的接收。

(2) 帧起始定界符(SFD)：占1字节，为10101011，标志帧的开始。

(3) 目的地址：占6字节，是此帧发往的目的结点地址。它可以是一个唯一的物理地址，也可以是多组或全组地址，用以进行点对点通信、组广播或全局广播。

(4) 源地址：占6字节，是发送该帧的源结点地址。

(5) 类型：占2字节，该字段在IEEE 802.3和以太网中的定义是不同的，在以太网中该字段为类型字段，规定了在以太网处理完成后接收数据的高层协议；在IEEE 802.3中该字段是长度指示符，用来指示紧随其后的LLC数据字段的长度，单位为字节数。

(6) 数据的长度可从46到1500字节，当数据字段的长度小于46字节时，应在数据字段的后面加入整数字节的填充字段，以保证以太网的MAC帧长不小于64字节。

(7) 帧校验占用4字节，采用CRC码，用于校验帧传输中的差错。

3.5.6　网卡和MAC地址

网卡如图3.22所示，网卡是计算机与局域网相互连接的唯一接口。网桥和以太网交换机是工作在数据链路层的设备。

1. 网卡的功能

大家想知道计算机是通过什么连接到局域网上的吗？

图3.22　RJ-45口的网卡

计算机是通过网卡连接到局域网上的。网卡又称为网络接口卡(Network Interface Card，NIC)，也称网络适配器。网卡是计算机与局域网相互连接的唯一接口。无论是普通计算机还是高端服务器，只要连接到网络，就都必须拥有至少一块网卡。一台计算机也可以同时安装两块或多块网卡。

在网卡上有处理器和存储器。网卡和局域网之间通过双绞线或电缆连接以串行传输方式进行通信。网卡和计算机之间通过计算机主板上的I/O总线以并行传输方式进行通信，如图3.23所示，网卡的一个功能就是实现数据的串行传输和并行传输的转换。由于网络上和计算机总线的数据率不同，网卡中存储器用来进行缓存。网卡能够实现以太网协议。当计算机要发送IP数据报到网络中，由协议栈把IP数据报向下交给网卡，网卡将其封装为帧然后发送到局域网上；当网卡收到有差错的帧时，就把这个帧丢弃而不必通知计算机；当网卡收到正确的帧时，它使用中断来通知计算机并交给协议栈中的网络层。当网卡接收和发送各种帧时使用自己的处理器，不使用计算机的CPU，CPU可以处理其他任务。在主板上插入网卡时，还要在计算机的操作系统中安装该网卡的设备驱动程序。以后设备驱动程序会告诉该网卡，应当从存储器的什么位置把多大的数据块发送到网络，或者应当在存储器的什么位置上把局域网传送过来的数据块存储下来。

网卡从网络上每收到一个MAC帧就首先用硬件检查MAC帧中的MAC地址。如果是发往本站的帧则收下，然后再进行其他的处理。否则就将此帧丢弃，不再进行其他的处理。“发往本站的帧”包括单播(Unicast)帧(一对一)、广播(Broadcast)帧(一对全体)和

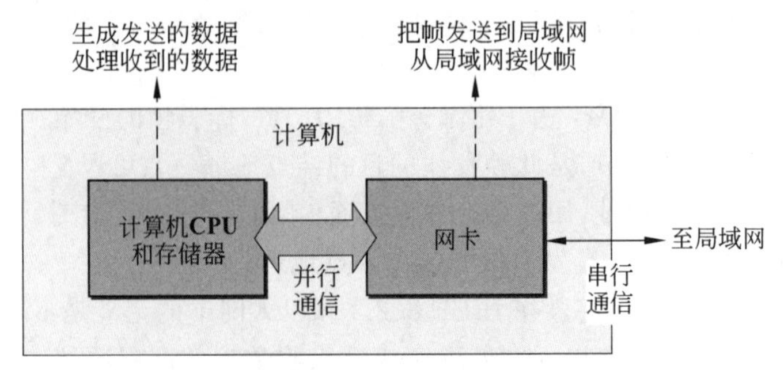

图 3.23 网卡的功能

多播(Multicast)帧(一对多)三种帧。

网卡按其传输速率即带宽,可分为 10Mb/s、100Mb/s、1000Mb/s;还有一种是 10/100Mb/s 自适应网卡。10Mb/s 的速度太低已经不能满足当今发展趋势了,快速以太网 100Mb/s 适用于现在大多数单个用户,千兆以太网 1000Mb/s 则适用于骨干网,而 10/100Mb/s 的是自适应网卡,即可以同时有 10Mb/s 和 100Mb/s 的速率。其应用非常灵活,上下兼容,左右逢源,适用于网络不太稳定要求不是很高的网络。

2. 查看网卡的 MAC 地址

在命令提示符下,输入命令"ipconfig/all",可查看本机网卡的 MAC 地址,如图 3.24 所示。

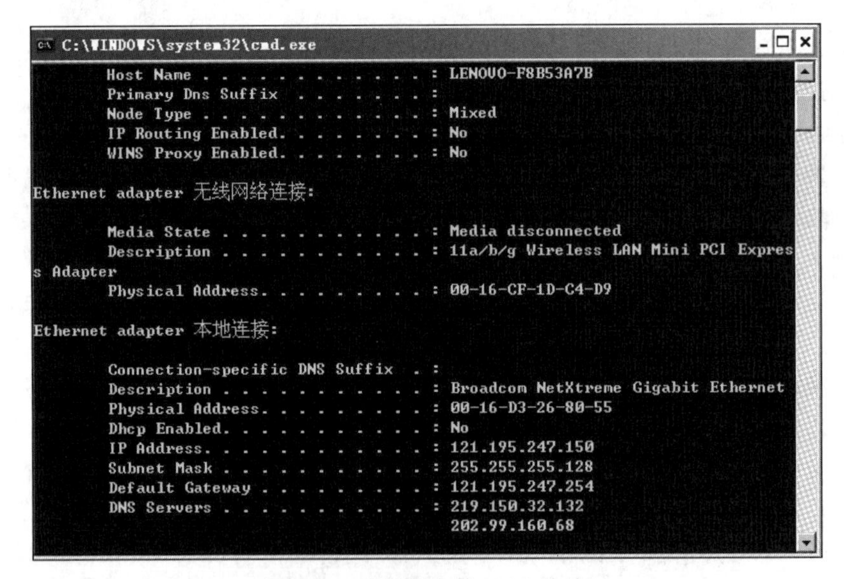

图 3.24 查看网卡的 MAC 地址

3. 网卡主要性能指标

决定网卡性能或使用的主要指标有以下几个方面。

(1) 网络类型。现在比较流行的有以太网、令牌环网、FDDI 网等,选择时应根据网络的类型来选择相对应的网卡。

(2) 传输速率。传输速率即网络中每秒传输的数据量,以 Mb/s 为单位(即每秒兆位)。应根据服务器或工作站的带宽需求并结合物理传输介质所能提供的最大传输速率来选择网卡的传输速率。以以太网为例,可选择的速率就有 10Mb/s、10/100Mb/s、1000Mb/s,甚至 10Gb/s 等多种,但不是速率越高就越合适。

(3) 网卡上数据和帧的缓存数量。多数网卡都带有缓冲存储器,当发送或接收数据时,数据先被保存在缓冲区中,然后再与结点的其他硬件速率相匹配。缓存有利于缓解网上数据传输速率与 PC 结点上传输速率之间由于有差距而产生的矛盾。网卡的缓存数量(以 MB 为单位)或称缓存空间越大,越有利于提高网络的使用效率。

(4) 总线类型。由于网卡插在主板扩展槽上,且网卡与主板靠总线连接,同时网卡又是按照特定总线结构设计的,所以也要考虑网卡的总线设计。计算机中常见的总线插槽类型有 ISA、EISA、VESA、PCI 和 PCMCIA 等。在服务器上通常使用 PCI 和 EISA 总线的智能网卡。

(5) 有无 DMA 或智能芯片。有些网卡带 DMA(直接存储器访问)控制器,有了它可以直接访问本结点内存,与内存直接交换数据。DMA 可使网卡的速度有明显提高。带有 DMA 的网卡通常有跳线或开关,在使用时注意按网卡说明书进行设置。

还有些网卡带有 CPU 芯片,人们把这种网卡称为智能网卡。智能网卡具有数据处理能力,因此其功能很强。

(6) 连接器设计。网卡一方面连接计算机结点,另一方面连接网络电缆。网卡与电缆相连的接口通常称为连接器。目前常见的接口主要有以太网的 RJ-45 接口、细同轴电缆的 BNC 接口和粗同轴电缆 AUI 接口、FDDI 接口、ATM 接口等。有的网卡带有两个连接器,一个是双绞线常用的 RJ-45 接口,另一个是同轴电缆常用的 BNC 接口。

4. 网卡的分类

1) 按工作对象分类

(1) 服务器专用网卡。其主要特征是在网卡上采用了专用的控制芯片,大量的工作由这些芯片直接完成,可以大大减轻服务器的工作负荷。

(2)PC 网卡。它是指在 PC 上可以通用的网卡,价格低廉,且工作稳定,很受用户喜爱。

(3) 笔记本电脑网卡。它是一种专为笔记本电脑设计的网卡,主要特点是“小”。

(4) 无线网卡。无线网卡是专用于无线网络的。

2) PC 网卡的分类

(1) 按传输速率不同,可分为 10 Mb/s 网卡、100 Mb/s 网卡、10/100 Mb/s 自适应网卡及 1000 Mb/s 网卡。

(2) 按总线类型不同,可分为 ISA 网卡、EISA 网卡、PCI 网卡及 USB 网卡。

(3) 按连接方式不同,可分为 AUI 接口(粗缆接口)网卡、BNC 接口(细缆接口)网卡和 RJ-45 接口(双绞线接口)网卡。

MAC 地址就如同身份证上的身份证号码,具有全球唯一性。因此,如果获取了某个设备 MAC 地址,那么使用这个 MAC 地址的网卡也就可以确定了,进而可以确定使用这台设备的人员身份。所以,MAC 地址的获取和确认是管理计算机网络的一项重要工作。

5. MAC 地址结构

MAC 地址(Media Access Control Address)即介质访问控制地址,直译为媒体访问控制地址,也称为局域网地址(LAN Address)、以太网地址(Ethernet Address)或物理地址(Physical Address),它是一个用来确认网上设备位置的地址。形象地说,MAC 地址就如同身份证上的身份证号码,具有全球唯一性。

在 OSI 模型中,MAC 地址专注于第二层数据链接层,将一个数据帧从一个结点传送到相同链路的另一个结点。MAC 地址用于在网络中唯一标识一个网卡,一台设备若有一个或多个网卡,则每个网卡都需要并会有唯一的 MAC 地址。

MAC 地址长度是 48 比特(6 字节),由十六进制的数字组成,分为前 24 位和后 24 位:前 24 位称为组织唯一标志符,是由 IEEE 的注册管理机构给不同厂家分配的代码,区分了不同的厂家。后 24 位是由厂家自己分配的,称为扩展标识符。同一个厂家生产的网卡中 MAC 地址后 24 位是不同的。MAC 地址通常表示为 12 个十六进制数,每两个十六进制数之间用冒号隔开,如 08:00:20:0A:8C:6D 就是一个 MAC 地址,其中前 6 位十六进制数 08:00:20 代表网络硬件制造商的编号,它由 IEEE(电气与电子工程师协会)分配,而后 6 位十六进制数 0A:8C:6D 代表该制造商所制造的某个网络产品(如网卡)的序列号。只要不去更改自己的 MAC 地址,那么 MAC 地址在世界上就是唯一的。

3.6 数据链路层设备

3.6.1 交换机

1. 工作原理

交换技术包含电路交换、报文交换和分组交换。网络中主要采用分组交换技术,分组交换技术通过网络中的交换结点将数据分组不断向目的端转发(交换),使其最终到达目的端。交换技术就是按照通信两端传输信息的需要,把需要传输的信息从输入端送到输出端的技术,网络中各结点实现交换的设备是交换机。

网络中主流的网络是以太网,所以最常见的交换机是以太网交换机,在网络工程中使用的交换机一般不加特别说明就是指以太网交换机,本节讨论的交换机是以太网交换机。

为了说明以太网交换机的工作原理,我们将它与集线器来进行比较。图 3.25 给出了集线器与交换机的工作原理示意图。从图 3.25 可以看出,集线器是共享一条传输总线,当任何一对站需要传输时,它们占用总线,此时其他站是不能再使用总线传输的,否则将产生冲突。

交换机的工作方式完全不同于集线器。交换机的工作是通过交换连通需要传输的一对端口,即在需要传输的一对端口间建立起独立的传输通路,使得传输的数据帧可以从入端口送入交换机,从出端口送出,完成交换。交换机在交换时,对于不需传输的端口间则不连通,即不建立传输通路。

交换机在需要传输的一对端口间建立起传输通路是通过交换矩阵来实现的,交换矩阵的工作原理示意图如图 3.26 所示。若 E0 端口与 E7 端口要建立通路,则交换矩阵将 A

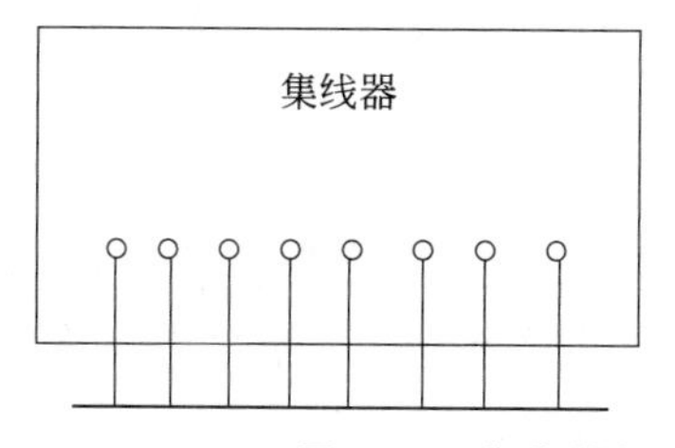

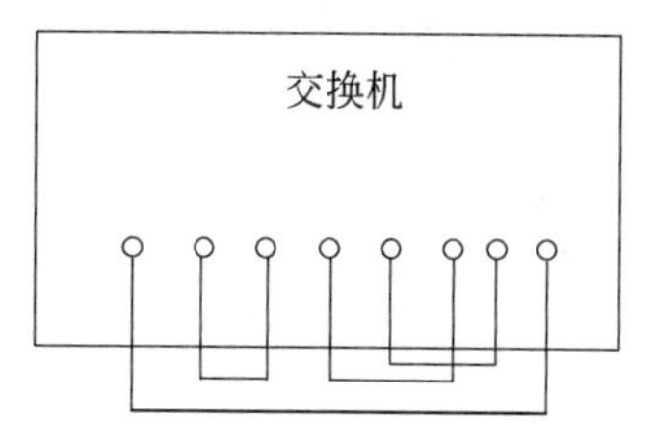

图 3.25 集线器与交换机的工作原理示意

结点连通，使得 E0 端口和 E7 端口间构成了连接通路。同样，若 E4 端口与 E8 端口要建立通路，则交换矩阵将 B 结点连通，使得 E4 端口和 E8 端口间构成了连接通路。若 E2 端口与 E10 端口要建立通路，则交换矩阵将 C 结点连通。

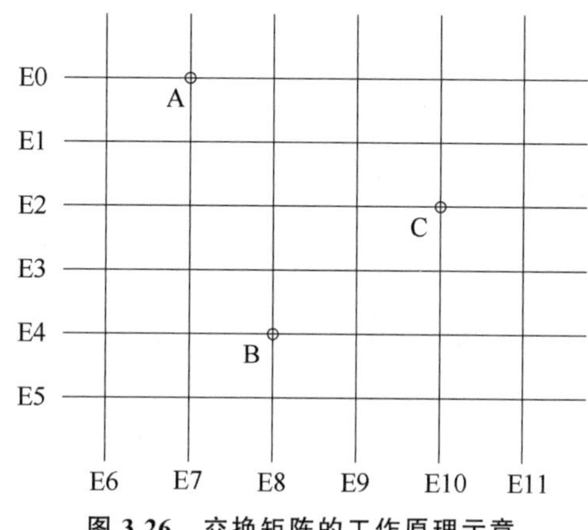

图 3.26 交换矩阵的工作原理示意

交换机可以同时为多对需要传输的端口之间建立通路，当两个以上的站需要发送时，只要目的站点不同，都可以同时进行，由于使用互不相干的通道，它们的传输相互不会发生冲突。在如图 3.26 所示的交换矩阵中，E0 端口和 E7 端口、E4 端口和 E8 端口、E2 端口和 E10 端口由于互相不相干，它们可以同时接通，同时为这三对端口完成交换。

交换机和集线器的工作方式差别在于：当网络中有一个端口的信息要发给另外一个端口时，如果是通过集线器传输，由于集线器是广播形式发送，则接入集线器的所有端口都会收到这条信息；如果通过交换机传输，则只有需要传输的这两个端口建立了独立的传输通道，完成交换，而其他任何端口与这一对端口都是没有连通的，即其他端口是收不到发送方送来交换机的这个信息帧的。也就是说，在交换机的这种工作方式下，由于该数据帧不会传输到其他网段，对其他网段的带宽不会受到影响，更不会与其他端口的发送发生冲突，从而彻底地解决了冲突问题。

在交换机工作方式下，由于是独享总线带宽，两个端口建立了独立的传输通道，使得 100Mb/s 的交换机，每个端口的速率就是 100Mb/s，与连接在交换机上的计算机的数量无关。如果各端口速率为 100Mb/s，则两个传输信息的端口都能真正达到 100Mb/s 的速率。

而在集线器方式下，由于每个端口是共享总线带宽，100Mb/s 端口的集线器就不一定能真正得到 100Mb/s 的速率，每个端口的速率与集线器接入的主机数目有关，接入主机数目越多，每口端口得到的真正速率就越低。如 100Mb/s 的集线器有 10 个端口，接入了 10 台计算机，则每个端口的速率最多只有 10Mb/s。

以上我们讨论了交换机的工作原理，下面讨论交换机的类别。按照 OSI 层次模型，交换机可以工作在不同的网络层次。工作在数据链路层和物理层的交换机为二层交换机，工作在网络层、数据链路层和物理层的交换机为三层交换机，而工作在传输层、网络层、数据链路层和物理层的交换机为四层交换机。

2. 二层交换机

二层交换机工作在 OSI 模型的数据链路层，数据链路层传输的是数据帧，使用的地址是 MAC 地址，二层交换机根据 MAC 地址完成数据帧的交换。二层交换机的外部结构与集线器一样，有许多端口，联网的计算机连接到各个端口，实现网络的连接。图 3.27 给出了二层交换机转发数据帧的工作原理示意图，图中 4 台主机分别连接到交换机的四个端口 E1、E2、E3、E4，实现网络连接。

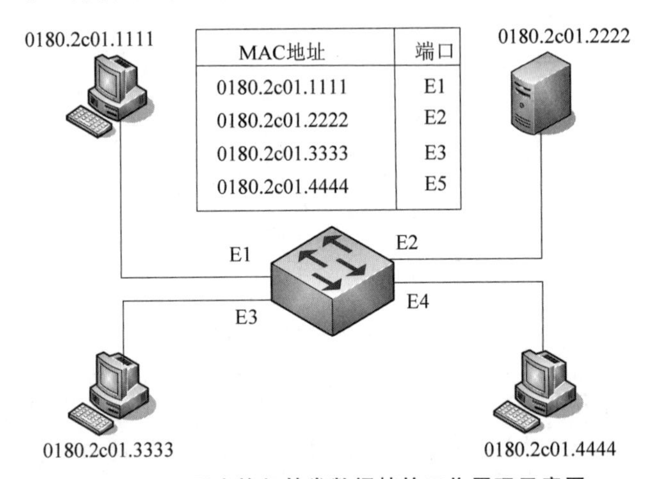

MAC地址	端口
0180.2c01.1111	E1
0180.2c01.2222	E2
0180.2c01.3333	E3
0180.2c01.4444	E5

图 3.27 二层交换机转发数据帧的工作原理示意图

二层交换机使用 MAC 地址转发表完成交换。当两台主机需要通信时，发送端计算机发出的数据帧传输到交换机，交换机根据送入数据帧的目的地址，查找 MAC 地址表，找到通往目的主机的端口，通过交换机为它们建立传输通道，该帧从通往目的主机的端口送出，到达目的主机，完成交换。

例如，当具有 MAC 地址 0180.2c01.1111 的主机要发送数据帧给具有 MAC 地址 0180.2c01.3333 的主机时，该帧从交换机的端口 E1 进入交换机，交换机通过查找内部建立的 MAC 地址转发表，得知 0180.2c01.3333 的主机连接在交换机的端口 E3，交换机在端口 E1 和端口 E3 之间建立传输通道，然后将由 E1 端口进入交换机的帧从 E3 端口转发出去，完成交换。

可以看出，二层交换主要依据 MAC 地址表建立的转发信息，MAC 地址转发表记录了所有连在交换机各个端口的主机的 MAC 地址与端口的对应关系，交换机的交换是根据 MAC 地址转发表实现交换的。交换机要实现数据帧的交换，首先要建立 MAC 地址

转发表，交换机的MAC地址转发表是在网络连接完毕加电后通过自学习自动建立起来的。

交换机通过自学习建立起MAC地址转发表的原理如下：当网络连接完毕加电后，如果某台主机发送一个数据帧，则交换机在从该主机连接的端口将收到这个数据帧，交换机通过读取该帧中的源MAC地址，学习到了源MAC地址的计算机是连在帧进入交换机的这个端口上的，交换机将该MAC地址与该端口的对应关系记录在MAC地址转发表中，当连接在交换机各端口上的主机都发送过数据帧时，则该交换机学习到了交换机上所有端口连接的机器与之对应的端口关系，建立起MAC地址转发表。

在交换机进行交换时，也存在送来的数据帧中对应的目的MAC地址在转发表中不存在的情况(如刚开机的主机)，此时交换机就无法按照以上方式进行转发。在这种情况下，交换机通过广播方式来处理。交换机将该数据帧广播到所有的端口，当然也广播到了新接入的目的主机连接的端口，目的主机也就一定会收到该数据帧。目的主机收到该数据帧后，将要向源主机返回响应帧。在目的主机收到该数据帧返回响应帧的过程中，目的主机将从自己连接的端口将响应帧送给交换机，这样该交换机又新学习到了新加入的这台主机MAC地址与对应的端口关系，并把它添加入内部MAC地址表中，这样在下次传送数据时就不再需要对所有端口进行广播了，交换机就是以这样的方式实现了MAC地址表的更新。总能获得所有连接在交换机各端口的主机的MAC地址，建立起整个网络连接在交换机上各端口的主机的MAC地址转发表。

需要说明的是，交换机的这种自学习方式使得MAC转发表的建立完全是交换机自动完成的，不需人为处理。当网络完成组网后，交换机通过不断循环这个过程，可以学习到全网的MAC地址信息，从而自动建立起和维护它自己的地址表。

二层交换机在需要传输数据的端口间建立了独立的通道，这种工作方式较好地解决了冲突的问题，克服了冲突域的问题，但二层交换机还存在广播域的问题。在交换机中，当一个广播帧发出后，它将被广播到所有端口，在网络技术中，将这种情况称为一台交换机的所有端口连接的网络是同一广播域。当网络是具有若干网段，具有一定规模的网络时，网络中的一台交换机发出的广播帧向该交换机的所有端口发送，所有的端口又会继续把这个广播帧送到与该端口连接的主机或与其相连的其他网段，致使该广播帧将在整个网中流动，产生较大的广播流量，这将大大降低网络中的有效带宽，影响网络性能。特别是当网络中存在环路时，广播帧将在环路中无限复制，从而产生广播风暴，严重时将导致网络不能使用，所以网络中不但要解决冲突域问题，还要解决广播域问题。解决广播域的办法是划分虚拟局域网——VLAN，通过VLAN隔离广播包，减小网络内的广播域，达到减小广播流量，提升网络的有效带宽、提升网络性能的目的。

3. 三层交换机

三层交换机是带有路由功能的交换设备。三层交换机工作在网络层，网络层传输的是数据包(分组)，使用的地址是IP地址，三层交换机根据IP地址完成数据分组的交换。三层交换机在构造上既要考虑完成路由选择的任务，还要保持二层交换所具有的快速交换功能，所以三层交换机的构造是在二层网络交换机基础上引入第三层路由模块，实现三层路由功能。三层交换机具有第三层模块和第二层模块，它根据数据分组情况，灵活地在网络第二层或者第三层进行数据包转发，即三层交换机是一个带有第三层路由功能的第二层交换机。

三层交换机工作原理是：三层交换机采用一次路由（三层实现）、多次转发（二层实现）的技术实现转发。当交换机收到需要路由的一个数据包时，三层交换机先进行路由功能，根据数据分组的 IP 地址，为该数据包找到目的网络的对应端口，转发出去，而后续具有同样源地址和目的地址的数据包达到时，三层交换机直接采取二层的转发方式进行快速转发，从而大大提高了数据转发速度。

具体地说就是，当一个源数据包进入三层交换机后，交换机经过第三层模块完成该对数据包的路由功能，找到对应转发端口，转发到该网络，同时交换机建立了一个该数据包的目的 IP 地址与目的 MAC 地址的映射关系，当后续具有同样源地址和目的地址的数据包到达交换机时，交换机直接根据数据包 IP 地址对应的 MAC 地址采用二层模块进行转发，而不再经过第三层的处理。

这种直接从二层通过而不是再次路由的方式，消除了路由器进行路由选择而造成网络的延迟，提高了数据包转发的速度和效率。三层交换的目标非常明确，即只需在源地址和目的地址之间建立一条快捷的二层通道，而不必经过路由器来转发同一信息源的每一个数据包。

三层交换机的路由功能主要用于局域网中网段划分之后网段之间的通信问题，它的二层交换功能解决了数据的高速问题。这种三层、二层结合的工作方式对网段之间的数据转发带来了较高的速度，给网络组网带来极大的优势，在网络中得到了广泛的应用。

网络中，通过路由器和三层交换机都可以实现局域网中网段划分之后的各网段之间的通信问题。但是路由器采用软件方式进行路由计算，速度较慢，网络中实现不同 VLAN 间的通信一般还是使用三层交换机，图 3.28 给出了一个同时使用三层、二层交换机联网的实例。在图中，在二层交换机上划分了不同的 VLAN，属于同一 VALN 主机间

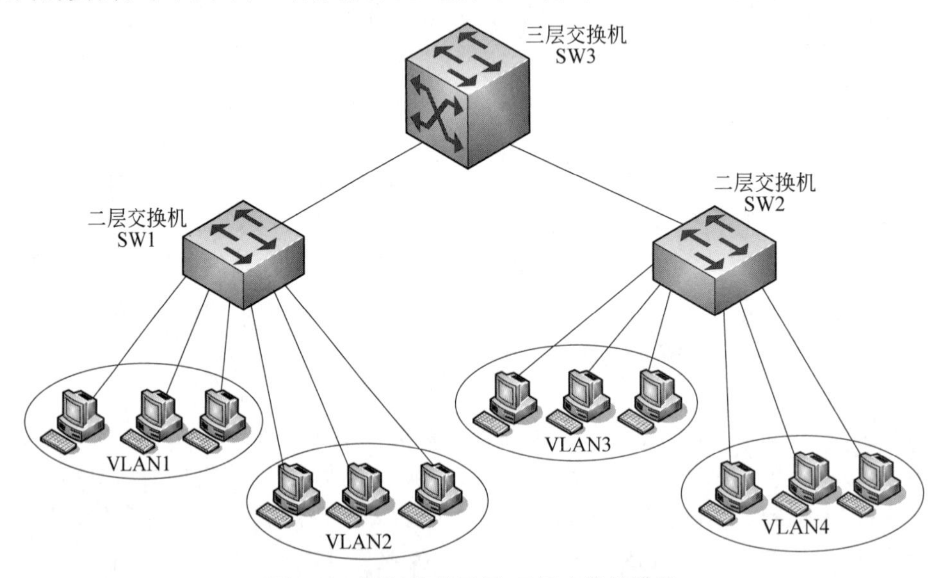

图 3.28　同时使用三层、二层交换机联网

的通信可以通过二层交换机实现，而属于不同VLAN间的通信则需要连接在上层的三层交换机为其进行转发。例如，同属于VALN1的各台主机的通信通过二层交换机SW1进行交换，而VLAN1与VLAN3之间的主机的通信则需要通过三层交换机SW3为其进行转发。而VLAN1与VLAN2之间的主机通信，尽管它们连接在一台交换机上，但是由于它们属于不同的VLAN，在二层交换机上，它们是不能直接通信的，它们间的主机的通信仍然需要转发到三层交换机SW3为其进行转发。

从以上讨论可以看出，二层交换机存在广播域的问题，这可以通过划分VLAN加以解决，而VLAN划分后，不同VLAN间的主机通信又通过三层交换机加以解决。二层交换、三层交换、VALN技术较好地解决了网络中的广播域问题。

4. 三种交换方式

交换机通过交换将数据帧从一个端口转发到另外一个端口，不同结构的交换机内部在交换源端口和目的端口的数据帧时有不同的交换方式，目前交换机采用的交换技术通常有存储转发、直通式交换和无碎片交换方式（碎片隔离）三种交换方式。

(1) 存储-转发方式。

存储-转发交换方式是计算机网络领域的主流技术方式。存储-转发将交换机端口接收到的数据帧先存储在该端口的高速缓存中，在完整地接收到一个数据帧后，进行差错验证，完成差错验证后，如果数据帧没有出错，则进行转发，根据数据帧中的地址查找交换机的转发地址表，找到对应的转发端口后，从该端口转发出去；如果出错则不进行转发，而是通知发送端重新发送。

由于存储-转发方式要将整个数据帧完整地接收下来再进行转发，转发处理时延时较大，这是它的不足，但是存储转发通过对整个数据帧进行差错校验，提高了传输的可靠性，同时可支持不同速率的输入、输出端口的交换，这些优点使得存储-转发方式在网络中得到了广泛的使用。

(2) 直通交换方式。

采用直通交换方式的以太网交换机可以理解为在各端口间是纵横相交的线路矩阵。它在输入端口检测到一个数据帧时，在数据包包头到达读出目的地址时就开始进行转发，使得转发处理时延时较小，获得较高的交换速度。

在实际工作过程中，交换机的端口接收到数据帧的帧头后，根据帧头中的地址查找转发表，找到对应的端口后，就将正在接收的帧转发到对应端口，而不必等到整个帧接收完毕后再进行转发。在这种交换方式中，似乎数据帧从输入端口进入后，直接通过了交换机从输出端口送出，所以称为直通交换方式。直通交换方式的优点是交换速度快，但也存在以下三个方面的不足：

① 因为数据帧内容并没有被以太网交换机保存下来，所以无法检查所传送的数据包是否有误，不能提供错误检测能力。

② 由于没有缓存，不能将具有不同速率的交换设备的输入/输出端口直接接通，而且容易丢帧。因为当设备的输入/输出端口间有速度上的差异，则必须提供缓存，通过缓存解决速度的差别。

③ 当以太网交换机的端口增加时，交换矩阵变得越来越复杂，实现起来就越困难。

(3) 无碎片交换方式(碎片隔离)。

无碎片交换方式是介于存储-转发交换和直通交换方式之间的一种解决方案。先接收并存储每个数据帧的前 64 字节,收到的帧已经大于 64 字节时,根据数据帧帧头中的地址开始进行转发(如果收到的帧不到 64 字节长,就不进行转发)。

由于以太网小于 64 字节的帧基本都是碎片帧(大多数是由于冲突引起的),无碎片交换方式对不到 64 字节长的帧不进行转发,因此经交换转发除去的帧不会有碎片帧存在。这也就是这种转发方式被命名为无碎片交换方式的原因。

无碎片交换方式可以实现对收到的前 64 字节进行合法性检查,避免转发长度小于 64 字节的帧和前 64 字节中有错误的帧。

与直通方式相比较,无碎片交换方式可以大大降低转发碎片帧和错误帧的可能性,避免残帧的转发;与存储-转发交换相比较,无碎片交换方式可以减少帧的转发时间,数据处理速度比存储-转发方式快,所以无碎片交换方式也被广泛应用于交换机中。

3.6.2 生成树协议

为了提高可靠性,有人在网段之间设置了并行的两个或多个交换机,但是,这种配置引起了另外一些问题,因为在拓扑结构中产生了回路,可能引发无限循环,如图 3.29 所示。其解决方法就是下面要讲的生成树(Spanning Tree)算法。

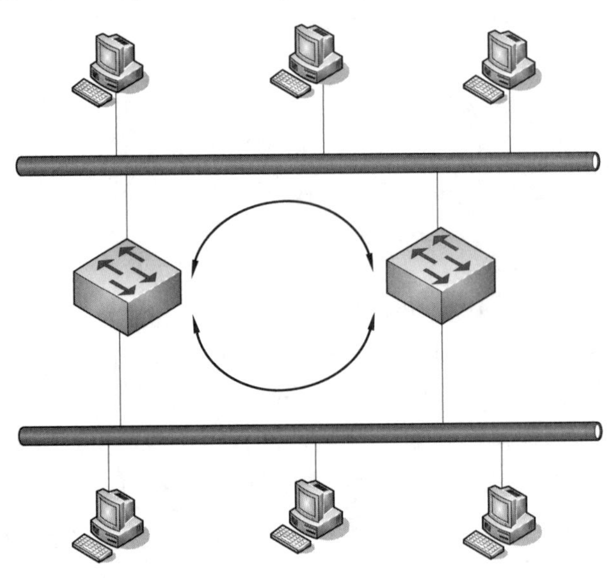

图 3.29 带有回路的交换机互连

解决上面所说的无限循环问题的方法是让交换机相互通信,并用一棵到达每个结点的生成树覆盖实际的拓扑结构,如图 3.30 所示。使用生成树,可以确保任两个网段之间只有唯一一条路径。一旦交换机商定好生成树,各网段站点的所有传送都遵从此生成树。由于从每个源到每个目的地只有唯一的路径,故不可能再有循环。

为了建造生成树,首先必须选出一个网桥作为生成树的根。实现的方法是每个交换

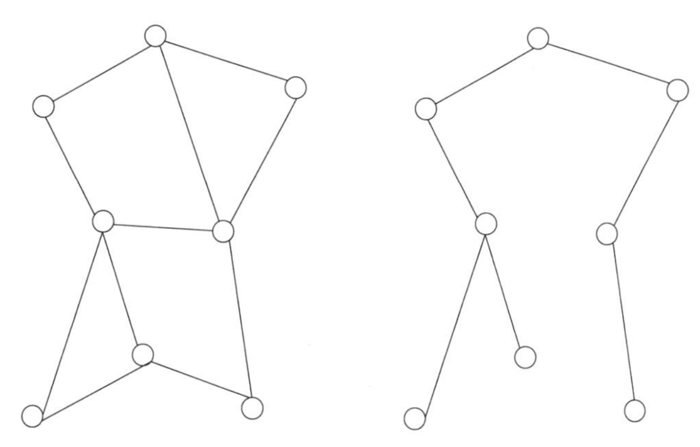

图 3.30 带环图和对应的生成树

机广播其序列号(该序列号由厂家设置并保证全球唯一),选序列号最小的网桥作为根。接着,按根到每个交换机的最短路径来构造生成树。如果某个交换机或网段故障,则重新计算。

3.6.3 共享式以太网

共享式以太网的典型代表是使用10Base-2/10Base-5的总线型网络和以集线器(集线器)为核心的星型网络。在使用集线器的以太网中,集线器将很多以太网设备集中到一台中心设备上,这些设备都连接到集线器中的同一物理总线结构中,如图3.31所示。从本质上讲,以集线器为核心的以太网同原先的总线型以太网无根本区别。

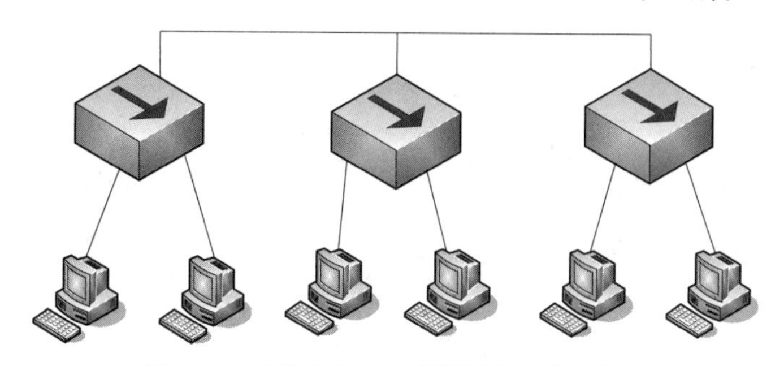

图 3.31 串接有多个集线器的共享式以太网

集线器并不处理或检查其上的通信量,仅通过将一个端口接收的信号重复分发给其他端口来扩展物理介质。所有连接到集线器的设备共享同一介质,其结果是它们也共享同一冲突域、广播和带宽。因此,集线器及其所连接的设备组成了一个单一的冲突域。如果一个结点发出一个广播信息,集线器会将这个广播传播给所有同其相连的结点,因此它也是一个单一的广播域。集线器多用于小规模的以太网,由于集线器一般使用外接电源(有源),对其接收的信号进行放大处理。在某些场合,集线器也被称为"多端口中继器"。

标准:10Base-T(T表示双绞线)标准(IEEE 802.3)。

特点:10Base-T的核心是集线器,集线器在支持结点接入的同时,也提供信号整形、放大的功能。集线器具有 8 个或者 16 个甚至更多的 RJ-45 端口,结点通过网卡上的 RJ-45 插口经双绞线接入集线器,形成星型拓扑结构,附接在集线器端口上的结点共享集线器的带宽。

共享式以太网存在的弊端是:由于所有的结点都接在同一冲突域中,不管一个帧从哪里来或到哪里去,所有的结点都能接收到这个帧。随着结点的增加,大量的冲突将导致网络性能急剧下降。而且集线器同时只能传输一个数据帧,这意味着集线器所有端口都要共享同一带宽。

3.6.4 交换式以太网

用交换机连接的以太网就叫交换式以太网。在交换式以太网中,交换机根据收到的数据帧中的 MAC 地址决定数据帧应发向交换机的哪个端口。因为端口间的帧传输彼此屏蔽,所以结点就不担心自己发送的帧在通过交换机时是否会与其他结点发送的帧产生冲突。

一般情况下,交换机端口和网卡都是半双工的工作方式,数据 MAC 帧的发送和接收不是同时进行的。

全双工以太网是指交换机的端口和网卡都以全双工的工作方式,可以同时进行 MAC 帧的发送和接收,如图 3.32 所示。

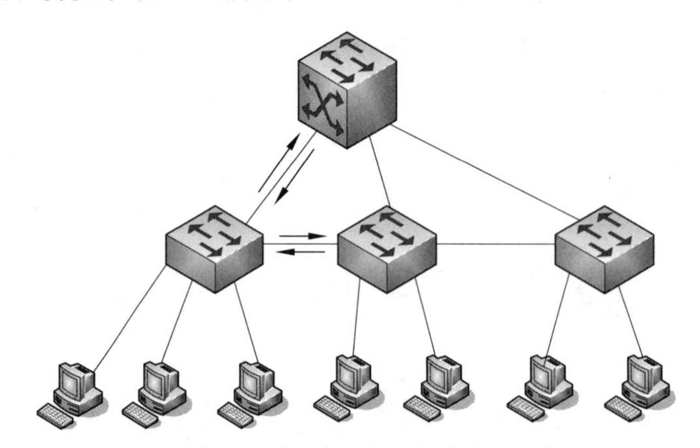

图 3.32 基于全双工交换机的交换式以太网

交换机的端口可以由用户自己设置,100Mb/s 的端口如果设置成全双工方式,则相当于 200 Mb/s 的端口速率。

注意:全双工通信只有在数据传输链路两端的结点设备(如交换机与交换机、交换机与网卡)都支持全双工时才有效。

使用交换式网络替代共享式网络的原因如下。

(1) 减少冲突:交换机将冲突隔绝在每一个端口(每个端口都是一个冲突域),避免了冲突的扩散;

(2) 提升带宽:接入交换机的每个结点都可以使用全部的带宽,而不是各个结点共享带宽。

3.7 高速以太网

随着微型计算机的高速发展,局域网也得到了迅猛的发展,大型数据库、多媒体技术与网络互联的广泛应用,对局域网的性能要求越来越高。为了适应信息化高速发展的要求,目前的局域网正向着高速、交换与虚拟局域网的方向发展。20世纪90年代以来,高速局域网已成为网络应用中的热点问题之一。

3.7.1 快速以太网组网技术

快速以太网(Fast Ethernet)数据传输率为100Mb/s。快速以太网保留着传统的10Mb/s以太网的所有特征,即相同的帧格式、相同的介质访问控制方法CSMA/CD、相同的组网方法,而区别只是把每个比特发送时间由100ns降低到10ns。

(1) 100Base-TX。100Base-TX支持两对五类非屏蔽双绞线UTP或两对屏蔽双绞线STP。其中一对双绞线用于发送,另一对双绞线用于接收数据。因此100Base-TX是一个全双工系统,每个结点可以同时以100Mb/s的速率发送与接收数据。

(2) 100Base-T4。100Base-T4支持四对3类非屏蔽双绞线UTP,其中有三对线用于数据传输,一对线用于冲突检测。因为它没有单独专用的发送和接收线,所以不可能进行全双工操作。

(3) 100Base-T2。100Base-T2支持两对3类非屏蔽双绞线UTP。其中一对线用于发送数据,另一对用于接收数据,因而可以进行全双工操作。

(4) 100Base-FX。100Base-FX支持双芯的多模(62.5μm或125μm)或单模光纤。100Base-FX主要是用作高速主干网,从结点到集线器的距离可以达到412m。

3.7.2 千兆位以太网组网技术

千兆位以太网兼容原有以太网,同100Mb/s快速以太网一样,千兆位以太网使用与10Mb/s传统以太网相同的帧格式和帧大小以及相同的CSMA/CD协议。这意味着广大的以太网用户可以对现有以太网进行平滑的、无须中断的升级,而且无需增加附加的协议栈或中间件。同时,千兆位以太网还继承了以太网的其他优点,如可靠性较高、易于管理等。

1. IEEE 802.3z

IEEE 802.3z负责制定光纤(单模或多模)和同轴电缆的全双工链路标准。IEEE 802.3z定义了基于光纤和短距离铜缆的千兆位以太网传输规范,采用8B/10B编码技术,信道传输速度为1.25Gb/s,去耦后实现1000Mb/s传输速度。

(1) 1000Base-CX:1000Base-CX的传输介质是一种短距离屏蔽铜缆,最长距离可达25m,这种屏蔽双绞线不是标准的STP,而是一种特殊规格、高质量的、带屏蔽的双绞线。它的特性阻抗为150Ω姆,传输速率最高达1.25Gb/s,传输效率为80%。

(2) 1000Base-LX:1000Base-LX是一种收发器上使用长波激光(LWL)作为信号源的媒体技术,这种收发器上配置了激光波长为1270～1355nm(一般为1300nm)的光纤激光传输器，它可以驱动多模光纤，也可驱动单模光纤，使用的光纤规格有 62.5μm 和 50μm 的多模光纤，以及 9μm 的单模光纤。

(3) 1000Base-SX：1000Base-SX 是一种在收发器上使用短波激光(SWL)作为信号源的媒体技术，这种收发器上配置了激光波长为 770～860nm(一般为 800nm)的光纤激光传输器，不支持单模光纤，仅支持多模光纤，包括 62.5μm 和 50μm 两种。

2. IEEE 802.3ab。

(1) 1000 Base-T4：1000 Base-T4 是一种使用五类 UTP 的千兆位以太网技术，最远传输距离为 100m。1000Base-T4 不支持 8B/10B 编码/译码方案，需要采用专门的更加先进的编码/译码机制。1000Base-T4 采用四对 5 类双绞线完成 1000Mb/s 的数据传送，每一对双绞线传送 250Mb/s 的数据流。

(2) 1000Base-TX：1000Base-TX 也基于四对双绞线电缆，但却是以两对线发送数据，两对线接收数据。由于每对线缆本身不进行双向的传输，线缆之间的串扰就大大降低，同时其编码方式也相对简单。由于要达到 1000Mb/s 的传输速率，要求线缆带宽就超过 100MHz，需要 6 类双绞线系统的支持。

3.7.3 万兆位以太网组网技术

万兆位以太网是一种只采用全双工数据传输技术，其物理层和 OSI 参考模型的第一层(物理层)一致，负责建立传输介质(光纤或铜线)和 MAC 层的连接。MAC 层相当于 OSI 参考模型的第二层(数据链路层)。万兆位以太网标准的物理层分为两部分，分别为 LAN 物理层和 WAN 物理层。LAN 物理层提供了现在正广泛应用的以太网接口，传输速率为 10 Gb/s；WAN 物理层则提供了与 OC-192c 和 SDH VC-6-64c 相兼容的接口，传输速率为 9.58 Gb/s。

万兆位以太网规范包含在 IEEE 802.3 标准的补充标准 IEEE 802.3ae 中，它扩展了 IEEE 802.3 协议和 MAC 规范，使其支持 10 Gb/s 的传输速率。万兆位以太网联网规范主要有以下几种。

1. 10GBase-SR 和 10GBase-SW

主要支持短波(850nm)多模光纤(MMF)，光纤距离为 2m～300m。10GBase-SR 主要支持“暗光纤”(Dark Fiber)，暗光纤是指没有光传播并且不与任何设备连接的光纤。10GBase-SW 主要用于连接 SONET 设备，它应用于远程数据通信。

2. 10GBase-LR 和 10GBase-LW

主要支持长波(1310nm)单模光纤(SMF)，光纤距离为 2m～10km(约 32808 英尺)。10GBase-LW 主要用来连接 SONET 设备时，10GBase-LR 则用来支持“暗光纤”。

3. 10GBase-ER 和 10GBase-EW

主要支持超长波(1550nm)单模光纤(SMF)，光纤距离为 2m～40km。10GBase-EW 主要用来连接 SONET 设备，10GBase-ER 则用来支持“暗光纤”。

4. 10GBase-LX4

10GBase-LX4 采用波分复用技术，在单对光缆上以 4 倍波长发送信号。10GBase-LX4 系统运行在 1310nm 的多模或单模暗光纤方式下。该系统的设计目标是针对 2～

300m 的多模光纤模式或 2m～10km 的单模光纤模式。

3.7.4 局域网组网技术的选择

目前在大中型局域网设计中，通常采用由星型结构中心点通过级联扩展形成的树型拓扑结构，如图 3.33 所示。一般可以把这种树型拓扑结构分成三个层次，即核心层、汇聚层和接入层。在不同的层次可以选用不同的组网技术、网络连接设备和传输介质。例如在核心层可以使用 1000Base-SX 吉比特以太网技术，采用多模光纤光缆作为传输介质；在汇聚层可以使用 100Base-TX 快速以太网技术，采用双绞线电缆作为传输介质；在接入层可以使用 10Base-T 传统以太网技术，采用双绞线电缆作为传输介质。这样既保证了网络的整体性能，又将网络的成本控制在一定的范围内，而且还可以根据用户的不同需求进行灵活的扩展和升级。

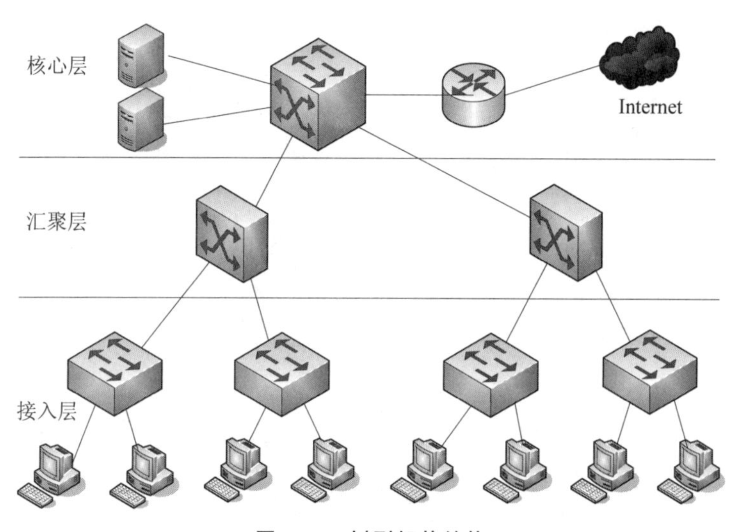

图 3.33 树型拓扑结构

3.8 虚拟局域网

传统局域网处于同一个网段，是一个大的广播域，广播帧占用了大量的带宽，当网络内的计算机数量增加时，广播流量也随之增大，广播流量大到一定程度时，网络效率急剧下降。为了降低广播报文的影响，可以使用路由器来减小以太网上广播域的范围，从而降低广播报文在网络中的比例，提高带宽利用率。但是使用路由器不能解决同一交换机下的用户隔离，而路由器的价格比交换机要高，使用路由器提高了局域网的部署成本。另外，大部分中低端路由器使用软件转发，转发性能不高，容易在网络中造成性能瓶颈。因此，给网络分段是一个提高广播网络效率的方法。网络分段后，不同网段之间的通信又是一个需要解决的问题，原先属于同一个网段的用户，又要调整到另一个网段时，需要将计算机搬离原先的网段，接入新的网段，这又出现重新布线的问题。目前主流的技术是采用 VLAN 隔离广播域。

3.8.1 虚拟局域网的概念

近年来,随着交换局域网技术的飞速发展,交换局域网结构逐渐取代了传统的共享介质局域网。交换技术的发展为虚拟局域网的实现提供了技术基础。

虚拟局域网(Virtual Local Area Network,VLAN)是指逻辑上将不同位置的计算机或设备划分在同一个网络中,网络中的设备、计算机之间的通信连接采用在同一个物理分区中一样的技术。VLAN 是以局域网交换机为基础,通过交换机软件实现根据功能、部门、应用等因素将一个局域网络划分成一个个逻辑上隔离的虚拟网络(网段)的技术,其最大的特点是在组成逻辑网时无须考虑用户或设备在网络中的物理位置。网络通过划分虚拟网络,可以有效地提高网络带宽利用率,网络组建中广泛使用 VLAN 技术。VLAN 技术是组建网络的重要技术,IEEE 于 1999 年颁布了 VLAN 技术标准 IEEE 802.1Q。VLAN 可以在一个交换机或者跨交换机实现。

VLAN 技术将一个局域网络划分成一个个逻辑上隔离的虚拟网络(网段),在被划分的这些虚拟网络中,处于同一个虚拟网络中的主机可以相互直接访问,而不同虚拟网络中的主机不能直接访问。图 3.34 表示一个网络被划分成了三个虚拟局域网。

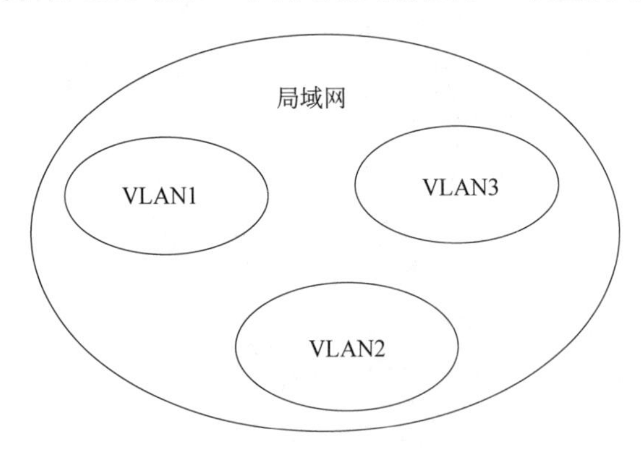

图 3.34 虚拟局域网技术

在划分了 VLAN 的网络中,处于不同虚拟网络中的站点不能直接访问,同一 VLAN 中的各个站点发出的广播帧也只能在自己的 VLAN 中进行广播传送,不会送到其他 VLAN 中,即一个 VLAN 是一个独立的广播域。网络经过 VLAN 划分后,整个网络被划分成若干小的广播域,有效地抑制了广播帧渗透到其他 VLAN,使网络上不必要的广播通信流量大大减小,从而有效提升了整个网络的带宽利用率,解决了交换技术中存在的广播域问题。

当一个网络划分成若干 VLAN 时,由于处于不同 VLAN 的终端不能通信,还带来网络安全性的提高。在不需要直接通信的网段或含有敏感数据的用户组,可以通过 VLAN 划分,起到隔离作用,提高了网络的安全性,这也是在组网中,VLAN 技术得到广泛应用的另一个原因。

VLAN 把用户划分为更小的工作组,每个工作组就是一个虚拟局域网,再对转发进行控制,限制同一工作组间的用户可以实现直接通信,不同工作组间的用户不可以实现直接通信。在组网的实际工作中,往往将同一部门的用户划分在同一 VLAN 中,而不同部门的用户划分到不同的 VLAN 中,实现部门间的安全控制。例如,一个学校的组网可以将学生处、教务处、财务处的用户分别划分到 VLAN1、VLAN2 和 VLAN3 中,由于这些部门被划分在不同的 VLAN 中,使得这些部门不可以内部直接通信,从而提高了网络的安全性。

VLAN 是为解决以太网的广播域问题和安全性而提出的,VLAN 的具体实现是在以太网帧的基础上增加 VLAN 信息字段 VLAN ID,标识出转发的帧属于哪个 VLAN,交换机将按照划分的 VLAN 对该帧进行控制转发,对于属于同一网段的帧的通信就进行转发,对于不属于同一网段的帧的通信就不进行转发。

3.8.2　IEEE 802.1Q VLAN 标准

1996 年 3 月,IEEE 802 委员会发布了 IEEE 802.1Q VLAN 标准。IEEE 802 委员会定义的 IEEE 802.1Q 协议定义了同一 VLAN 跨交换机通信桥接的规则以及正确标识 VLAN 的帧格式。在如图 3.35 所示的 IEEE 802.1Q 帧格式中,使用 4 字节的标识首部来定义标识(tag)。这 4 字节的 IEEE 802.1Q 标签头包含了 2 字节的标签协议标识(TPID)和 2 字节的标签控制信息(TCI)。TPID(Tag Protocol Identifier)是 IEEE 定义的新的类型,表明这是一个加了 IEEE 802.1Q 标签的帧。TPID 包含了一个固定的值 0x8100。

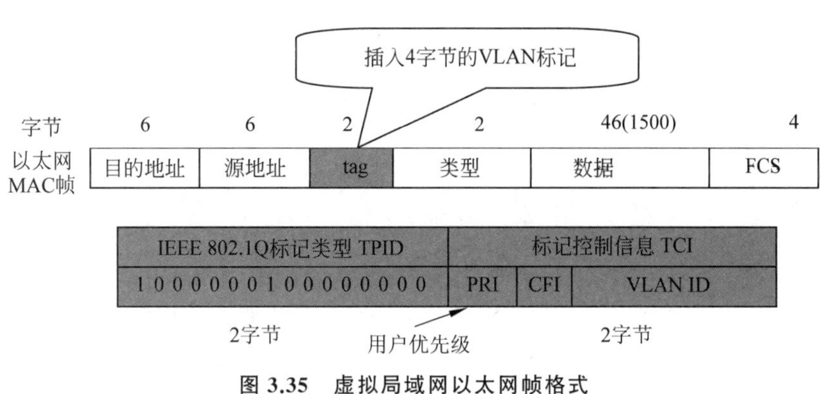

图 3.35　虚拟局域网以太网帧格式

TCI 包含的是帧的控制信息,它包含了下面的一些元素。

(1) Priority(PRI):这 3 位指明帧的优先级。一共有 8 种优先级,0~7。IEEE 802.1Q 标准使用这 3 位信息。

(2) Canonical Format Indicator(CFI):CFI 值为 0 说明是规范格式,为 1 说明是非规范格式。它被用在令牌环/源路由 FDDI 介质访问方法中来指示封装帧中所带地址的比特次序信息。

(3) VLAN Identifier(VLAN ID):这是一个 12 位的域,指明 VLAN 的 ID,一共 4096 个,每个支持 IEEE 802.1Q 协议的交换机发送出来的数据包都会包含这个域,以指明自己属于哪一个 VLAN。

基于 IEEE 802.1Q tag VLAN 用 VLAN ID 划分不同的 VLAN,当数据帧通过交换

机的时候，交换机会根据数据帧中的 tag 的 VLAN ID 信息，来标识它们所在的 VLAN，这使得所有属于该 VLAN 的数据帧，不管是单播帧、多播帧还是广播帧，都被限制在该逻辑 VLAN 内传输。

在一个交换网络环境中，以太网的帧有两种格式：有些帧是没有加上这 4 字节标记的，称为未标记的帧(Ungtagged Frame)，有些帧加上了这 4 字节的标志，称为带有标记的帧(Tagged Frame)。

当数据链路层检测到在 MAC 帧的源地址字段后面的类型字段的值是 0x8100 时，就知道现在插入了 4 字节的 VLAN 标记。于是就检查该标记的后 2 字节的内容。在后面的 2 字节中，前 3 个比特是用户优先级字段，接着的一个比特是规范格式指示符 CFI，最后的 12 比特是该虚拟局域网的标识符 VLAN ID，它唯一地标志这个以太网帧是属于哪一个 VLAN 的。因为用于 VLAN 的以太网帧的首部增加了 4 字节，所以以太网帧的最大长度从原来的 1518 字节变为 1522 字节。

3.8.3 VLAN 的划分方式

在实际中，VLAN 的划分需要在支持 VLAN 协议的交换机上来实现，交换机支持的 VLAN 划分可以有以下几种方式，或者说 VLAN 划分可以分成如下类别。

1. 基于端口划分

基于端口划分的 VLAN 将要划分在同一 VLAN 中的设备接在处于同一 VLAN 的交换机端口中，然后将不同的 VLAN 划分在不同的端口中。例如，将一台 8 端口交换机的 1、2、3、7、8 端口划分为 VLAN1，4、5、6 端口划分为 VLAN2。早期的交换机在按端口划分的模式下，VLAN 的划分被限制在了一台交换机上。图 3.36(a)给出了将一台交换机的不同端口划分在两个 VLAN 的示意。第二代端口 VLAN 技术允许跨越多个交换机的多个不同端口划分 VLAN，不同交换机上的若干个端口可以组成同一个虚拟网。图 3.36(b)给出了将两台交换机的不同端口划分在两个 VLAN 的示意。

基于端口划分的 VLAN 的优点是定义 VLAN 成员时非常简单，只要交换机上相应的端口指定到对应的 VALN 中就可以了。基于端口划分缺点是如果 VLAN 的用户离开了原来的端口，接入到了一台新的交换机的某个端口，那么该用户原来的 VLAN 关系将被破坏，该用户的 VLAN 关系必须重新定义。

2. 基于 MAC 地址划分

按 MAC 地址划分方式，将需要划分在同一 VLAN 中的主机按 MAC 地址将它们定义在同一个 VLAN 中。这种划分 VLAN 的方法的最大优点就是当用户物理位置移动时，即用户计算机的接入从一个交换机的端口换到其他的交换机的端口时，用户原来的 VLAN 关系不会被破坏，该用户的 VALN 关系不必重新定义。所以，可以认为这种根据 MAC 地址的划分方法是基于用户的 VLAN，这种方法的缺点是初始化时，所有的用户都必须进行配置，如果网络规模较大时，配置工作量将大大增加。

3. 按网络层 IP 地址或协议类型进行划分

这种划分 VLAN 的方法是根据每个主机的网络层 IP 地址或协议类型(如果支持多协议)确定的。这种方法的优点是用户的物理位置改变了，也需要重新配置所属的

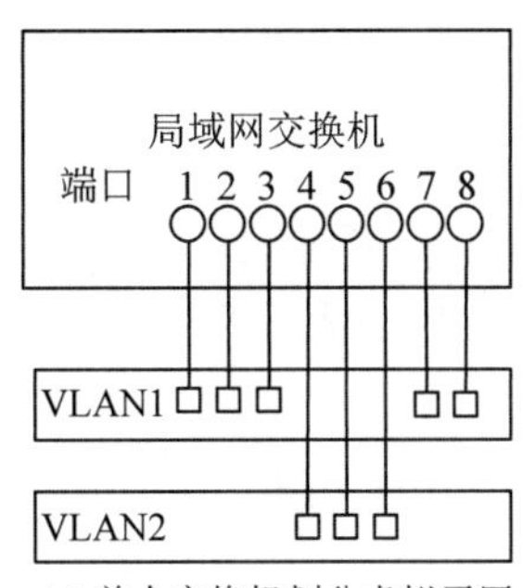

(a) 单个交换机划分虚拟子网

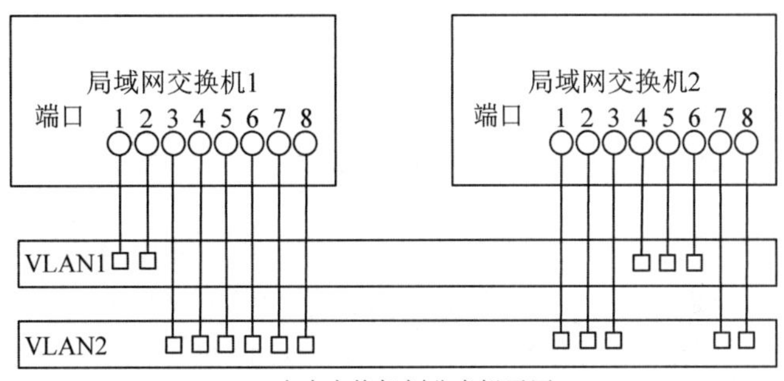

(b) 多个交换机划分虚拟子网

图 3.36 用局域网交换机端口号定义虚拟局域网

VLAN。基于协议类型来划分 VLAN 对网络管理者来说很有用处,网络管理者可以根据网络协议对用户访问网络进行控制。此外,这种方法不需要附加的帧标签来识别 VLAN,这样可以减少网络的通信量。

以上划分 VLAN 的方式中,基于端口的 VLAN 端口方式建立在物理层上的;基于 MAC 方式建立在数据链路层上的;而基于 IP 地址或协议类型是建立在网络层上。目前这三种 VLAN 划分技术中,按端口划分的 VLAN 虽然稍欠灵活,但却比较成熟,在实际应用中效果显著,广受欢迎。按 MAC 地址划分的 VLAN 为移动计算提供了可能性,但同时也潜藏着遭受 MAC 欺诈攻击的隐患,而按协议划分的 VLAN,理论上非常理想,但实际应用还尚不成熟。

3.8.4 不同 VLAN 间的通信

同一 VLAN 间的主机可以直接通信,而不同 VLAN 间的主机不能直接通信。组网时,VLAN 间的主机不需要相互通信时,用二层交换机即可解决问题。而实际中,网络主要就是为了实现联网的计算机之间的通信的,进行了 VLAN 划分后,各个 VLAN 之间的主机往往还是需要相互通信的。

网络中解决不同 VLAN 间的主机的通信是通过路由器或者带路由功能的三层交换机来实现的。当不同的 VLAN 间要实现通信时,可以将不同的 VLAN 通过路由器或三层交换机实现互联,通过路由器或三层交换机对不同 VLAN 间的数据帧的转发,实现不同 VLAN 间的通信,路由器或三层交换机在这里完成将一个 VLAN 的帧转发到另外一个 VLAN,实现了 VLAN 之间的通信,不同 VLAN 间通过路由器实现互联的示意图如图 3.37 所示。

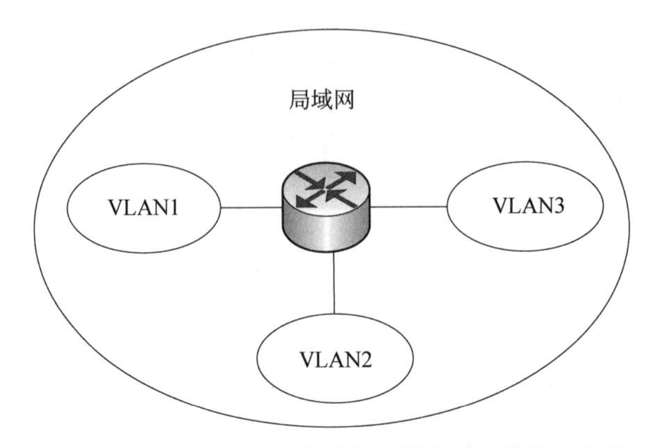

图 3.37 不同 VLAN 间通过路由器实现互联的示意图

采用路由器或三层交换机互联不同的 VLAN 后,由于路由器或三层交换机对于广播帧是不予转发的,也就是说各个 VLAN 之间的广播帧仍然被隔离了,VLAN 减小广播域的功能仍然存在,所以仍然能够起到减小网络中的广播流量,提高网络带宽利用率的作用。而各 VLAN 之间传送的帧可以通过路由器进行安全控制,准许通过的给予通过,不准许通过的就不予通过,所以网络的安全性仍然得到了提高。显然,采用路由器或三层交换机实现 VLAN 之间的通信,既能减小网络的广播域,又不影响通信,网络的安全性也得到了进一步的提高,所以在二层交换机上划分 VLAN,用三层交换机实现 VLAN 之间的通信成为组网中广泛使用的一种技术。

3.9 实验:交换机配置

3.9.1 交换机的基本配置

一、实验目标

(1) 熟悉交换机的配置环境和命令模式之间的切换。

① 用户模式(User Mode)。

② 特权模式(Privileged Mode)。

③ 全局配置模式(Global Configuration Mode)。

④ 接口模式(Global Interface Mode)。

(2) 掌握交换机的常用配置命令。

(3) 掌握并理解交换机 MAC 地址表的内容,理解交换机的工作原理。

二、实验背景

某公司新进一批交换机,以后要投入网络中使用,现要对交换机进行初始配置与管理,你作为网络管理员,如何对新购入的交换机进行基本的配置与管理?

三、实验设备

Switch_2950-24 1 台;PC 4 台;直通线 3 根;Console 线 1 根。

四、实验步骤

通过 Console 电缆把配置机的 RS232 端口和交换机的 Console 端口连接起来,通过直通线把其他计算机的网络端口和交换机的网络端口连接起来,如图 3.38 所示。

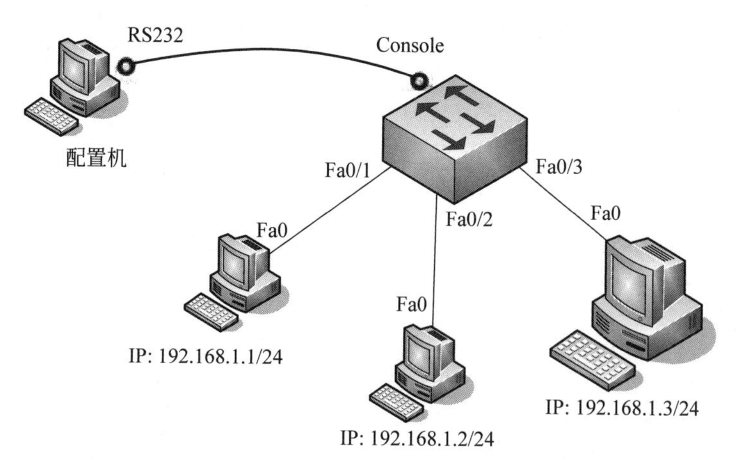

图 3.38 交换机和各计算机的连接

(1) 按图 3.38 配置计算机 IP 地址。采用手动连接方式,将配置机的 RS232 端口与 Switch 的 Console 端口连接。各台计算机之间相互 ping 通。

(2) 在配置机上使用终端与交换机进行连接,即带外管理,单击配置机,在出现的界面中选择 Desktop 选项卡,单击 Terminal 终端后,设置配置机 RS232 通信参数,如图 3.39 所示,确定后进入交换机的 CLI 界面。

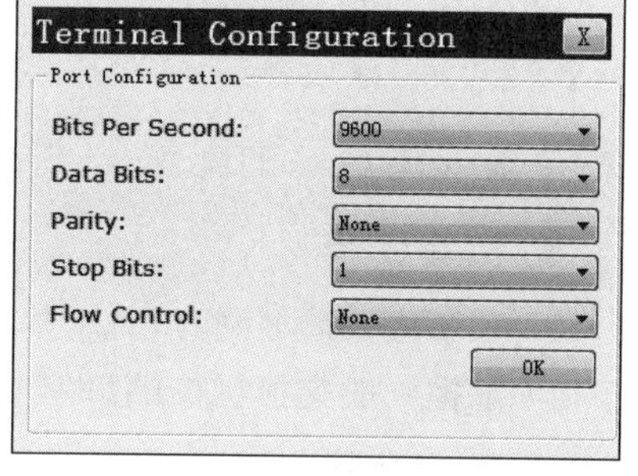

图 3.39 配置机 RS232 通信参数

(3) 通过带外管理,在 Switch 上使用以下常用的交换机配置命令,并观察分析命令结果。

- hostname:用于修改交换机的主机名。
- enable password:设置从一般用户配置模式进入特权配置模式时,需要输入的密码,明文。
- enable secret:设置从一般用户配置模式进入特权配置模式时,需要输入的密码,密文。
- shutdown:关闭交换机的端口。
- reload:重启交换机。

启动配置文件 startup-config,当前运行配置文件 running-config,保存当前运行配置文件为启动配置文件,以保证所做配置在交换机重启或掉电以后不会丢失。

- write 或 copy running-config startup-config:保存当前运行配置文件为启动配置

文件。

- earse startup-config：删除启动配置文件。
- show mac-address-table：显示交换机的 MAC 地址表（交换机所连接的计算机的网卡地址——交换机端口的对应关系），交换机自主学习计算机的 MAC 地址，构建了 MAC 地址表，并根据 MAC 地址表进行帧的转发。
- show flash：显示交换机的 Flash 存储内容。

sdram（内存，当前运行配置文件），flash（硬盘，交换机的操作系统），nvram（启动配置文件，掉电不会丢失）。

- show interface：查看交换机的端口。
- show running-config：查看当前运行配置文件。
- show startup-config：查看启动配置文件。
- show version：查看交换机的软件系统版本和硬件系统版本。
- ping：交换机本身可以配置一个用于管理用的 IP 地址，!表示 ping 通，…表示没有 ping 通。
- show arp：查看交换机的 ARP 缓存。

五、小结与思考

本实验主要掌握交换机的各种登录方式、配置模式以及给交换机配置密码和查看 MAC 地址表的相关内容。

思考：

(1) 交换机常见的工作模式的提示符是什么？

(2) 如何通过实验验证 MAC 地址表的生成过程？

3.9.2 虚拟局域网的配置

一、实验目标

(1) 理解虚拟局域网 VLAN 基本原理。

(2) 掌握一般交换机按端口划分 VLAN 的配置方法。

二、实验背景

某高校内财务处、后勤处的 PC 通过两台交换机实现通信；要求财务处和后勤处的 PC 内部可以互通，但为了数据安全起见，销售部和财务部需要进行互相隔离，现要在交换机上做适当配置来实现这一目标。

首先规划好网络的拓扑结构和实验要求：我们使用两台交换机，将其中一台命名为 Switch1，另一台命名为 Switch2，两台交换机以太网端口 24 用交叉线相连。任意选用四台 PC，取名为 PC1～PC4。其中，PC1 和 PC2 连接到 Switch1 的以太网端口 1、端口 2；PC3 和 PC4 连接到 Switch2 的以太网端口 1、端口 2。要求划分两个 VLAN，名称分别是 VLAN2、VLAN3。并且要求 PC1、PC3 在 VLAN2；PC2、PC4 在 VLAN3。

三、实验设备

Switch_2960 2 台；PC 4 台；直连线若干根，交叉线 1 根。

四、实验步骤

绘制网络拓扑图如图 3.40 所示。

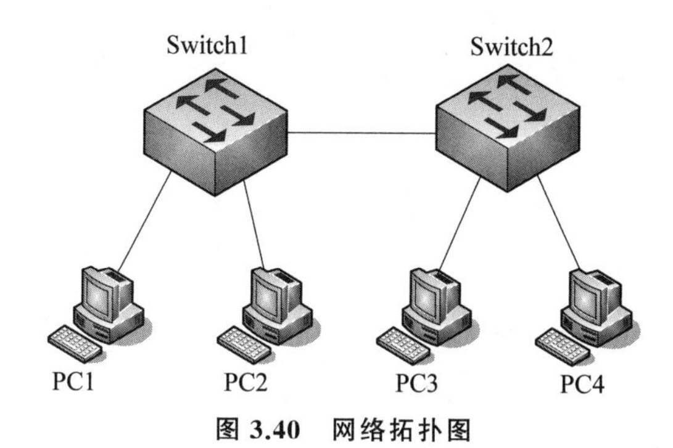

图 3.40　网络拓扑图

VLAN 的配置过程如下。

(1) 首先对工作站 PC1～PC4 进行各参数配置。主要配置计算机的 IP 地址、子网掩码和默认网关。

```
PC1
IP: 192.168.1.2
Submark: 255.255.255.0
Gateway: 192.168.1.1
PC2
IP: 192.168.1.3
Submark: 255.255.255.0
Gateway: 192.168.1.1
PC3
IP: 192.168.1.4
Submark: 255.255.255.0
Gateway: 192.168.1.1
PC4
IP: 192.168.1.5
Submark: 255.255.255.0
Gateway: 192.168.1.1
```

(2) 在两台交换机上创建 VLAN2 和 VLAN3。

在全局配置模式下,可使用下面的命令来创建一个 VLAN。

```
vlan vlan_id
name vlan 名
```

按照网络拓扑,在本实验中需要创建两个 VLAN。具体如下:

```
Switch1(config) #  vlan 2
Switch1(config) #name CW
Switch1(config) #  vlan 3
```

```
Switch1(config) # name HQ
```

(3) 将交换机端口划为不同的 VLAN。

```
inter fa 0/1
switch access vlan 2
exit
inter fa 0/2
switch access vlan 3
exit
```

(4) 配置中继协议和中继线路。

```
inter fa 0/24
switch mode trunk
```

(5) 测试：通过 ping 命令来对网络的 VLAN 划分结果进行测试。发现同一个 VLAN 的计算机能直接通信，不同 VLAN 间不能直接相通，表明配置成功。

```
PC1: ping PC2 timeout
PC1: ping PC3 Reply
```

五、小结与思考

一个 VLAN 是一个物理网段。VLAN 不受物理位置的限制，将网络进行逻辑的划分，划分成若干个虚拟局域网。VLAN 具备了一个物理网段所具备的特性。相同 VLAN 内的主机可以相互直接通信，不同 VLAN 间的主机之间互相访问必须经路由设备进行转发，广播数据包只可以在本 VLAN 内进行广播，不能传输到其他 VLAN 中。本实验实现基于端口方式划分 VLAN，是 VLAN 实现的最常用方式。

思考：

(1) 交换机的 Access 和 Trunk 口有什么不同?

(2) 同一 VLAN 的主机是否能够二层通信，不同 VLAN 间的主机呢?

本章小结

本章主要对 OSI 参考模型的数据链路层的功能、协议以及其中所采用的主要技术等分别进行了详细介绍。

数据链路层可能提供的服务包括组帧、差错控制、流量控制、可靠传输和介质访问控制。

网络层分组在链路上传输前，链路层协议用数据链路层的帧将其封装。一个帧由数据字段和首部字段组成，网络层的分组就插在数据字段中。数据链路层的许多协议提供检测是否存在差错的机制。这是通过在帧中设置差错检测冗余位，让接收结点对收到的帧进行差错检测来完成的。链路层协议提供流量控制机制，当接收方来不及处理发送方发送的数据时，及时控制发送方发送数据的速率，旨在使收发方协调一致。当数据链路层提供可靠传输服务时，它保证将网络层的分组无差错地通过数据链路层。链路层可靠传

输的服务是通过确认和重传机制来获得的。介质访问控制协议定义了帧在链路上传输的规则。对于多个结点共享单个广播链路，就是被称为多址访问的问题，介质访问控制协议用来协调多个结点的帧传输。

局域网所覆盖的地理范围比较小，数据的传输速率比较高，具有较低的延迟和较小误码率。局域网络的经营权和管理权属于某个单位所有，与广域网通常由服务提供商提供形成鲜明对照。IEEE 802 标准将数据链路层又分为逻辑链路控制（Logical Link Control，LLC）和媒体访问控制（Media Access Control，MAC）两个子层。不同的局域网在介质访问控制（Media Access Control，MAC）和物理层可以采用不同的协议，但在逻辑链路控制（Logical Link Control，LLC）必须使用相同的协议。IEEE 802.3 规定以太网的 CSMA/CD 总线访问控制方法与物理层规范，以太网是一种以总线方式连接、广播式传输的网络，所有站点通过共享总线实现数据传输，一个站发出的数据帧，所有的站都能收到，这种工作方式带来了冲突问题，采用相应的介质访问控制方式“载波监听多路访问/冲突检测协议”（Carrier Sense Multiple Access with Collision Detection，CSMA/CD）解决。

广域网（WAN）通常覆盖很大的物理范围，它能连接多个城市或国家并能提供远距离通信。点对点链路的数据链路层协议（Point to Point Protocol，PPP）即点对点协议有三个组成部分：组帧即一个将 IP 数据报封装到串行链路的方法，一个用来建立、维护和拆除数据链路连接的链路控制协议（Link Control Protocol，LCP）；一套网络控制协议（Network Control Protocol，NCP）族，其中每个协议支持不同的网络层协议。

网卡是计算机与局域网相互连接的唯一接口。交换机是工作在数据链路层的设备，利用以太网交换机可以很方便地实现虚拟局域网（VLAN）。为了适应信息化高速发展的要求，局域网正向着高速、交换与虚拟局域网的方向发展。

习　　题

一、选择题

1. 下面不是数据链路层功能的是（　　）。

A. 帧同步　　B. 差错控制　　C. 流量控制　　D. 拥塞控制

2. 数据链路层中的数据块常被称为（　　）。

A. 信息　　B. 分组　　C. 帧　　D. 比特流

3. 下列关于虚电路网络的叙述中，错误的是（　　）。

A. 可以确保数据分组传输顺序

B. 需要为每条虚电路预分配带宽

C. 建立虚电路时需要进行路由选择

D. 依据虚电路号（VCID）进行数据分组转发

4. 在数据通信中，当发送数据出现差错时，发送端无须进行重发的差错控制方法为（　　）。

A.　ARQ　　B.　FEC　　C. 奇偶校验码　　D. CRC

5. 为了进行差错控制，必须对传输的数据帧进行校验。在局域网中广泛使用的校验方法是循环冗余校验。CRC16 标准规定的生成多项式为 $G(x)=x^{16}+x^{15}+x^2+1$，它产生的校验码是(　　)位，接收端发现错误后采取的措施是(　　)。如果 *CRC* 的生成多项式为 $G(x)=x^4+x+1$，信息码字为 10110，则计算出的 CRC 校验码是(　　)。

(1) A. 2　　B. 4　　C. 16　　D. 32

(2) A. 自动纠错　　B. 报告上层协议

C. 自动请求重发　　D. 重新生成原始数据

(3) A. 0100　　B. 1010　　C. 0111　　D. 1111

6. 已知循环冗余码生成多项式 $G(x)=x^5+x^4+x+1$，若信息位 10101100，则冗余码是(　　)。

A.　01101　　B.　01100　　C. 1101　　D. 1100

7. 采用海明码纠正 1 位差错，若信息位为 7 位，则冗余位至少应为(　　)。

A. 5 位　　B. 3 位　　C. 4 位　　D. 2 位

8. 在局域网中广泛使用的差错控制方法是(　　)，接收端发现错误后采取的措施是(　　)。

A. 奇偶，自动纠错　　B. 海明，自动请求重发

C. 循环冗余，自动请求重发　　D. 8B/10B，自动纠错

9. 对于基带 CSMA/CD 而言，为了确保发送站点在传输时能检测到可能存在的冲突，数据帧的传输时延至少要等于信号传播时延的(　　)。

A. 1 倍　　B. 2 倍　　C. 4 倍　　D. 2.5 倍

10. 实现通信协议的软件一般固化在(　　)的 ROM 中。

A. 微机主板　　B. IDE 卡　　C. 网卡　　D. MODEM 卡

11. 在二层交换局域网中，交换机通过识别(　　)地址进行交换。

A. IP　　B. MAC　　C. PIX　　D. Switch

12. 冲突的检测中，为了能有效地检测冲突，可以(　　)或者(　　)。快速以太网仍然遵循 CSMA/CD，它采取(　　)而将最大电缆长度减少到 100m 的方式，使以太网的数据传输率达到 100Mb/s。

(1) A. 减小电缆介质的长度　　B. 增加电缆介质的长度

C. 降低电缆介质损耗　　D. 提高电缆介质的导电率

(2) A. 减小最短帧长　　B. 增大最短帧长

C. 减小最大帧长　　D. 增大最大帧长

(3) A. 改变最短帧长　　B. 改变最大帧长

C. 保持最短帧长不变　　D. 保持最大帧长不变

13. 交换机的基本功能有学习、帧过滤和帧转发及生成树算法等功能，因此它可以决定网络中的路由，而网络中的各个站点均不负责路由选择。交换机从其某一端口收到正确的数据帧后，在其地址转发表中查找该帧要到达的目的站，若查找不到，则会(　　)；若要到达的目的站仍然在该端口上，则会(　　)。两个局域网 LAN1 和 LAN2 通过交换机 1 和交换机 2 互连后形成网络结构。设站 A 发送一个帧，但其目的地址均不在这两个交换机的地址转发表中，这样结果会使该帧(　　)。为了有效地解决该类问题，可以在每个

交换机中引入生成树算法。

(1) A. 向除该端口以外的交换机的所有端口转发此帧
B. 向交换机的所有端口转发此帧
C. 仅向该端口转发此帧
D. 不转发此帧，而由交换机保存起来

(2) A. 向该端口转发此帧 B. 丢弃此帧
C. 将此帧作为地址探测帧 D. 利用此帧建立该端口的地址转换表

(3) A. 经被交换机 1(或被交换机 2) 后被站 B 接收
B. 被交换机 1(或交换机 2) 丢弃
C. 在整个网络中无限次地循环下去
D. 经交换机 1(或交换机 2)到达 LAN2，再经交换机 2(或交换机 1) 返回 LAN1 后被站 A 吸收

14. 下列属于随机访问介质访问控制的是(　　)。
A. 频分多路复用 B. 码分多路复用
C. CSMA 协议 D. 令牌传递

15. TDM 与 CSMA/CD 相比，错误的是(　　)。
A. CSMA/CD 是一种动态的媒体随机接入共享信道方式
B. TDM 是一种静态的划分信道方式
C. 突发性数据适合使用 TDM 方式
D. 使用 TDM 方式，信道不会发生冲突

16. 一个 CSMA/CD 网，电缆长度 1km，电缆中的信号速度是 200 000km/s。帧长 104b，为保证 CSMA/CD 协议的正确实施，网络最大传输速率是(　　)。
A. 1Mb/s B. 2 Mb/s C. 5 Mb/s D. 1 Mb/s

17. 交换机与中继器相比，说法错误的是(　　)。
A. 中继器转发比特信号，交换机转发数据帧并执行 CSMA/CD 算法
B. 中继器实现物理层的互连，交换机实现数据链路层的互连
C. 交换机和中继器将网段隔离为不同的冲突域
D. 交换机能互连不同物理层甚至不同 MAC 子层的网段

18. 关于冲突域和广播域说法正确的是(　　)。
A. 集线器和中继器连接不同的冲突域
B. 交换机和二层交换机可以划分冲突域，也可以划分广播域
C. 路由器和三层交换机可以划分冲突域，也可以划分广播域
D. 通常来说一个局域网就是一个冲突域

19. 以太网的工作原理可以描述成(　　)。
A. 先听后写 B. 边听边写
C. 先听后写，边听边写 D. 边听边写，先听后写

20. 10Base-T 快速以太网使用的导向传输介质是(　　)。
A. 双绞线 B. 单模光纤 C. 多模光纤 D. 同轴电缆

21. 假设一个采用 CSMA/CD 协议的 100Mb/s 局域网，最小帧长是 128B，则在一个冲突域内两个站点之间的单向传播延时最多是(　　)。

A. 2.56μs　　B. 5.12μs　　C. 10.24μs　　D. 20.48μs

22. 主机甲采用停-等协议向主机乙发送数据，数据传输速率是 3kb/s，单向传播延时是 200ms，忽略确认帧的传输延时。当信道利用率等于 40%时，数据帧的长度为(　　)。

A. 240 比特　　B. 400 比特　　C. 480 比特　　D. 800 比特

23. 若主机 H_2 向主机 H_4 发送一个数据帧，主机 H_4 向主机 H_2 立即发送一个确认帧，则除 H_4 外，从物理层上能够收到该确认帧的主机还有(　　)。

A. 仅 H_2　　B. 仅 H_3　　C. 仅 H_1、H_2　　D. 仅 H_2、H_3

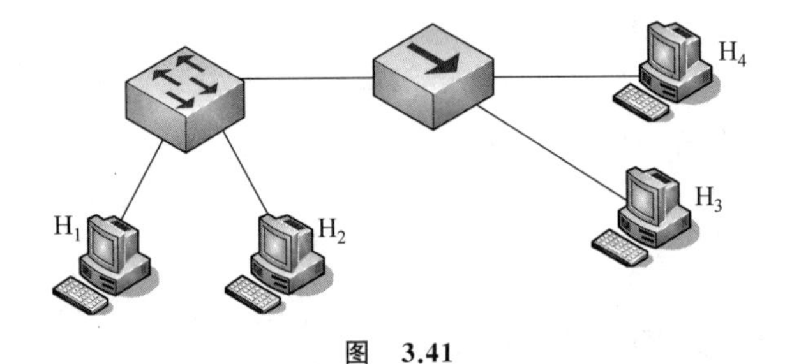

图 3.41

24. 下列关于 CSMA/CD 协议的叙述中，错误的是(　　)。

A. 边发送数据帧，边检测是否发生冲突

B. 适用于无线网络，以实现无线链路共享

C. 需要根据网络跨距和数据传输速率限定最小帧长

D. 当信号传播延迟趋近 0 时，信道利用率趋近 100%

25. 下列关于交换机的叙述中，正确的是(　　)。

A. 以太网交换机本质上是一种多端口网桥

B. 通过交换机互连的一组工作站构成一个冲突域

C. 交换机每个端口所连网络构成一个独立的广播域

D. 以太网交换机可实现采用不同网络层协议的网络互联

26. 若某通信链路的数据传输速率为 2400b/s，采用四相位调制，则该链路的波特率是(　　)。

A. 600 波特　　B. 1200 波特　　C. 4800 波特　　D. 9600 波特

27. 数据链路层采用选择重传协议(SR)传输数据，发送方已发送了 0～3 号数据帧，现收到 1 号帧的确认，而 0、2 号帧依次超时，则此时需要重传的帧数是(　　)。

A. 1　　B. 2　　C. 3　　D. 4

28. 下列介质访问控制方法中，可能发生冲突的是(　　)。

A. CDMA　　B. CSMA　　C. TDMA　　D. FDMA

29. 某以太网拓扑及交换机当前转发表如下图所示，主机 00-e1-d5-00-23-a1 向主机 00-e1-d5-00-23-c1 发送一个数据帧，主机 00-e1-d5-00-23-c1 收到该帧后，向主机 00-e1-d5-00-23-a1 发送一个确认帧，交换机对这两个帧的转发端口分别是(　　)。

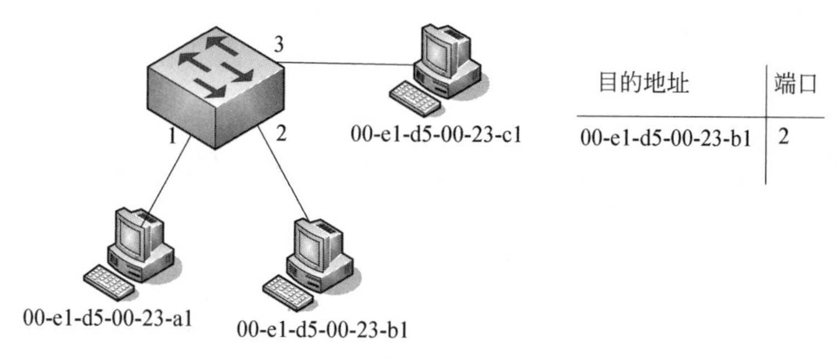

图　3.42

A. {3}和{1}　　　B. {2,3}和{1}　　　C. {2,3}和{1,2}　　　D. {1,2,3}和{1}

30. PPP 协议使用同步传输技术传送比特串 01111111 11100010,试问经过 0 比特填充后变成(　　)比特串。

A. 01111111 11100010　　　B. 01111111 11100100

C. 01111101 11110000 10　　　D. 01111101 11110001 0

二、综合题

1. 数据链路层主要包括哪些功能?

2. 数据链路(即逻辑链路)与链路(物理链路)有何区别?

3. 什么是纠错码和检错码? 其适用的环境有什么不同?

4. 对于滑动窗口协议,若分组序号采用 3 比特编号,发送窗口大小为 5,则接收窗口最大是多少?

5. 什么是捎带确认?

6. 什么是发送窗口与接收窗口?

7. 基于回退 N 帧技术的滑动窗口协议的基本原理是什么?

8. 选择性重传协议的基本原理是什么?

9. 说明 CSMA/CD 方法的基本工作原理。

10. 是什么原因使以太网有一个最小帧长和最大帧长?

11. 在以太网中发生了碰撞是否说明这时出现了某种故障?

12. 在数据链路层中,如果发送方发送帧的速度超过了接收方能够接收这些帧的速度,则发送方可能将接收方淹没。为了阻止上述情况的发生,数据链路层主要采用什么技术来进行流量控制?

13. PPP 的基本帧结构中包括哪些字段? 其含义分别是什么?

14. $x^9+x^7+x^5+1$ 被发生器多项式 x^3+1 所除,所得的余数是多少? 发送的位串是什么?

15. 当帧为 1101011011,生成多项式 $G(x)=x^4+x+1$ 时,请给出计算校验和的过程,并给出最终传输的帧格式。

16. 设收到的信息码字为 110111,CRC 校验和为 1001,生成多项式为 $G(x)=x^4+x^3+1$,请问收到的信息有错吗,为什么?

17. 信息有效数据 m 是每个字符用7位字节编码的ASCII码串“well”，即 m 长28 b，其中，w=1110111，e=1100101，l=1101100，取多项式 CRC12=$x^{12}+x^{11}+x^3+x^2+x+1$ 做循环冗余检验编码，求该码串的冗余部分 r（要求写出主要计算步骤）。

18. 假定在编码方案 S 中，每个 n 位码字包含 m 个数据位和 r 个校验位，且能纠正单个错误，请给出所需要的校验位数目的下界限定条件。海明码编码方案是否可以达到上述下界条件？

19. 假定传输的数据为1100101，基于海明码编码方案，采用偶校验，请给出最终的编码结果。

20. 长2km、数据传输率为10Mb/s的基带总线LAN，信号传播速度为200m/μs，试计算：

（1）1000b的帧从发送开始到接收结束的最大时间是多少？

（2）若两相距最远的站点在同一时刻发送数据，则经过多长时间两站发现冲突？

21. 若10Mb/s的CSMA/CD局域网的结点最大距离为2.5km，信号在媒体中的传播速度为 2×10^8 m/s，求该网的最短帧长。

22. 假定1km长的CSMA/CD网络的数据率为1Gb/s，设信号在网上的传播速率为200 000km/s，求能够使用此协议的最短帧长。

23. 设有16个信息位，如采用海明码校验，至少需要设置多少个校验位？应放置在哪个位置上？

24. 以太网上只有两个站，它们同时发送数据，产生了碰撞。按截断二进制指数退避算法进行重传。k 为重传次数，k=0、1、2、…。试计算第一次重传失败的概率、第二次重传失败的概率、第三次重传失败的概率，以及一个站成功发送数据之前的平均重传次数 I。

25. 有10个站连接到以太网上，试计算以下两种情况下每一个站的带宽。

（1）10个站都连接到一个10Mb/s以太网集线器。

（2）10个站都连接到一个10Mb/s以太网交换机。

26. 假设主机甲采用停等协议向主机乙发送数据帧，数据帧长与确认帧长均为1000B，数据传输速率是10kb/s，单向传播延时是200ms。则甲的最大信道利用率为多少？

27. 如图3.43所示的网络中，冲突域和广播域的个数分别是多少？

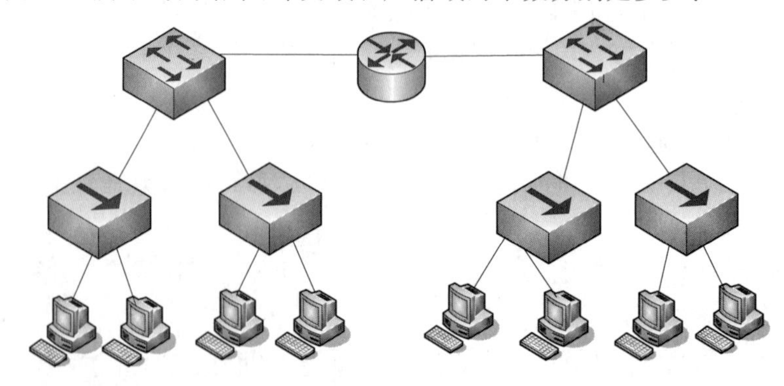

图 3.43

28. 主机甲与主机乙之间使用回退 N 帧协议(GBN)传输数据,甲的发送窗口尺寸为1000,数据帧长为1000字节,信道带宽为100Mb/s,乙每收到一个数据帧立即利用一个短帧(忽略其传输延迟)进行确认,若甲、乙之间的单向传播延迟是50ms,则甲可以达到的最大平均数据传输速率约是多少?

29. 某局域网采用CSMA/CD协议实现介质访问控制,数据传输速率为10Mb/s,主机甲和主机乙之间的距离为2km,信号传播速度为20 000km/s。请回答下列问题,要求说明理由或写出计算过程。

(1) 若主机甲和主机乙发送数据时发生冲突,则从开始发送数据时刻起,到两台主机均检测到冲突时刻止,最短需经过多长时间?最长需经过多长时间(假设主机甲和主机乙发送数据过程中,其他主机不发送数据)?

(2) 若网络不存在任何冲突与差错,主机甲总是以标准的最长以太网数据帧(1518B)向主机乙发送数据,主机乙每成功收到一个数据帧后立即向主机甲发送一个64B的确认帧,主机甲收到确认帧后方可发送下一个数据帧。此时主机甲的有效数据传输速率是多少(不考虑以太网的前导码)?

30. PPP协议使用同步传输技术传送比特串0110111111111100,试问经过零比特填充后变成怎样的比特串?若接收端收到的PPP帧的数据部分是0001110111110111110110,问删除发送端加入的零比特后变成怎样的比特串?

第4章 网络层

网络层关注的是如何将网络层的协议数据单元(分组)从源主机沿着网络路径传送到目的主机。为了实现这个目的,网络层必须知道通信子网的拓扑结构,并从中选择出适当的路径转发数据,即使是大型网络也要选出一条最优路径。同时,网络层还必须仔细选择路由器,避免某些通信线路和路由器负载过重,而其他线路和路由器空闲的情形。最后,当源主机和目的主机位于不同网络时,还会出现新的问题,这些问题都需要由网络层来解决。本章的知识是这本书的重点内容:深入理解互联网是如何工作的,在了解网络层功能的基础上学习网际协议主要内容,掌握 IPv4 协议(包括 IP 地址分类、子网划分、无类别域间路由、ARP、NAT 等),路由选择算法与分组交付的方法,网际控制报文协议,IP 多播,IPv6,及认识网络层设备——路由器。

4.1 网络层概述

网络层使用中间设备路由器将异构网络互联,形成一个统一的网络,并且将源主机发出的分组经由各种网络路径通过路由和转发,到达目的主机。网络层利用了数据链路层所提供的相邻结点之间的数据传输服务,向传输层提供了从源到目标的数据传输服务。

4.1.1 网络层功能

网络层是网络体系结构中非常重要的一层,在技术上也是非常复杂的一层。为了有效地实现源端到目标端的分组传输,网络层需要提供多方面的功能。在网络中的每个端系统和路由器设备都具有网络层功能。

(1) 分组生成和装配:网络层需要规定该层协议数据单元的类型和格式,网络层的数据单元称为分组,传输层报文与网络层分组间实现相互转换。传输层报文通常很长,不适合直接在分组交换网络中传输。在发送端,网络层负责将传输层报文拆成一个个分组,再进行传输。在接收端,网络层负责将分组组装成报文交给传输层处理。

(2) 路由与转发:网络层的主要功能是将分组从源主机通过网络传输到目的主机。源/目的主机之间存在多条相通的路径,网络层如何来选择一条"最佳"路径,这就是路由选择。路由器的基本功能是转发分组,路由器的不同端口连接不同的网络。当一个分组从某端口到达路由器时,路由器根据目的 IP 地址,并依据某种路由选择算法,选择适当的输出端口转发该分组。

(3) 拥塞控制:在选择路径时还要注意既不要使某些路径或通信线路处于超负载状

态而造成网络吞吐量下降,也不能让另一些路径或通信线路处于空闲状态而浪费资源,即所谓的拥塞控制和负载平衡。当网络带宽或通信子网中的路由设备性能不足时都可能导致拥塞。

(4) 异种网络的互联:当源主机和目标主机的网络不属于同一种网络类型时,即为了解决不同网络在寻址、分组大小、协议等方面的差异,要求在不同种类网络交界处的路由器能够对分组进行处理,使得分组能够在不同网络上传输。网络层必须协调好不同网络间的差异即所谓解决异构网络互联的问题。

(5) 屏蔽网络差异,提供透明传输:根据分层的原则,网络层在为传输层提供分组传输服务时还要做到服务与通信子网技术无关,即通信子网的数量、拓扑结构及类型对于传输层是透明的;另外,传输层所能获得的地址应采用统一的方式,以使其能跨越不同的LAN和WAN。这也是网络层设计的基本目标。

4.1.2　网络层提供的服务

网络层为传输层提供服务,它通常是通信子网的边界。网络层上应该提供给传输层什么样的服务呢,曾经有两派意见引起长期争论。

1. 虚电路服务

一派是以电话公司为代表,认为网络层应该提供较为可靠的面向连接的服务。发送数据前先建立连接,然后在该连接上实现有次序的分组传输,当数据交换结束后,终止这个连接。其好处是可以对诸如控制参数、可选服务类型、服务质量等进行协商,确定需要的服务,另外可以保证数据的顺序传输,也便于进行流量控制。这一派主要强调要面向连接,提供可靠服务,即虚电路服务。

如图4.1所示,网络提供虚电路服务,主机 H_1 和 H_2 之间交换分组都必须在建立的虚电路连接的基础上才能进行传送。虚电路表示这只是一条逻辑上的连接,分组都沿着这条逻辑连接按照存储转发方式传送,并不是真正建立了一条物理连接。(请注意,电路交换的电话通信是先建立了一条真正的连接。因此分组交换的虚连接和电路交换的连接只是类似,但并不完全一样。)因为这条逻辑通路不是专用的,所以称之为“虚”电路。

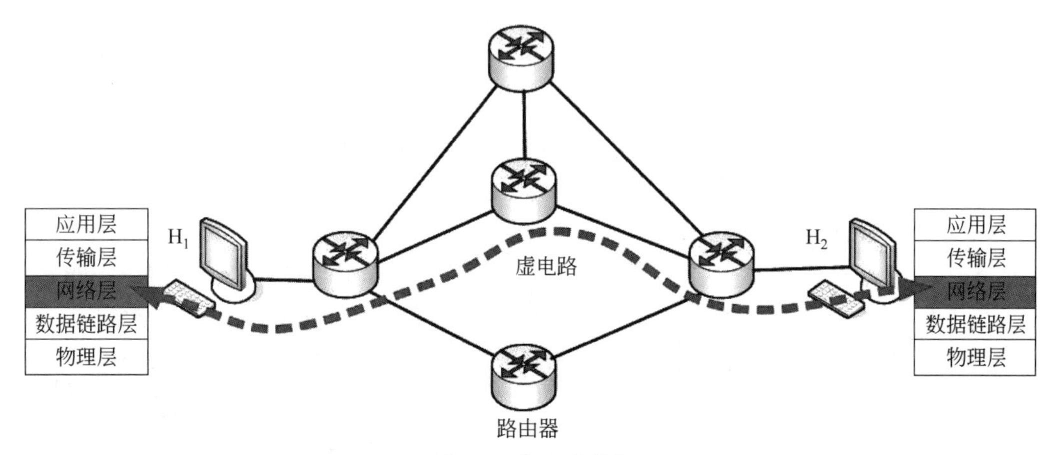

图4.1　虚电路服务

2. 数据报服务

另一派是以 Internet 团体为代表，认为通信子网本质上是不可靠的，无论采取什么措施都改变不了这个事实，为了保证数据的正确传输，主机总是要进行差错控制的。既然如此，就干脆简化网络层的设计，使其只提供最简单的无连接数据传输服务，而将剩下的工作全部交由主机(传输层)来完成。在这种方式下，每个分组被称为一个数据报，若干个数据报构成一次要传送的报文或数据块。每个数据报自身携带有完整的地址信息，它的传送是被单独处理的。独立寻址，独立传输，相互之间没有什么关系，彼此之间不需要保持任何顺序关系。一个结点接收到一个数据报后，根据数据报中的地址信息和结点所存储的路由信息，找出一个合适的路径，然后把数据报原样地发送到下一个结点。

如图 4.2 所示，网络层提供数据报服务，主机 H_1 与 H_2 通信之前完全不进行任何联系，主机 H_1 向 H_2 发送的分组各自独立地选择路由，这些分组通过网络时可能走不同的路径，并可能是无序到达，分组在传输的过程中还可能丢失。这种数据报服务使网络层提供的服务尽可能简单，使网络具备尽力而为传送分组的能力。

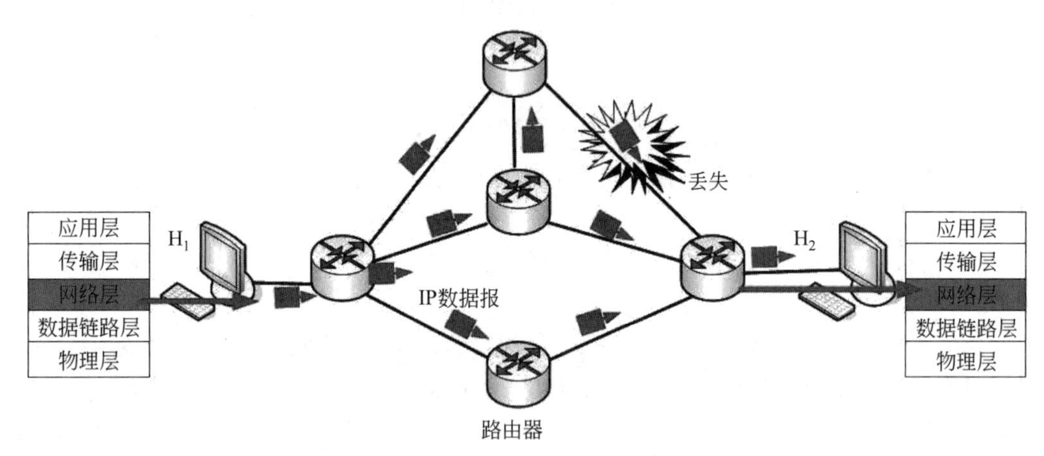

图 4.2 数据报服务

面向连接的可靠服务和无连接的不可靠服务两种方式的争论，实质就是在计算机通信中，复杂的功能应该由网络层还是传输层来处理的问题。网络层上提供无连接服务，则网络层(子网)设计简单，而传输层(主机)协议复杂；相反，网络层上提供面向连接的服务，则网络层复杂而传输层简单。在面向连接服务中，它们被置于网络层(通信子网)，而在面向无连接服务中，则被置于传输层(主机)。

Internet 网络层采用无连接的数据报服务，虽然无连接服务独立地对待每一个分组，不能确保每一个分组都不丢失，但是在绝大多数情况下，Internet 不会有资源耗尽和频繁出现故障的现象(通常只有在资源耗尽或网络出现故障时才可能出现丢弃分组情况)，因此分组到达目的地的概率很大。这也正是 Internet 能够支持各种不断发展的新型网络应用的原因。Internet 能够发展到今日的规模，充分证明了它采用这种设计思路的正确性。

表 4.1 列出了虚电路服务和数据报服务两种方式的主要区别。

表 4.1　虚电路服务与数据报服务的对比

比较项目	服务方式	
	虚电路服务	数据报服务
思路	可靠通信应当由网络来保证	可靠通信应当由用户主机来保证
连接设置	需要	不需要
地址	每个分组包含一个虚电路号	每个分组需要完整的源和目的地址
分组的转发	属于同一条虚电路的分组按照同一路由进行转发	每个分组独立选择路由进行转发
当结点处故障时	所有通过出故障的结点的虚电路均不能工作	出故障的结点可能会丢失分组，一些路由可能会发生变化
分组的顺序	总是按发送顺序到达终点	到达终点时不一定按发送顺序
端到端差错控制和流量控制	可以由网络负责，也可以由用户主机负责	由用户主机负责

4.2　网际协议

互联网就像一个虚拟的大网，使得所有能够连接在这个网上的计算机都可以互连互通。互连在一起的网络要进行通信，由于各种网络的结构和系统并不相同，因此会出现许多问题，如：不同的寻址方案，不同的最大分组长度，不同的网络接入机制，不同的超时控制，不同的差错恢复方法，不同的状态报告方法，不同的路由选择技术，不同的用户接入控制，不同的服务(面向连接服务和无连接服务)，不同的管理与控制方式，等等。

能不能让所有的网络都具有上述各方面相同的模式呢，这肯定是不可能的，因为用户的需求是多种多样的，没有一种单一的网络能够适应所有用户的需要。另外，由于计算机技术的发展，网络技术也不断发展，网络的制造厂商也要不断推出新的网络产品。在网络信息化时代为了求得生存，市场上总是有很多不同性能、不同网络协议的网络，供不同的用户选用。

TCP/IP 体系在网络互连上采用的做法是：在网络层采用了标准化协议，即网际协议(Internet Protocol，IP)简称 IP 协议，它是 TCP/IP 体系中最重要的协议之一。通过 IP 协议使得相互连接的异构网络能在 Internet 上实现互通，即具有“开放性”。图 4.3(a)表示有许多计算机网络通过一些路由器进行互连。由于参加互连的计算机网络都使用相同的网际协议 IP，因此，可以将互连以后的计算机网络看成一个虚拟互联网络(如图 4.3(b))。所谓虚拟互联网络也就是逻辑互联网络，它的意思就是互连起来的各种物理网络的异构性本来就是客观存在的，但是我们利用 IP 协议就可以使这些性能各异的网络从用户看起来好像是一个统一的网络。这种使用 IP 协议的虚拟互联网络可简称为 IP 网。使用 IP 网的好处是当互联网上的主机进行通信时，就好像在一个网络上通信一样，它们看不见互连的各个具体的网络的异构细节，比如具体的编址方案、路由选择协议等等。

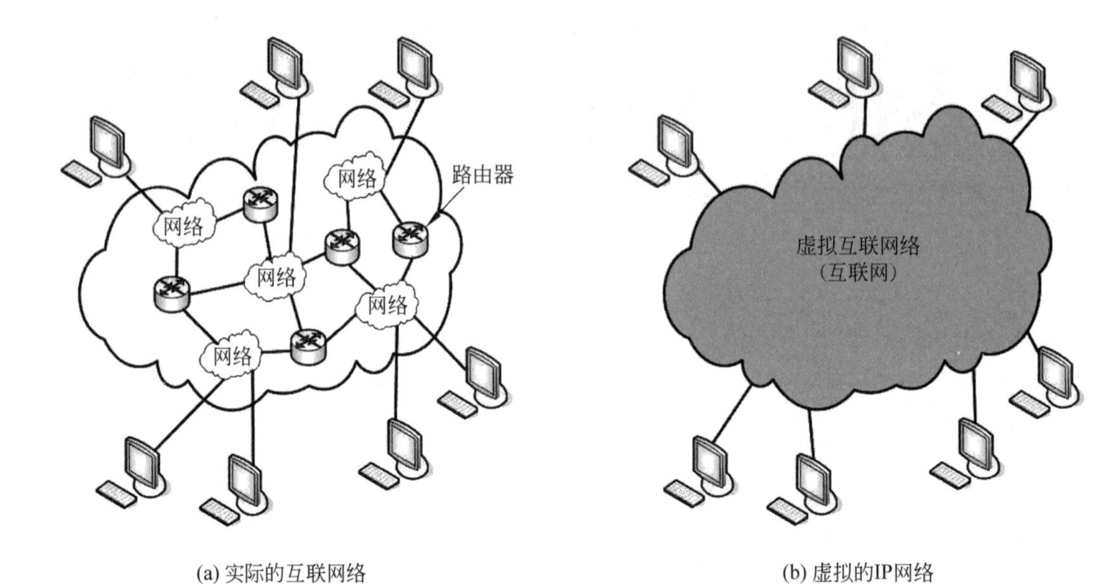

(a) 实际的互联网络　　(b) 虚拟的IP网络

图 4.3　网络互连的概念

网络层除了 IP 协议外，还有以下四个与 IP 配套使用的协议。

(1) 地址解析协议 (Address Resolution Protocol，ARP)。

(2) 逆地址解析协议 (Reverse Address Resolution Protocol，RARP)。

(3) 网际控制报文协议 (Internet Control Message Protocol，ICMP)。

(4) 网际组管理协议 (Internet Group Management Protocol，IGMP)。

IP 协议负责在主机和网络之间寻址和路由数据包。ARP 协议用于将网络层的 IP 地址转换成数据链路层的 MAC 地址。RARP 协议作用与 ARP 协议相反，用于将 MAC 地址转换成网络层的 IP 地址。ICMP 协议用于发送消息，并报告有关数据包的传送错误。IGMP 协议被 IP 主机拿来向本地多路广播路由器报告主机组成员。

图 4.4 画出了这四个协议和网际协议 IP 的关系。在网络层中，ARP 和 RARP 画在 IP 协议下面，因为 IP 协议经常要使用这两个协议。ICMP 和 IGMP 画在 IP 协议的上面，因为它们要使用 IP 协议。这四个协议将在后面陆续介绍。

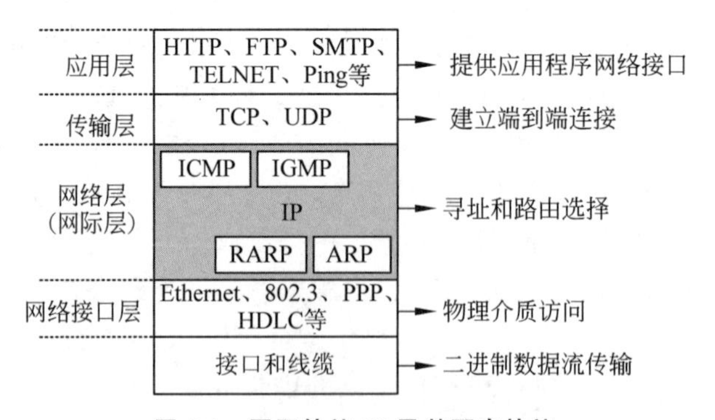

图 4.4　网际协议 IP 及其配套协议

4.2.1　IP概述

TCP/IP体系的网络层提供的IP协议是TCP/IP体系中最重要的部分，由于IP协议是用来使互连起来的许多计算机网络能够进行通信，因此在TCP/IP体系中的网络层常常称为网际层或IP层。网际协议IP是一个无连接的协议，在数据交换前，主机之间并未联络，经它处理的数据在传输时是没有保障的，是不可靠的。IP协议既提供了分段功能，分段(再装配)由IP报头的一个域来完成，用以实现端到端的分组(也称为数据报)传输，又提供寻址功能，用以标识网络及主机结点地址(即IP地址)。

当很多异构网络通过路由器互连起来时，如果所有的网络都使用相同的IP协议，那么，网络层所讨论的问题就显得很方便。

IP协议的基本任务是采用数据报方式，通过互连网络传送数据，各个数据报之间是相互独立的。主机的网际层向它的传输层提供服务时，IP协议不保证服务的可靠性，在主机资源不足的情况下，它可能会丢失某些数据报。同时，IP协议也不检查可能由于数据链路层出现错误而造成的数据报丢失。除此之外，IP协议在网络层执行了一项重要的功能：路由选择——选择数据报从A主机到B主机将要经过的路径以及利用合适的路由器完成不同网络之间的跨越。

如图4.5所示，在互联网中，当发送数据时，源主机H_1与目的主机H_2如果直接连在同一个网络中，则不需要经过任何路由器，IP协议可以直接通过这个网络将数据报传送给目的主机H_2。若源主机H_1和目的主机H_2不在同一网络，数据报则经过本地IP路由

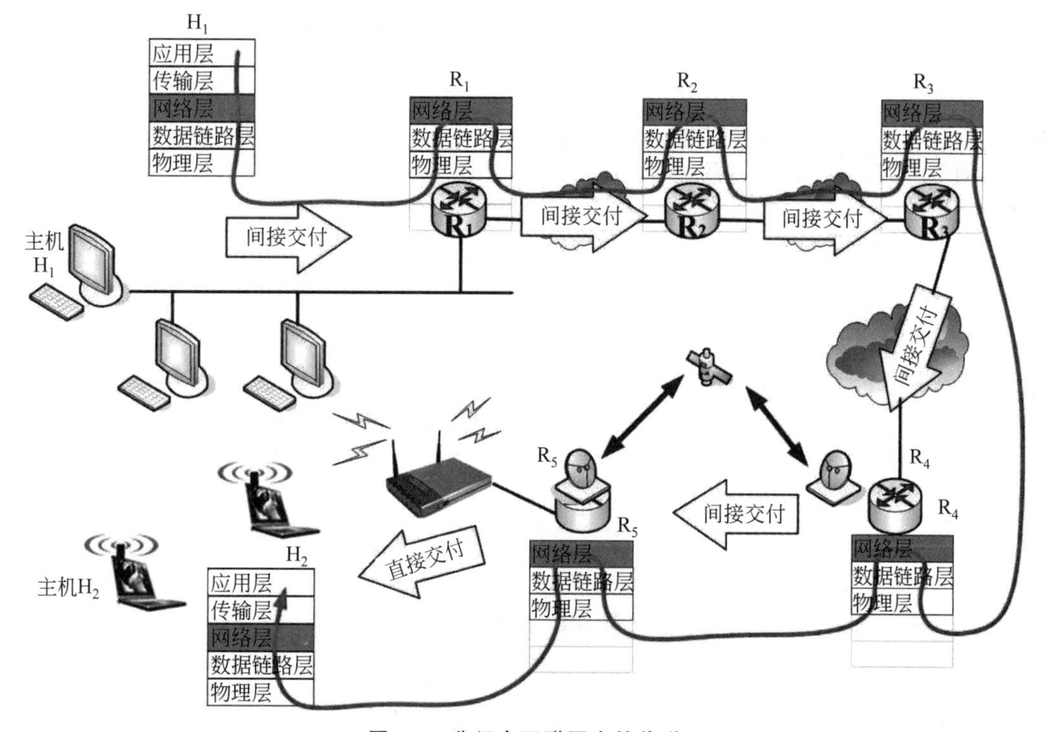

图4.5　分组在互联网中的传送

器(图中的 R_1),R_1 在查找自己的路由表(或叫转发表)后,知道应该将数据报转发给路由器 R_2 进行间接交付。在图 4.5 中,经过了路由器 R_3、R_4 的转发后,最后由路由器 R_5 知道了自己是和 H_2 连接在同一个网络上,不需要使用别的路由器转发了,于是就把数据报直接交付给目的主机 H_2。当数据到达目的主机时,物理层先接收数据,数据链路层检查数据帧有无错误,如果数据帧正确,数据链路层便从数据帧中提取有效负载,将其交给网络层。当 IP 确定数据报本身在传输过程中无误时,对数据报中包含的目的地址同主机的 IP 地址进行比较,如果比较结果一致,则表明数据报已传送到正确的目的地址。随后,IP 检查数据报中的各个域,以确定源主机 IP 发送的是什么指令,在通常情况下,这些指令是要将数据报传给 TCP 或 UDP 层。图 4.5 中画出了源主机、目的主机及路由器的协议栈,同时也画出了数据在各协议栈中流动的方向。我们注意到,主机的协议栈有五层,而路由器的协议栈只有下三层。我们还可以注意到,在 R_4、R_5 之间使用了卫星链路,而 R_5 所连接的是一个无线局域网。R_1 与 R_4 之间的三个网络可以是任意类型的网络。总之,由于在网际协议 IP 的控制下,从图中可以看出,通过工作在网络层的路由器可以将多种异构网络互连起来形成统一的互联网。

如果只从网络层的角度去考虑,而不考虑协议栈中其他层的存在。我们可以想象 IP 数据报在网络层中传送,如图 4.6 所示。

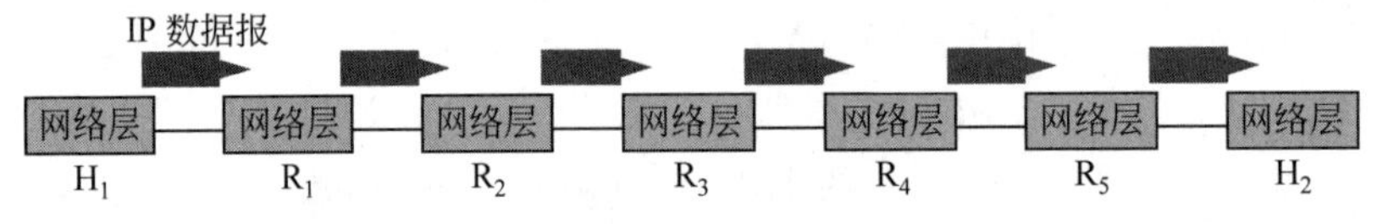

图 4.6 从网络层看数据报的传送

IP 协议有两个版本:IPv4(Internet Protocol Version 4)和 IPv6(Internet Protocol Version 6)。IPv4 仍是目前 Internet 的主流,IPv6 处于技术研究阶段。下面着重介绍 IPv4 的数据报格式及 IPv4 的地址。

4.2.2 IPv4 数据报格式

在 IP 分组的传递过程中,不管传送多长的距离,或跨越多少个物理网络,IP 协议的寻址机制和路由选择功能都能保证将数据送到正确的目的地。所经过的各个物理网络可能采用不同的链路协议和帧格式,但是,无论是在源主机和目的主机中还是在路过的每个路由器中,网络层都使用始终如一的协议(IP 协议)和不变的分组格式(IP 分组)。

IP 使用的分组称为数据报(Datagram)。图 4.7 给出了 IPv4 数据报格式。数据报是可变长分组,由两部分组成:首部和数据。首部长度由 20~60 字节组成,包括与路由选择和传输相关的重要信息。首部的前一部分是固定长度,普通的 IP 首部共 20 字节,是所有 IP 数据报必须具有的。在首部的固定部分的后面是一些可选字段,其长度是可变的。

下面来分析图 4.7 中的首部信息。最高位在左边,记为 0 位;最低位在右边,记为 31 位。

讨论每个字段存在的意义和理由对于理解 IPv4 的运作十分重要,以下按顺序简要介绍每个字段。

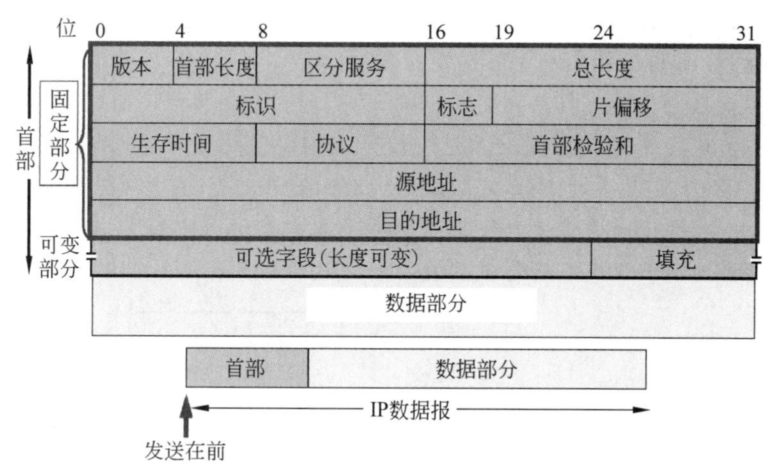

图 4.7 IP 数据报的格式

(1) 版本:表示 IP 协议的版本号,占 4 位,常见为 4,即 IPv4;也常出现 6,即 IPv6。

(2) 首部长度:该字段给出了 IP 分组的首部长度,占 4 位,可表示的最大数值是 15 个单位(一个单位为 4 字节),因此,IP 的首部长度的最大值是 60 字节。当 IP 分组的首部长度不是 4 字节的整数时,必须利用最后的填充字段加以填充。因此,数据部分永远在 4 字节的整数倍时开始,最小值是 5 个单位,即 IP 分组的首部固定长度为 20 字节,即不使用任何可选部分。

(3) 区分服务:在旧标准中称为服务类型,告诉经过的路由器该 IP 分组想获得何种服务。该字段占 8 位,前 3 位表示优先权,共有 3 种优先权;中间 3 位表示该 IP 分组希望获得何种服务质量(时延、吞吐量、可靠性);最后 2 位保留。该字段在实际应用中基本没被使用过。1998 年 IETF 把这个字段改名为区分服务。目前的路由器几乎不支持该字段。在一般的情况下不使用这个字段[RFC2474]。

(4) 总长度:表示整个 IP 分组的字节数,包括首部和数据部分。该字段占 16 位,单位为字节。因此数据报的最大长度为 65 535 字节(64KB)。然而,数据报的长度通常远远小于这个值。这个字段帮助接收设备知道什么时候分组完全到达。

当数据报大于底层网络可以携带的大小时,IP 数据报就需要分段。标识、标志和片偏移这三个字段就跟 IP 数据报的分段有关。

(5) 标识:占 16 位,它是一个计数器,用来产生数据报的标识。当数据分段时,标识字段的值被复制到所有分组中。换言之,所有的分段都有与原始的数据报相同的标识号。标识号有助于在目的端重组数据报。目的端知道应将所有具有相同标识值的分段重组成一个数据报。

(6) 标志:占 3 位,最左侧的位是保留位(不使用)。第二位(D 位)称为不分段(Do Not Fragment)位。如果其值为 1,则机器不能将该数据分段,如果无法将此数据报通过任何可用的物理网络进行传递,那么机器就丢弃这个分组,并向源主机发送一个 ICMP 差错报文;如果值为 0,则根据需要对数据报进行分段。第三位(M 位)称为多分段(More Fragment)位。如果其值为 1,则表示此数据报不是最后的分段,在该分段后还有更多的分段；如果其值为 0，则表示它是最后一个或者唯一的分段。

（7）片偏移：又称分段偏移，占 13 位。表示这个分段在整个数据报中的相对位置。它是在原始数据报中的数据偏移量，以 8 字节为度量单位。图 4.8 给出了具有 3000 字节的数据报被划分成三个分段的例子。原始数据报的字节编号从 0～2999，第一个分组携带的数据是字节 0～999，对于这个数据报，分段的偏移量是 0/8＝0。第二个分段携带的数据是字节 1000～1999，对于这个数据报其偏移量为 1000/8＝125。最后，第三个分段携带的数据是字节 2000～2999，其偏移量为 2000/8＝250。

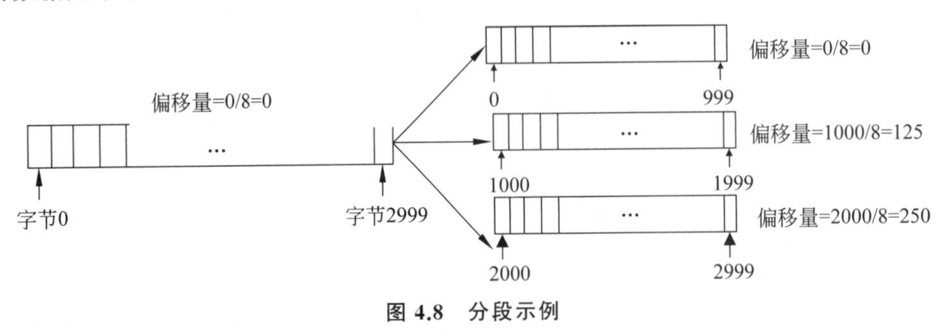

图 4.8　分段示例

（8）生存时间：限制分组在 IP 网络中的生存时间。占 8 位，生存时间字段记为 TTL，设置这个字段是防止数据报无限期地在 Internet 中传送，因而消耗大量网络资源。数据报每经过一个路由器时，就把生存时间 TTL 减少一个单位。当 TTL 值减为零时，路由器就将该数据报丢弃。我们常用的网络层协议 ICMP 的 ping 命令中（关于 ping 命令我们在后面的 ICMP 中再详细说明），可以看到 TTL 这个值，如图 4.9 所示。

```
C:\Documents and Settings\hb>ping 127.0.0.1

Pinging 127.0.0.1 with 32 bytes of data:

Reply from 127.0.0.1: bytes=32 time<1ms TTL=128
Reply from 127.0.0.1: bytes=32 time<1ms TTL=128
Reply from 127.0.0.1: bytes=32 time<1ms TTL=128
Reply from 127.0.0.1: bytes=32 time<1ms TTL=128

Ping statistics for 127.0.0.1:
    Packets: Sent = 4, Received = 4, Lost = 0 (0% loss),
Approximate round trip times in milli-seconds:
    Minimum = 0ms, Maximum = 0ms, Average = 0ms
```

图 4.9　ping 命令

其实 TTL 值本身并代表不了什么，对于使用者来说，关心的问题应该是包是否到达了目的地而不是经过了几个结点后到达。但是 TTL 值还是可以得到有意思的信息的。每个操作系统对 TTL 值的定义都不同，这个值甚至可以通过修改某些系统的网络参数来修改，例如 Windows 2000 默认为 128，通过注册表也可以修改。而 Linux 大多定义为 64。不过一般来说，很少有人会去修改自己机器的这个值，这就给了我们机会可以通过 ping 所回显的 TTL 值来大体判断一台机器是什么操作系统。因此，现在 TTL 的意思就是规定了一个数据报在 Internet 中至多可以经过多少跳，这实际上就是规定了一个数据报在 Internet 中至多可以经过多少个路由器。如果把 TTL 值设置为 1，就表示这个数据报只能在本局域网中传送，一传送到某个路由器就会被丢弃。

(9) 协议：表示该分组携带的数据使用何种协议，以便使目的主机的 IP 层知道应将数据部分上交给哪个处理过程(如 TCP、UDP、ICMP 等)。占 8 位。常用的一些协议和相应的协议字段值(写在协议后面的短弧中)是 UDP(17)、TCP(6)、ICMP(1)、GGP(3)、EGP(8)、IGP(9)、OSPE(89)。

(10) 首部检验和：占 16 位。IP 不是可靠性协议；在发送期间，它不检查数据报中携带的数据是否被破坏。然而，数据报首部被 IP 加入，并且它的差错检测是 IP 的责任，因为 IP 头部的差错可能是一个灾难。例如，如果目的 IP 地址被破坏，分组可能被传递到错误的主机；如果协议字段被破坏，分组可能被传递到错误的协议；如果与分组相关的字段被破坏，数据报不能在目的端被正确重组，等等。出于这些原因，IP 加入首部校验和字段来检查首部，但不检查数据部分。这是因为数据报每经过一个路由器，路由器都要重新计算一下首部检验和(一些字段，如生存时间、标志、片偏移等都可能发生变化)。如把数据部分一起检验，计算的工作量就太大了。为了减小计算检验和的工作量，IP 首部的检验和不采用复杂的 CRC 检验码，而采用下面的简单计算方法，如图 4.10 所示。

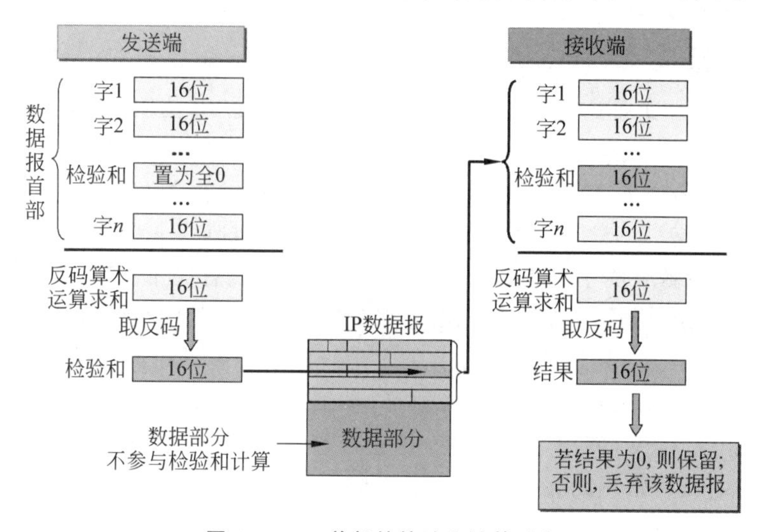

图 4.10 IP 首部的检验和计算过程

在发送数据时，为了计算 IP 数据包的校验和。应该按如下步骤：

① 把 IP 数据包的校验和字段置为 0。

② 把首部看成以 16 位为单位的数字组成，依次进行二进制反码求和(所谓的二进制反码求和，即为先进行二进制求和，然后对和取反)。

③ 把得到的结果存入校验和字段中。

在接收数据时，计算数据包的校验和相对简单，按如下步骤：

① 把首部看成以 16 位为单位的数字组成，依次进行二进制反码求和，包括校验和字段。

② 检查计算出的校验和的结果是否等于零(反码应为 16 个 1)。

③ 如果等于零,说明校验和正确。否则,校验和就是错误的,协议栈要抛弃这个数据包。

(11) 源/目的地址:各占 4 字节,32 位,分别表示源/目的主机的 IP 地址。

(12) 可选字段:IP 首部的可变部分就是一个选项字段。选项字段用来支持排错、测量以及安全等措施,内容很丰富。此字段长度可变,从 1 字节到 40 字节不等,取决于所选择的项目。某些选项项目只需要 1 字节,它只包括 1 字节的选项代码。但还有些选项需要多字节,这些选项一个个拼接起来,中间不需要有分隔符,最后用全 0 的填充字段补齐成为 4 字节的整数倍。

增加首部的可变部分是为了增加 IP 数据报的功能,但这同时也使得 IP 数据报的首部长度成为可变的。这就增加了每一个路由器处理数据报的开销。实际上这些选项很少被使用。旧的 IP 版本 IPv6 就把 IP 数据报首部长度做成固定的。因此,这里不再继续讨论这些选项的细节。

(13) 数据:数据或负载是创建数据报的主要原因。数据是来自使用 IP 服务的其他协议的分组。将数据报比作邮包的话,数据就是包裹的内容,首部就是包裹上写的信息。

4.2.3 IPv4 地址划分

有一种标识符,它被 TCP/IP 协议簇的 IP 层用来标识连接到 Internet 的设备,这种标识符称为 Internet 地址或者 IP 地址。一个 IPv4 地址是 32 位地址,它唯一地并通用地定义了一个连接到 Internet 上的主机或者路由器。IP 地址是连接的地址,不是主机或者路由器的地址,因为如果设备移动到另一个网络,IP 地址可能会改变。

IPv4 地址是唯一的,这表示每一个地址定义了一个且唯一一个连接到 Internet 上的设备。如果某个设备有两个到 Internet 的连接,那么它就有两个 IP 地址。IPv4 是通用的,这表示地址系统必须被任何一个想要连接到 Internet 上的主机所接收。

像 IPv4 这样定义了地址的协议拥有一个地址空间。地址空间是该系统能够使用地址的总个数。如果协议使用 b 位来定义地址,地址空间是 2^b,因为每一位二进制可有两个不同值(0 或 1)。IPv4 使用 32 位地址,这意味着地址空间是 2^{32}(大于 40 亿)。

IPv4 地址有两种常用的表示方法:二进制标识法和点分十进制标识法。在二进制标识法(Binary Notation)中,IPv4 地址用 32 位表示。为了使这种地址可读性更强,通常在每 8 位之间插入一个或者多个空格。每 8 位通常称为一字节。由于 32 位的 IP 地址不太容易书写和记忆,通常又采用带点十进制标识法(Dotted Decimal Notation)来表示 IP 地址,即"点分十进制表示法"。在这种格式下,将 32 位的 IP 地址分为四个 8 位组(Octet),每个 8 位组以一个十进制数表示,取值范围由 0 到 255;相邻 8 位组的十进制数以小圆点分割。例如,有 IP 地址:11000000 00000101 00100010 00001011 可以记为 192.5.34.11,如图 4.11 所示。

我们把整个 Internet 看成一个单一的、抽象的网络。IP 地址就是给每个连接在 Internet 上的主机分配一个在全世界范围唯一的 32 位的标识符。IP 地址的结构使我们可以在 Internet 上很方便地进行寻址。IP 地址现在由 Internet 名字与号码指派公司进行

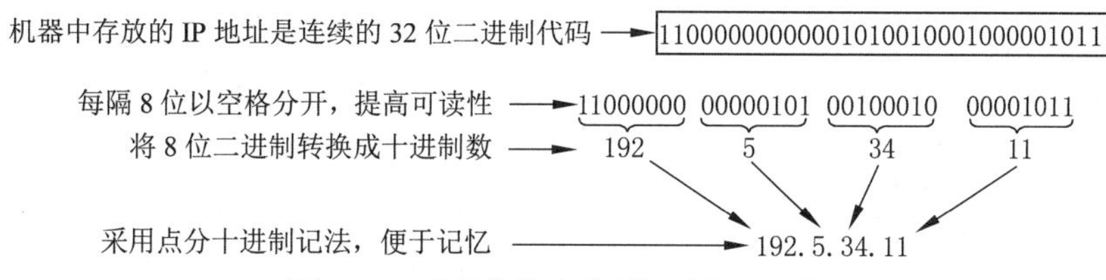

图 4.11 采用点分十进制记法便于记忆

分配。

IP 地址的编址方法共经过了以下 3 个历史阶段。

(1) 分类的 IP 地址：这是最基本的编址方法，在 1981 年就通过了相应的标准协议。

(2) 子网的划分：这是对基本的编址方法的改进，其标准 RFC950 在 1985 年通过。

(3) 构造超网：这是比较新的无分类编址方法。1993 年提出后很快就得到推广和应用。

1. 标准分类 IP 地址

我们首先讨论分类的 IP 地址。如电话网络或者邮政网络这类涉及传递的网络，地址系统都是有层次结构的。在邮政网络中，邮政地址(信件地址)包含国家、城市、区县、街道、门牌号以及邮件收件人姓名。类似地，电话号码也分为国家代码、地区代码、当地交换局代码以及连接。一个 32 位 IPv4 地址也是有层次结构的。

这里要指出，由于近年来已经广泛使用无分类 IP 地址进行路由选择，A 类、B 类和 C 类地址的区分已成为历史，但由于很多文献和资料都还使用传统的分类 IP 地址，因此我们在这里还要从分类 IP 地址讲起。

所谓“分类的 IP 地址”就是将地址划分为若干个固定类，每一类地址都由两个固定长度的字段组成，其中第一个字段是网络号，它标志主机所连接到的网络，而第二个字段是主机号，它标志该主机。由于在 Internet 上，每一台三层网络设备，例如路由器，为了彼此通信，储存每一个结点的 IP 地址，为了减少路由器的路由表数目，更加有效地进行路由，清晰地区分各个网段，因此就采用结构化的分层方案。这种两级的 IP 地址可以记为：

IP 地址::={＜网络号＞,＜主机号＞} (4-1)

其中“::=”表示“定义为”。

IP 地址的分层方案类似于我们常用的电话号码。电话号码也是全球唯一的。例如对于电话号码 010－64436198，前面的字段 010 代表北京的区号，后面的字段 64436198 代表北京地区的一部电话。IP 地址也是一样，前面的网络号代表一个网段，后面的主机号代表这个网段的一台设备。这样，每一台第三层网络设备就不必储存每一台主机的 IP 地址，而是储存每一个网段的网络地址(网络地址代表了该网段内的所有主机)，大大减少了路由表条目，增加了路由的灵活性。

那么如何区分 IP 地址的网络号和主机号呢？最初互联网络设计者根据网络规模大小规定了地址类，把 IP 地址分为 A、B、C、D、E 五类，如图 4.12 所示，给出 IP 地址的分类以及各类地址中的网络号字段和主机号字段，其中 A 类、B 类和 C 类是单播地址。

(1) A 类地址：第 1 个字节用做网络号(即高 8 位)，且最高位为 0，这样就只有 7 位

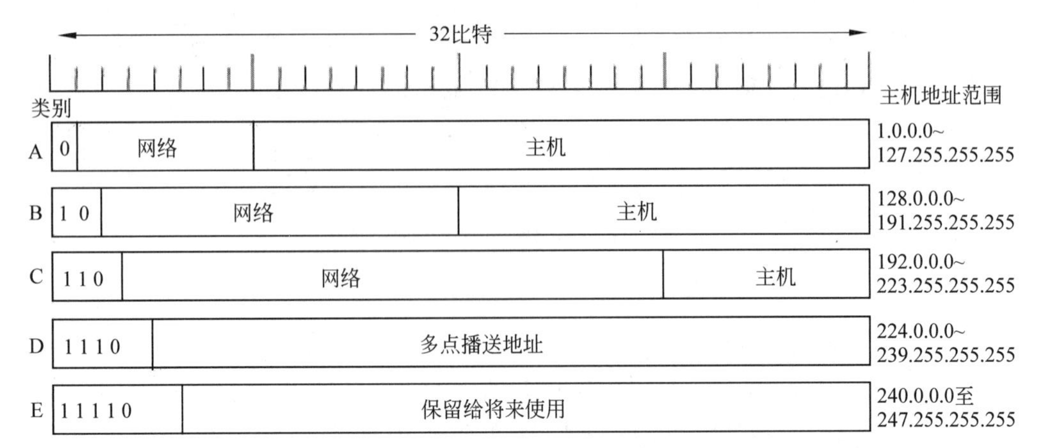

图 4.12 各类 IP 地址类别及其格式

可以表示网络号,能够表示的网络号有 $2^7=128$ 个,因为全 0(即 00000000)和全 1(即 01111111,127)在地址中有特殊用途,网络号字段为全 0 的 IP 地址是个保留地址,意思是"本网络";网络号字段为 127 保留作为本地软件环回测试本主机之用。所以去掉有特殊用途的全 0 和全 1 的网络地址,这样,就只能表示 126 个网络号,范围是:1~126。后 3 字节用作主机号,有 24 位可表示主机号,能够表示的主机号有 $2^{24}-2=16\ 777\ 214$,约为 1600 万台主机。这里减 2 的原因是主机号为全 0 和全 1 两种,主机号字段全 0 表示该 IP 地址是"本主机"所连接到的单个网络地址,主机号字段全 1 表示该网络上的所有主机(即广播地址)。A 类 IP 地址常用于大型的网络。IP 地址空间共有 2^{32}(4 294 967 296)个地址。整个 A 类地址空间共有 2^{31} 个地址,占有整个 IP 地址空间的 50%。

(2) B 类地址:前 2 字节用作网络号(即高 16 位),后 2 字节用作主机号。网络号字段中最高位为 10,剩下 14 位可以进行分配。实际上 B 类网络地址 128.0.0.0 是不能指派的,而可以指派的 B 类最小网络地址是 128.1.0.0。因此,B 类地址的可用网络数为 $2^{14}-1$,即 16 383。B 类地址的每一个网络号上最大主机数是 $2^{16}-2$,即 65 534 台主机,这里减 2 是去掉全 0 和全 1 的主机号。整个 B 类地址空间共约有 2^{30} 个地址,占整个 IP 空间的 25%。B 类地址通常用于中等规模的网络。

(3) C 类地址:前 3 字节用做网络号(即高 24 位),最后 1 字节用做主机号,网络号字段中最高位为 110,还有 21 位可以进行分配。但 C 类网络地址 192.0.0.0 也是不能指派的,可以指派的 C 类最小网络地址是 192.0.1.0,因此,C 类地址的可用网络总数是 $2^{21}-1$,即 2 097 151。在每一个 C 类网络地址上最大主机数是 2^8-2,即 254 台主机。整个 C 类地址空间共约有 2^{29} 个地址,占整个 IP 地址的 12.5%。C 类 IP 地址通常用于小型的网络。

(4) D 类地址:最高位为 1110,因此,D 类地址的第一个字节为 224~239。是多播地址,不识别互联网内的单个接口,但识别接口组。主要是留给 Internet 体系结构委员会(Internet Architecture Board,IAB)使用的。

(5) E 类地址:最高位为 11110,因此,E 类地址第一个字节为 240~255,保留用于科学研究。

这样，我们就可得出表 4.2 所示的 IP 地址的指派范围。

表 4.2　IP 地址的指派范围

网络类别	最大可指派的网络数	第一个可指派的网络号	最后一个可指派的网络号	每个网络中的最大主机数
A	$126(2^7-2)$	1	126	16 777 214
B	$16\ 383(2^{14}-1)$	128.1	191.255	65 534
C	$2\ 097\ 151(2^{21}-1)$	192.0.1	223.255.255	254

表 4.3 给出了一般不使用的 IP 地址，这些地址只能在特定的情况下使用。

表 4.3　一般不使用的特殊 IP 地址

网络号	主机号	源地址使用	目的地址使用	代表的意思
0	0	可以	不可以	本网络上的本主机
0	主机号	可以	不可以	在本网络上的某个主机
全 1	全 1	不可以	可以	只在本网络上广播(路由器不转发)
网络号	全 1	不可以	可以	对该网络号上的所有主机进行广播
127	非全 0 或全 1 的数	可以	可以	用作本地软件环回测试之用

2. IP 地址特点

IP 地址具有以下一些重要特点。

(1) 每一个 IP 地址都由网络号和主机号两部分组成。从这个意义上说，IP 地址是一种分等级的地址结构。分两个等级的好处主要有以下两个方面。第一，IP 地址管理机构在分配 IP 地址时只分配网络号，而剩下的主机号则由得到该网络号的单位自行分配。这样就方便了 IP 地址的管理。第二，路由器根据目的主机所连接的网络号来转发分组(而不考虑主机号)，这样就可以使路由表中的项目大幅度减少，从而减小了路由表所占的存储空间。

(2) 实际上 IP 地址是标志一个主机(或路由器)和一条链路的接口。当一个主机同时连接到两个网络上时，该主机就必须有两个相应的 IP 地址，其网络号必须是不同的。这种主机称为多归属主机。由于一个路由器至少应当连接到两个网络(这样它才能把 IP 数据报从一个网络转发到另一个网络)，因此，一个路由器至少应当有两个不同的 IP 地址。

(3) 按照 Internet 的观点，用转发器或网桥连接起来的若干个局域网仍为一个网络，因此，这些局域网都有同样的网络号。

(4) 在 IP 地址中，所有分配到网络号的网络都是平等的。

图 4.13 画出了三个局域网 LAN1、LAN2、LAN3，通过三个路由器 R_1、R_2、R_3 连接起来形成一个互联网。

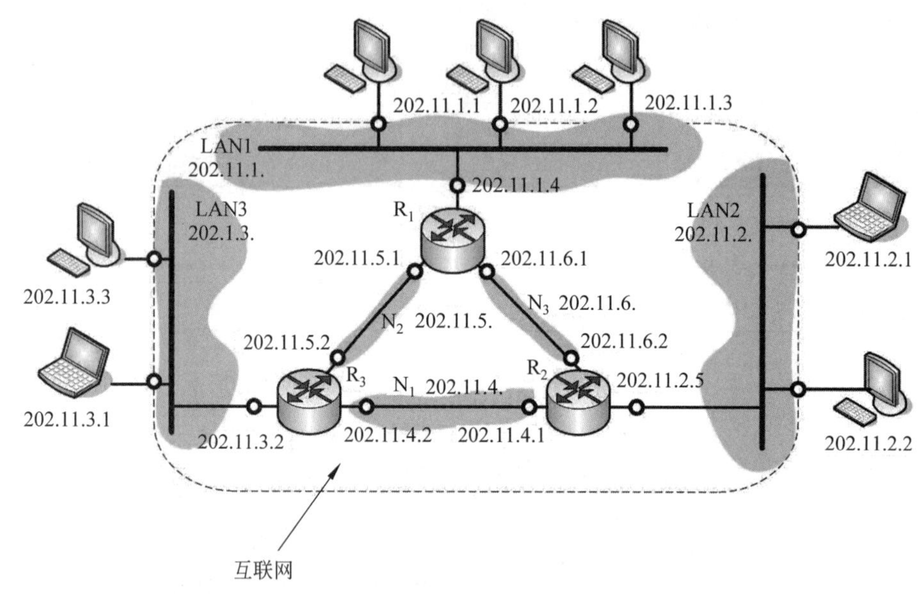

图 4.13 互联网中的设备及其 IP 地址

从图 4.13 中我们应该注意到：

(1) 在同一个局域网上的主机或路由器的 IP 地址中的网络号必须是一样的。图中的网络号就是 IP 地址中的网络号字段值。

(2) 路由器总是具有两个或两个以上的 IP 地址。路由器的每一个接口都有一个不同网络号的 IP 地址。

(3) 两个路由器直接相连的接口处,可指明也可不指明 IP 地址。如指明 IP 地址,则这一段连线就构成了一种只包含一段线路的特殊"网络"。现在常不指明 IP 地址。

分类编址被废止的原因就是地址耗尽。因为地址没有被恰当分配,Internet 面临地址迅速用光的问题,这导致了需要连接到 Internet 的组织和个人没有可用的地址。为了理解这个问题,让我们先来考虑 A 类地址,这个类仅仅分配给世界上的 126(2^7-2) 个组织,但是每个组织需要有一个带有 16 777 214($2^{24}-2$) 个结点的网络,由于只有很少的组织会如此庞大,在这个类中绝大多数的地址都浪费了(没有被使用)。B 类地址为中等组织设计,但是这一类中多数地址也没有被使用。C 类地址在设计上有一个完全不同的缺陷,每个网络中可以使用的地址数量(254) 过小,以至于绝大多数使用 C 类中一大块地址的公司并不感到宽裕。E 类地址几乎从未使用,浪费了整个类。

为了避免地址耗尽,提出了两种策略,并且它们在某种程度上被实施了,那就是子网划分和构造超网。

4.2.4 地址解析协议 ARP

1. IP 地址与物理地址的映射

无论是局域网,还是广域网中的计算机之间的通信,最终都表现为将数据包从某种形式的链路上的初始结点出发,从一个结点传递到另一个结点,最终传送到目的结点。数据包在这些结点之间的移动都是需要源和目的地址的。前面我们学过的 IP 地址只是在抽象网络层中的地址，若要把网络层传送的数据报交给目的主机，还得传到数据链路层转变成 MAC 帧后才能发送到实际的网络上。因此，不管网络层使用的是什么协议，在实际网络的链路上传送数据帧时，最终还是必须使用硬件地址或叫 MAC 地址。

每一网卡在出厂时都被分配了一个全球唯一的地址标识，该标识被称为网卡地址或 MAC 地址，由于该地址是固化在网卡上的，所以又被称为物理地址或硬件地址。

为了统一管理物理地址，保证其全球唯一性。IEEE 注册委员会为每一个网卡生产厂商分配物理地址的前三字节，即机构唯一标志符。后面三字节(即低 24 位)由厂商自行分配，称为扩展标识符，必须保证生产出的适配器没有重复地址。当一个厂商获得一个前三字节的地址就可以生产的网卡数量是 2^{24} 块，即一块网卡对应一个物理地址，也就是说对应物理地址的前三字节可以知道他的生产厂商，如图 4.14 所示。

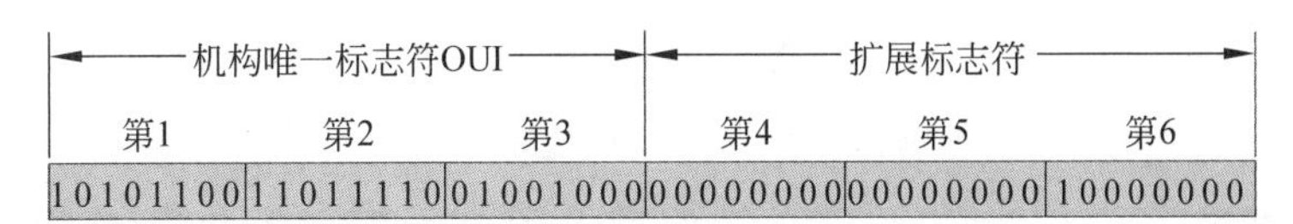

图 4.14　硬件地址

MAC 地址与网卡的所在地无关。物理地址一般用十六进制数表示，记作 00－25－14－89－54－23(主机 A 的地址是 002514895423)。由于网卡是插在计算机中，因此 MAC 地址就可以用来标识插有网卡的计算机。路由器由于同时连接到两个网络上，因此它有两块网卡和两个硬件地址，如图 4.15 所示。

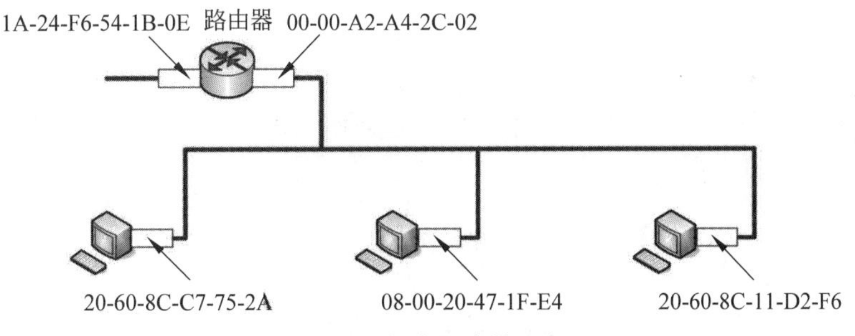

图 4.15　插有网卡的设备

网卡从网络上每收到一个 MAC 帧就首先用硬件检查 MAC 帧中的 MAC 地址。如果是发往本站的帧则收下，然后再进行其他的处理。否则就将此帧丢弃，不再进行其他的处理。

MAC 地址的长度一般为 6 字节(48 位)，通过命令 ipconfig/all 可获得当前计算机网卡 MAC 地址，如图 4.16 所示。

既然每个以太网设备在出厂时都有一个唯一的 MAC 地址了，那为什么还需要为每台主机再分配一个 IP 地址呢？或者说为什么每台主机都分配唯一的 IP 地址了，为什么还要在网络设备(如网卡、集线器、路由器等)生产时内嵌一个唯一的 MAC 地址呢？主要原因有以下几点：

```
PPP adapter 宽带连接:

        Connection-specific DNS Suffix  . :
        Description . . . . . . . . . . . : WAN (PPP/SLIP) Interface
        Physical Address. . . . . . . . . : 00-53-45-00-00-00
        Dhcp Enabled. . . . . . . . . . . : No
        IP Address. . . . . . . . . . . . : 60.10.210.238
        Subnet Mask . . . . . . . . . . . : 255.255.255.255
        Default Gateway . . . . . . . . . : 60.10.210.238
        DNS Servers . . . . . . . . . . . : 202.99.166.4
                                            202.99.160.68
        NetBIOS over Tcpip. . . . . . . . : Disabled
```

图 4.16　ipconfig/all 命令显示 MAC 地址

(1) IP 地址的分配是根据网络的拓扑结构,而不是根据谁制造了网络设备。若将高效的路由选择方案建立在设备制造商的基础上而不是网络所处的拓扑位置基础上,这种方案是不可行的。

(2) 当存在一个附加层的地址寻址时,设备更易于移动和维修。例如,如果一个以太网卡坏了,可以被更换,而无须再申请一个新的 IP 地址。如果一个连网主机从一个网络移到另一个网络,可以给它重新分配一个新的 IP 地址,而无须换一个新的网卡。

(3) 无论是局域网,还是广域网中的计算机之间的通信,最终都表现为将数据包从某种形式的链路上的初始结点出发,从一个结点传递到另一个结点,最终传送到目的结点。数据包在这些结点之间的移动都是由网络层的 ARP 负责将 IP 地址映射到 MAC 地址上来完成的。

从图 4.17 中可以看出这两种地址的区别,从网络层次结构的角度看,物理地址是数据链路层使用的地址,而 IP 地址是虚拟互联网络所使用的地址,即网络层和以上各层使用的地址。

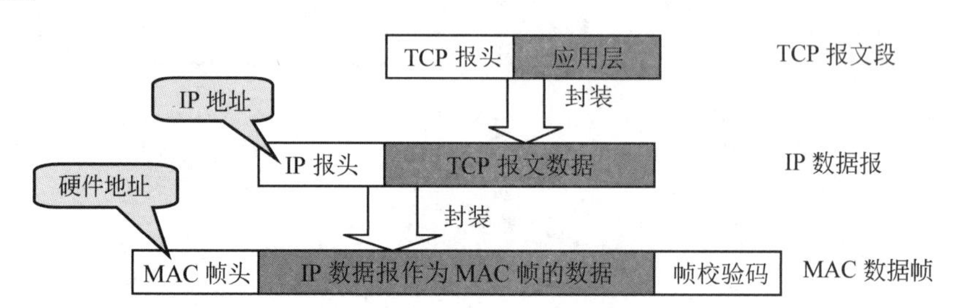

图 4.17　IP 地址与硬件地址的区别

在发送数据时,数据从高层下到低层,然后才到通信链路上传输。使用 IP 地址的 IP 数据报一旦交给了数据链路层,就被封装成 MAC 帧了。MAC 帧在传送时使用的源地址和目的地址都是硬件地址,这两个硬件地址都写在 MAC 帧的首部中。连接在通信链路上的设备在接收 MAC 帧时,其根据是 MAC 帧首部中的硬件地址。在数据链路层看不见隐藏在 MAC 帧的数据中的 IP 地址。只有在剥去 MAC 帧的首部和尾部,再将 MAC 层的数据上交给网络层后,网络层才能在 IP 数据报的首部中找到源 IP 地址和目的 IP 地址。

总之，IP 地址放在 IP 数据报的首部，而硬件地址则放在 MAC 帧的首部。在网络层和网络层以上使用的是 IP 地址，而数据链路层使用的是硬件地址。在图 4.17 中，当 IP 数据报放入数据链路层的 MAC 帧中以后，整个 IP 数据报就成为 MAC 帧的数据，因而在数据链路层看不见数据报的 IP 地址。

下面我们通过一个例子看看 IP 地址和 MAC 地址是怎样结合来传送数据包的，如图 4.18(a)所示，画的是三个局域网用两个路由器 R_1 和 R_2 互连起来。现在主机 H_1 要和主机 H_2 通信。这两个主机的 IP 地址分别是 IP_1 和 IP_2，而它们硬件地址分别为 HA_1 和 HA_2(HA 表示 Hardware Address)。通信的路径是 H_1→经过 R_1 转发→再经过 R_2 转发→H_2。路由器 R_1 因同时连接到两个局域网上，所以，它有两个硬件地址，即 HA_3 和 HA_4。同理，路由器 R_2 也有两个硬件地址 HA_5 和 HA_6。H_1 发送数据包给 H_2，H_1 发送数据包之前，先发送一个 ARP 请求，找到其到达 IP_2 所必须经历的第一个中间结点 R_1 的 MAC 地址 HA_3，然后在其数据包中封装这些地址：IP_1、IP_2、HA_1 和 HA_3。到达路由器 R_1 后，数据经过 R_1 再由 ARP 根据其目的 IP 地址 IP_2，找到其要经历的第二个中间结点 R_2 的 MAC 地址 HA_5，这时封装在数据包中的地址变为 IP_1、IP_2、HA_4 和 HA_5。如此类推，直到最后找到目的地 IP_2。注意：在传输过程中，IP_1 和 IP_2 一直是不变的，但是封装在数据包中的硬件地址是变化的。

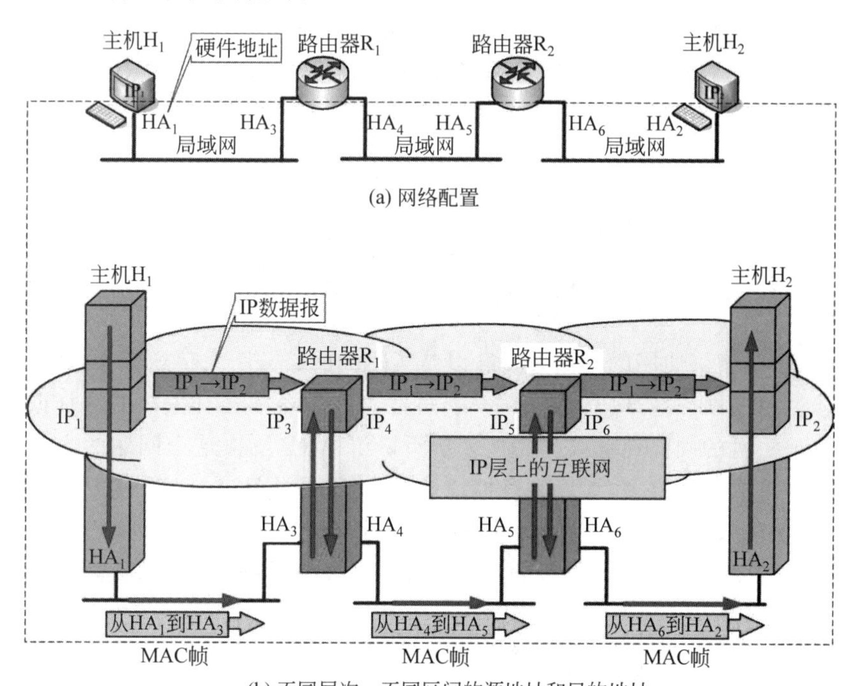

图 4.18 从不同层次上看 IP 地址和硬件地址

从以上所述，我们可以归纳出 IP 地址和 MAC 地址的相同点是它们都唯一，不同点主要有：

(1) 对于网络上的某一设备，如一台计算机或一台路由器，其 IP 地址可变(但必须唯一),而 MAC 地址不可变。我们可以根据需要给一台主机指定任意的 IP 地址,如可以给局域网上的某台计算机分配 IP 地址为 192.168.0.112,也可以将它改成 192.168.0.200。或者可以将不同的 IP 地址分配给同一台计算机。而任一网络设备(如网卡、路由器)一旦生产出来以后,其 MAC 地址永远唯一且不能由用户改变。

(2) 长度不同。IP 地址为 32 位,MAC 地址为 48 位。

(3) 分配依据不同。IP 地址的分配是基于网络拓扑,MAC 地址的分配是基于制造商。

(4) 寻址协议层不同。IP 地址应用于 OSI 第三层,即网络层,而 MAC 地址应用在 OSI 第二层,即数据链路层。数据链路层协议可以使数据从一个结点传递到相同链路的另一个结点上(通过 MAC 地址),而网络层协议使数据可以从一个网络传递到另一个网络上(ARP 根据目的 IP 地址,找到中间结点的 MAC 地址,通过中间结点传送,从而最终到达目的网络)。

2. 地址解析协议 ARP 和逆地址解析协议 RARP

不管网络层使用的是什么协议,在实际网络的链路上传送数据帧时,最终还是必须使用硬件地址。在发送端,地址解析协议(Address Resolution Protocol,ARP)负责在网络层提供从主机 IP 地址到主机物理地址或 MAC 地址的映射功能。相反,逆地址解析协议(Reverse Address Resolution Protocol,RARP)负责在网络层将一个已知的 MAC 地址映射到 IP 地址。图 4.19 简单地说明了这两种协议的作用。ARP 和 RARP 都已经成为 Internet 标准协议,其 RFC 文档分别为 RFC 826 和 RFC 903。

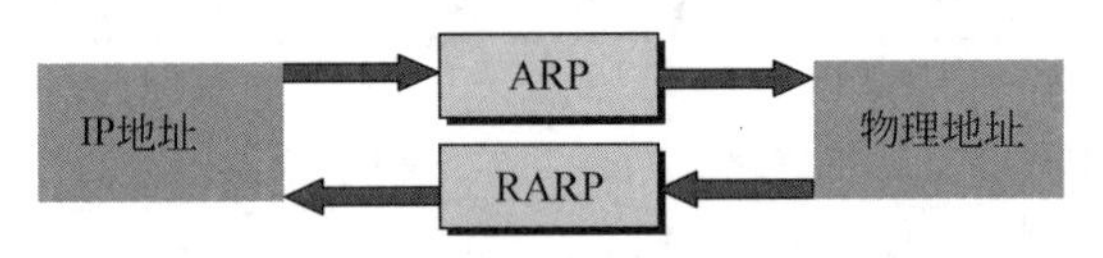

图 4.19 ARP 和 RARP 协议的作用

我们知道,网络层使用的是 IP 地址,但是实际的网络链路上传送数据帧时,最终还是必须使用该网络的硬件地址。但是,在一个网络上可能经常会有主机的添加或撤出。更换网卡也会使主机的硬件地址改变。地址解析协议 ARP 解决这个问题的方法是在主机的高速缓存中存放一个从 IP 地址到硬件地址的映射表,并且这个映射表还经常动态更新(增加新的或删除长期未被访问的)。每一个主机都有一个 ARP 高速缓存,里面有所在的局域网上的各主机和路由器的 IP 地址到硬件地址的映射表,这些都是该主机目前知道的一些地址。

当主机 A 欲向本局域网上的某个主机 B 发送 IP 数据报时,就先在其 ARP 高速缓存中查看有无主机 B 的 IP 地址。如有,就可查出其对应的硬件地址,再将此硬件地址写入 MAC 帧,然后通过局域网将该 MAC 帧发往此硬件地址。如果高速缓存中没有 B 的信息,主机 A 广播发送 ARP 请求分组,如图 4.20 所示,发出的 ARP 请求分组信息包含自己的 IP 地址、MAC 地址和对方的 IP 地址等,类似于"我是 192.168.1.1,硬件地址是 35-10-C4-A2-5D-18,我想知道主机 192.168.1.2 的硬件地址"这样一句话。主机 B 收到 ARP 请求分组后,将主机 A 的 IP 地址和 MAC 地址的映射写入 ARP 高速缓存中,同时发回 ARP 应答信息,类似于"我是 192.168.1.2,硬件地址是 78-14-9B-45-BA-1A"这样的信息给 A。主机 A 就可以将主机 B 的 IP 地址和 MAC 地址的映射写入 ARP 高速缓存中。

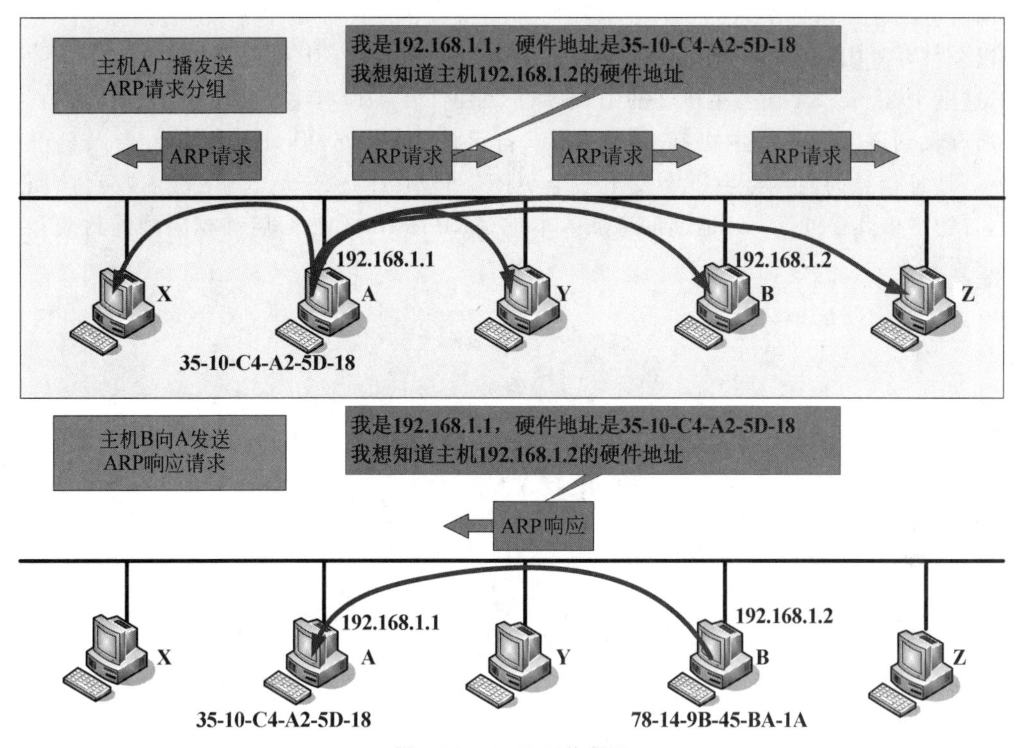

图 4.20 ARP 工作原理

为了减少网络上的通信量,主机 A 在发送其 ARP 请求分组时,就将自己的 IP 地址到硬件地址的映射写入 ARP 请求分组。当主机 B 收到 A 的 ARP 请求分组时,就将主机 A 的这一地址映射写入主机 B 自己的 ARP 高速缓存中。这样主机 B 以后向 A 发送数据报时就更方便了。

应当注意的是,ARP 是解决同一个局域网上的主机或路由器的 IP 地址和硬件地址的映射问题。如果所要找的主机和源主机不在同一个局域网上,那么就要通过 ARP 找到一个位于本局域网上的某个路由器的硬件地址,然后把分组发送给这个路由器,让这个路由器把分组转发给下一个网络。剩下的工作就由下一个网络来做。

下面以图 4.21 的网络为例来说明 ARP 的工作原理。我们分两种情况来说明。

第一种情况是当目标主机与源主机处于同一个子网内时,如图 4.21 中主机 1 向主机 3 发送数据包。主机 1 以主机 3 的 IP 地址为目标 IP 地址,以自己的 IP 地址为源 IP 地址封装了一个 IP 数据包;在数据包发送以前,主机 1 通过将子网掩码和源 IP 地址及目标 IP 地址进行求"与"操作判断源和目标在同一网络中;于是主机 1 转向查找本地的 ARP 缓存,以确定在缓存中是否有关于主机 3 的 IP 地址与 MAC 地址的映射信息;若在缓存中存在主机 3 的 MAC 地址信息,则主机 1 的网卡立即以主机 3 的 MAC 地址为目标 MAC 地址、以其自己的 MAC 地址为源 MAC 地址进行帧的封装并启动帧的发送;主机 3 收到该帧后，确认是给自己的帧，进行帧的拆封并取出其中的 IP 分组交给网络层去处理。若在缓存中不存在关于主机 3 的 MAC 地址映射信息，则主机 1 以广播帧形式向同一网络中的所有结点发送一个 ARP 请求(ARP Request)，在该广播帧中 48 位的目标 MAC 地址以全"1"即"ffffffffffff"表示，并在数据部分发出关于"谁的 IP 地址是 192.168.1.4"的询问，这里 192.168.1.4 代表主机 3 的 IP 地址。网络 1 中的所有主机都会收到该广播帧，并且所有收到该广播帧的主机都会检查一下自己的 IP 地址，但只有主机 3 会以自己的 MAC 地址信息为内容给主机 1 发出一个 ARP 回应(ARP Reply)。主机 1 收到该回应后，首先将该其中的 MAC 地址信息加入本地 ARP 缓存中，然后启动相应帧的封装和发送过程。

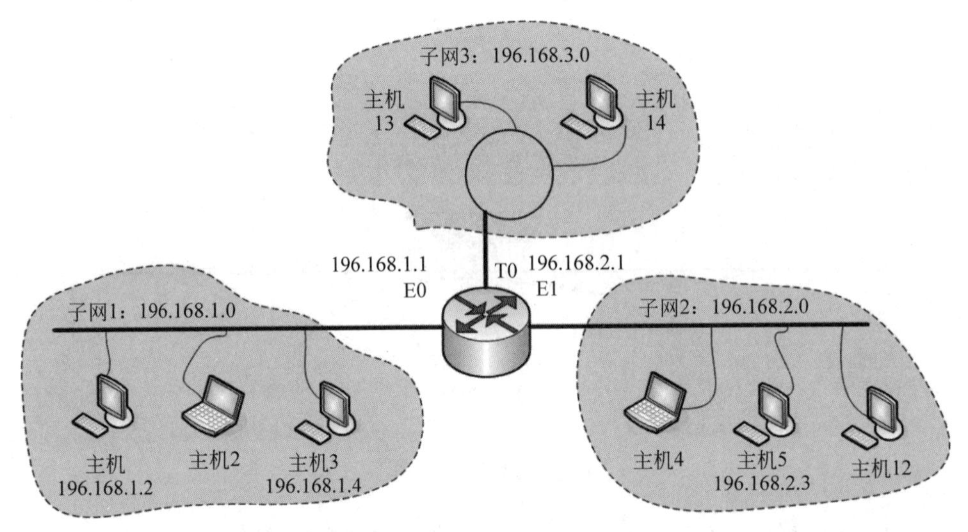

图 4.21 一个路由器互连的网络

第二种情况为源主机和目标主机不在同一网络中，例如图 4.21 中，主机 1 向主机 4 发送数据包，假定主机 4 的 IP 地址为网络 192.168.2.2。这时若继续采用 ARP 广播方式请求主机 4 的 MAC 地址是不会成功的，因为第二层广播(在此为以太网帧的广播)是不可能被第三层设备路由器转发的。于是需要采用一种被称为代理 ARP(Proxy ARP)的方案，即所有目标主机不与源主机在同一网络中的数据包均会被发给源主机的默认网关，由默认网关来完成下一步的数据传输工作。注意，所谓默认网关是指与源主机位于同一网段中的某个路由器接口的 IP 地址，在此例中相当于路由器的以太网接口 E0 的 IP 地址，即 192.168.1.1。也就是说，在该例中，主机 1 以默认网关的 MAC 地址为目标 MAC 地址，而以主机 1 的 MAC 地址为源 MAC 地址将发往主机 4 的分组封装成以太网帧后发送给默认网关，然后交由路由器来进一步完成后续的数据传输。实施代理 ARP 时需要在主机 1 上缓存关于默认网关的 MAC 地址映射信息，若不存在该信息，则同样可以采用前面所介绍的 ARP 广播方式获得，因为默认网关与主机 1 是位于同一网段中的。

在上述过程中，我们发现 ARP 高速缓存非常有用。如果不使用 ARP 高速缓存，那么任何一个主机只要进行一次通信，就必须在网络上用广播方式发送 ARP 请求分组，这就使得网络上的通信量大大增加。ARP 把已经得到的地址映射保存在高速缓存中，这样就使得该主机下次再和具有同样目的地址的主机通信时，可以直接从高速缓存中找到所需的硬件地址，而不必再用广播方式发送 ARP 请求分组。

ARP 把保存在高速缓存中的每个映射地址项目都设置生存时间。凡超过生存时间的项目就从高速缓存中删除掉。设置这种地址映射项目的生存时间是很重要的。设想有一种情况，主机 A 和主机 B 通信。A 的 ARP 高速缓存是保存有 B 的物理地址。但 B 的网卡突然坏了，B 立即更换了一块，因此 B 的硬件地址就改变了。A 还要和 B 继续通信。A 在其 ARP 高速缓存中查找到 B 原先的硬件地址，并使用该硬件地址向 B 发送数据帧。但 B 原先的硬件地址已经失效了，因此 A 无法找到主机 B。但是过了一段时间，A 的 ARP 高速缓存中已经删除了 B 原先的硬件地址，于是 A 重新广播发送 ARP 请求分组，又找到了 B。

这里我们还要指出，从 IP 地址到硬件地址的解析是自动进行的，主机的用户对这种地址解析过程是不知道的。只要主机或路由器要和本网络上的另一个已知 IP 地址的主机或路由器进行通信，ARP 协议就会自动地将该 IP 地址解析为数据链路层所需要的硬件地址。

最后我们归纳出使用 ARP 的 4 种典型情况。

(1) 发送方是主机，要把 IP 数据报发送到本网络上的另一台主机。这时用 ARP 找到目的主机的硬件地址。

(2) 发送方是主机，要把 IP 数据报发送到另一个网络上的一台主机。这时用 ARP 找到本网络上的一个路由器的硬件地址。剩下的工作由这个路由器来完成。

(3) 发送方是路由器，要把 IP 数据报转发到本网络上的一台主机。这时用 ARP 找到目的主机的硬件地址。

(4) 发送方是路由器，要把 IP 数据报转发到另一个网络上的一台主机。这时用 ARP 找到本网络上的一个路由器的硬件地址。剩下的工作由这个路由器来完成。

ARP 解决了 IP 地址到 MAC 地址的映射问题，但在计算机网络中有时也需要反过来解决从 MAC 地址到 IP 地址的映射。例如，在网络环境中启动一台无盘工作站时就常常会出现这类问题。无盘工作站在启动时需要从远程文件服务器上下载其操作系统启动文件的二进制映像，但首先要知道自己的 IP 地址，RARP 就用于解决此类问题。向网络中广播 RARP 请求，RARP 服务器接收广播请求，发送应答报文，无盘工作站获得 IP 地址。对应于 ARP、RARP 请求以广播方式发送，ARP、RARP 应答一般以单播方式发送，以节省网络资源。RARP 的实现采用的是一种客户机-服务器工作模式。典型的例子就是 DHCP 协议(将在第 6 章应用层中介绍)包含了 RARP 协议的功能。因此我们不再进一步介绍了。

4.3 划分子网和无类别域间路由

4.3.1 划分子网的方法

1. 子网划分的基本概念

假设某小公司有四个独立的部门，分别是研发部、财务部、销售部和人事部，这四个部门相互独立，相互之间用路由器相连。每个部门不超过 20 台主机，请问如何申请 IP 地址？我们知道在同一个局域网上的主机或路由器的 IP 地址中的网络号必须是一样的。那么四个部分也就是四个局域网，每个局域网的 IP 地址中的网络号不同，按照之前学的内容，如果申请 C 类地址的话就需要申请四个 C 类网络，如 202.4.1.0，202.4.2.0，202.4.3.0，202.4.4.0。然而每组 C 类地址其实能够接 254 台主机，但是这里只需要接 20 台主机就够了，所以说这种情况就会浪费很多 IP 地址。所以我们需要划分子网。

子网划分(Subnetworking)是指由网络管理员将本单位一个给定的网络分为若干个更小的部分，这些更小的部分被称为子网(Subnet)。当本单位网络中的主机总数未超出所给定的某类网络可容纳的最大主机数，但单位内部又要划分成若干个分段(Segment)而便于进行管理时，就可以采用子网划分的方法。为了创建子网，网络管理员需要从原有的两个层次结构的 IP 地址的主机位中借出连续的高若干位作为子网络号(Subnet-id)，后面剩下的仍为主机号字段。于是，原来的两级层次结构的 IP 地址在本单位内就变为三级 IP 地址：网络号、子网号、主机号，如图 4.22 所示。也就是说，经过划分后的子网因为其主机数量减少，已经不需要原来那么多位作为主机标识了，从而我们可以将这些多余的主机位用作子网标识。这种三级 IP 地址的子网划分，也可以用以下记法来表示。

IP 地址：：={＜网络号＞，＜子网号＞，＜主机号＞}　　(4-2)

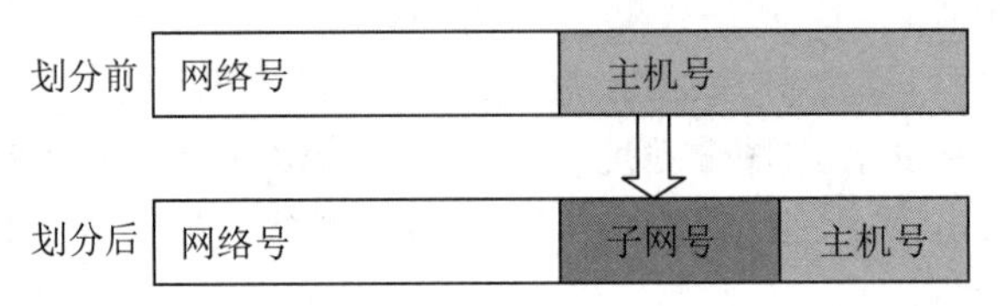

图 4.22　关于子网划分的示意

注意：子网的划分是属于本单位内部的事，在本单位以外看不见这样的划分。从外部看，这个单位仍只有一个网络号。只有当外面的分组进入到本单位范围后，本单位的路由器再根据子网号进行路由选择，最后找到目的主机。若本单位按照主机所在的地理位置来划分子网，那么在管理方面就会方便得多。

下面用例子说明划分子网的概念。假定为它们申请了一个 C 类网络 202.11.2.0(网络号是 202.11.2.)，如图 4.23 所示。凡目的地址为 202.11.2.X 的数据报都被送到这个网络上的路由器 R_1。

假设一个由路由器相连的网络，其有三个相对独立的网段，并且每个网段的主机数不超过 30 台，现把图 4.23 的网络划分为三个子网，如图 4.24 所示。现需要我们以子网划分的方法为其完成 IP 地址规划。由于该网络中所有网段合起来的主机数没有超出一个 C 类网络所能容纳的最大主机数，将 C 类网络 202.11.2.0 从主机位中借出其中的高三位作为子网号(请同学们思考为什么不能是两位)，这样一共可得八个子网络，每个子网络的相关信息参见表 4.4。其中，第一个子网因网络号与未进行子网划分前的原网络号 202.11.2.0 重复而不用，第八个子网因为广播地址与未进行子网划分前的原广播地址 202.11.2.255 重复也不可用，这样我们可以选择六个可用子网中的任何三个为现有的三个网段进行 IP 地址分配，留下三个可用子网将作为未来网络扩充之用。在划分子网后，整个网络对外部仍

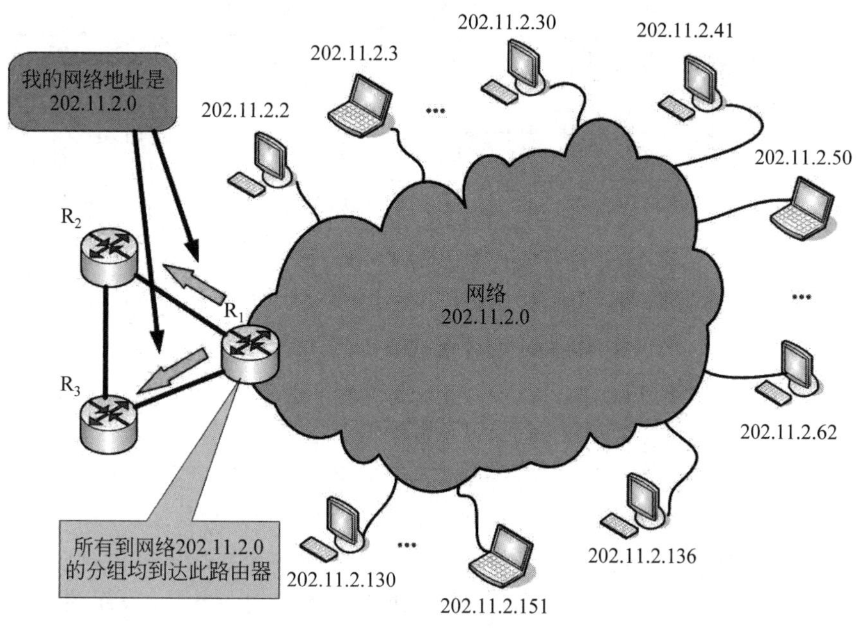

图 4.23　一个 C 类网络 202.11.2.0

表现为一个网络，其网络地址仍为 202.11.2.0。但网络 202.11.2.0 上的路由器 R_1 在收到数据报后，再根据数据报的目的地址将其转发到相应的子网。

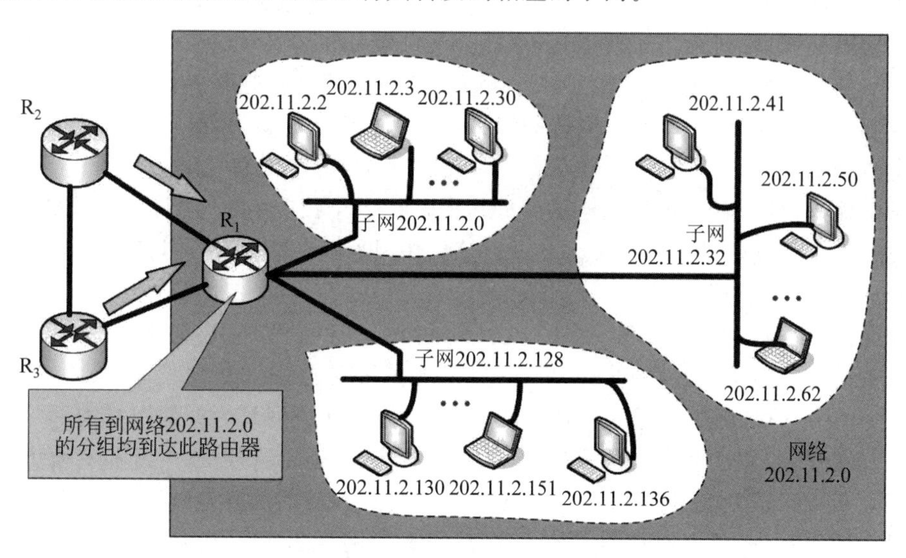

图 4.24　将图 4.23 的网络划分为三个子网

总之，当没有划分子网时，IP 地址是两级结构，地址的网络号字段也就是 IP 地址的“因特网部分”，而主机号字段是 IP 地址的“本地部分”。划分子网后 IP 地址就变成了三级结构。请注意，划分子网只是将 IP 地址的本地部分进行再划分，而不改变 IP 地址的因特网部分。

表 4.4　对 C 类网络 202.11.2.0 进行子网划分

第 *n* 个子网	地 址 范 围	网　络　号	广 播 地 址
1	202.11.2.0～202.11.2.31	202.11.2.0	202.11.2.31
2	202.11.2.32～202.11.2.63	202.11.2.32	202.11.2.63
3	202.11.2.64～202.11.2.95	202.11.2.64	202.11.2.95
4	202.11.2.96～202.11.2.127	202.11.2.96	202.11.2.127
5	202.11.2.128～202.11.2.159	202.11.2.128	202.11.2.159
6	202.11.2.160～202.11.2.191	202.11.2.160	202.11.2.191
7	202.11.2.192～202.11.2.223	202.11.2.192	202.11.2.223
8	202.11.2.224～202.11.2.255	202.11.2.224	202.11.2.225

对上述子网划分的例子进一步分析我们发现，引入子网划分技术可以有效提高 IP 地址的利用率，从而节省宝贵的 IP 地址资源。在该例子中，假设没有子网划分技术，则至少需要申请三个 C 类网络地址，从而 IP 地址的使用率仅达 11.81%，而浪费率则高达 88.19%；采用子网划分技术后，尽管第一个和最后一个子网也是不可用的，并且在每个子网中又留出了一个网络号地址和广播地址，但 IP 地址的利用率却可以提高到 71%。

2. 子网掩码

引入子网划分技术后，带来的一个重要问题就是主机或路由设备如何区分一个给定的 IP 地址是否已被进行了子网划分，从而能正确地从中分离出有效的网络号字段(包括子网络号的信息)。因此 IP 的设计者在 RFC 950 文档中描述了使用子网掩码的过程。子网掩码的功能就是告知设备，地址的哪一部分是包含子网的网络号部分，地址的哪一部分是主机号部分。

子网掩码使用与 IP 地址相同的编址格式，即 32 位长度的二进制比特位，也可分为 4 个 8 位组并采用点十进制来表示。在子网掩码中，网络号部分和子网号部分取值为“1”，主机号部分对应的位取值为“0”。

如图 4.25(a)是 IP 地址为 143.232.5.66 的主机本来的两级 IP 地址结构。图 4.25(b)是同一主机的三级 IP 地址的结构，也就是说，现在从原来 16 位的主机号中拿出 8 位作为子网号 subnet－id，而主机号减少到 8 位。请注意，现在子网号为 5 的网络的网络地址是 143.232.5.0(既不是原来的网络地址 143.232.0.0，也不是子网号 5)。为了使路由器能够很方便地从数据报中的目的 IP 地址中提取所要找的子网的网络地址，路由器就要使用子网掩码。图 4.25(c)是子网掩码，32 位，网络号和子网号为 1，主机号为 0。图 4.25(d)表示路由器将子网掩码和收到的数据报的目的 IP 地址 143.232.5.66 逐位相“与”(AND)，得出了所要找的子网的网络地址 143.232.5.0。

使用子网掩码的好处就是：不管网络有没有划分子网，只要把子网掩码和 IP 地址进行逐位的“与”运算(AND)，就立即得出网络地址。这样在路由器处理到来的分组时就可采用同样的算法。即网络地址的计算公式为：

$$网络地址 = (IP 地址) AND (子网掩码) \tag{4-3}$$

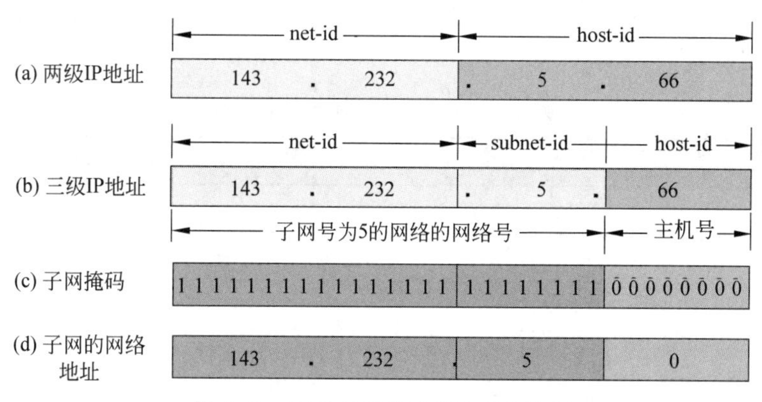

图 4.25 IP 地址的各字段和子网掩码

另外，我们注意到，在不划分子网时，也就没有子网，为什么还要使用子网掩码？这就是为了更方便地查找路由表。现在 Internet 的标准规定：所有的网络都必须有一个子网掩码，同时在路由器的路由表中也必须有子网掩码这一记录。如果一个网络不划分子网，那么该网络的子网掩码就使用默认子网掩码。默认子网掩码中的 1 的位置和 IP 地址中的网络号字段正好相对应。因此，若使用默认子网掩码和某个不划分子网的 IP 地址逐位相“与”(AND)，就得出该 IP 地址的网络地址来。这样做可以不用查找该地址的类别位就能知道这是哪一类的 IP 地址。显然在默认状态下，当没有借用主机部分的比特位时，A、B、C 三类网络的默认其对应的子网掩码应分别为：

A 类网络 11111111 00000000 00000000 00000000，即 255.0.0.0

B 类网络 11111111 11111111 00000000 00000000，即 255.255.0.0

C 类网络 11111111 11111111 11111111 00000000，即 255.255.255.0

子网掩码是一个网络或一个子网的重要属性。路由器在和相邻路由器交换路由信息时，必须把自己所在网络(或子网)的子网掩码告诉相邻路由器。路由器的路由表中的每一个项目，除了要给出目的网络地址外，还必须同时给出该网络的子网掩码。若一个路由器连接在两个子网上就拥有两个网络地址和两个子网掩码。

以下分别对 C 类、B 类地址进行子网划分，表 4.5 是 C 类子网规划所使用的表。

表 4.5 C 类网络划分子网的选择

子网号位数	子 网 掩 码	子网数	每个子网的主机数
2	255.255.255.192	2	$2^6-2=62$
3	255.255.255.224	6	$2^5-2=30$
4	255.255.255.240	14	$2^4-2=14$
5	255.255.255.248	30	$2^3-2=6$
6	255.255.255.252	62	$2^2-2=2$

表 4.6 是 B 类子网规划所使用的表。子网数是根据子网号 subnet-id 计算出来的。若 subnet-id 有 n 位，则共有 2^n 种可能的排列，减去全 0 全 1 这两种情况，就得出表中的

子网数了。表中的“子网号位数”中没有 0、1、15 和 16 这 4 种情况，因为这几种情况没有实际意义。

表 4.6 一个使用子网的 B 类网络

子网号位数	子网掩码	子网数	每个子网的主机数
2	255.255.192.0	2	$2^{14}-2=16\ 382$
3	255.255.224.0	6	$2^{13}-2=8\ 190$
4	255.255.240.0	14	$2^{12}-2=4\ 094$
5	255.255.248.0	30	$2^{11}-2=2\ 046$
6	255.255.252.0	62	$2^{10}-2=1\ 022$
7	255.255.254.0	126	$2^{9}-2=510$
8	255.255.255.0	254	$2^{8}-2=254$
9	255.255.255.128	510	$2^{7}-2=126$
10	255.255.255.192	1 022	$2^{6}-2=62$
11	255.255.255.224	2 046	$2^{5}-2=30$
12	255.255.255.240	4 094	$2^{4}-2=14$
13	255.255.255.248	8 190	$2^{3}-2=6$
14	255.255.255.252	16 382	$2^{2}-2=2$

请大家注意，根据已成为 Internet 标准协议的 RFC950 文档，子网号不能为全 1 或全 0，但随着无分类域间路由选择 CIDR 的广泛使用，现在全 1 和全 0 的子网号也可以使用了，但一定要谨慎使用，要弄清楚你的路由器所用的路由选择软件是否支持全 0 或全 1 的子网号。

根据表 4.5 和表 4.6 所列出的数据，我们可以看出，若使用较少位数的子网号，那么每个子网上可连接的主机数较多。反之，若使用较多位数的子网号，那么每个子网上可连接的主机数就较少。所以我们可以根据具体情况来选择合适的子网掩码。通过简单的计算，我们不难发现这样的结论：划分子网增加了灵活性，但是减少了能够连接在网络上的主机的总数。例如，本来一个 B 类网络最多能够连接 65 534 台主机，但表 4.6 中任意一行的最后两项的乘积都小于 65 534。

路由器在获得一个 IP 地址和子网掩码后，就可以取得该 IP 地址的网络地址，就能够确定将收到的数据发送到目的网络。下面通过两个例子来进一步说明。

【例 4-1】 给定一个 IP 地址 204.238.7.45，子网掩码是 255.255.255.224。求其 IP 地址的网络地址。

【解】 如图 4.26 所示。将给定的 IP 地址和子网掩码都以 32 位的二进制表示，然后使得两者逐位“与”运算，就可以得到对应的网络地址，最后将二进制转换为点分十进制，即该 IP 地址的网络地址是 204.238.7.32。

通过图 4.26 的计算过程可以看出，子网掩码前三字节全 1，因此网络地址的前三字节

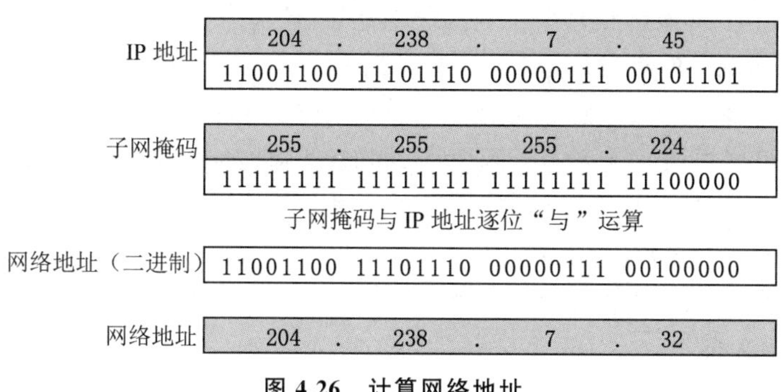

图 4.26 计算网络地址

可以不参加“与”运算，只要将子网掩码的第 4 个字节和 IP 地址对应的第 4 个字节进行“与”运算即可。

【例 4-2】 保持例 4-1 中的 IP 地址不变，而子网掩改为 255.255.255.240。求其 IP 地址的网络地址。

【解】 用同样方法来计算，如图 4.27 所示，得到的网络地址是 204.238.7.32。

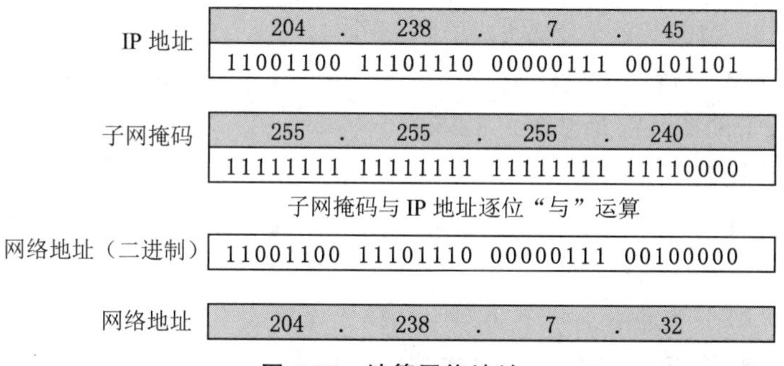

图 4.27 计算网络地址

通过以上两个例子，我们发现同样的 IP 地址和不同的子网掩码可以得出相同的网络地址，但是，不同的掩码产生的结果是不一样的，也就是说子网掩码中，子网号所占位数不同，所得的子网数和在该子网中的主机数也是不一样的。

【例 4-3】 已知子网掩码为 255.255.255.192，那么 200.200.200.224 和 200.200.200.222 是否属于同一个子网？

【解】 子网掩码中的最后一个字节 192 的二进制形式为 11000000，IP 地址对于字节 224 和 222 的二进制形式是分别是 11100000 和 11011110，将这两个 8 位的二进制分别和子网掩码中最后一个 8 位二进制进行“与”运算，得到 11000000 和 11000000 相同的结果，也就是说这两个 IP 地址的网络地址都为 200.200.200.192，说明这两个 IP 地址属于同一个子网。

除了以上说明的通过 IP 地址和子网掩码来求得网络地址之外，我们往往还通过所申请的 IP 地址来划分子网。

【例 4-4】 某公司申请了一个 C 类地址 196.5.1.0。为了便于管理，需要划分为 4 个子网，每个子网都有不超过 20 台的主机，三个子网用路由器相连。请说明如何对该子网进行规划,并写出子网掩码和每个子网的子网地址。

【解】 196.5.1.0 是 C 类地址,可以从最后的 8 位中借出几位作为子网地址。由于 2<4<8,所以选择 3 位作为子网地址,即子网掩码所对应的 8 位二进制形式是 11100000,3 位可以提供 6 个可用子网地址。由于子网地址为 3 位,故还剩下 5 位作为主机地址。而 $2^5-2=30>20$,所以能满足每个子网中不超过 20 台的主机的要求。

IP 地址:196.5.1. XXXXXXXX。

子网掩码:255.255.255. 11100000(224)。

可能的子网地址:

196.5.1. 0000 0000(0)　　非法,子网 id 全 0。

196.5.1. 0010 0000(32)　　子网中 IP 范围是:196.5.1.32~196.5.1.63。

196.5.1. 0100 0000(64)　　子网中 IP 范围是:196.5.1.64~196.5.1.95。

196.5.1. 0110 0000(96)　　子网中 IP 范围是:196.5.1.96~196.5.1.127。

196.5.1. 1000 0000(128)　　子网中 IP 范围是:196.5.1.128~196.5.1.159。

196.5.1. 1010 0000(160)　　子网中 IP 范围是:196.5.1.160~196.5.1.191。

196.5.1. 1100 0000(192)　　子网中 IP 范围是:196.5.1.192~196.5.1.223。

196.5.1. 1110 0000(224)　　非法,子网 id 全 1。

因此,子网地址可以在十进制数 32、64、96、128、160、192 中任意选择 4 个。

4 个子网的子网掩码都是 255.255.255.224。

3. 变长子网掩码

前面我们介绍的子网划分中每个子网的大小都是相同的,那么如果要求划分的子网大小不同的时候该怎么办?比如某学校有两个主要部门——招生办和教务处,招生办又分为本科生招生和研究生招生两个小部门。教务处需要不超过 62 台的主机,本科生招生办和研究生招生办各需要不超过 30 台的主机。那么这种情况怎么办呢?

这里我们需要用到一种称为变长子网掩码(Variable Length Subnet Mask,VLSM)的技术。VLSM 规定了如何在一个进行了子网划分的网络中的不同子网中使用不同的子网掩码。这对于网络内部不同网段需要不同大小子网的情形来说非常有效。VLSM 实际上是一种多级子网划分技术。上面的例子我们可以用以下方法来划分子网,如图 4.28 所示。

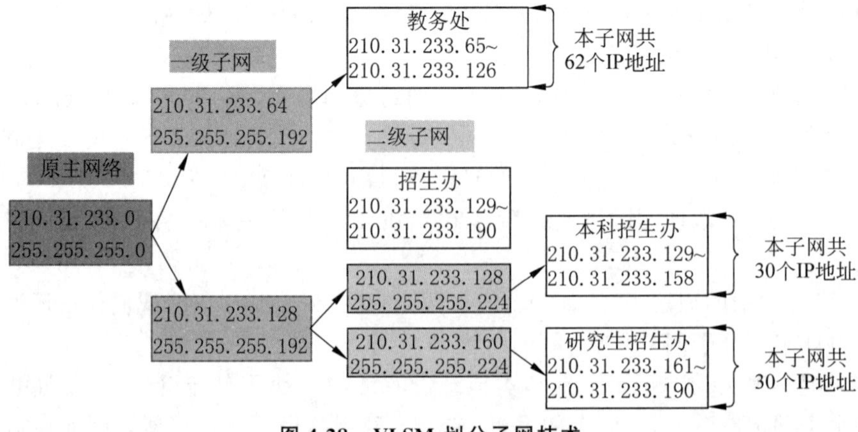

图 4.28　VLSM 划分子网技术

假如该学校申请到了一个完整的C类IP地址段：210.31.233.0，子网掩码255.255.255.0。为了便于分级管理，采用了VLSM技术，将原主网络划分称为两级子网（未考虑全0和全1子网）。教务处得了一级子网中的第1个子网，即210.31.233.64，子网掩码255.255.255.192，该一级子网共有62个IP地址可供分配。招生办将所分得的一级子网中的第2个子网210.31.233.128，子网掩码255.255.255.192，又进一步划分成了两个二级子网。其中第1个二级子网210.31.233.128，子网掩码255.255.255.224，划分给招生办的下属办公室——本科生招生办，该二级子网共有30个IP地址可供分配。招生办的下属办公室——研究生招生办分得了第2个二级子网210.31.233.160，子网掩码255.255.255.224，该二级子网共有30个IP地址可供分配。

在实际工程实践中，可以进一步将网络划分成三级或者更多级子网。同时，必须充分考虑到：这一级别现在需要多少个子网，将来需要多少个子网；这一级别最大子网现在需要容纳多少台主机，将来容纳多少台主机。

4.3.2 无类别域间路由

前面我们学习的IP地址都是进行分类的，即A类、B类和C类等。而本节内容所讲的IP地址中，是不按这种分类来划分IP地址的。

早在1987年，RFC 1009就指明了在一个划分子网的网络中可同时使用不同的子网掩码。使用变长子网掩码可进一步提高IP地址资源的利用率。在VLSM的基础上又进一步研究出无分类编址的方法，它的正式名字是无类别域间路由选择（Classless Inter-Domain Routing，CIDR）。在1993年形成了CIDR的RFC文档：RFC 1517～RFC 1520。现在CIDR已成为Internet建议标准协议。

分类编址中的子网划分没有真正解决地址耗尽问题。随着Internet的发展，很明显，长久的解决办法是需要更大的地址空间。然而，较大的地址空间需要IP地址长度的增加，这意味着IP分组的格式需要改变。尽管长期的解决办法已经提出使用IPv6地址（将在后面章节讨论），但是应用还需要很长一段时间。于是短期的解决办法被设计出来了，这个解决方法仍然只用IPv4地址，但是它称为无类编址（Classless Addressing）。它使用相同的地址空间，但是将地址的分配改成了为每个组织提供平等的分享。无类编址还有另外一个动机。在20世纪90年代，Internet服务提供商（ISP）开始涌现。ISP是为个人、小型企业和中型组织提供Internet连接的组织。那些个人、小型企业和中型组织不想自己建立网站并为自己的员工提供Internet服务（例如电子邮件）。ISP可以提供这些服务。ISP被分配了很大范围的地址然后再将地址细分（1、2、4、8、16个地址一组等），它将一定范围的地址给家用或小公司。用户通过拨号调制解调器、DSL或电缆调制解调器连接到ISP。

在1996年，Internet机构宣布了一个新的体系结构，称为无类编址。在无类编址中，使用了不属于任何类的变长块。我们可以使用1个地址块、2个地址块、4个地址块……128个地址块，等等。

在无类编址中，整个地址空间被分为变长块。也就是说IP地址从三级编址（使用子网掩码）又回到了两级编址：

$$\text{IP 地址}::=\{<\text{网络前缀}>,<\text{主机号}>\} \tag{4-4}$$

地址的前缀定义了块(即网络);后缀定义了结点(即主机或者设备)。不像分类编址,无类编址中前缀长度是可变的。前缀的长度可以在0～32变化。网络的大小与前缀的长度成反比。一个小的前缀意味着较大的网络;一个大的前缀意味着较小的网络。我们需要强调的是无类编址的思想很容易应用到分类编址中,如一个A类地址可以看作是前缀长度为8的无类编址,一个B类地址可以看作是前缀长度为16的无类编址等。换言之,分类编址是无类编址的特殊情况。

1. 前缀长度:斜杠标记法

在无类编址方面,我们需要回答的第一个问题是,如果给出地址,那么如何找出其前缀的长度。由于地址中的前缀长度不是固定的,我们需要给出前缀的长度。在这种情况下,前缀的长度 n 被加入地址中,用斜杠来分隔。这个标记法的非正式称呼为斜杠标记法,正式的称呼为无类域间路由策略。即在IP地址后面加上斜线"/",然后写上网络前缀所占的位数(对应子网掩码中1的个数)。如220.8.21.231/25这个地址中前25位表示网络前缀,后7为表示主机位。

2. 从一个地址中抽取信息

给出块中的任意一个地址,我们通常想知道这个块中的三个信息:地址的数目、块中首地址以及末地址。因为前缀长度 n 已经给出,我们可以轻易地找到这三个信息,如图4.29所示。

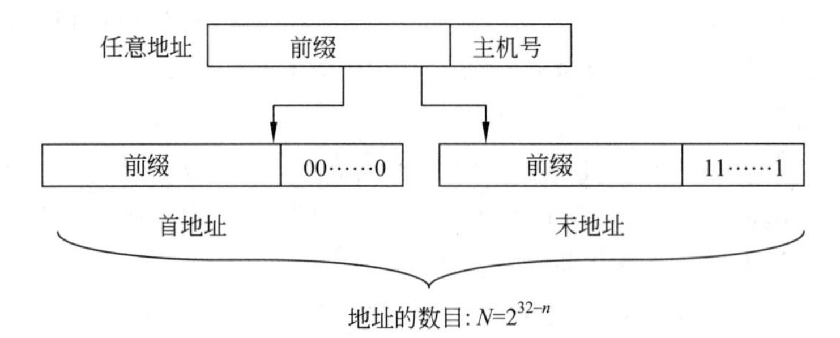

图 4.29 无类地址中信息的抽取

地址块中的地址的数量可通过 $N=2^{32-n}$(n 为前缀数)得出。

首地址的计算,保持最左 n 位不变,并将最右侧的($32-n$)位全设为0。

末地址的计算,保持最左 n 位不变,并将最右侧的($32-n$)位全设为1。

【例 4-5】 已知IP地址128.14.45.4/20是某CIDR地址块中的一个地址,试分析这个地址块的地址的数目、块中首地址以及末地址。

【解】 这个地址块的地址数量 $N=2^{32-n}=2^{32-20}=2^{12}=4096$ 个地址。

首地址可以通过保持前20位不变并将剩余的位设为0得到。

地址:128.14.45.4/20　　10000000 00001110 00101101 00000100。

首地址:128.14.32.0/20　　10000000 00001110 00100000 00000000。

末地址可以通过保持前20位不变并将剩余的位设为1得到。

地址:128.14.45.4/20　　10000000 00001110 00101101 00000100。

末地址：128.14.47.255　　10000000 00001110 00101111 11111111。

由此可见，斜线记法还有个好处就是它除了表示一个 IP 地址之外，还提供了一些其他信息，如图 4.30 中，通过地址 128.14.45.4/20 不仅表示 IP 地址是 128.14.45.4，而且还知道这个地址块的网络的前缀有 20 位，地址块包含有 $2^{12}=4096$ 个 IP 地址。通过以上简单的计算还可得出这个地址块的最小地址和最大地址。一般的，这两个主机号是全 0 和全 1 的地址并不使用。因为首地址即为网络地址，末地址即为广播地址。

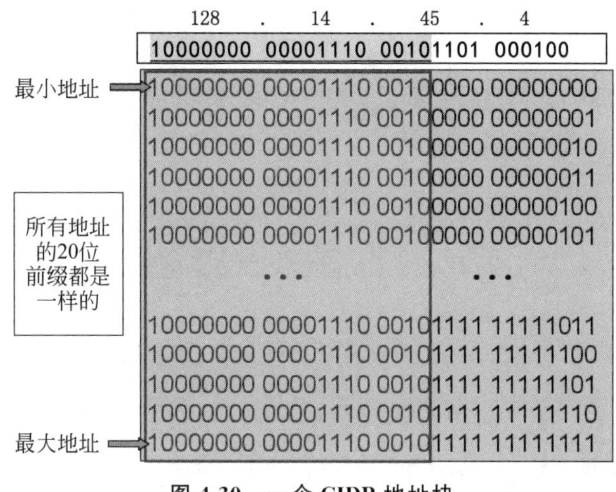

图 4.30　一个 CIDR 地址块

3.地址掩码

虽然 CIDR 不使用子网了，但是目前仍有一些网络使用子网划分和子网掩码，因此，CIDR 所使用的地址掩码也可以继续称为子网掩码。如 IP 地址 210.31.233.1，子网掩码 255.255.255.0 可表示成 210.31.233.1/24；IP 地址 166.133.67.98，子网掩码 255.255.0.0 可表示成 166.133.67.98/16；IP 地址 192.168.0.1，子网掩码 255.255.255.240 可表示成 192.168.0.1/28 等。其中对于/20 地址块，其地址掩码是 11111111 11111111 11110000 00000000(20 个连续的 1)。斜线记法中的数字就是地址掩码中 1 的个数。

4.地址聚合

CIDR 可以用来做 IP 地址汇聚，在未做地址汇聚之前，路由器需要对外声明所有的内部网络 IP 地址空间段。这将导致 Internet 核心路由器中的路由条目非常庞大(接近 10 万条)。采用 CIDR 地址汇聚后，可以将连续的地址空间块聚合成一条路由条目，这种地址的聚合常称为路由聚合(Route Aggregation)。它使得路由表中的一个项目可以表示原来传统分类地址的很多个路由。路由聚合也称为构造超网(Supernetting)。路由聚合大大减小了路由表中路由条目的数量，有利于减少路由器之间的路由选择信息的交换，提高了路由器的可扩展性，进而也提高了整个 Internet 的性能。

如图 4.31 所示，一个 ISP 被分配了一些 C 类网络：198.168.0.0～198.168.255.0。这个 ISP 准备把这些 C 类网络分配给各个用户群，目前已经分配了三个 C 类网段给用户。如果没有实施 CIDR 技术，ISP 的路由器的路由表中会有三条下连网段的路由条目，并且会把它通告给 Internet 上的路由器。通过实施 CIDR 技术，我们可以在 ISP 的路由器上把这三条网段 198.168.1.0、198.168.2.0 和 198.168.3.0 汇聚成一条路由 198.168.0.0/16。这样 ISP 路由器只向 Internet 通告 198.168.0.0/16 这一条路由，大大减少了路由表的数目。

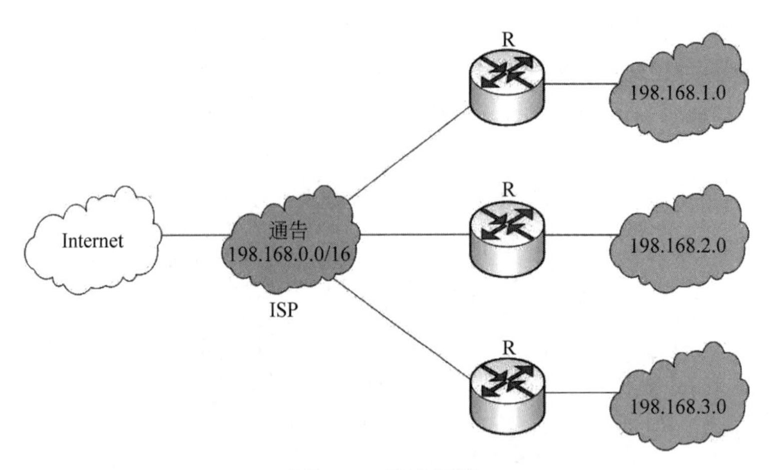

图 4.31 路由汇聚

那么，CIDR 地址块是如何进行汇聚的呢？例如，某公司申请到了 1 个网络地址块（共 8 个 C 类网络地址）：210.31.224.0/24～210.31.231.0/24，为了对这 8 个 C 类网络地址块进行汇聚，采用了新的子网掩码 255.255.248.0，CIDR 前缀为/21，如图 4.32 所示。

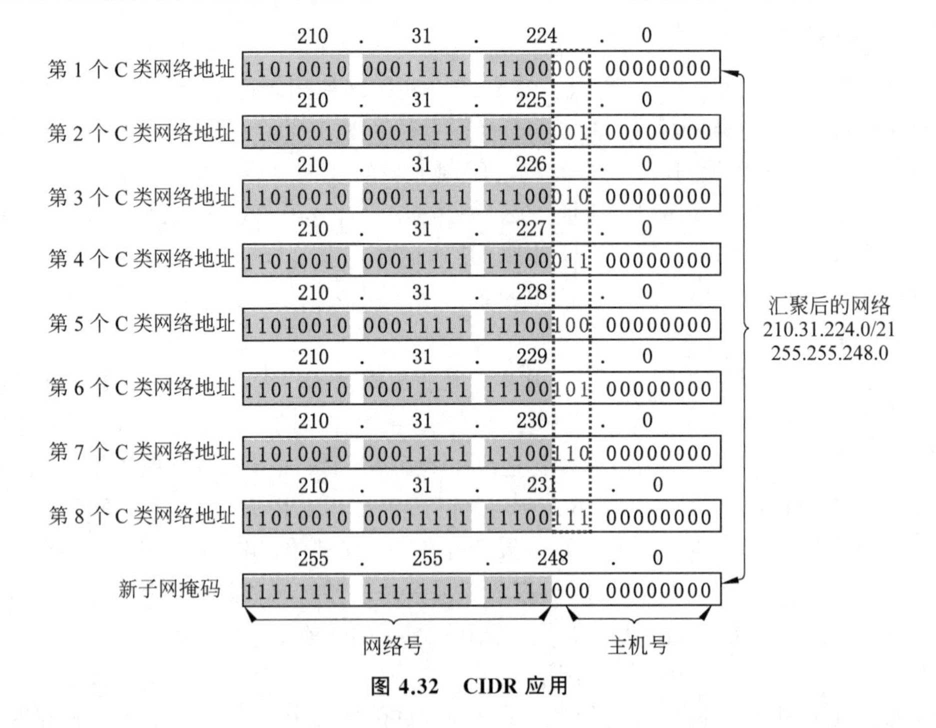

图 4.32 CIDR 应用

可以看出，CIDR 实际上是借用部分网络号充当主机号的方法。在图 4.32 中，因为 8 个 C 类地址网络号的前 21 位完全相同，变化的只是最后 3 位网络号，因此，可以将网络号的后3位看成是主机号,选择新的子网掩码为255.255.248.0(11111000),将这8个C类网络地址汇聚成为210.31.224.0/21。

由此我们可知,计算一个汇聚路由地址可以通过以下几个步骤来完成:

(1) 写出每个子网号的二进制形式。

(2) 找出这些子网号中连续且值相同的位,这些位的位数即前缀值 x。

(3) 写一个新的32位数,该数复制子网号的前 x 位数,剩余位的值都为0(图4.32中 **11010010 00011111 11100000 00000000**),这就是汇聚的路由。

(4) 将该数转换成点分十进制表示形式(图4.32中210.31.224.0/21)。

利用CIDR实现地址汇聚有两个基本条件:待汇聚地址的网络号拥有相同的高位,如图4.32中8个待汇聚的网络地址的第3个位域的前5位完全相等,均为11100;待汇聚的网络地址数目必须是2的整数次幂,如2个(2^1)、4个(2^2)、8个(2^3)、16个(2^4)等。否则,可能会导致路由黑洞(汇聚后的网络可能包含实际中并不存在的子网)。

4.3.3 网络地址转换

通过ISP来分配地址造成了一个新的问题。假设一个ISP给一个小公司或家庭用户分配了一小范围地址。如果公司发展或者家庭用户需要更大的地址范围,ISP可能无法满足需要,因为这个范围之前或之后的地址可能已经被分配给其他网络了。例如,家庭用户订购了ADSL,这些用户中很多人在家里有两台或更多台计算机,通常每个家庭成员都有一台,而且他们都希望所有的时间都能在线。相应的解决方案是通过局域网把所有的计算机连接到一个家庭网络,并且在家庭网络上放置一台(无线)路由器,然后路由器连接到ISP。从ISP的角度来看,家庭网络现在就像一个拥有少数计算机的小型企业,每台计算机必须全天都有它自己的IP地址满足使用需求。对于有成千上万客户的ISP,特别是类似小型企业的商业用户和家庭客户,对IP地址的需求很快超出了可用的地址块。

目前普遍使用的快速方案就是使用内部私有IP地址。即现在进行IP地址规划时,我们通常在一个单位的内部网络使用私有IP地址。私有IP地址是由InterNIC预留的由各个企业内部网自由支配的IP地址。使用私有IP地址不能直接访问Internet。原因很简单,私有IP地址不能在公网上使用,公网上没有针对私有地址的路由,会产生地址冲突问题。表4.7列出了InterNIC预留的3个保留的私有IP地址范围。

表4.7 3个保留的私有IP地址范围

IP地址类别	内部私有IP地址范围	主机台数
A类	10.0.0.0～10.255.255.255/8	16 777 216
B类	172.16.0.0～172.31.255.255/12	1 048 576
C类	192.168.0.0～192.168.255.255/16	65 536

使用私有地址将网络连至Internet,需要将私有地址转换为公有地址,这个转换过程称为网络地址转换(Network Address Translation,NAT)。所谓网络地址转换,它是一个互联网工程任务组(Internet Engineering Task Force,IETF)标准,允许一个整体机构

以一个公用 IP 地址出现在 Internet 上。顾名思义，它是一种把内部私有网络地址（IP 地址）翻译成合法网络 IP 地址的技术。

简单说，NAT 就是在局域网内部网络中使用内部地址，而当内部结点要与外部网络进行通信时，就在网关（可以理解为出口，打个比方就像院子的门一样）处，将内部地址替换成公用地址，从而在外部公网上正常使用，NAT 可以使多台计算机共享 Internet 连接，这一功能很好地解决公共 IP 地址紧缺的问题。通过这种方法，我们可以只申请一个合法 IP 地址，就把整个局域网中的计算机接入 Internet 中。这时，通过 NAT 屏蔽了内部网络，所有内部网计算机对于公共网络来说是不可见的，而内部网计算机用户通常不会意识到 NAT 的存在。这里提到的内部网络地址，是指在内部网络中分配给结点的私有 IP 地址，这个地址只能在内部网络中使用，不能被路由。

NAT 功能通常被集成到路由器、防火墙、ISDN 路由器或者单独的 NAT 设备中。比如 Cisco 路由器中已加入这一功能，网络管理员只需在路由器中设置 NAT 功能，就可以实现对内部网络的屏蔽，如图 4.33 中，客户机内部 IP 地址 10.8.10.88 在路由器上映射为外部 IP 地址 196.138.149. 2 后去访问 Web 服务器。

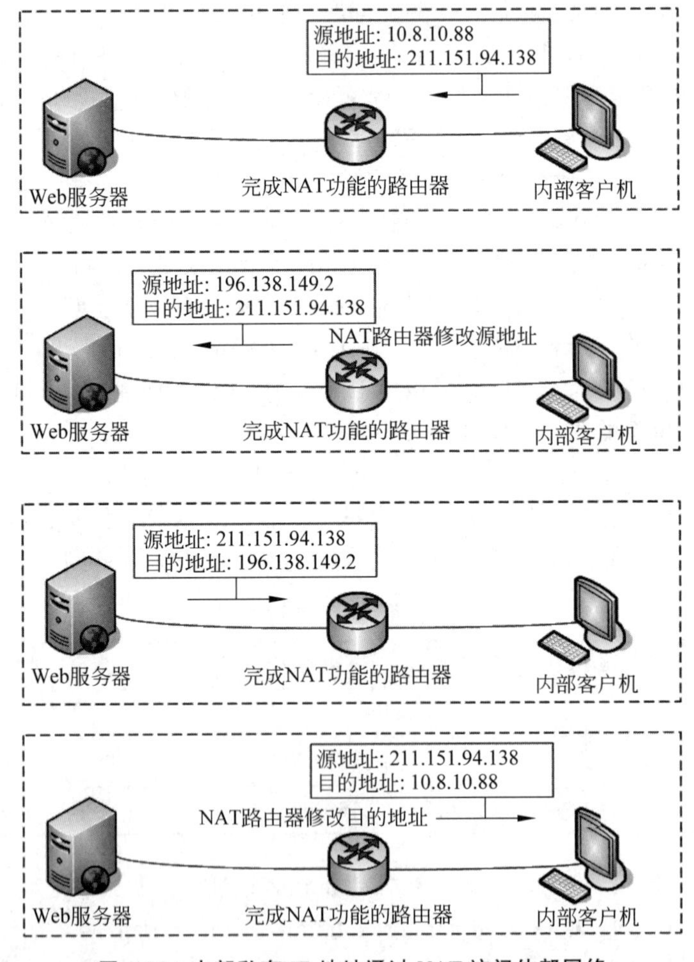

图 4.33 内部私有 IP 地址通过 NAT 访问外部网络

NAT 最初的目的也是通过允许较少的公用 IP 地址代表多数的专有 IP 地址来减缓 IP 空间枯竭的速度。NAT 技术具有双向性：内部网络 PC 的私有地址和外部网络 PC 的私有地址可以同时通过 NAT 路由器通信。

NAT 有三种类型：静态 NAT(Static NAT)、动态地址 NAT(Pooled NAT)、网络地址端口转换(Network Address Port Translation，NAPT)。其中静态 NAT 设置起来最为简单，是最容易实现的一种，内部网络中的每个主机都被永久地以一对一"IP 地址＋端口"映射成外部网络中的某个合法的地址。而动态地址 NAT 则是在外部网络中定义了一系列的合法地址，采用动态分配的方法映射到内部网络。NAPT 则是把内部地址映射到外部网络的一个 IP 地址的不同端口上。用户可以根据不同的需要选择 NAT 方案，这三种 NAT 方案各有利弊。

动态地址 NAT 只是转换 IP 地址，它为每一个内部的 IP 地址分配一个临时的外部 IP 地址，主要应用于拨号，对于频繁的远程连接也可以采用动态 NAT。当远程用户连接上之后，动态地址 NAT 就会分配给他一个 IP 地址，用户断开时，这个 IP 地址就会被释放而留待以后使用。

网络地址端口转换(NAPT)是人们比较熟悉的一种转换方式。NAPT 普遍应用于接入设备中，它可以将中小型的网络隐藏在一个合法的 IP 地址后面。NAPT 与动态地址 NAT 不同，它将内部连接映射到外部网络中的一个单独的 IP 地址上，同时在该地址上加上一个由 NAT 设备选定的 TCP 端口号。

在 Internet 中使用 NAPT 时，所有不同的信息流看起来好像来源于同一个 IP 地址。这个优点在小型办公室内非常实用，通过从 ISP 处申请的一个 IP 地址，将多个连接通过 NAPT 接入 Internet。这样，ISP 甚至不需要支持 NAPT，就可以做到多个内部 IP 地址共用一个外部 IP 地址上 Internet，虽然这样会导致信道的一定拥塞，但考虑到节省的 ISP 上网费用和易管理的特点，用 NAPT 还是很值得的。

4.4 路由选择协议

在前面关于 ARP 工作原理的介绍中我们还留下了一个悬而未决的问题，即当目标主机和源主机不在同一网络中时，数据包将被发送至源主机的默认网关(即源主机本网络上的路由器接口地址)，发给路由器后剩下的工作由路由器完成，那么路由器收到该数据包后又将做什么样的处理呢？这就涉及本节要讨论的路由与路由协议。

4.4.1 分组交付和路由选择的基本概念

1. 路由和路由表

所谓路由是指对到达目标网络所进行的最佳路径选择，通俗地讲就是解决"何去何从"的问题，路由是网络层最重要的功能。在网络层完成路由功能的设备被称为路由器，路由器是专门设计用于实现网络层功能的网络互连设备。除了路由器外，某些交换机里面也可集成带有网络层功能的模块即路由模块，带有路由模块的交换机又称三层交换机。另外，在某些操作系统软件中也可以实现网络层的路由功能，在操作系统中所实现的路由功能又称为软件路由。软件路由的前提是安装了相应操作系统的主机必须具有多宿主功能，即通过多块网卡至少连接了两个以上的不同网络。不管是软件路由、路由模块还是路由器，它们所实现的路由功能都是一致的，所以下面在提及路由设备时，将以路由器为代表。

路由器将所有有关如何到达目标网络的最佳路径信息以数据库表的形式存储起来，这种专门用于存放路由信息的表被称为路由表。路由表的不同表项可给出到达不同目标网络所需要历经的路由器接口信息，包括路由器连接的全部网段的 IP 地址信息，同时也表示了如何将 IP 数据报发送到没有和路由器直接相连的网络。正是路由表才使基于第三层地址的路径选择最终得以实现。

每个运行着的 TCP/IP 协议的计算机根据自己的路由表作出路由决定。路由表是自动创建的，创建的依据是计算机当前的 TCP/IP 设置。要显示 Windows 操作系统计算机中的路由表，在命令行状态下使用：route print，回车后显示的路由表如图 4.34 所示。

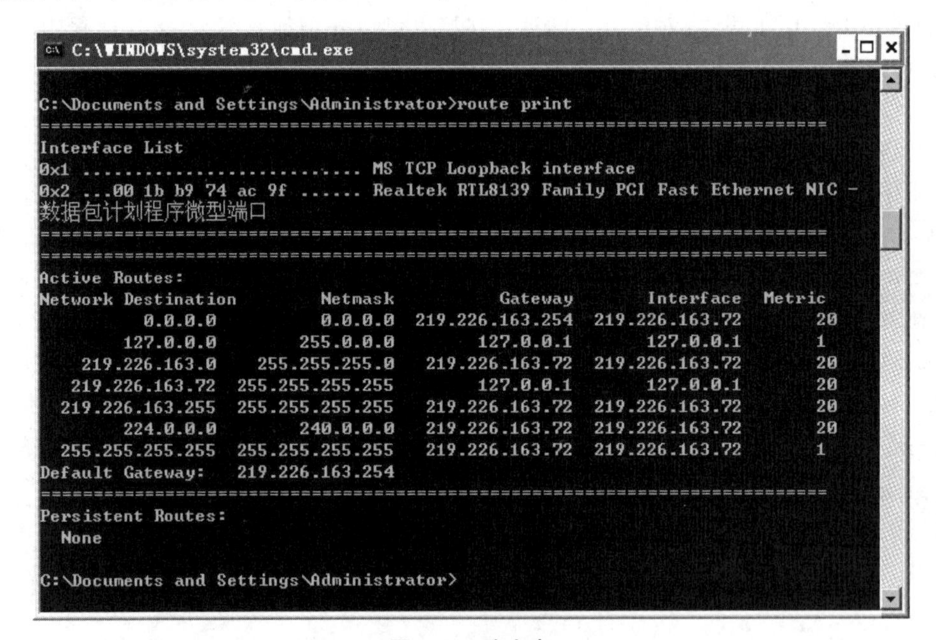

图 4.34 路由表

图 4.34 中路由表记录的每列数据的含义如下。

(1) 网络目的(Network Destination)：网络目的即为可到达的网络的网络地址，是用于匹配报文中的目的 IP 地址和网络掩码一起计算得出的网络 ID。网络目的的范围可以从 0.0.0.0(默认路由)到 255.255.255.255(广播路由)。如果没有路由记录与网络目的匹配，那么计算机将使用默认路由(Default Gateway)。

(2) 网络掩码(Netmask)：应用于报文中的目的 IP 地址，网络掩码又称为子网掩码。子网掩码可以区分 IP 地址中的网络 ID 和子网 ID。

(3) 网关(Gateway)：确定本地主机进行 IP 报文转发时发往的 IP 地址。网关可能是本地网卡的 IP 地址，也可能是同一网段的路由器的 IP 地址。

(4) 接口(Interface)：确定计算机在转发报文时使用的本地网卡的 IP 地址。

(5) 跃点数(Metric)：确定路由的花费。如果到同一个 IP 目的有多个路由存在，可以使用跃点数决定使用哪个路由——应该使用跃点数数量低的路由。如何确定跃点数的数目取决于使用的路由协议。

路由器有两个或更多个 TCP/IP 网络的接口，负责从一个接口接收数据报并把它们转到另一个接口，路由器根据路由表内容决定转发。路由器中的路由表通常比主机系统中的更负责。它不仅有更多的条目，而且接口(Interface)栏也有很大不同。路由表是在路由选择协议的作用下被建立和维护的，如图 4.35 所示。根据所使用的路由选择协议(本节后面即将介绍)不同，路由信息也会有所不同。

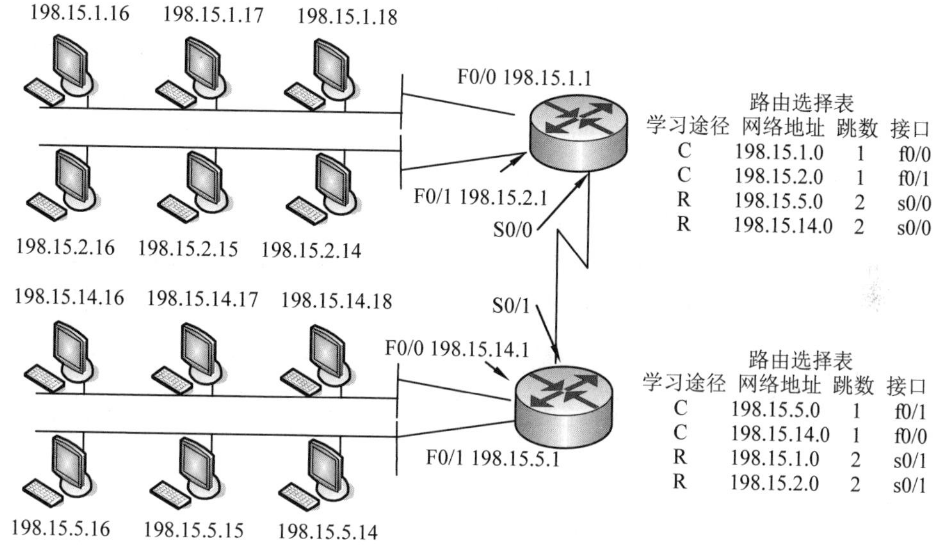

图 4.35 路由选择表

如图 4.35 中的路由选择表中，学习途径栏目包括了 C 和 R，其中，C 是 connected，直接相连的意思；R 是 RIP 协议，通过动态路由协议 RIP(Routing Information Protocol)学到的路由。

路由器在它们的路由选择表中保存着重要的信息，如信息类型、目的地/下一跳、路由选择度量标准、出站接口等。

(1) 信息类型：创建路由选择表条目的路由选择协议的类型。

(2) 目的地/下一跳：告诉路由器特定的目的地是直接连接在路由器上还是通过另一个路由器达到，这个位于最终目的地路径上的路由器称为下一跳。当路由器接收到一个入站分组，它就会查找目的地地址并试图将这个地址与路由选择表条目匹配。

(3) 路由选择度量标准：不同的路由选择协议使用不同的路由选择度量标准。路由选择度量标准用来判别路由的好坏。例如，RIP 使用跳数作为度量标准值，IGRP 使用带宽、负载、延迟、可靠性来创建合成的度量标准值。

(4) 出站接口：数据必须从这个接口被发送出去以到达最终目的地。

路由器的某一个接口在收到帧后，首先进行帧的拆封以便从中分离出相应的 IP 分组，然后利用子网掩码求“与”方法从 IP 分组中提取出目标网络号，并将目标网络号与路由表进行比对看能否找到一种匹配，即确定是否存在一条到达目标网络的最佳路径信息。若存在匹配，则将 IP 分组重新进行封装成输出端口所期望的帧格式并将其从路由器相应端口转发出去；若不存在匹配，则将相应的 IP 分组丢弃。所以说路由器的两大基本功能即为：查找路由表以获得最佳路径信息的过程即为路由器的分组转发功能；将从接收端口进来的数据经过重新封装后在输出端口重新发送出去的功能。

2. 分组转发算法

下面我们先用一个简单例子来说明路由器是怎样转发分组的。图 4.36 是一个路由表的简单例子。有四个 A 类网络通过三个路由器连接在一起。每一个网络上都可能有成千上万个主机。可以想象，若按照目的主机号来制作路由表，则所得出的路由表就会过于庞大。但若按照主机所在的网络地址来制作路由表，那么每一个路由器中的路由表就只包含四个项目。这样大大简化了路由表。以路由器 R_2 的路由表为例，由于 R_2 同时连接在网络 2 和网络 3 上，因此只要目的站在这两个网络上，都可以通过接口 0 或接口 1 直接交付（当然还要利用地址解析协议 ARP 才能找到这些主机相应的硬件地址）。若目的主机在网络 1 中，则下一跳路由器应该为 R_1，其 IP 地址为 20.0.0.1。路由器 R_2 和 R_1 由于同时连接在网络 2 上，因此从路由器 R_2 把分组转发到路由器 R_1 是很容易的。同理，若目的主机在网络 4 中，则路由器 R_2 应把分组转发给 IP 地址为 30.0.0.2 的路由器 R_3。

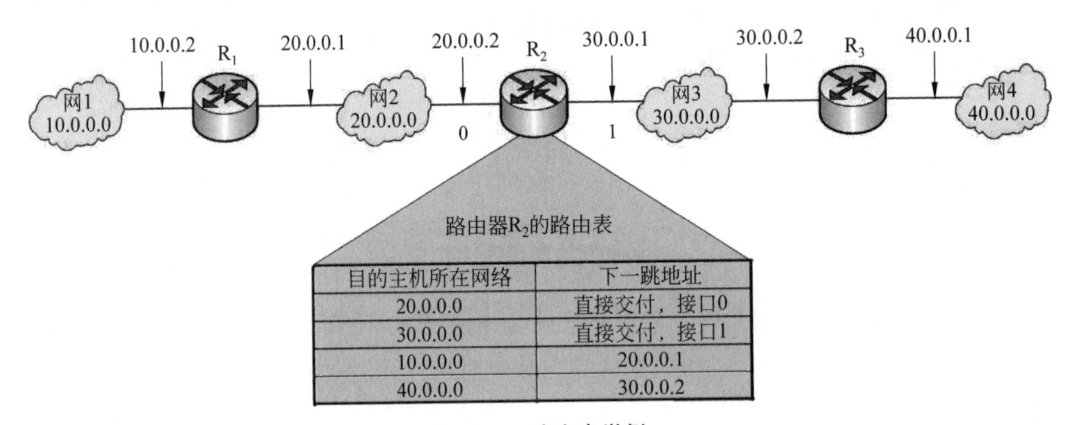

目的主机所在网络	下一跳地址
20.0.0.0	直接交付，接口0
30.0.0.0	直接交付，接口1
10.0.0.0	20.0.0.1
40.0.0.0	30.0.0.2

图 4.36 路由表举例

总之，在路由表中，对每一条路由，最主要的信息是：（目的网络地址，下一跳地址）。

于是我们根据目的网络地址就能确定下一跳路由器，这样做的结果是：

（1）IP 数据报最终一定可以找到目的主机所在目的网络上的路由器（可能要通过多次间接交付）。

（2）只有到达最后一个路由器时，才试图向目的主机进行直接交付。

虽然 Internet 所有的分组转发都是基于目的主机所在的网络，但在大多数情况下也允许有这样的特例，即对特定的目的主机指明一个路由。这种路由称为特定主机路由。采用特定主机路由可使网络管理人员能更方便地控制网络和测试网络，同时也可在需要考虑某种安全问题时采用这种特定主机路由。在对网络的连接或者路由表进行排错时，指明到某一个主机的特殊路由也是十分有用的。

路由器还可采用默认路由以减少路由表所占用的空间和搜索路由表所用的时间。这种转发方式在一个网络只有很少的对外连接时是很有用的。默认路由在主机发送 IP 数据报时往往更能显示出它的好处。如果一台主机连接在一个小网络上，而这个网络只用一个路由器和 Internet 连接，那么在这种情况下使用默认路由是非常合适的，如图 4.37 所示的互联网中，连接在网络 N_1 上的任何一台主机中的路由表只需要三个项目即可。第一个项目就是到本网络主机的路由，其目的网络就是本网络 N_1，不需要路由器转发，直接交付即可。第二个项目是到网络 N_2 的路由，对应的下一跳路由器是 R_2。第三个项目就是默认路由。只要目的网络不是 N_1 和 N_2，就一律选择默认路由，把数据报先间接交付路由器 R_1，让 R_1 再转发给下一个路由器，一直转发到目的网络上交付给目的主机。

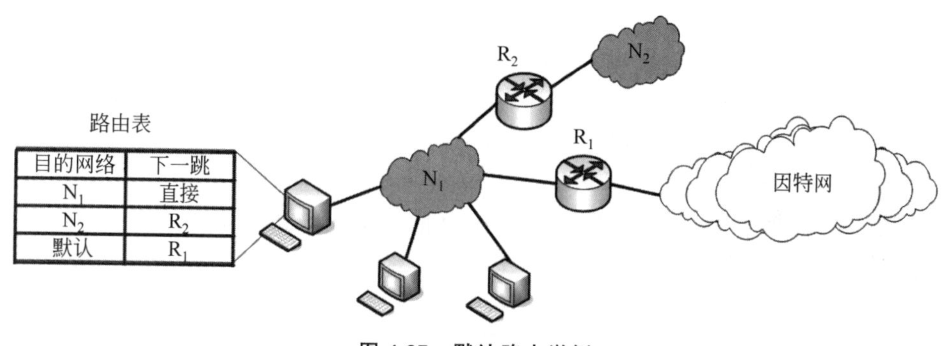

图 4.37　默认路由举例

注意：在实际的路由器中，像图 4.37 路由表中的“直接”并没有出现在路由表中，而是被记为 0.0.0.0。

在这里我们必须强调的是，在 IP 数据报的首部中没有地方可以用来指明“下一跳路由器的 IP 地址”。当路由器收到待转发的数据报，不是将下一跳路由器的 IP 地址填入 IP 数据报，而是送交下层的网络接口软件。网络接口软件使用 ARP 负责将下一跳路由器的 IP 地址转换成硬件地址，并将此硬件地址放在数据链路层的 MAC 帧的首部，然后根据这个硬件地址找到下一跳路由器。这个内容将在下面的路由的基本过程中详细阐述。

根据以上所述，可归纳出分组转发算法如图 4.38 所示。

(1) 从数据报的首部提取目的主机的 IP 地址 D。

(2) 先判断是否为直接交付。对路由器直接相连的网络逐个进行检查：用各个网络的子网掩码和 D 逐位相“与”(AND 操作)，看结果是否和相应的网络地址匹配。若匹配，则将分组进行直接交付，转发任务结束。否则是间接交付，执行(3)。

(3) 若路由表中有目的地址为 D 的特定主机路由，则把数据报传送给路由表中所指明的下一跳路由器；否则，执行(4)。

(4) 对路由表中的每一行(目的网络地址，子网掩码，下一跳地址)，用其中的子网掩码和 D 逐位相“与”(AND 操作)，其结果为 N。若 N 与该行的目的网络地址匹配，则把数据报传送给路由表指明的下一跳路由器；否则，执行(5)。

(5) 若路由表中有一个默认路由，则把数据报传送给路由表中所指明的默认路由器；否则，执行(6)。

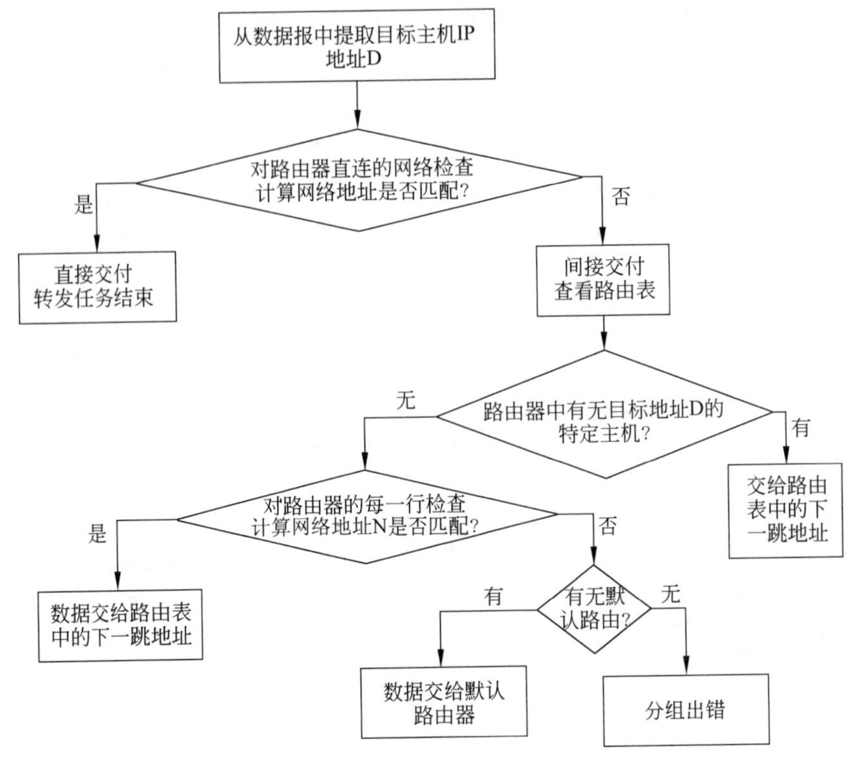

图 4.38 分组转发算法

(6) 报告转发分组出错。

【例 4-6】 已知图 4.39 所示的网络,以及路由器 R_1 中的路由表。现在主机 A 向 B 发送分组。试讨论 R_1 收到 A 向 B 发送的分组后查找路由表的过程。

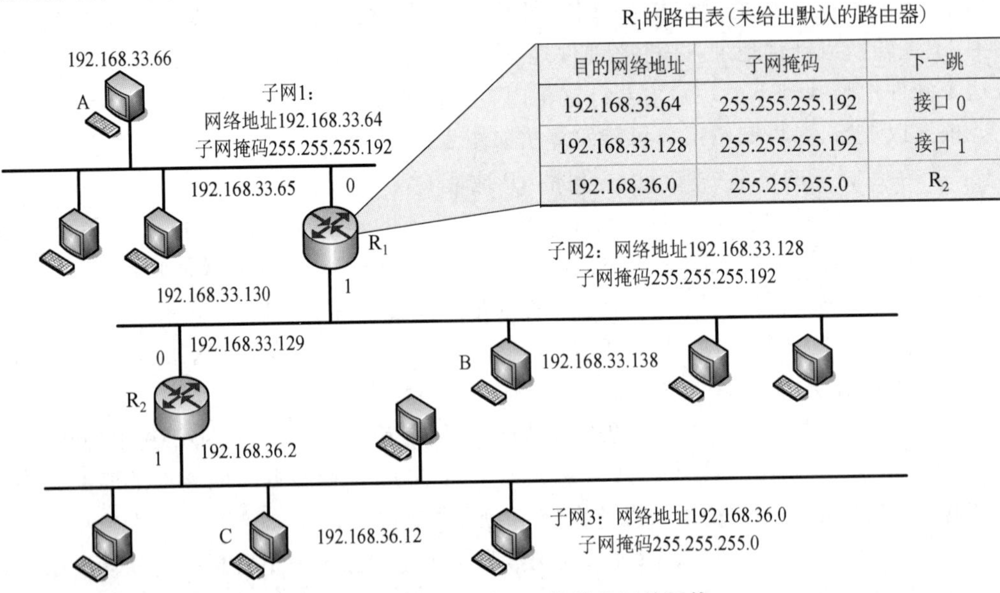

目的网络地址	子网掩码	下一跳
192.168.33.64	255.255.255.192	接口 0
192.168.33.128	255.255.255.192	接口 1
192.168.36.0	255.255.255.0	R_2

图 4.39 主机 A1 向 B1 发送分组的网络

【解】 主机A向B发送的分组的目的地址是B的IP地址192.168.33.138。主机A首先检查主机B是否连接在本网络上，如果是，则直接交付；否则，就送交路由器R_1，并逐项查找路由表。主机A首先将本子网的子网掩码255.255.255.192与分组的IP地址192.168.33.138逐比特相"与"(AND操作)，得出网络地址为192.168.33.128，与A所在的网络地址(192.168.33.64)不同。这说明A和B不在同一个子网中，不能将分组直接交付给B，而必须交给子网上的路由器R_1来转发。

路由器R_1在收到一个分组后，逐项查找路由表，先找到路由表中的第一行，看看这一行的网络地址和收到的分组的网络地址是否匹配。因为并不知道收到的分组的网络地址，因此只能试试看。这就是用这一行(子网1)的"子网掩码255.255.255.192"和收到的分组的"目的主机IP192.168.33.138"逐位相"与"，得出网络地址192.168.33.128。然后和这一行的目的网络地址相比较，发现比较结果不一致。

用同样的方法继续往下找第二行。用同样的方法计算网络地址得到网络地址为192.168.33.128，与第二行的目的网络地址相同，这就说明这个网络就是收到的分组所要寻找的网络。于是R_1就将分组从接口1(192.168.33.130)直接交付给主机B了(因为接口1和B1都在同一个子网中)。

【例4-7】 设某路由器建立了如表4.8所示的转发表，此路由器可以直接从接口0和接口1转发分组，也可通过相邻的路由器R_2、R_3和R_4进行转发。现共收到5个分组，其目的站IP地址分别为(1) 128.96.39.10，(2) 128.96.40.12，(3) 128.96.40.151，(4) 192.4.153.17，(5) 192.4.153.90，试分别计算每个分组的下一跳。

表4.8 路由表

目的网络	子网掩码	下一跳
128.96.39.0	255.255.255.128	接口0
128.96.39.128	255.255.255.128	接口1
128.96.40.0	255.255.255.128	R_2
192.4.153.0	255.255.255.192	R_3
*(默认)		R_4

【解】 分别计算这五个目的IP地址的网络地址，子网掩码255.255.255.128最后一组的二进制表示为10000000，子网掩码255.255.255.192的最后一组二进制表示为11000000。

(1) 128.96.39.10最后一组转换为二进制为00001010与10000000做"与"运算得到0，即网络地址为128.96.39.0，所以应选择第一条路由下一跳为接口0。

(2) 同理得出128.96.40.12的网络地址为128.96.40.0的下一跳为R_2。

(3) 128.96.40.151的网络地址为128.96.40.128，路由条目中没有对应的目的网络，所以下一跳应为默认条目R_4。

(4) 192.4.153.17与255.255.255.192做"与"运算得到192.4.153.0下一跳为R_3。

(5) 192.4.153.90与255.255.255.192做"与"运算得到192.4.153.64下一跳为默认

路由 R_4。

3. 路由的基本过程

如图 4.40 所示是一个最简单的网络拓扑,连接在同一台路由器上的两个网段。下面以图 4.40 为例,来介绍数据包是如何被路由的。

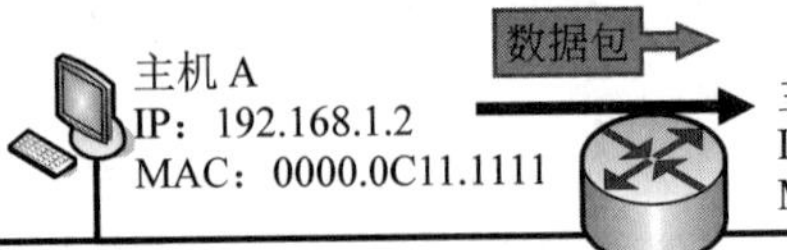

图 4.40 连接在同一台路由器上的两个子网

假设主机 A(IP 为 192.168.1.2) 要发一个数据包(为了下文表述方便,称该数据包为数据包 a)到主机 B(IP 为 192.168.2.2)。主机 A 和主机 B 的 IP 地址分别属于子网 192.168.1.0和子网 192.168.2.0。由于这两台主机不在同一网段,它们之间的联系必须通过路由器才能实现。

下面来描述数据传输过程中某个数据包 a 被路由的步骤。

第一步:在主机 A 上的封装过程。

首先,在主机 A 的应用层上向主机 B 发出一个数据流,该数据流在主机 A 的传输层上被分成了数据段。然后这些数据段从传输层向下进入网络层,准备在这里封装成为数据包。在这里,只描述其中一个数据包——数据包 a 的路由过程,其他数据包的路由过程是与之相同的。

在网络层上,将数据段封装为数据包的一个主要工作,就是为数据段加上 IP 包头,而 IP 包头中主要的一部分就是源 IP 地址和目的 IP 地址。路由器正是通过检查 IP 包头的源 IP 地址和目的 IP 地址,从而知道这个包是哪里来,要到哪里去。

数据包 a 的源 IP 地址和目的 IP 地址分别是主机 A 和主机 B 的 IP 地址。主机 A 的 IP 地址 192.168.1.2 就是数据包 a 的源 IP 地址,而主机 B 的 IP 地址 192.168.2.2 就是数据包 a 的目的 IP 地址。在封装完成以后,主机 A 将数据包 a 向下送到数据链路层上进行帧的封装,在这一层里要为数据包 a 封装上帧头和尾部的校验码,而帧头中主要的一部分就是源 MAC 地址和目的 MAC 地址。

那么,数据帧 a(注意,现在数据包 a 已经被封装为数据帧 a 了)的源 MAC 地址和目的 MAC 地址又是什么呢?源 MAC 地址当然还是主机 A 的 MAC 地址 0000.0C11.1111,但是,在这里数据帧的目的 MAC 地址并不是主机 B 的 MAC 地址,而是路由器 A 的 f0/0 接口的 MAC 地址,由于主机 A 和主机 B 不在同一个 IP 网段,它们之间的通信必须经过路由器。当主机 A 发现数据包 a 的目的 IP 地址不在本地时,它会把该数据包发送给默认网关,由默认网关把这个数据包路由到它的目的 IP 网段。在这个例子里,主机 A 的默认网关就是路由器 A 的 fastethernet0/0 接口。

默认网关的 IP 地址是可以配置在主机 A 上的(见图 4.41),主机 A 可以通过 ARP 地址解析得到自己默认网关的 MAC 地址,并将它缓存起来以备使用。一旦出现数据包的目的IP地址不在本网段内的情况，就以默认网关的MAC地址作为目的MAC地址封装数据帧，将该数据帧发往默认网关(具有路由功能的设备)，由网关负责寻找目的IP地址所对应的MAC地址或可以到达目的网段的下一个网关的MAC地址。

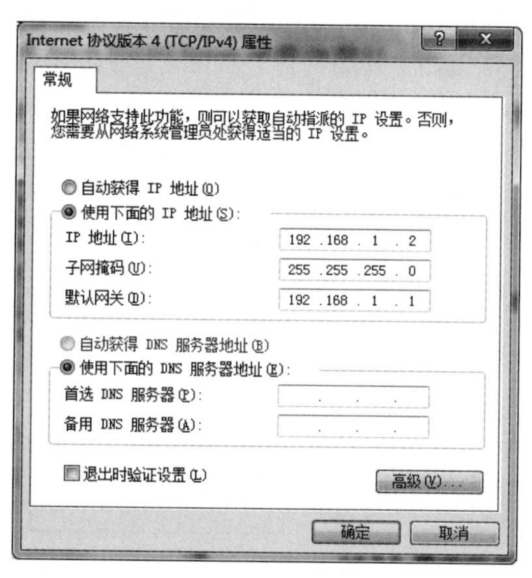

图 4.41　在主机 A 上配置默认网关

在图4.41中，主机A上配置的默认网关的IP地址是路由器A上fastethernet0/0接口的IP地址。至此，在主机A上得到一个封装完整的数据帧a，它所携带的地址信息如图4.42所示。主机A将这个数据帧a放到物理层，发送给目的MAC地址所标明的设备——默认网关。

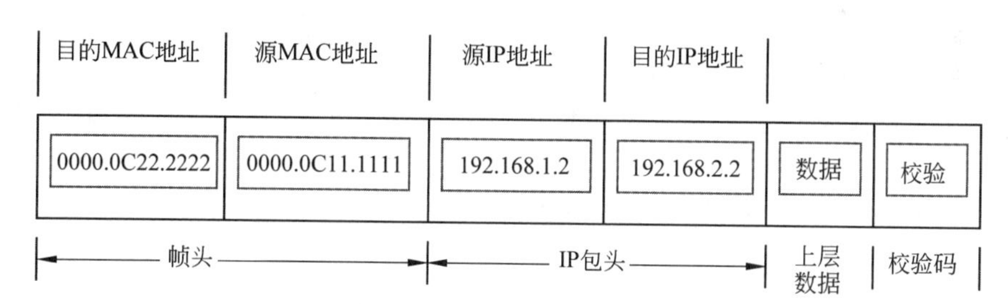

图 4.42　主机 A 中数据帧 a 所携带的地址信息

第二步：路由器A的工作。

当数据帧a到达路由器A的fastethernet0/0接口之后，首先被存放在接口的缓存里进行校验以确定数据帧在传输过程中没有损坏，然后路由器A会把数据帧a的二层封装(即帧头和尾部校验码)拆掉，取出其中的数据包a。至此，由主机A所封装的帧头完成使命而被抛弃。

路由器A将数据包a的包头送往路由器处理，路由器会读取其中的目的IP地址，然后在自己的路由表里查找是否存在着它所在网段的路由。只有数据包想要去的目的网段存在于路由器的路由表中，这个数据包才可以被发送到目的地去。

路由器知道数据包 a 将要被送往的网段的位置。如果在路由表里没有找到相关的路由，路由器会丢弃这个数据包，并向它的源设备发送“destination network unavailable”的ICMP 消息，通知该设备目的网络不可达。

在路由表里标明了到达网段 192.168.2.0 要通过路由器的 f0/1 接口，路由器根据路由表里的信息，对数据包 a 重新进行帧的封装。由于这次是把数据包 a 从路由器 A 的 f0/1 接口发出去，所以源 MAC 地址是该接口的 MAC 地址 0000.0C33.3333，目的 MAC 地址则是主机 B 的 MAC 地址 0000.0C44.4444，这个地址是路由器 A 由 ARP 协议解析得来存在缓存里的。如果 ARP 缓存里没有主机 B 的 MAC 地址，路由器就会发出 ARP 解析广播来得到它。

路由器 A 又重新建立了数据帧 a，图 4.43 是它的地址信息，请注意与原来的数据帧 a（图 4.42）的区别。路由器 A 将数据帧 a 从 f0/1 接口发送给主机 B。

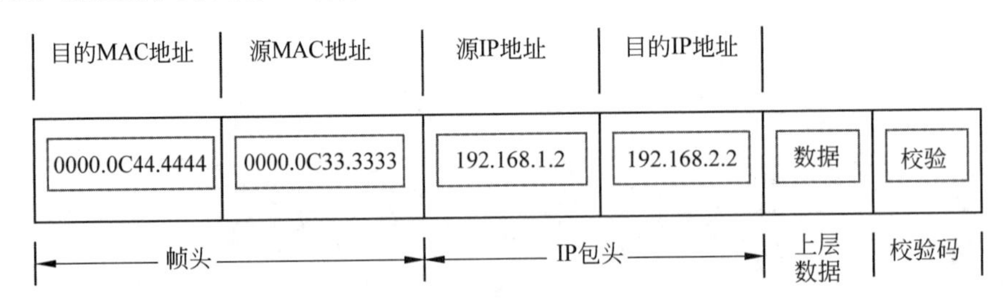

图 4.43　路由器 A 中数据帧 a 所携带的地址信息

第三步：主机 B 的拆封过程。

数据帧 a 到达主机 B 后，主机 B 首先核对帧封装的目的 MAC 地址与自己的 MAC 地址是否一致，如不一致主机 B 就会把该帧丢弃。核对无误之后，主机 B 会检查帧尾的校验，看数据帧是否损坏。证明数据的完整之后，主机 B 会拆掉帧的封装，把里面的数据包 a 拿出来，向上送给网络层处理。

网络层核对目的 IP 地址无误后会拆掉 IP 包头，将数据段向上送给传输层处理，至此，数据包 a 的路由过程结束。主机 B 会在传输层按顺序将数据包重组成数据流。

从主机 B 向主机 A 发送数据包的路由过程和以上过程类似，只不过源地址和目的地址与上一过程正好相反。

由此可以看出，数据在从一台主机传向另一台主机时，数据包本身没有变化，源 IP 地址和目的 IP 地址也没有变化，路由器就是依靠识别数据包中的 IP 地址来确定数据包的路由的。而 MAC 地址却在每经过一台路由器时都发生变化。在大型的网络里，主机之间的通信可能要经过好多台路由器，那么数据帧从哪台路由器的哪个接口发出，源 MAC 地址就是那台路由器的那个接口的 MAC 地址，而目的 MAC 地址就是路径中下一台路由器的与之相连的接口的 MAC 地址，直到到达目的地的网段。所以说数据的传递归根结底靠的是 MAC 地址。

4.4.2　路由选择协议的基本概念

由上面介绍可知，在路由器中维持一个能正确反映网络拓扑与状态信息的路由表对于路由器完成路由功能是至关重要的。那么路由表中的路由信息是从何而来的呢？通常有两种方式可用于路由表信息的生成和维护，分别是静态路由和动态路由。

静态路由是指网络管理员以手工配置方式创建的路由表表项。这种方式要求网络管理员对网络的拓扑结构和网络状态有着非常清晰的了解，而且当网络连通状态发生变化时，更新要通过手工方式完成。所以，静态路由也称为非自适应路由。

动态路由是指路由协议通过自主学习而获得的路由信息，通过在路由器上运行路由协议并进行相应的路由协议配置即可保证路由器自动生成并维护正确的路由信息，所以动态路由也称为自适应路由。使用路由协议动态构建的路由表不仅能更好地适应网络状态的变化，如网络拓扑和网络流量的变化，同时也减少了人工生成与维护路由表的工作量。但为此付出的代价则是用于运行路由协议的路由器之间为了交换和处理路由更新信息而带来的资源耗费，包括网络带宽和路由器资源的占用。所以，动态路由适用于较复杂的大网络。

在网络层用于动态生成路由表信息的协议被称为路由协议，路由协议使得网络中的路由设备能够相互交换网络状态信息，从而在内部生成关于网络连通性的映像(Map)并由此计算出到达不同目标网络的最佳路径或确定相应的转发端口。

1. 路由算法

路由选择协议的核心就是路由算法，即需要何种算法获得路由表中的各项目。大多数路由选择算法可分成 3 个基本算法：距离矢量(Distance Vector)路由算法、链路状态(Link State)路由算法和混合路由(Hybrid Routing)算法。

(1) 距离矢量路由算法。

在所有的动态路由协议中，最简单的就是距离矢量路由协议。算法模型如图 4.44 所示。

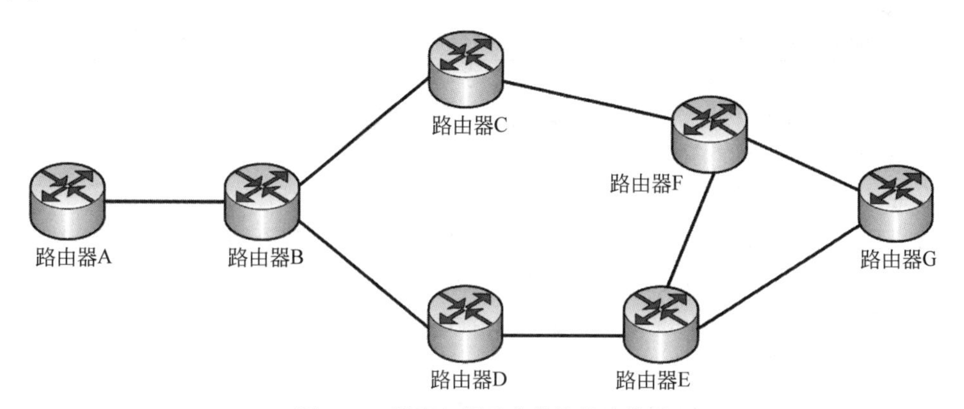

图 4.44 距离矢量路由协议算法模型

设任意两点 x 和 y 之间的开销记为 $M(x,y)$，图 4.44 中 F 到 A 的开销为 $M(\mathrm{F},\mathrm{A})=\min(M(\mathrm{F},\mathrm{C})+M(\mathrm{C},\mathrm{A}),M(\mathrm{F},\mathrm{E})+M(\mathrm{E},\mathrm{A}),M(\mathrm{F},\mathrm{G})+M(\mathrm{G},\mathrm{A}))$。

注意：其中的 C、E、G 都是 F 相邻的路由器。计算任何一个路由器到某特定目的网络的路由，都是取其到相邻路由器的开销与相邻路由器到特定目的网络开销和的最优值。

距离矢量算法通过上述方法累加网络距离，并维护网络拓扑信息数据库。每个路由器都不了解整个网络的拓扑，它们只知道与自己直接相连的网络情况，并根据从邻居那里得到的路由信息更新自己的路由表。路由信息协议 RIP 就是使用了距离矢量路由算法，具体的应用过程我们将在 4.4.3 节路由信息协议 RIP 中阐述。

(2) 链路状态路由算法。

链路状态路由算法要求每个参与该算法的结点都有完全的网络拓扑信息，它们执行以下两项任务：第一，主动测试所有邻结点的状态。两个共享一条链接的结点是邻结点，它们连接到同一条链路，或者连接到同一广播型物理网络。第二，定期地将链路状态传播给所有其他的结点(或称路由结点)。

在一个链路状态路由选择中，一个结点检查所有直接链路的状态，并将所得的状态信息发送给网上所有的其他的结点，而不仅仅是发给那些直接相连的结点。每个结点都用这种方式，所有其他的结点从网上接收包含直接链路状态的路由信息。每当链路状态报文到达时，路由结点便使用这些状态信息去更新自己的网路拓扑和状态"视野图"，一旦链路状态发生改变，结点对跟新的网络图利用 Dijkstra 最短路径算法重新计算路由，从单一的报源发出计算到达所有的结点的最短路径。

典型的链路状态路由算法的应用是最短路径优先协议 OSPF。

表 4.9 给出了距离矢量路由算法和链路状态路由算法的区别。

表 4.9 距离矢量路由算法和链路状态路由算法的比较

距离矢量路由选择	链路状态路由选择
从网络邻居的角度观察网络拓扑结构	得到整个网络的拓扑结构图
路由器转换时增加距离矢量	计算出通往其他路由器的最短路径
频繁、周期地更新；慢速收敛	由事件触发来更新；快速收敛
把整个路由表发送到相邻路由器	只把链路状态路由选择的更新传送到其他路由器上

举一个形象的例子来帮助我们理解距离矢量路由协议和链路状态路由协议在路由算法上的差异。

假定有一位同学从温州出发去乌鲁木齐，显然存在多种出行方案供他选择，一是直接乘坐温州至乌鲁木齐的长途汽车，二是直接乘坐温州至乌鲁木齐的航班，三是先由温州坐火车去上海，然后从上海再度坐火车抵达乌鲁木齐，四是先坐汽车由温州抵杭州，再坐火车杭州到北京，最后坐飞机由北京抵达乌鲁木齐。那么这么多方案哪一个是最佳方案呢？按照典型的距离矢量路由协议 RIP 的看法，第一种和第二种方案均为最佳方案，因为 RIP 认为经过的中间结点(即跳数)最少的路径就是最佳路径，而这两种方案因为都是直接可达而具有相同的优先级。但以典型的链路状态路由协议 OSPF 看来，情况就不是那么简单了。首先，OSPF 要确定一个这位同学对方案的哪些方面感兴趣，诸如交通工具的速度(是否快捷)、舒适度(是否很拥挤)、安全度(是否可靠)和费用(是否便宜)等等，并根据这位同学对这些指标的关注程度确定不同的重要性即定出权重，然后利用所得到的综合评价标准对所有的可选方案进行评估，最后选择一个综合代价最小的方案作为最佳方案。显然，当这位同学对指标的关注程度发生变化时，所选出的最佳方案也就随之发生变化。

(3) 混合路由协议。

混合路由协议是综合了距离矢量路由协议和链路状态路由协议的优点而设计出来的路由协议，如中间系统到中间系统的路由协议(Intermediate System- Intermediate System，IS-IS)和增强型内部网关路由协议(Enhanced Interior Gateway Routing Protocol，EIGRP)就属于此类路由协议。

2. 分层次的路由选择协议

Internet采用的路由选择协议主要是动态的、分布式路由选择协议。由于以下两个原因，Internet采用分层次的路由选择协议。

首先，Internet的规模非常大，现在就已经有几百万个路由器互连在一起。如果让所有的路由器知道所有的网络应怎样到达，则这种路由表将非常大，处理起来也太费时间。而所有这些路由器之间交换路由信息所需的带宽就会使Internet的通信链路饱和。

其次，许多单位不愿意外界了解自己单位网络的布局细节和本部门所采用的路由选择协议(这属于本部门内部的事情)，但同时希望连接到Internet上。

为此，按照作用范围和目标的不同，Internet将互联网划分为许多较小的自治系统，一般简称为AS(Autonomous System)。一个自治系统是一组互连起来的IP前缀(一个或多个前缀)，由一个或多个网络管理员负责其运行，但更重要的特点就是每一个自治系统有一个单一的和明确定义的路由选择策略。这样，Internet就把路由选择协议划分为以下两大类。

(1) 内部网关协议(Interior Gateway Protocol，IGP)，即在一个自治系统内部使用的路由选择协议，而这与在互联网中的其他自治系统选用什么路由选择协议无关。我们可以有多个内部网关协议，并且每个AS可以自由选择。在自治系统内部的路由选择也称为域内路由选择。现在，两种常见域内路由选择协议就是RIP和OSPF，将在4.4.3小节给大家介绍。

(2) 外部网关协议(Exterior Gateway Protocol，EGP)，若源点和终点处在不同的自治系统中(这两个自治系统使用不同的内部网关协议)，当数据报传到一个自治系统的边界时就需要使用一种协议，将路由选择信息传递到另一个自治系统中。这样的协议就是外部网关协议EGP。自治系统之间的路由选择也称为域间路由选择。一种域间路由选择协议就是BGP，我们将在4.4.5小节介绍。

如图4.45所示，为3个自治系统互连在一起的示意图，在自治系统内各路由器之间的网络就省略了，而用一条链路表示路由器之间的网络。每个自治系统运行本自治系统的内部路由选择协议IGP，但每个自治系统都有一个或多个路由器，除运行本系统的内部路由选择协议外，还运行自治系统间的路由选择协议EGP。在图4.45中，能运行自治系统间的路由选择协议的有R_1、R_2和R_3这3个路由器。假定图中自治系统A的主机H_1要向自治系统B的主机H_2发送数据报，那么在各自治系统内使用的是各自的内部网关协议IGP(例如，分别使用RIP和OSPF)，而在路由器R_1和R_2之间则必须使用外部网关协议EGP(例如，使用BGP-4)。

从图4.45中可以得到这个重要概念：一个路由器可以同时使用两种不同的选路协议，一个用于到自治系统之外的通信，另一个用于自治系统内部的通信。

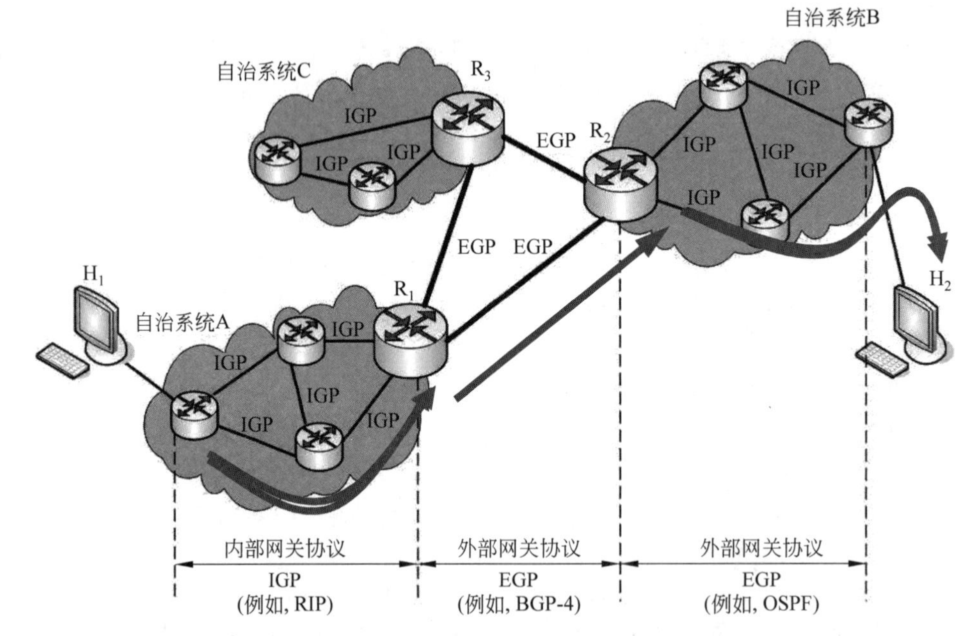

图 4.45 自治系统和内部网关协议、外部网关协议

4.4.3 路由信息协议 RIP

路由信息协议(Routing Information Protocol,RIP)是一个在自治系统内部使用的域内路由选择协议,它基于我们之前描述的距离矢量路由选择算法。RIP 协议要求网络中的每一个路由器都要维护从它自己到其他每一个目的网络的距离记录。

首先我们来介绍一下"距离"的定义。从一路由器到直接连接的网络的距离定义为 1。从一个路由器到非直接连接的网络的距离定义为所经过的路由器数加 1。RIP 协议中的"距离"也称为"跳数"(Hop Count),因为每经过一个路由器,跳数就加 1,如图 4.46 所示的网络中,网络 N_1、网络 N_2、网络 N_3 和网络 N_4 相互之间由路由器相连,路由器 R_3 和网络 N_4 是直连的,即距离为 1;路由器 R_2 到达网络 N_4 的距离为经过的路由器个数(1 个即

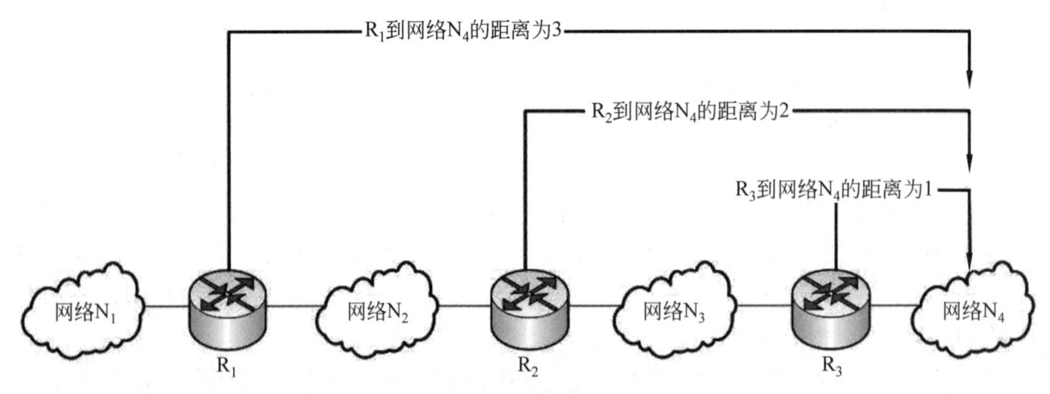

图 4.46 RIP 中的距离

为 R_3)加 1,所以距离为 2;同理路由器 R_1 到达网络 N_4 的距离为 3。这里的“距离”实际上指的就是“最短距离”。RIP 认为一个好的路由就是它通过的路由器的数目少,即“距离短”。RIP 允许一条路径最多只能包含 15 个路由器。即“距离”的最大值为 16 时即为不可达。可见 RIP 只适用于小型互联网。

RIP 不能在两个网络之间同时使用多条路由。RIP 选择一个具有最少路由器的路由(即最短路由),哪怕还存在另一条高速(低时延)但路由器较多的路由。

在学习路由协议时,需要弄清楚三点:即和哪些路由器交换信息?交换的是什么信息?在什么时间交换信息?根据这几天需求,总结出 RIP 协议的三个要点。

(1) 仅和相邻路由器交换信息。

(2) 交换的信息是当前本路由器所知道的全部信息,即自己的路由表。

(3) 按固定的时间间隔交换路由信息,例如,每隔 30s。

下面阐述路由表的建立、更新过程。

这里需要强调一点路由器在刚刚开始工作时,只知道到直接连接的网络的距离(此距离定义为 1)。以后,每一个路由器也只和数目非常有限的相邻路由器交换并更新路由信息。经过若干次更新后,所有的路由器最终都会知道到达本自治系统中任何一个网络的最短距离和下一跳路由器的地址。RIP 协议的收敛(Convergence)过程较快,即在自治系统中所有的结点都得到正确的路由选择信息的过程。

路由表中最主要的信息就是到某个网络的距离(即最短距离),以及应经过的下一跳地址。路由表更新的原则是找到到每个目的网络的最短距离。这种更新算法所用的就是距离矢量路由算法。下面我们就来介绍一下使用距离矢量路由算法更新路由表的过程。

某路由器 R_1 收到相邻路由器(其地址为 R_x)的一个 RIP 报文(路由表信息),更新过程如下。

(1) 先修改此 RIP 报文(路由表信息)中的所有项目:把“下一跳”字段中的地址都改为 R_x,并把所有的“距离”字段的值加 1。

(2) 对修改后的 RIP 报文中的每一个项目,重复以下步骤:

首先查看项目中的目的网络是否在路由器 R_1 的路由表中,若不在 R_1 路由表中,则把该项目加到 R_1 路由表中。若在 R_1 路由表中,则判断下一跳字段给出的路由器地址是否相同,若相同则把收到的项目替换原路由表中的项目。若不相同,比较收到的项目中的距离是否小于 R_1 路由表中的距离,若距离小于 R_1 路由表中的距离,则进行更新;若距离不小于 R_1 路由表中的距离,则保持原来的项目不变。

(3) 查看下一条项目重复以上的动作,具体如图 4.47 的流程图所示。

如果路由器 3 分钟还没有收到相邻路由器的更新路由表,则把此相邻路由器记为不可达路由器,即将距离置为 16(距离为 16 表示不可达)。

下面我们来解释一下为什么要这么设计算法。如路由器 R_1 收到相邻的路由器 R_x 的 RIP 报文的某一个项目是“N_2,2,R_y”,这个项目的意思可以理解为路由器 R_x 经过路由器 R_y 到达网络 N_2 的距离为 2,那么路由器 R_1 就可以根据这个信息推断出本路由想要

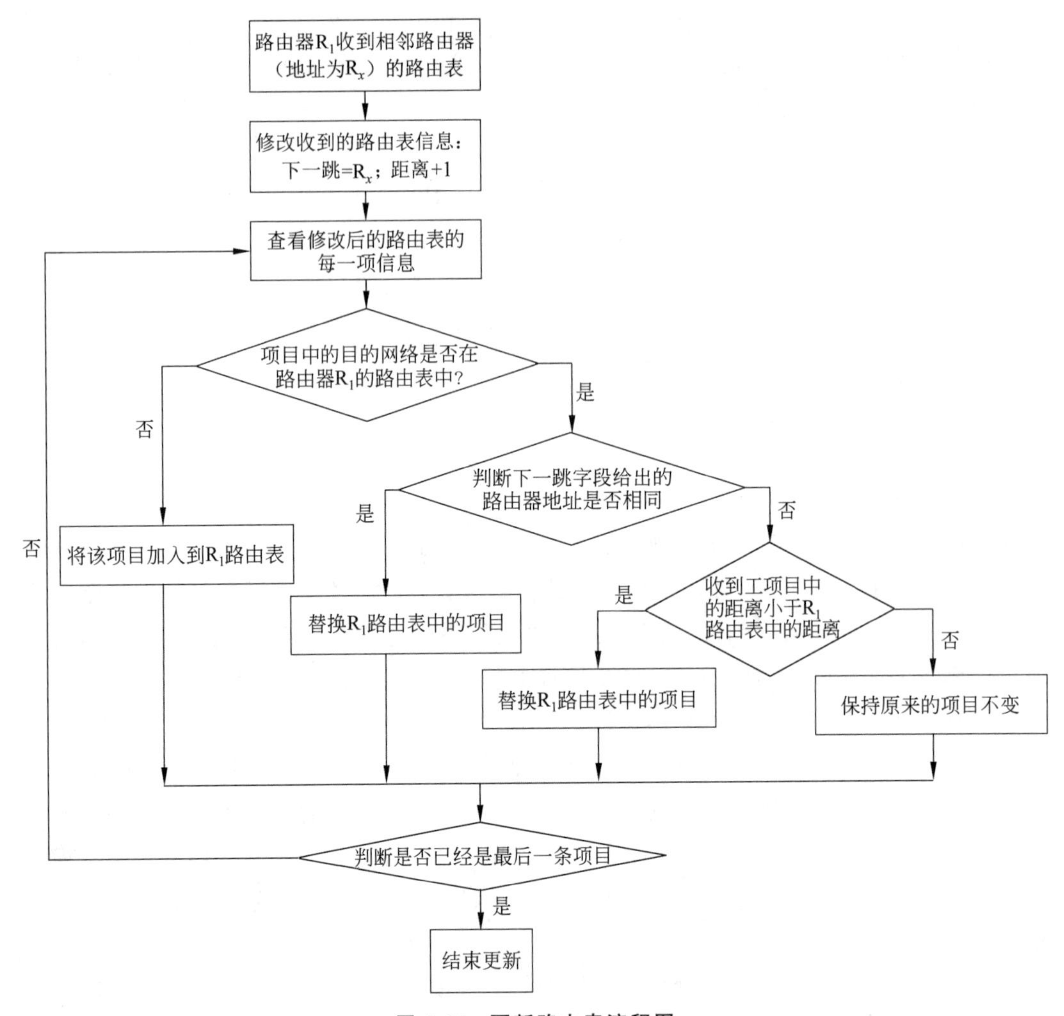

图 4.47　更新路由表流程图

到达网络 N_2 可以通过 R_x，距离为 2＋1＝3。即将信息改为"N_2，3，R_x"。也就是为什么我们需要修改 RIP 报文(路由表信息)中的所有项目，让"下一跳"字段中的地址都改为 R_x，并把所有的"距离"字段的值加 1。逐条检查修改后的项目时，首先查看目的网络地址，如果没在 R_1 路由表中则表明是新的目的网络，应当加入路由表中。如果 R_1 路由表中有这个目的网络，那么就要判断下一跳地址是否一样，如果一样则更新，这是因为这是同一台路由器告诉你的消息，那么我们就要采用最新的消息。如果下一跳地址不一样，那么就需要比较距离了，只有距离小于原来的距离才需要更新替换(距离一样的情况也不更新，因为更新后得不到好处)。

【例 4-8】 已知路由器 C 有如表 4.10 的路由表。现在收到相邻路由器 B 发来的路由更新信息，如表 4.11 所示。试更新路由器 C 的路由表。

【解】 (1) 把 B 发来的更新信息表中距离＋1，并把下一跳路由器改为 B，如表 4.12 所示。

表 4.10 路由器 C 的路由表信息

目的网络	距离	下一跳路由器
N_2	3	D
N_3	4	E
N_4	5	A
N_5	3	B

表 4.11 路由器 B 发来的更新信息

目的网络	距离	下一跳路由器
N_1	2	A
N_2	5	E
N_3	1	直接交付
N_5	4	D

表 4.12 修改后的路由器 B 的路由表

目的网络	距离	下一跳路由器
N_1	3	B
N_2	6	B
N_3	2	B
N_5	5	B

(2) 将这个表的每一行与表 4.10 的路由器 C 的路由表中信息进行比较。

第一行目的网络地址在表 4.10 中没有,因此将这一行添加到表 4.10 中。

第二行目的网络地址一样的情况下,查看下一跳路由器地址,不一样则比较距离,距离大于原来的距离则不更新。

第三行目的网络地址一样的情况下,查看下一跳路由器地址,不一样则比较距离,距离小于原来的距离则将这条信息替换掉原来的项目信息。

第四行目的网络地址一样,查看下一跳路由器地址也一样,则更新。

其余保持原来的信息不变,这样得出更新后的路由器 C 的路由表如表 4.13 所示。

表 4.13 路由器 C 更新后的路由表

目的网络	距离	下一跳路由器
N_1	3	B
N_2	3	D
N_3	2	B
N_4	5	A
N_5	5	B

RIP 协议让互联网中的所有路由器都和自己的相邻路由器不断交换路由信息，并不断更新其路由表，使得从每一个路由器到每一个目的网络的路由都是最短的(即跳数最少)。虽然所有的路由器最终都拥有了整个自治系统的全局路由信息，但由于每一个路由器的位置不同，它们的路由表当然也应当是不同的。

根据 RIP 的工作可以看到，RIP 存在的一个问题是当网络出现故障时，要经过比较长的时间才能将此信息传送到所有的路由器，如图 4.48 所示，我们来分析一下过程。

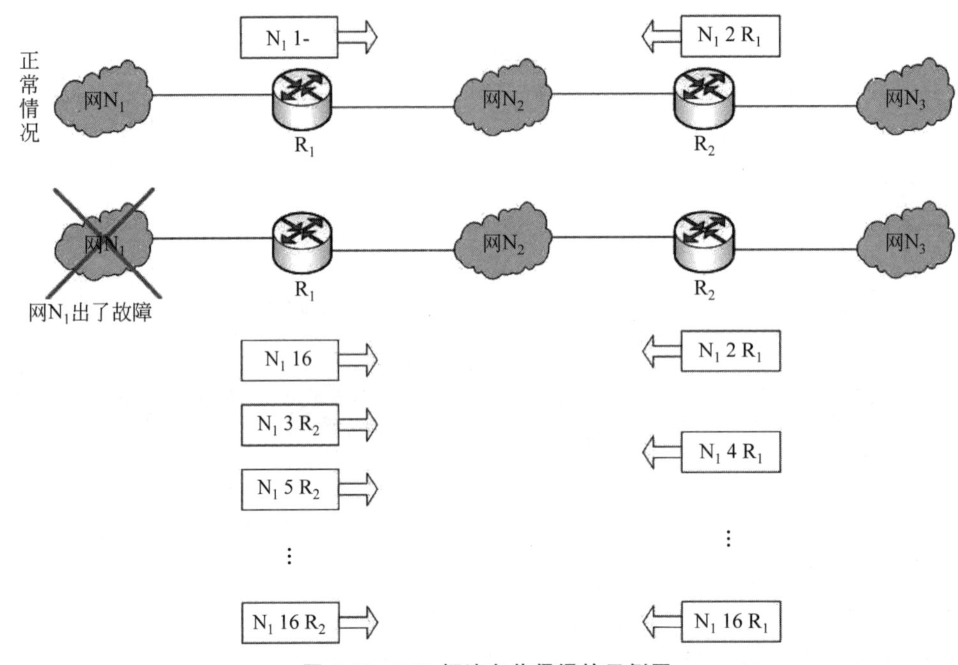

图 4.48 RIP 坏消息传得慢的示例图

正常情况下，R_1 说："我到网 N_1 的距离是 1，是直接交付。" R_2 说："我到网 N_1 的距离是 2，是经过 R_1。"这个时候网络 N_1 出现了故障，R_1 说："我到网 N_1 的距离是 16(表示无法到达)，是直接交付。" 但 R_2 在收到 R_1 的更新报文之前，还发送原来的报文，因为这时 R_2 并不知道 R_1 出了故障。R_1 收到 R_2 的更新报文后，误认为可经过 R_2 到达网 N_1，于是更新自己的路由表，说："我到网 N_1 的距离是 3，下一跳经过 R_2"。然后将此更新信息发送给 R_2。R_2 收到以后又更新自己的路由表为"N_1，4，R_1"，表明"我到网 N_1 距离是 4，下一跳经过 R_1"。这样不断更新下去，直到 R_1 和 R_2 到网 N_1 的距离都增大到 16 时，R_1 和 R_2 才知道网 N_1 是不可达的。这就是好消息传播得快，而坏消息传播得慢。网络出故障的传播时间往往需要较长的时间(例如数分钟)。这是 RIP 的一个主要缺点。

而 RIP 协议最大的优点就是实现简单，开销较小。RIP 限制了网络的规模，它能使用的最大距离为 15(16 表示不可达)。路由器之间交换的路由信息是路由器中的完整路由表，因而随着网络规模的扩大，开销也就增加。

对于 RIP 报文有两种版本的格式：RIP1 和 RIP2。两种报文稍有不同，RIP1 报文中不能携带子网掩码信息。因此，RIP1 不支持使用变长的子网掩码技术(VLSM)。RIP2

报文中包含子网掩码，即支持验证、密钥管理、路由汇总、无类域间路由（CIDR）和可变长子网掩码（VLSM），如图4.49所示。

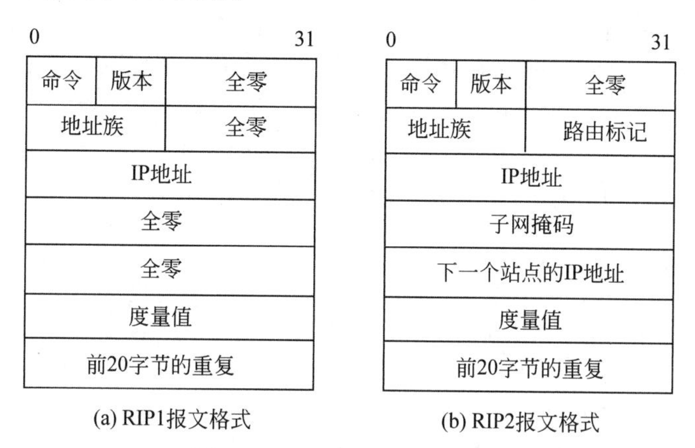

图4.49　RIP报文的两种格式

图4.50是RIP2报文的格式，RIP报文由首部和路由部分组成。RIP的首部占4字节，其中，命令字段的值的范围是1～5，但只有1和2是正式的值，命令码1标识一个请求报文，表示请求路由信息，命令码2标识一个响应报文，表示对请求路由信息的响应或未被请求而发出的路由更新报文。

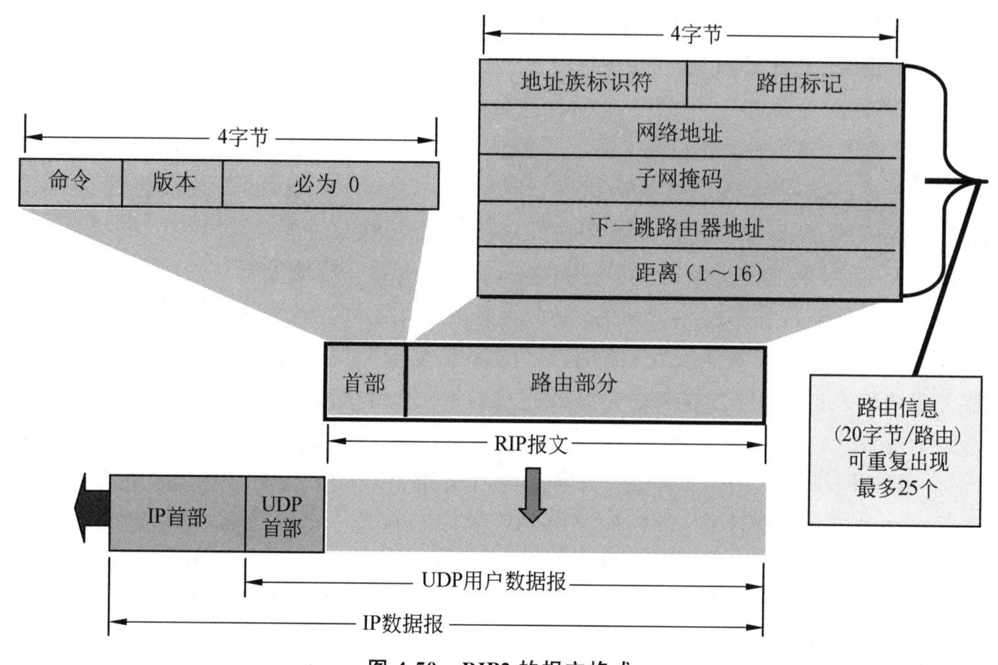

图4.50　RIP2的报文格式

RIP2报文中的路由部分由若干个路由信息组成，每个路由信息需要20字节。两个版本都包含一个地址族，对于IP地址就令该字段的值为2。路由标记：若干RIP支持外部网关协议（EGP），该字段包含一个自治系统号。

后面指出了某个网络地址、该网络的子网掩码、下一跳路由器地址以及到此网络的距离。由于 RIP 是一个基于 UDP 协议的，所以受 UDP 报文的限制，一个 RIP 的数据包不能超过 512 字节。因而，一个 RIP 报文最多可包括 25 个路由，于是 RIP 报文的最大长度是 4＋20×25＝504 字节。如超过，必须再用一个 RIP 报文来传送。

从报文中我们可以看出，RIP1 不能运行于包含有子网的自治系统中，因为它没有包含运行所必须的子网信息——子网掩码。RIP2 有子网掩码，因而它可以运行于包含有子网的自治系统中，这也是 RIP2 对 RIP1 有意义的改进。

4.4.4 开放最短路径优先协议 OSPF

开放最短路径优先协议(Open Shortest Path First，OSPF)是 IETF 组织开发的一个基于链路状态的内部网关协议(IGP)。从其名称可以看出，最后采用什么路由，取决于通过相应的路由算法计算得出的路由路径，到达同一目的主机或网络的路由中，路径最短的优先采用。同时 OSPF 又是开放的动态路由协议，所谓“开放”是指 OSPF 协议不是受某一家厂商控制，而是公开发表的，即可以支持不同的三层协议的网络。相对 RIP 协议来说，路由功能要强大许多(可以支持高达 255 跳数的大型网络)，同时配置也要复杂许多。

OSPF 最主要的特征就是使用分布式的链路状态协议，而不是像 RIP 那样的距离矢量协议。和 RIP 协议相比，有以下几点区别：

(1) 向本自治系统中所有路由器发送链路状态通告(Link-State Advertisement，LSA)。路由器通过所有输出端口向所有相邻的路由器发送 LSA。而每一个相邻路由器又再把这个 LSA 发往其所有的相邻路由器。这样，最终整个区域中所有的路由器都得到了这个 LSA 的一个副本。而 RIP 是仅仅向自己相邻的几个路由器发送信息。

(2) 发送的信息就是与本路由器相邻的所有路由器的 LSA，但这只是路由器所知道的部分信息。LSA 用于标识这条链路、链路状态、路由器接口到链路的代价度量值以及链路所连接的所有邻居。每个邻居在收到通告后将依次向它的邻居转发(洪泛)这些通告。而对于 RIP，发送的信息是“到所有网络的距离和下一跳地址”。

(3) 只有当链路状态发生变化时，路由器才用洪泛法向所有路由器发送此 LSA。而 RIP 不管网络拓扑有无发生变化，路由器之间都要定期交换路由表的信息。而且 LSA 几乎是立即被转发的。因此，当网络拓扑发生变化时，链路状态协议的收敛速度要远远快于距离矢量协议。

(4) RIP 网络是一个平面网络，对网络没有分层。OSPF 在网络中建立起层次概念，在自治域中可以划分更小的区域，使路由的广播限制在每一个区域而不是整个的自治域，这就减少了整个网络上的通信量，避免了不必要的资源浪费。图 4.51 就表示一个自治域划分为四个区域。每个区域都有一个 32 位的区域标示符(用点分十进制表示)。当然，一个区域也不能太大，在一个区域内的路由器最好不超过 200 个。

(5) 如果到同一个目的网络有多条相同代价的路径，那么可以将通信量分配给这几条路径。这称为多路径间的负载平衡(Load Balancing)。在代价相同的多条路径上分配通信量是通信量工程中的简单形式。RIP 只能找出到某个网络的一条路径。

(6) OSPF 支持可变长度的子网划分和无分类的编址 CIDR。

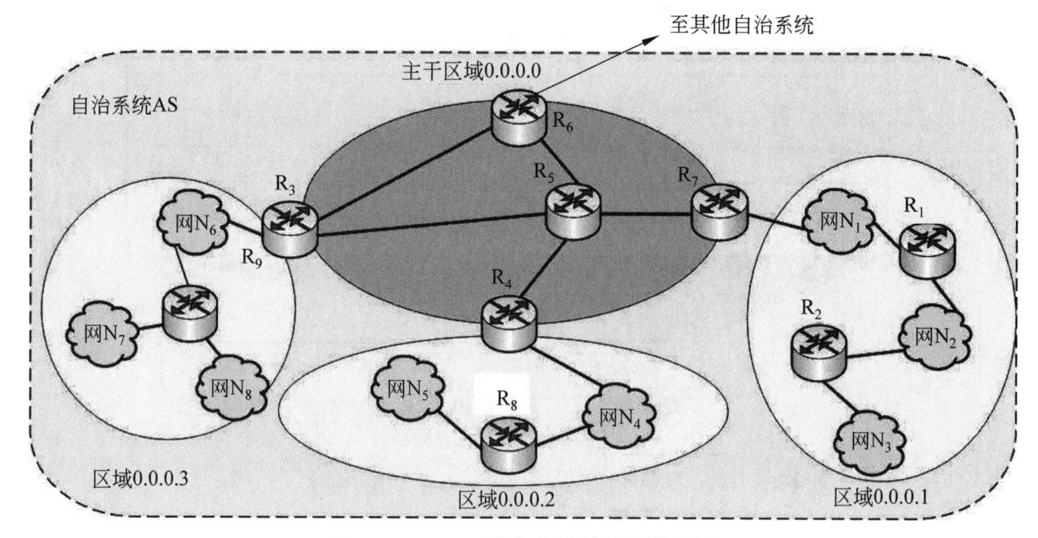

图 4.51 OSPF 划分为两种不同的区域

(7) 因为网络中的链路状态可能经常发生变化,所以,OSPF 让每一个链路状态都带上一个 32 位的序号,序号越大状态就越新。

(8) OSPF 在路由广播时采用了授权机制,保证了网络安全。

上述两者的差异显示了 OSPF 协议后来居上的特点,其先进性和复杂性使它适应了今天日趋庞大的 Internet,并成为主要的互联网路由协议。

下面我们简要介绍一下 OSPF 的分组格式。OSPF 不用 UDP 而是直接用 IP 数据报传送。OSPF 构成的数据报很短。这样做可减少路由信息的通信量。数据报很短的另一好处是可以不必将长的数据报分片传送。分片传送的数据报只要丢失一个,就无法组装成原来的数据报,而整个数据报就必须重传。

所有的 OSPF 分组均有 24 字节的固定长度首部,如图 4.52 所示,分组的数据部分可以是 5 种类型分组中的一种,下面简单介绍 OSPF 首部各字段的含义。

(1) 版本:标识使用的 OSPF 版本,目前的版本号是 2。

(2) 类型:标识 OSPF 分组类型,可是五种类型分组中的一种。

(3) 分组长度:指示包括 OSPF 首部在内的分组长度,以字节计。

(4) 路由器 IP 地址:标识发送该分组的路由器的接口的 IP 地址。

(5) 区域标识符:标识该分组属于的区域的标识符。

(6) 检验和:对整个分组的内容检查传输中是否发生差错。

(7) 认证类型:所有的 OSPF 协议交换均被认证,认证类型可以在每区间的基础上配置,目前只有两种——0(不用)和 1(口令)。

(8) 认证:认证的信息,认证类型为 0 时填入 0;认证类型为 1 则填入 8 个字符的口令。

OSPF 共有以下 5 种分组类型。

(1) 问候(Hello)分组:建立和维持邻居关系。

(2) 数据库描述(Database Description)分组:描述拓扑数据库内容,此类信息在初

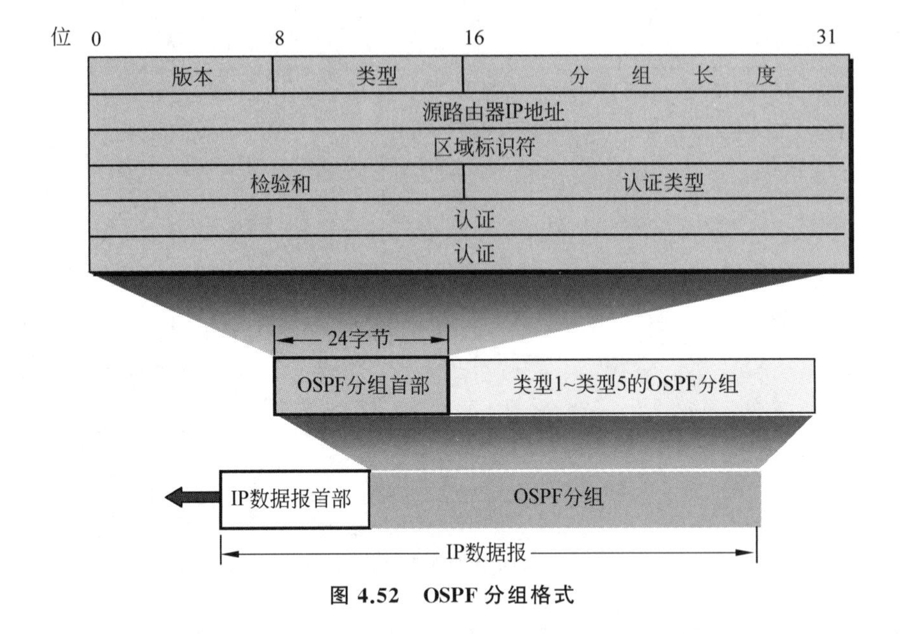

图 4.52 OSPF 分组格式

始化邻接关系时交换。

(3) 链接状态请求(Link State Request)分组：从相邻路由器发来的拓扑数据库请求，此类信息在路由器通过检查数据库描述分组发现其部分拓扑数据库过期后发送。

(4) 链接状态更新(Link State Update)分组：对链接状态请求分组的响应，也用于通常的 LSA 散发，单个链接状态更新分组中可以包含多个 LSA。

(5) 链接状态确认(Link State Acknowledgment)分组：确认链接状态更新分组。

OSPF 规定，每两个相邻路由器每隔 10 秒钟要交换一次问候分组，这样就能确信知道哪些邻站可达。OSPF 协议的工作过程也就是前面介绍的链路状态路由协议的工作过程。为了确保链路状态数据库与全网的状态保持一致，还规定每隔一段时间，如 30 分钟，要刷新一次数据库中的链路状态。

由于一个路由器的链路状态只涉及与相邻路由器的连通状态，因而与整个互联网的规模并无直接关系。因此当互联网规模很大时，OSPF 协议要比距离向量协议 RIP 好得多。

通过各路由器之间的交换链路状态信息，每一个路由器都可得出该互联网的链路状态数据库。每个路由器中的路由表可从这个链路状态数据库导出。每个路由器可算出以自己为根的最短路径树，再根据最短路径树就很容易得出路由表来。

目前，大多数路由器厂商都支持 OSPF，并开始在一些网络中取代旧的 RIP。

4.4.5 边界网关协议 BGP

边界网关协议第四版(Border Gateway Protocol Version 4，BGP4) 是当今 Internet 中的域间路由选择协议。BGP4 基于我们之前描述的距离矢量路由算法。但是比起典型的 RIP 距离矢量协议，又有很多增强的性能：

(1) BGP 使用 TCP 作为传输协议，使用端口号 179，在通信时，要先建立 TCP 会话，

这样数据传输的可靠性就由 TCP 协议来保证，而在 BGP 的协议中就不用再使用差错控制和重传的机制，从而简化了复杂的程度。

(2) 另外，BGP 使用增量的、触发性的路由更新，而不是一般的距离矢量协议的整个路由表的、周期性的更新，这样节省了更新所占用的带宽。

(3) BGP 还使用"保留"信号(Keepalive)来监视 TCP 会话的连接。

(4) BGP 还有多种衡量路由路径的度量标准(称为路由属性)，可以更加准确地判断出最优的路径。

在配置 BGP 时，每一个自治系统的管理员要选择至少一个路由器作为该自治系统的"BGP 发言人"。一般说来，两个 BGP 发言人都是通过一个共享网络连接在一起的，而 BGP 发言人往往就是 BGP 边界路由器，但也可以不是 BGP 边界路由器。

一个 BGP 发言人与其他自治系统中的 BGP 发言人要交换路由信息，就要先建立 TCP 连接，然后在此连接上交换 BGP 报文以建立 BGP 会话，利用 BGP 会话交换路由信息，如增加了新的路由，或撤销过时的路由，以及报告出差错的情况等。使用 TCP 连接能提供可靠的服务，也简化了路由选择协议。使用 TCP 连接交换路由信息的两个 BGP 发言人，彼此成为对方的邻站或对等站。

图 4.53 表示 BGP 发言人和自治系统 AS 的关系的示意图。在图中画出了 3 个自治系统中的 5 个 BGP 发言人。每一个 BGP 发言人除了必须运行 BGP 协议外，还必须运行该自治系统所使用的内部网关协议，如 OSPF 或 RIP。

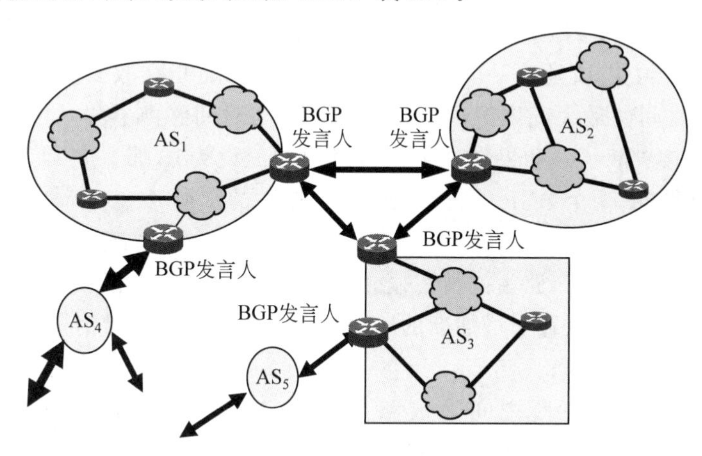

图 4.53　BGP 发言人和自治系统 AS 的关系

BGP 所交换的网络可达性信息就是要到达某个网络(用网络前缀表示)所要经过的一系列的自治系统。当 BGP 发言人互相交换了网络可达性的信息后，各 BGP 发言人就根据所采用的策略从收到的路由信息中找出到达各自治系统的比较好的路由。图 4.54 表示一个 BGP 发言人构造成的自治系统连通图，它是树型拓扑结构，不存在回路。

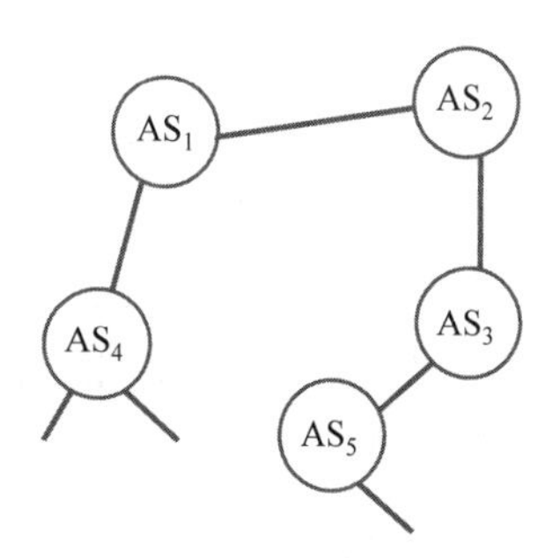

图 4.54　自治系统的连通图

要在许多自治系统之间寻找一条较好的路径，就是要寻找正确的 BGP 发言人(或边界路由器)，而在每一个 AS 中

BGP 发言人(或边界路由器)的数目是很少的,这样就使得自治系统之间的路由选择特别复杂。

BGP 支持 CIDR,因此 BGP 的路由表也就应当包括目的网络前缀、下一跳路由器,以及到达该目的网络所要经过的各个自治系统序列。由于使用了路径向量的信息,就可以很容易地避免产生兜圈子的路由。如果一个 BGP 发言人收到了其他 BGP 发言人发来的路径通知,它就要检查一下本自治系统是否在此通知的路径中。如果在这条路径中,就不能采用这条路径。

在 BGP 刚刚运行时,BGP 的邻站要交换整个的 BGP 路由表。但以后只需要在发生变化时更新有变化的部分。这样做对节省网络带宽和减少路由器的处理开销方面都有好处。

BGP 报文的首部由三个部分组成：标记、长度和类型。标记段 16 字节,用于安全检测和同步检测;长度段占 2 字节,标明整个 BGP 报文的长度;类型段占 1 字节,标明 BGP 报文的类型。报头的后面可以不接数据部分。

BGP 报文有四种类型：OPEN(打开)、UPDATE(更新)、NOTIFICATION(通知)和 KEEPALIVE(保活),分别用于建立 BGP 连接,更新路由信息,发送检测到的差错和检测可到达性。

OPEN 报文是在建立 TCP 连接后,向对方发出的第一条消息,它包括版本号、各自所在 AS 的号码(AS Number)、BGP 标识符(BGP Identifier)、协议参数、会话保持时间(Hold Timer)以及可选参数、可选参数长度。其中,BGP 标识符用来标识本地路由器,在连接的所有路由器中应该是唯一的。而会话保持时间,是指在收到相继的 Keepalive 或者 Update 信号之间的最大间隔时间。如果超过这个时间路由器仍然没有收到信号,就会认为对应的连接中断了。如果把这个保持时间的值设为 0,那么表示认为连接永远存在。在连接建立期间,两个 BGP 发言人彼此要周期性的交换 Keepalive 报文(一般是每个 30 秒)。

UPDATE 报文是 BGP 路由的核心概念。BGP 发言人可以用 UPDATE 报文撤销它以前曾通知过的路由,可以宣布增加新的路由。撤销可以一次性撤销多条,而曾经路由是每个更新报文只能增加一条。

BGP 的功能是在各 AS 之间完成路由选择。它主要用于 ISP(Internet Service Provider)之间的连接和数据交换。但是,并不是所有情况下 BGP 都适用。使用 BGP 会大大增加路由器的开销,并且大大增加规划和配置的复杂性。所以,使用 BGP 协议需要先做好需求分析。

一般来说,如果本地的 AS 与多个外界 AS 建立了连接,并且有数据流从外部 AS 通过本地 AS 到达第三方的 AS,那么可以考虑使用 BGP 来控制数据流。

如果本地 AS 与外界只有一个连接(通常说的 stub AS),而且并不需要对数据流进行严格控制,那就不必使用 BGP 协议,而可以简单地使用静态路由(Static Route)来完成与外部 AS 的数据交换。另外,硬件和线路的原因也会影响到 BGP 的选择。使用 BGP 会加大路由器的开销,并且 BGP 路由表也需要很大的存储空间,所以当路由器的 CPU 或者存储空间有限时,或者带宽太小时,不宜使用 BGP 路由协议。

4.5 网际控制报文协议

IP协议提供的是面向无连接的服务,不存在关于网络连接的建立和维护过程,也不包括流量控制与差错控制功能。如果出现某些差错将会发生什么?如果路由器因为找不到通往最终目的端的路径,或者因为生存时间字段为0而必须丢弃一个数据报时,将会发生什么?如果最终目的的主机在预先设置的时间内不能收到所有的数据报分段,而将一个数据报的全部分段都丢弃时,又会发生什么?这些例子中,都出现了差错但是IP协议没有内在机制可以通知发送该数据报的主机。

另外IP协议还缺少主机和管理方面的查询机制。主机有时候需要确定一台路由器或另一台主机是否处于活跃状态。有时候网络管理员需要从另一台主机或路由器得到信息。

Internet控制报文协议(Internet Control Message Protocol,ICMP)就是为了弥补上述两个缺点而设计的,它是配合IP协议使用的。ICMP自身是网络层协议。然而,它的报文并不像预期地那样直接传递给数据链路层。在进入较低层之前,报文首先被封装在IP数据报中。当一个IP数据报封装了ICMP报文,IP数据报中的协议字段值就设为1,这表示IP负载是一个ICMP报文,如图4.55所示。需要注意的是ICMP并不是高层协议,而仍被视为网络层协议。

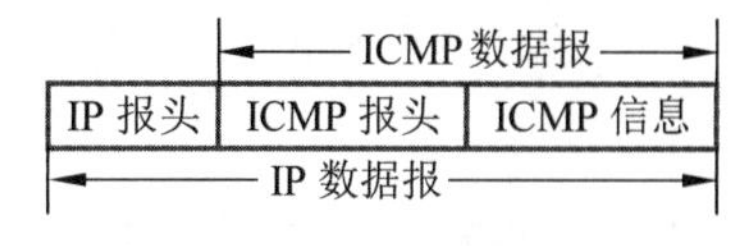

图4.55 ICMP报文

4.5.1 ICMP报文格式

由于ICMP报文的类型很多,且各自又有各自的代码,因此,ICMP并没有一个统一的报文格式,不同的ICMP类别分别有不同的报文字段。ICMP报文只是在前4字节有统一的格式,共有类型、代码和校验和3个字段,如图4.56所示。

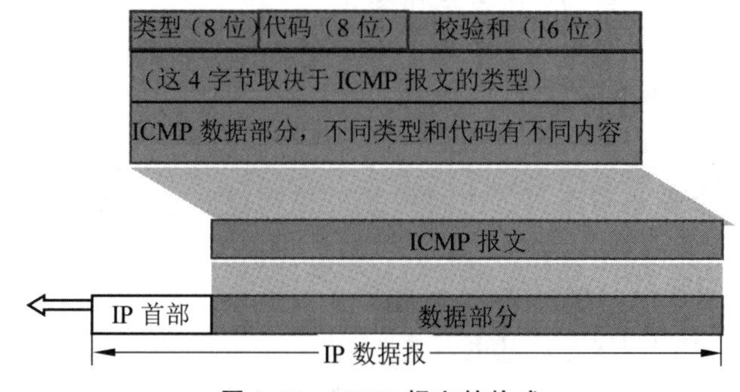

图4.56 ICMP报文的格式

其中类型字段表示ICMP报文的类型;代码字段是为了进一步区分某种类型的几种不同情况;校验和字段用来检验整个ICMP报文。接着的4字节的内容与ICMP的类型有关。再后面是数据字段,其长度取决于ICMP的类型。

4.5.2 ICMP 报文的类型

ICMP 报文有 ICMP 差错报告报文和 ICMP 询问报文两种。ICMP 报文的类型字段的值与 ICMP 报文类型对应关系如表 4.14 所示。

表 4.14 类型字段的值与 ICMP 报文的类型的关系

ICMP 报文种类	类型的值	ICMP 报文的类型
差错报告报文	3	终点不可到达
	4	源站抑制
	11	时间超过
	12	参数问题
	5	改变路由
询问报文	8 或 0	回送请求或回答
	13 或 14	时间戳请求或回答
	17 或 18	地址掩码请求或回答
	10 或 9	路由器询问或通告

ICMP 报文的代码字段是为了进一步区分某种类型中的几种不同的情况。检验和字段用来检验整个 ICMP 报文。读者应当还记得,IP 数据报首部的检验和并不检验 IP 数据报的内容,因此不能保证经过传输 ICMP 报文不产生差错。

ICMP 差错报告报文共有以下 5 种。

(1) 终点不可达:当路由器或主机不能交付数据报时就向源站发送终点不可达报文。

(2) 源站抑制:当路由器或主机由于拥塞而丢弃该数据报时,就向源站发送源站抑制报文,使源站知道应当将数据报的发送速率放慢。

(3) 时间超过:当路由器收到生存时间为零的数据报时,除丢弃数据报外,还要向源站发送时间超过报文。当目的站在预先规定的时间内不能收到一个数据报的全部数据报片时,就把已收到的数据片都丢弃,并向源站发送时间超过报文。

(4) 参数问题:当路由器或目的主机收到的数据报的首部中,有的字段的值不正确时,就丢弃该数据报,并向源站发送参数问题报文。

(5) 改变路由(重定向):路由器把改变路由报文发送给主机,让主机知道下次应将数据报发送给另外的路由器(可通过更好的路由)。

所有的 ICMP 差错报告报文中的数据字段都有同样的格式,如图 4.57 所示。把收到的需要进行差错报告的 IP 数据报的首部和数据字段的前 8 字节提取出来,作为 ICMP 报文的数据字段。再加上相应的 ICMP 差错报告报文的前 8 字节,就构成了 ICMP 差错报告报文。提取收到的数据报的数据字段的前 8 字节是为了得到传输层的端口号(对于 TCP 和 UDP)以及传输层报文的发送序号(对于 TCP)。这些信息对源站通知高层协议是有用的(端口的作用将在第5章传输层中介绍)。整个ICMP报文作为IP数据报的数据字段发送给源站点。

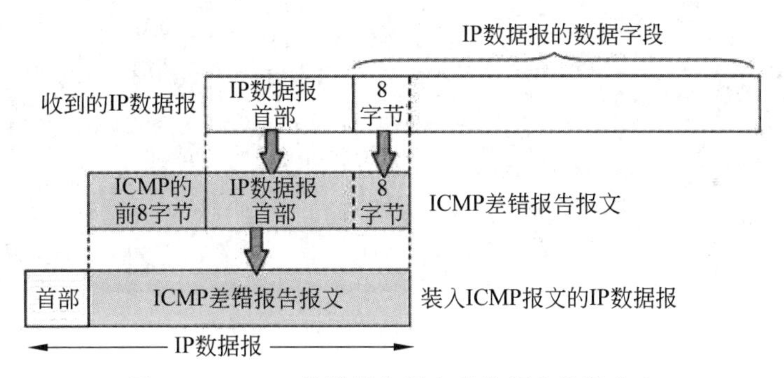

图4.57　ICMP差错报告报文的数据字段的内容

在某些情况下，是不应发送ICMP差错报告报文的，包括如下几个方面：

(1) 对ICMP差错报告报文不再发送ICMP差错报告报文。

(2) 对第一个分片的数据报片的所有后续数据报片都不发送ICMP差错报告报文。

(3) 对具有多播地址的数据报都不发送ICMP差错报告报文。

(4) 对具有特殊地址(如127.0.0.1或0.0.0.0)的数据报不发送ICMP差错报告报文。

ICMP询问报文主要有两种，即回送请求和回答、时间戳请求和回答。

ICMP回送请求报文是由主机或路由器向一个特定的目的主机发出的询问。收到此报文的机器必须给源主机发送ICMP回送回答报文。这种询问报文用来测试目的站是否可达以及了解其有关状态，如这对报文在调试工具中的应用：ping以及tracert。

ICMP时间戳请求报文是请某个主机或路由器回答当前的日期和时间。在ICMP时间戳回答报文中有一个32位的字段，其中写入的整数代表从1990年1月1日起到当前时刻一共有多少秒。时间戳请求与回答可用来进行时钟同步和测量时间。

4.5.3　ICMP的应用举例

在应用层有一个很常用的服务称为ping(packet interNet groper)，用来测试两个主机之间的连通性。Windows操作系统的用户可以在联网的计算机中，转入MS DOS(单击"开始"，选择"运行"，在文本框中输入"cmd")，在打开的窗口中输入"ping 主机名或它的IP地址或域名"命令，回车后即可看到结果。图4.58给出了从廊坊的一台PC到中国教育网的Web服务器的连通性的测试结果。PC一连发出四个ICMP回送请求报文。如果Web服务器正常工作并且响应这个ICMP回送请求报文，那么它就反馈回ICMP回送回答报文。由于往返的ICMP报文上都有时间戳，因此很容易得出往返时间。最后显示出的是统计结果：发送到哪个主机(IP地址)，发送的分组数，往返时间的最小值、最大值和平均值。

ping使用了ICMP回送请求与回送回答报文。ping是应用层直接使用网络层ICMP

```
C:\Documents and Settings\Administrator>ping www.edu.cn

Pinging www.edu.cn [211.151.94.138] with 32 bytes of data:

Reply from 211.151.94.138: bytes=32 time=16ms TTL=49
Reply from 211.151.94.138: bytes=32 time=14ms TTL=49
Reply from 211.151.94.138: bytes=32 time=15ms TTL=49
Reply from 211.151.94.138: bytes=32 time=15ms TTL=49

Ping statistics for 211.151.94.138:
    Packets: Sent = 4, Received = 4, Lost = 0 (0% loss),
Approximate round trip times in milli-seconds:
    Minimum = 14ms, Maximum = 16ms, Average = 15ms
```

图 4.58　用 ping 测试主机的连通性

的一个例子。它没有通过传输层的 TCP 或 UDP。

表 4.15 给出了 ping 命令各选项的具体含义。从表 4.15 可以看出，ping 命令的许多选项实际上是指定互联网如何处理和携带回应请求/应答 ICMP 报文的 IP 数据报的。

还有一个 tracert(跟踪路由)命令，tracert 是路由跟踪实用程序，用于获得 IP 数据报访问目标主机时从本地计算机到目的主机的路径信息。

在 MS Windows 操作系统中该命令为 tracert，而在 UNIX/Linux 以及 Cisco IOS 中则为 Traceroute。tracert 命令用 IP 生存时间(Time To Live，TTL) 字段和 ICMP 差错报文来确定从一个主机到网络上其他主机的路由。

表 4.15　ping 命令选项

选　项	含　义
-t	不停地 ping 目的主机，直到手动停止(按下 Ctrl+C 键)
-a	将 IP 地址解析为计算机主机名
-n count	发送回送请求 ICMP 报文的次数(默认值为 4)
-l size	定义 echo 数据包大小(默认值为 32B)
-f	在数据包中不允许分片(默认为允许分片)
-i TTL	指定生存周期
-v TOS	指定要求的服务类型
-r count	记录路由
-s count	使用时间戳选项
-j host-list	利用 computer-list 指定的计算机列表路由数据包。连续计算机可以被中间网关分隔(路由稀疏源)IP 允许的最大数量为 9
-k host-list	利用 computer-list 指定的计算机列表路由数据包。连续计算机不能被中间网关分隔(路由严格源)IP 允许的最大数量为 9
-w timeout	指定超时间隔，单位为毫秒(ms)

同样，图 4.59 是从廊坊的一台 PC 向中国教育网的 Web 服务器 www.edu.cn 发出的 tracert 命令后所获得的结果。

```
C:\Documents and Settings\Administrator>tracert www.edu.cn

Tracing route to www.edu.cn [202.112.0.36]
over a maximum of 30 hops:

  1     1 ms     1 ms     1 ms  219.226.163.254
  2    <1 ms    <1 ms    <1 ms  bogon [192.168.31.9]
  3     2 ms     1 ms     1 ms  bogon [192.168.254.10]
  4     *        *        *     Request timed out.
  5     *        *        *     Request timed out.
  6     *        *        *     Request timed out.
  7     *        *        *     Request timed out.
  8     *        *        *     Request timed out.
  9     1 ms     1 ms     1 ms  galaxy.net.edu.cn [202.112.0.36]

Trace complete.
```

图 4.59　用 tracert 命令获得目的主机的路由信息

下面我们简单介绍这个程序的工作原理。

tracert 从源主机向目的主机发送一连串的 IP 数据报，数据报中封装的是无法交付的 UDP 用户数据报。从 tracert 程序中我们可以看见 IP 数据报到达目的地经过的路由。tracert 利用 ICMP 数据报和 IP 数据报头部中的 TTL 值来实现。当每个 IP 数据报经过路由器的时候都会把 TTL 值减去 1 或者减去在路由器中停留的时间，但是大多数数据报在路由器中停留的时间都小于 1s，因此实际上就是 TTL 值减去了 1。这样，TTL 值就相当于一个路由器的计数器。当路由器接收到一个 TTL 为 0 或者 1 的 IP 数据报时，路由器就不再转发这个数据了，而直接丢弃，并且发送一个 ICMP“超时”信息给源主机。tracert 程序的关键是，这个回显的 ICMP 报文的 IP 报头的信源地址就是这个路由器的 IP 地址。同时，如果到达了目的主机，我们并不能知道，于是，tracert 还同时发送一个 UDP 信息给目的主机，并且选择一个很大的值作为 UDP 的端口，使主机的任何一个应用程序都不使用这个端口。所以，当到达目的主机的时候，目的主机的 UDP 模块(别的主机的不会做出反应)就产生一个“端口不可到达”的错误，这样就能判断是否是到达目的地了。

tracert 命令查看某个地址，得到的时间有三个，比如：

26ms　10ms　10ms.

表示发送的三个探测包的回应时间；一般在网络情况平均的情况下，三个时间差不多；如果相差比较大，说明网络情况变化比较大。也就是说，tracert 每次返回的时间都是从出发点到目的路由器所花费的时间，因为中间是包的转发，所以花费的时间很少，而且有些路由器负荷比较大，响应时间比较长，也就有可能出现前面的路由器返回的时间比后面一跳路由器返回的时间还要长的情况。表 4.16 给出了 tracert 命令各选项的具体含义。

表 4.16　tracert 命令选项

选　项	含　义
-d	防止 tracert 试图将中间路由器的 IP 地址解析为它们的名称。这样可加速显示 tracert 的结果
-h MaximumHops	指定搜索目标(目的)的路径中存在的跃点的最大数。默认值为 30 个跃点
-j HostList	指定回显请求消息将 IP 报头中的松散源路由选项与 HostList 中指定的中间目标集一起使用。使用松散源路由时,连续的中间目标可以由一个或多个路由器分隔开。HostList 中的地址或名称的最大数量为 9。HostList 是一系列由空格分隔的 IP 地址(用带点的十进制符号表示)。仅当跟踪 IPv4 地址时才使用该参数
-w Timeout	指定等待“ICMP 已超时”或“回显答复”消息(对应于要接收的给定“回现请求”消息)的时间(以 ms 为单位)。如果超时时间内未收到消息,则显示一个星号(*)。默认的超时时间为 4000(4s)
-R	指定 IPv6 路由扩展标头应用来将“回显请求”消息发送到本地主机,使用目标作为中间目标并测试反向路由
-S	指定在“回显请求”消息中使用的源地址。仅当跟踪 IPv6 地址时才使用该参数
-4	指定 tracert.exe 只能将 IPv4 用于本跟踪
-6	指定 tracert.exe 只能将 IPv6 用于本跟踪
TargetName	指定目标,可以是 IP 地址或主机名
-?	在命令提示符下显示帮助

4.6　IP 多播与 IGMP 协议

4.6.1　IP 多播的基本概念

我们之前介绍的都只是一个源端到一个目的端网络的通信,称之为单播(Unicasting)。源端和目的端网络的关系是一对一的。数据报路径中的每个路由器试图将分组转发到唯一一个端口上。图 4.60 给出了一个小型互联网,其中单播分组需要被从源端计算机传递到连接到 N_6 的目的端计算机。路由器 R_1 负责通过接口 3 转发分组;路由器 R_4 负责通过接口 2 转发分组。当分组到达 N_6,传递的任务就落在了网络的肩膀上;它或者向所有主机广播或者以太网交换机只将其传递到目的端主机。

在 Internet 上实现的视频点播(VOD)、可视电话、视频会议等视音频业务和一般业务相比,有着数据量大、时延敏感性强、持续时间长等特点。因此采用最少时间、最小空间来传输和解决视音频业务所要求的网络利用率高、传输速度快、实时性强的问题,就要采用不同于传统单播、广播机制的转发技术,而 IP 多播技术是解决这些问题的关键技术。

在多播(Multicasting)中,存在一个源端和一组目的端,其关系是一对多。在这类通信中,源地址是一个单播地址,而目的地址是一组地址,其中存在至少一个有兴趣接收多播数据报的组成员。组定义组成员,图 4.61 给出图 4.60 中的一个小型互联网,但是路由

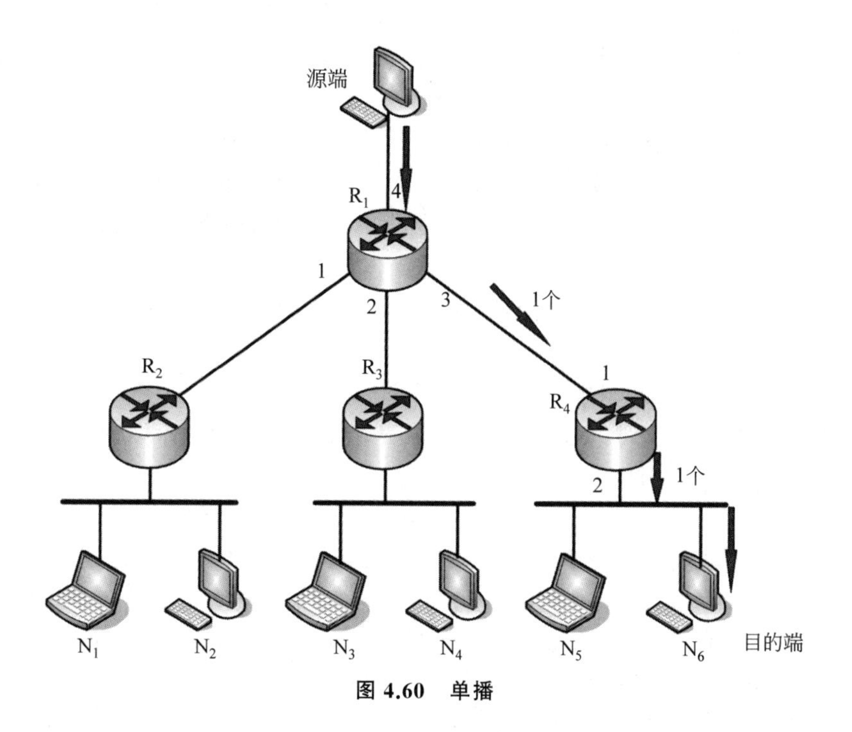

图 4.60 单播

器已经改成多播路由器。IP 多播的思想是：源主机发送一份数据，该数据中的目的地址为多播组的地址。多播组中的所有接收者都可以接收到相同的数据副本，并且只有加入该多播组的主机（目的主机）可以接收该数据。网络中的其他主机不可能收到数据。

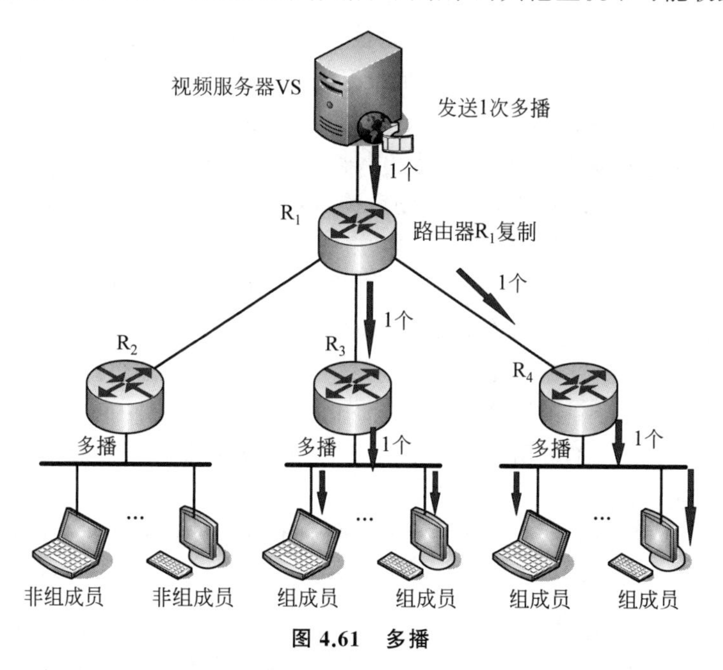

图 4.61 多播

当今多播有很多应用，如访问分布式数据库、信息发布、电话会议和远程学习。

(1) 访问分布式数据库：当前数据库大多数是分布式的，即信息通常在生成时存储在多个地方。需要访问数据库的用户不知道信息的地址。用户的请求是向所有数据库多播,而有该信息的地方响应。

(2) 信息发布:商业机构时常需要向它们的客户发送信息。如果对每个客户来说信息都是相同的,那么它可以多播。采用这种方式,一个商业机构可向多个客户发送一个报文。例如,可向购买某个特殊软件包的所有客户发送一个软件更新。类似地,可以容易地通过多播发布新闻。

(3) 电话会议:电话会议包含多播,所有出席会议的人都在同一时间接收到相同的信息。为此,可构成临时组或永久组。

(4) 远程学习:多播使用中一个正在成长的领域是远程学习。某一教授讲的课可以被一个特定组的学生接收到。这特别适用于那些不能到大学课堂听课的学生。

4.6.2 IP 多播地址

当我们向目的端发送一个单播分组时,分组的源地址定义了发送端,分组目的地址定义了分组接收端。在多播通信中,发送端只有一个,但是接收方有多个,有时成千上万个接收方分布在世界上。应该清楚的是,我们不能包含分组中所有接收者的地址。正如在 Internet 协议(IP 协议)中描述的,分组目的端地址应该只有一个。因此,我们需要多播地址。一个多播地址定义了一组接收者,而不是一个。换言之,多播地址是多播组的一个标识符。如果一个新的多播组由一些活跃成员组成,权威机构可以向这个组分配一个唯一的多播地址来唯一地定义它。这意味着分组通信的源地址可以是唯一定义发送方的单播地址,而目的地址可以是定义一个多播组的多播地址。图 4.62 给出了概念,如果一台主机是多播组的成员,那么它事实上有两个地址:一个单播地址,它用作单播通信源地址和目的地址;一个多播地址,它仅用作目的地址来接收发送到这个组的报文。

IP 多播通信必须依赖于 IP 多播地址,在 IPv4 中它是一个 D 类 IP 地址,D 类 IP 地址去掉类别位(1110) 后,剩下的 28 位共有 2^{28} 种组合。因此,可以使用的多播组地址的范围是 224.0.0.0~239.255.255.255,并被划分为局部链接多播地址、预留多播地址和本地管理多播地址三类。图 4.63 画出了三类地址的划分范围。Internet 号码指派管理局 IANA 把 224.0.0.0~224.0.0.255 的地址全部都保留给了路由协议和其他网络维护功能。该范围内的地址属于局部范畴,不论生存时间字段(TTL)值是多少,路由器并不转发属于此范围的 IP 包;预留多播地址为 224.0.1.0~238.255.255.255,可用于全球范围(如 Internet)或网络协议;管理权限多播地址为 239.0.0.0~239.255.255.255,可供组织内部使用,类似于私有 IP 地址,不能用于 Internet,可限制多播范围。多播地址只能用作目的地址,而不能用做源地址。

在局域网上进行硬件多播,IANA 将 MAC 地址范围 01:00:5E:00:00:00~01:00:5E:7F:FF:FF 分配给多播使用(即以太网 MAC 地址字段中第一字节的最低位 1 时即为多播地址)。

不难看出,在每个地址中,只有 23 位可用作多播。这就要求将 28 位 IP 多播地址空间映射到 23 位 MAC 地址空间中,具体的映射方法是将组播地址中的低 23 位放入 MAC 地址的低 23 位,如图 4.64 所示。

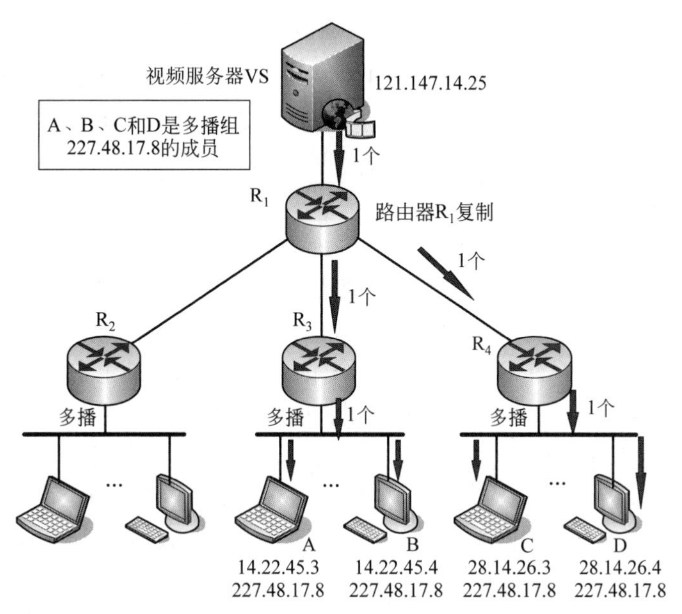

视频服务器VS
121.147.14.25
A、B、C和D是多播组
227.48.17.8的成员
1个
R1
路由器R1复制
1个
1个
R2
R3
R4
多播
多播
1个
多播
1个
A
B
C
D
14.22.45.3
227.48.17.8
14.22.45.4
227.48.17.8
28.14.26.3
227.48.17.8
28.14.26.4
227.48.17.8

图 4.62 多播地址

239.255.255.255
239.0.0.0
本地管理
多播地址
238.255.255.255
224.0.1.0
预留
多播地址
224.0.0.255
224.0.0.0
局部链接
多播地址

图 4.63 IP 多播地址划分范围

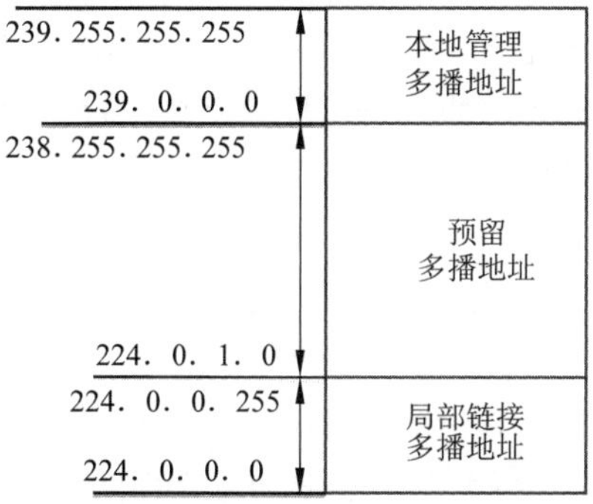

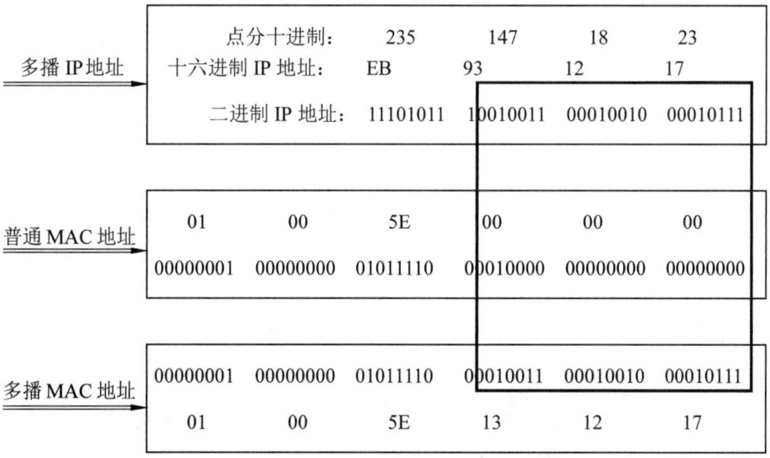

多播 IP地址
点分十进制: 235 147 18 23
十六进制 IP 地址: EB 93 12 17
二进制 IP 地址: 11101011 10010011 00010010 00010111
普通 MAC 地址
01 00 5E 00 00 00
00000001 00000000 01011110 00010000 00000000 00000000
多播 MAC 地址
00000001 00000000 01011110 00010011 00010010 00010111
01 00 5E 13 12 17

图 4.64 IP 多播地址与硬件多播地址的映射

由于IP组播地址的后28位中只有23位被映射到MAC地址，这样会有32个IP组播地址映射到同一MAC地址上。由于多播IP地址与以太网多播地址的映射关系不是唯一的，所以，主机中的IP模块还需要利用软件进行过滤，把不是本主机要接收的数据报丢弃。

4.6.3 IGMP协议的基本内容

这个用于收集组成员信息的协议是Internet组管理协议(Internet Group Management Protocol，IGMP)。IGMP是在网络层定义的协议；它是一个辅助协议。与ICMP相似，IGMP使用IP数据报传递其报文(即IGMP报文加上IP首部构成IP数据报)。但IGMP也向IP提供服务。IGMP让一个物理网络上的所有系统知道主机当前所在的多播组。多播路由器需要这些信息以便知道多播数据报应该向哪些接口转发。

IGMP应视为TCP/IP协议的一部分，其工作可看作两个阶段。

第一阶段：当某个主机加入新的多播组时，该主机应向多播组的多播地址发送一个IGMP报文，声明自己要成为该组的成员。本地多播路由器收到IGMP报文后，还要利用多播路由选择协议把这种组成员关系发给Internet上的其他多播路由器。

第二阶段：多播组成员关系是动态的。本地多播路由器要周期性地探询本地局域网上的主机，以便知道这些主机是否还继续是组的成员。只要有一个主机对某个组响应，多播路由器就认为这个主机是活跃的。但如果一个组在经过几次探询后仍然没有一个主机响应，多播路由器就认为本网络上的主机已经都撤离了这个组，因此也就不再把这个组的成员关系转发给其他多播路由器。

4.7 IPv6

IPv6是因特网协议第6版(Internet Protocol Version 6)的缩写，是互联网工程任务组(IETF)设计的用于替代IPv4的下一代IP协议，其地址数量号称可以为全世界的每一粒沙子编上一个地址。IPv4最大的问题在于网络地址资源不足，严重制约了互联网的应用和发展。IPv6的使用，不仅能解决网络地址资源数量的问题，而且也解决了多种接入设备连入互联网的障碍。

以下给出了IPv6协议的主要变化：

(1) 更大的地址空间。IPv6地址是128位长。与32位长的IPv4地址相比，其地址空间增加了很多(2^{96}倍)。

(2) 更好的头部格式。IPv6使用了新的头部格式，其选项与基本头部分开，如果需要，可将选项插入基本头部与上层数据之间。这就简化和加速了路由选择过程，因为大多数选项不需要由路由器检查。

(3) 新的选项。IPv6有一些新的选项来实现附加的功能。

(4) 允许扩展。如果新的技术或应用需要，IPv6允许协议进行扩展。

(5) 支持资源分配。在IPv6中，服务类型字段被取消了，但增加了一种机制(称为流标号)使得源端可以请求对分组进行特殊的处理。这种机制可用来支持实时音频和视频的通信量。

(6) 支持更多的安全性。在 IPv6 中的加密和鉴别选项提供了分组的保密性和完整性。

截至 2021 年 12 月底，我国 IPv6 活跃用户数达 6.08 亿，占网民总数的 60.11%。我国 IPv6 地址资源储备位居世界第一。IPv6 是下一代互联网的起点，基于 IPv6 的创新体系 IPv6+(是 IPv6 下一代互联网的升级，是面向 5G 和云时代的 IP 网络创新体系)正在全球范围内掀起热潮。IPv6+从超宽、广连接、安全、自动化、确定性和低时延六个维度实现互联网能力的进一步强化和提升，从为万物提供连接能力，到面向千行百业数字化业务提供高质量网络服务，IPv6+创新技术体系加速产业数字化发展进程，激发数据潜能。

4.7.1　IPv6 数据报格式

IPv6 分组格式如图 4.65 所示。每一个分组由基本头部和紧跟其后的有效载荷组成。基本头部占 40 字节，有效载荷可以包含多达 65 535 字节的信息。字段描述如下。

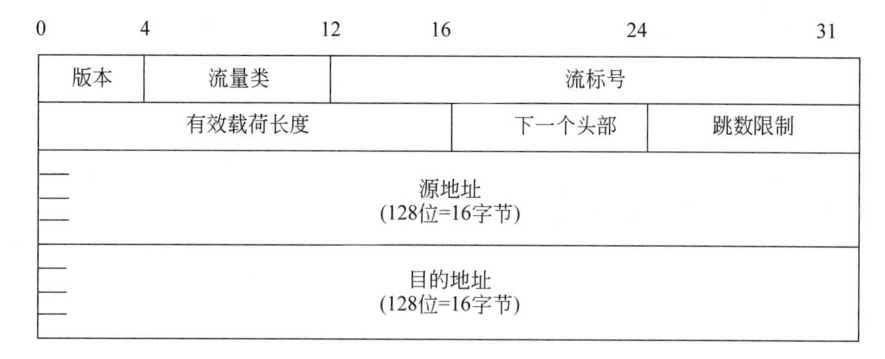

(a) 基本头部

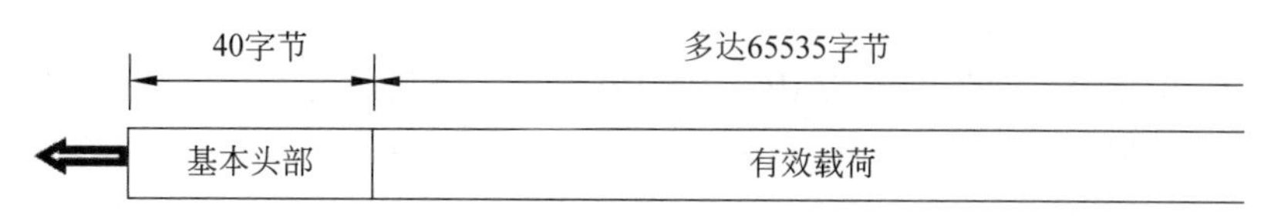

(b) IPv6分组

图 4.65　IPv6 数据报格式

(1) 版本(Version)。4 位字段定义了 IP 版本号。对于 IPv6，其值为 6。

(2) 流量类(Traffic Class)。8 位流量类字段用来区分不同传递要求的不同有效载荷。它代替了 IPv4 中的服务类型字段。

(3) 流标号(Flow Label)。流标号是一个占 20 位的字段，它用来对特殊的数据流提供专门处理。

(4) 有效载荷长度(Payload Length)。这个 2 字节的有效载荷长度字段定义了不包括基本头部的 IP 数据报的总长度。

(5) 下一个头部(Next Header)。占 8 位，它定义了一个扩展头部的类型(如果存在)或者数据报中跟随在基本头部之后的头部。这个字段和 IPv4 中协议字段类似。

(6) 跳数限制(Hop Limit)。占8位,与IPv4中的TTL字段所起的作用是一样的。

(7) 源地址和目的地址(Source and Destination Address)。源地址字段是16字节(128位)的Internet地址,它用来识别数据报的原始端。目的地址是13字节(128位)的Internet地址,用来识别数据报的目的端。

(8) 有效载荷(Payload)。与IPv4相比,IPv6中的有效载荷字段有不同的格式和含义,如图4.66所示。

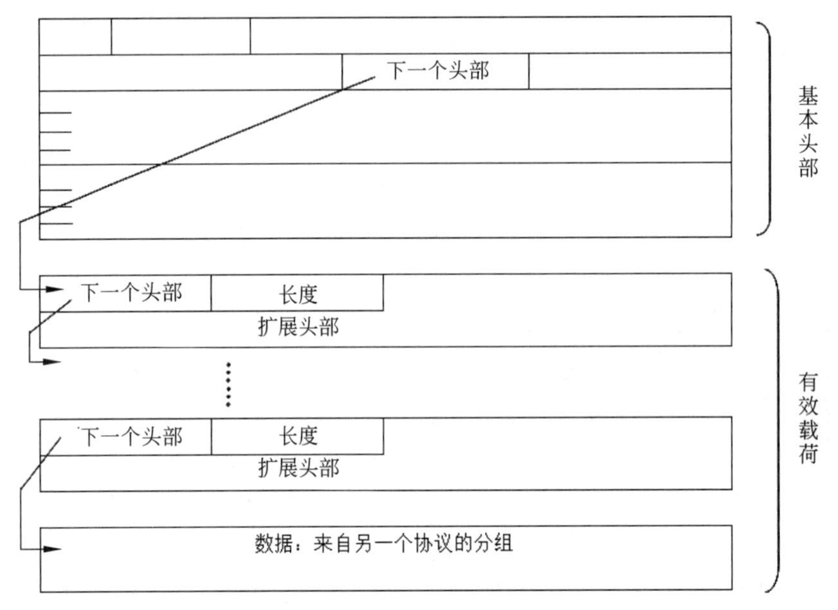

图4.66 IPv6数据报中的有效载荷

IPv6中的有效载荷意味着0个或多个扩展头部(选项)的组合,紧跟其后的是来自其他协议(UDP、TCP等)的数据。在IPv6中,IPv4的部分头部的选项被设计为扩展头部。每个扩展头部有两个强制字段——下一个头部和长度,紧跟其后的是与特定选项相关的信息。注意,每个下一个头部字段值(代码)定义了下一个头部的类型(逐跳选项、源路由选择选项……),如表4.17所示;最后的下一个头部字段定义了协议(UDP、TCP……),它由数据报携带。扩展头部在IPv6中是一个必要部分,它起到重要作用。尤其是三个扩展头部——分段、鉴别以及扩展的加密安全有效载荷——它们存在于一些分组中。

表4.17 一些下一个头部代码

下一个头部代码	代表的含义	下一个头部代码	代表的含义
00	逐跳选项	44	分段选项
02	ICMPv6	50	加密的安全有效载荷
06	TCP	51	鉴别头部
17	UDP	59	空(没有下一个头部)
43	源路由选择选项	60	目的端选项

IPv6 协议中仍然需要分段和重组，但是在这方面存在很大不同。IPv6 数据报仅仅在源端才分段，而不是在路由器；重组发生在目的端。不允许在路由器对分组进行分段，以此来提高路由器中分组的处理速度。分组需要被分段，与分段相关的所有字段需要被重新计算。在 IPv6 中，源可以检查分组大小，并决定分组是否被分段。当路由器接收分组时，它可以检查分组的大小，如果大于前方网络允许的 MTU 则丢弃它。之后，路由器发送分组过长的 ICMPv6 错误报文来通知源端。

4.7.2　IPv6 的地址空间

从 IPv4 迁移到 IPv6 的主要原因是 IPv4 地址空间小。IPv6 地址是 128 位（16 字节）长，是 IPv4 地址长度的四倍。

一台计算机通常按二进制存储地址，但是很明显，对于我们普通人来说 128 位的二进制数是很难处理的。所以 IPv6 地址通常用冒号十六进制表示，即将地址分为 8 组，每组为 4 个十六进制数的形式，每 4 个数字用一个冒号分隔开。如：

二进制：1111111010000000　……　1000100101000000。

冒号十六进制：FE80:0000:0000:0000:A234:0007:0045:8940。

即使使用十六进制格式，IPv6 地址也非常长，但是地址中有很多数字是 0。这种情况下我们可以将地址缩短。地址某部分中开始的一些 0 可以省略。使用这种缩短形式，0007 可以写成 7，0045 可以写成 45，而 0000 可以写成 0。注意，8940 不能省略最后的 0。进一步的缩短，通常称为 0 压缩。如果有连续的部分仅仅包含 0，则可以使用 0 压缩。我们可以将所有的 0 移除，而用两个冒号来代替 0。注意：这种缩短方法对一个地址只能使用一次。也就是说如果有多串 0 的部分，只能有其中的一部分进行缩短。这个限制的目的是为了能准确还原被压缩的 0。不然就无法确定每个::代表了多少个 0。

例如，FE80:0000:0000:0000:A234:0007:0045:8940 可以表示成 FE80:0:0:0:A234:7:45:8940 或者 FE80::A234:7:45:8940。

有时我们可以看到 IPv6 地址的混合表示法：冒号十六进制与点分十进制表示法的结合。在过渡阶段这个方法是合适的。一个 IPv6 地址可以将一个 IPv4 地址内嵌进去，并且写成 IPv6 形式和平常习惯的 IPv4 形式的混合体。IPv6 有两种内嵌 IPv4 的方式：IPv4 映像地址和 IPv4 兼容地址。

（1）IPv4 映像地址有如下格式：

::ffff:192.168.89.9

这个地址仍然是一个 IPv6 地址，只是 0000:0000:0000:0000:0000:ffff:c0a8:5909 的另外一种写法罢了。

（2）IPv4 兼容地址写法如下：

::192.168.89.9

如同 IPv4 映像地址，这个地址只是 0000:0000:0000:0000:0000:0000:c0a8:5909 的另外一种写法。需要注意的是 IPv4 兼容地址已经被舍弃了，所以今后的设备和程序中可能不会支持这种地址格式。

所以说IPv4位址可以很容易地转化为IPv6格式。例如,如果IPv4的一个地址为135.75.43.52,用十六进制可以表示为874B2B34,它可以被转化为0000:0000:0000:0000:0000:ffff:874B:2B34或者::ffff:874B:2B34。同时,还可以使用混合符号,则地址可以为::ffff:135.75.43.52。

地址中的前导位定义特定的IPv6地址类型。包含这些前导位的变长字段称为格式前缀。IPv6单播地址被划分为两部分。第一部分包含地址前缀,第二部分包含接口标识符。表示IPv6地址/前缀组合的简明方式如下所示:IPv6地址/前缀长度。以下是具有64位前缀的地址的示例,3FFE:FFFF:0:CD30:0:0:0:0/64。此示例中的前缀是3FFE:FFFF:0:CD30。该地址还可以以压缩形式写入,如3FFE:FFFF:0:CD30::/64。

在IPv6中,目的地址可以属于以下三种中的一种:单播、任播以及多播。单播地址标示一个网络接口。协议会把送往地址的数据包投送给其接口。任播地址,也称为泛播。一组接口的标识符(通常属于不同的结点)。发送到此地址的数据包被传递给该地址标识的所有接口(根据路由走最近的路线)。任播地址类型代替IPv4广播地址。多播地址也称组播地址。多播地址也被指定到一群不同的接口,送到多播地址的数据包会被发送到所有的地址。

IANA维护官方的IPv6地址空间列表。全域的单播地址的分配可在各个区域互联网注册管理机构或(英文)GRH DFP pages找到。IPv6中有些地址是有特殊含义的:

- 未指定地址(::/128),所有比特皆为零的地址称为未指定地址。这个地址不可指定给某个网络接口,并且只有在主机尚未知道其来源IP时,才会用于软件中。路由器不可转送包含未指定地址的数据包。
- 链路本地地址(::1/128)是一种单播绕回地址。如果一个应用程序将数据包送到此地址,IPv6堆栈会转送这些数据包绕回到同样的虚拟接口(相当于IPv4中的127.0.0.0/8)。还有一种为fe80::/10这些链路本地地址指明,这些地址只在区域连接中是合法的,这有点类似于IPv4中的169.254.0.0/16。
- IPv4转译地址,::ffff:x.x.x.x/96用于IPv4映射地址,::x.x.x.x/96用于IPv4兼容地址。

4.7.3 从IPv4过渡到IPv6

由于Internet的规模以及网络中数量庞大的IPv4用户和设备,IPv4到IPv6的过渡不可能一次性实现。而且,许多企业和用户的日常工作越来越依赖于Internet,它们无法容忍在协议过渡过程中出现的问题。所以IPv4到IPv6的过渡必须是一个循序渐进的过程,在体验IPv6带来的好处的同时仍能与网络中其余的IPv4用户通信。能否顺利地实现从IPv4到IPv6的过渡也是IPv6能否取得成功的一个重要因素。IETF已经提出三种策略来帮助过渡:双协议栈、隧道技术以及头部转换。

1. 双协议栈

IETF推荐所有的主机在完全过渡到第六版之前,使用一个双协议栈(Dual Stack)。换言之,一个站应同时运行IPv4和IPv6,直到整个Internet使用IPv6。图4.67给出了双

协议栈的配置示意图。

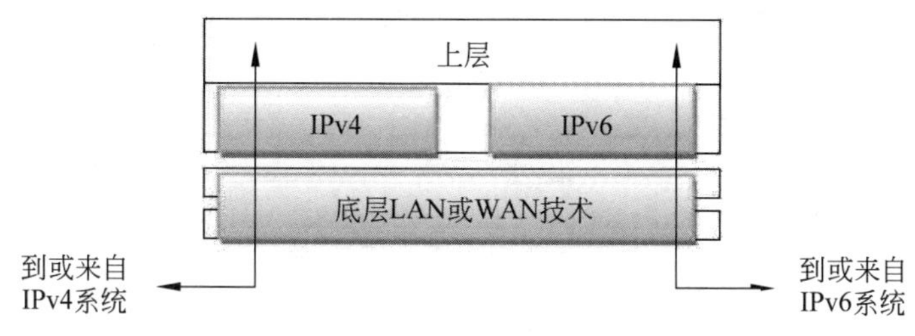

图 4.67 双协议栈

当把分组发送到目的端时，为了确定使用哪个版本的，主机要向 DNS 进行查询。如果 DNS 返回一个 IPv4 地址，那么源主机就发送一个 IPv4 分组；如果返回一个 IPv6 地址，就发送一个 IPv6 分组。

2. 隧道技术

当两台使用 IPv6 的计算机要进行通信，但是其分组要通过使用 IPv4 的区域时，就要使用隧道技术(Tunneling)这种策略。因此，当进入这种区域时，IPv6 分组要封装成 IPv4 分组，而当分组离开该区域时，再去掉这个封装。这就好像 IPv6 分组进入隧道一端，而在另一端流出来。为了更清楚说明利用 IPv4 分组携带 IPv6 分组，其协议的值设为 41。隧道技术如图 4.68 所示。

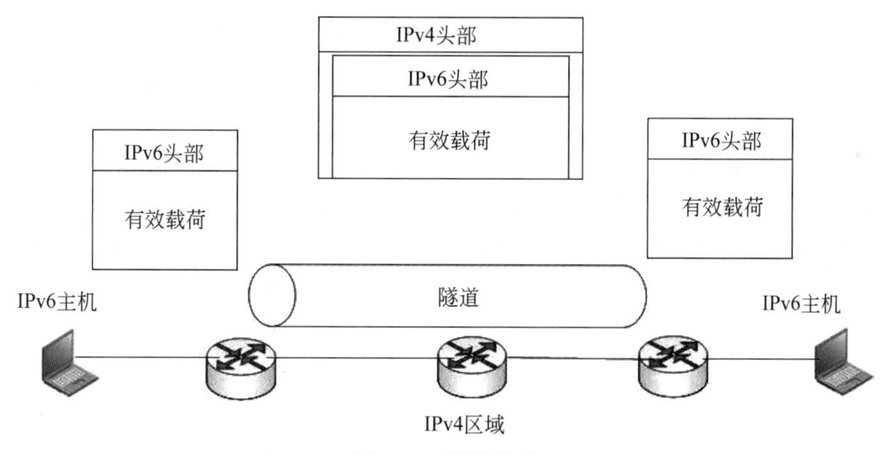

图 4.68 隧道技术

3. 头部转换

当 Internet 中绝大部分已经过渡到 IPv6，但一些系统仍然使用 IPv4 时，就需要使用头部转换(Header Translation)。发送方想使用 IPv6，但接收方不能识别 IPv6，这种情况下使用隧道技术无法工作，因为分组必须是 IPv4 格式才能被接收方识别。在此情况下，头部格式必须通过头部转换而彻底改变，IPv6 的头部就转换成 IPv4 的头部，如图 4.69 所示。

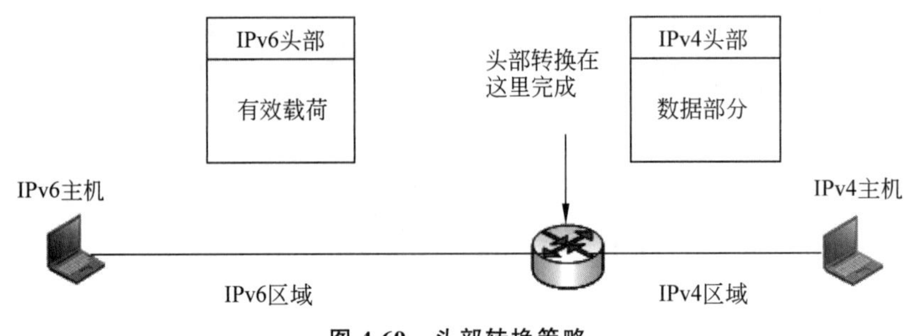

图 4.69 头部转换策略

4.8 网络层设备

路由器作为网络层的网络互连设备,在网络互连中起到了不可或缺的作用。与物理层或数据链路层的网络互连设备相比,其具有一些物理层或数据链路层的网络互连设备所没有的重要功能。

4.8.1 路由器概述

路由器工作在五层网络体系结构中的网络层,是互联网中主要的结点设备。实现的功能是对不同网络之间的数据包进行存储和分组转发。路由器是一种基 IP 寻址的网络层设备,利用路由表来实现数据转发。路由器主要用于连接不同的局域网以实现广播域隔离,也可以用于远程通信,如广域网连接。作为 IP 网络的核心设备,路由器的技术已经成为现在信息产业的重要技术,它在数据通信中起到的作用也越来越重要。

1. 路由器发展历史

世界上第一台路由器是由斯坦福大学的 Leonard Bossack 和 Santi Lerner 这对教师夫妇为斯坦福大学校园网络(SUNet)和思科公司发明的。随着互联网的广泛应用,路由器体系结构也在不断发生变化。全球网络的覆盖离不开路由器的应用。

(1) 第一代路由器。

1984 年,随着思科公司的创立,其创始人设计了一种称为“多协议路由器”的全新网络设备。使得斯坦福大学中相互不兼容的计算机网络连接到了一起,这就是路由器的前身。随后,思科公司在 1986 年正式推出了第一款多协议路由器——AGS。

第一代的路由器并没有太多的网络连接,主要是用于科研和教育机构以及企业连接到互联网。因为早先的 IP 网络并不像现在这样庞大,路由器所连接的设备以及需要处理的业务也都很小,路由器的功能可以使用一台计算机接上多块网卡的方式来实现路由器的功能。

(2) 第二代路由器。

随着网络流量的不断增大,为了解决越来越大的 CPU 和总线负担,将少数常用的路由信息采用 Cache 技术保留在业务接口卡上,使大多数报文直接通过业务板 Cache 的路由表进行转发,减少对总线和 CPU 的请求。只对于 Cache 中找不到的报文传输到 CPU

进行处理，这就是第二代路由器。

第二代路由器转发性能提升较大，还可以根据具体的网络环境提供丰富的连接方式和接口密度，在互联网和企业网中得到了广泛的应用。

(3) 第三代路由器。

20 世纪 90 年代互联网高速发展，Web 技术更是让 IP 网络得到了迅猛的发展，用户上网的访问内容得到了极大的丰富。为了应对这一局面，人们采用了全分布式结构——路由与转发分离的技术，制造出第三代路由器。

第三代路由器通过主控板负责整个设备的管理和路由的收集、计算功能，并把计算形成的转发表下发到各业务板；各业务板根据保存的路由转发表能够独立进行路由转发。另外，总线技术也得到了较大的发展，通过总线、业务板之间的数据转发完全独立于主控板，实现了并行高速处理，使得路由器的处理性能成倍提高。

(4) 第四代路由器。

20 世纪 90 年代中后期，随着 IP 网络的商业化，Web 技术出现以后，互联网技术得到空前的发展，互联网用户呈爆炸式增长。网络流量，特别是核心网络的流量以指数级增长，传统的基于软件的 IP 路由器已经无法满足网络发展的需要。报文处理中需要包含诸如 QoS 保证、路由查找、二层帧头的剥离/添加等复杂操作，以传统的做法是不可能实现的。

于是一些厂商提出了 ASIC 芯片实现方式，它把转发过程的所有细节全部采用硬件方式来实现。另外，在交换网上采用了 Crossbar 或共享内存的方式解决了内部交换的问题，使得路由器的性能达到千兆比特，即早期的千兆交换式路由器(Gigabit Switch Router，GSR)。

(5) 第五代路由器。

进入 21 世纪后，围绕业务能力，厂商对路由器展开了大刀阔斧的改革。网络管理、用户管理、业务管理、MPLS、VPN、可控组播、IP-QoS 和流量工程等各种新技术纷纷加入路由器中。

第五代路由器在硬件体系结构上继承了第四代路由器的成果，在关键的 IP 业务流程处理上则采用了可编程的、专为 IP 网络设计的网络处理器技术。网络处理器(NP)通常由若干微处理器和一些硬件协处理器组成，多个微处理器并行工作，通过软件来控制处理流程，实现业务灵活性与高性能的有机结合。

路由器的发展历史大致就是如此，伴随着性能和业务这两个重要因素的推动，在短短 30 年间路由器技术取得了令人瞩目的进步。路由器还在继续向更高性能、更高安全、更高可靠、更智能化发展。目前常见路由器设备如图 4.70、图 4.71 和图 4.72 所示。

图 4.70 H3C 路由器

2. 路由器的结构

路由器是一种具有多个输入端口和多个输出端口的专用设备。从图 4.73 可以看出，整个路由器结构可划分为两大部分：路由选择部分和分组转发部分。

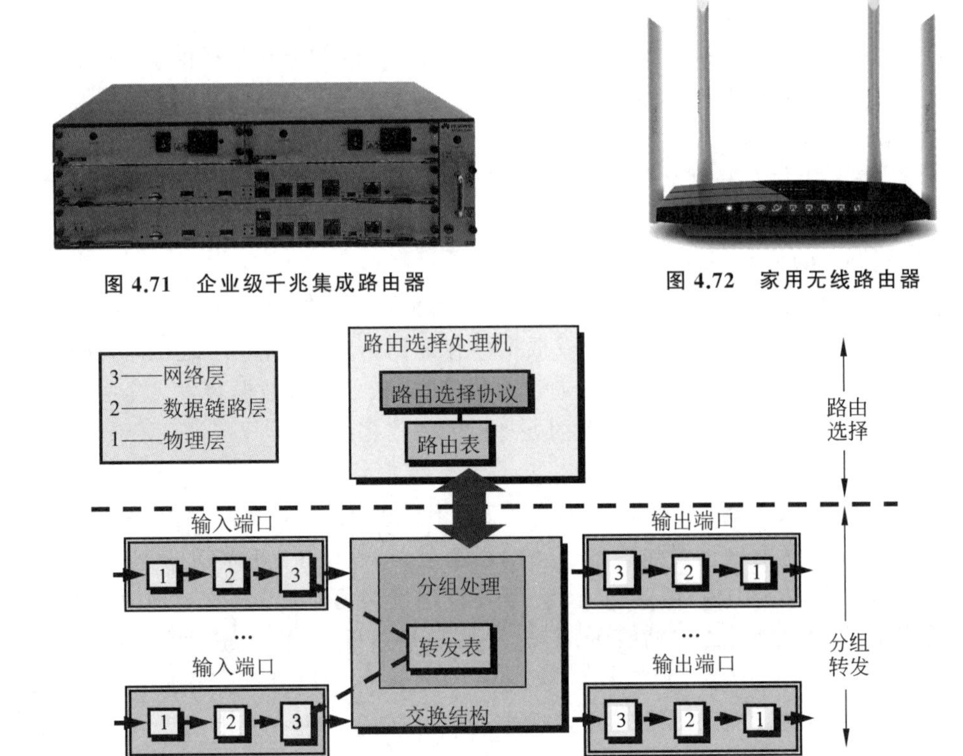

图 4.71　企业级千兆集成路由器

图 4.72　家用无线路由器

图 4.73　典型的路由器的结构

路由选择部分也称为控制部分，其核心部件是路由选择处理机。路由选择处理机根据所选定的路由选择协议构造出路由表，同时经常或定期地和相邻路由器交换路由信息而不断地更新和维护路由表。

分组转发部分由交换结构、一组输入端口和一组输出端口三部分组成。交换结构又称为交换组织，它的作用是转发表对分组进行处理，将某个输入端口进入的分组从一个合适的输出端口转发出去。

路由器既可以连接具有相同网络通信结构的网络，也可以连接不同结构的网络，因为它剥掉帧头和帧尾以获得里面的数据分组。如果路由器需要转发一个数据分组，它将用与新的连接使用的数据链路层协议一致的帧重新封装该数据分组。例如，路由器可能从局域网的路由端口上接收到一个以太网的帧，抽取出数据分组，然后构建一个帧中继的帧，再将新的帧从连接到帧中继网络的路由端口发送出去。每一次路由器拆散然后重建帧的过程中，帧中的数据分组保持不变。

4.8.2　路由器分类

路由器按不同的划分标准有多种类型，常见的分类有以下几种。

(1) 按处理能力划分，路由器可分为高端路由器和中低端路由器。通常背板交换能力大于 40Gb/s 的路由器为高端路由器，背板交换能力在 40Gb/s 以下的路由器为中低端路由器。

(2) 按结构划分，路由器可分为模块化结构和非模块化结构。通常使用高端路由器，是模块化结构。中低端路由器则为非模块化结构。

(3) 按所处网络位置划分，路由器可分为核心路由器和接入路由器。核心路由器位于网络中心，通常使用高端路由器，是模块化结构。它要求快速的包交换能力与高速的网络接口。接入路由器位于网络边缘，通常使用中低端路由器，是非模块化结构。它要求相对低速的端口以及较强的接入控制能力。

(4) 按功能划分，可将路由器分为骨干级路由器、企业级路由器和接入级路由器。骨干级路由器是实现企业级网络互联的关键设备，它吞吐量最大，性能上要求高速度和高可靠性。企业级路由器连接许多终端系统，连接对象较多，但系统相对简单，且数据流量较小。接入级路由器主要应用于连接家庭或ISP内的小型企业客户群体。

(5) 按性能划分，可分为线速路由器和非线速路由器。若路由器输入端口的处理速率能够跟上线路将分组传送到路由器的速率则称为线速路由器，否则是非线速路由器。线速路由器是高端路由器，具有非常高的端口带宽和分组转发能力。

4.8.3　路由器在网络互连中的作用

1. 提供异构网络的互连

在物理上，路由器可以提供与多种网络的接口，如以太网口、令牌环网口、FDDI口、ATM口、串行连接口、SDH连接口、ISDN连接口等多种不同的接口。通过这些接口，路由器可以支持各种异构网络的互连，其典型的互连方式包括LAN-LAN、LAN-WAN和WAN-WAN等。

事实上，正是路由器强大的支持异构网络互连的能力才使其成为Internet中的核心设备。图4.74给出了一个采用路由器互连的网络实例。从网络互连设备的基本功能来看，路由器具备了非常强的在物理上扩展网络的能力。

路由器之所以能支持异构网络的互连，关键还在于其在网络层能够实现基于IP协议的分组转发。只要所有互连的网络、主机及路由器能够支持IP协议，则位于不同LAN和WAN中的主机之间都能以统一的IP数据报形式实现相互通信。以图4.74中的主机A和主机5为例，一个位于以太网1中，一个位于令牌环网中，中间还隔着以太网2。假定主机A要给主机5发送数据，则主机A将以主机5的IP地址为目标IP地址，以其自己的IP地址为源IP地址启动IP分组的发送。由于目标主机和源主机不在同一网络中，为了发送该IP分组，主机A需要将该分组封装成以太网的帧发送给默认网关即路由器A的F0/0端口；F0/0端口收到该帧后进行帧的拆封并分离出IP分组，通过将IP分组中的目标网络号与自己的路由表进行匹配，决定将该分组由自己的F0/1口送出，但在送出之前，它必须首先将该IP分组重新按以太网帧的帧格式进行封装，这次要以自己的F0/1口的MAC地址为源MAC地址、路由器B的F0/0口MAC地址为目标MAC地址进行帧的封装，然后将帧发送出去；路由器B收到该以太网帧之后，通过帧的拆封，再度得到原来的IP分组，并通过查找自己的IP路由表，决定将该分组从自己的以太网口T0送出去，即以主机5的MAC地址为目标MAC地址，以自己的T0口的MAC地址为源MAC地址进行IEEE 802.5令牌环网帧的封装，然后启动帧的发送；最后，该帧到达主机5，主

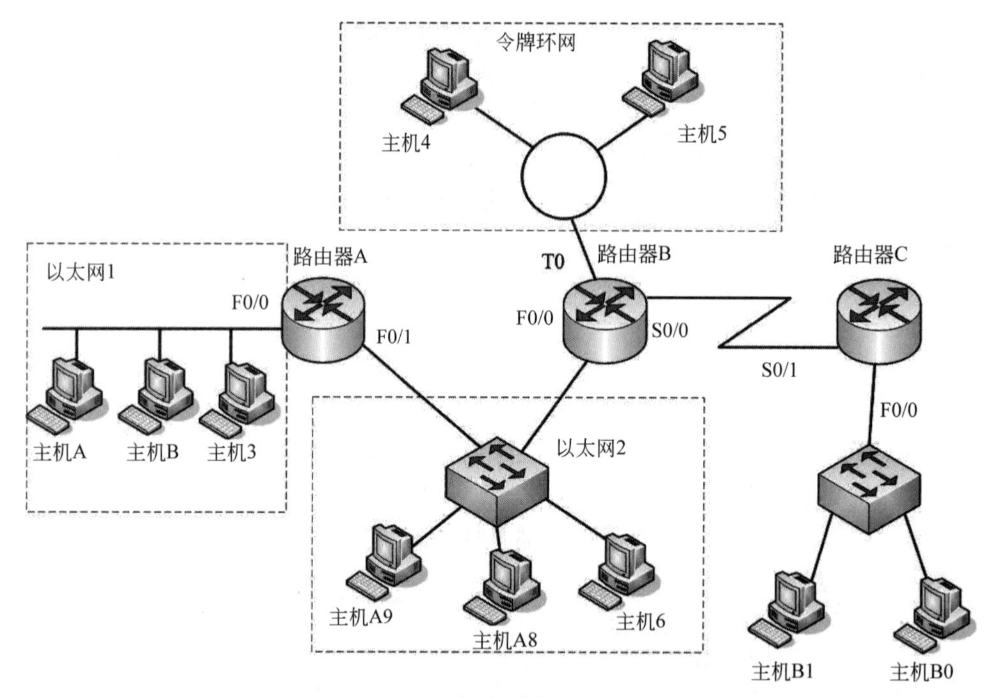

图 4.74 采用路由器实现异构网络互联

机 5 进行帧的拆封，得到主机 A 给自己的 IP 分组并送到自己的更高层即传输层。

2. 实现网络的逻辑划分

路由器在物理上扩展网络的同时，还提供了逻辑上划分网络的功能，如图 4.75 所示，当网络 1 中的主机 A 给主机 B 发送 IP 分组 1 的同时，网络 2 中的主机 5 可以给主机 6 发送 IP 分组 2，而网络 3 中的主机 A7 则可以向主机 A8 发送 IP 分组 3，它们互不矛盾，因为路由器是基于第三层 IP 地址来决定是否进行分组转发的，所以这三个分组由于源和目标 IP 地址在同一网络中而都不会被路由器转发。换言之，路由器所连的网络必定属于不

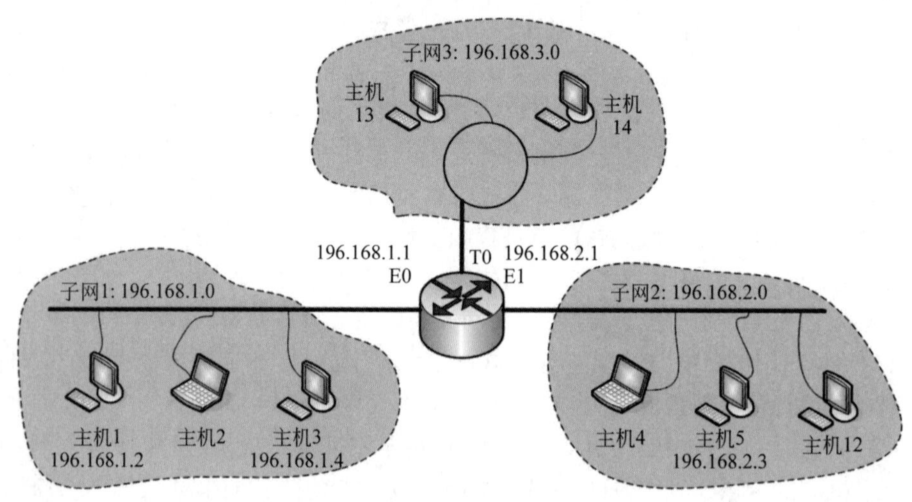

图 4.75 一个路由器互连的网络

同的冲突域，即从划分冲突域的能力来看，路由器具有和交换机相同的性能。

不仅如此，路由器还可以隔离广播流量。假定主机 A 以目标地址“255.255.255.255”向本网中的所有主机发送一个广播分组，则路由器通过判断该目标 IP 地址就知道自己不必转发该 IP 分组，从而广播被局限于网段 1 中，而不会渗漏到网段 2 或网段 3 中；同样的道理，若主机 A 以广播地址 192.168.2.255 向网段 2 中的所有主机进行广播时，则该广播也不会被路由器转发到网络 3 中，因为通过查找路由表，该广播 IP 分组是要从路由器的 F0/1 接口出去的(而不是 T0 接口)。也就是说，由路由器相连的不同网段之间除了可以隔离网络冲突外，还可以相互隔离广播流量，即路由器不同接口所连的网段属于不同的广播域。广播域是对所有能分享广播流量的主机及其网络环境的总称。

3. 实现 VLAN 之间的通信

VLAN 限制了网络之间的不必要的通信，但在任何一个网络中，还必须为不同 VLAN 之间的必要通信提供手段，同时也要为 VLAN 访问网络中的其他共享资源提供途径，这些都要借助于 OSI 第三层或网络层的功能。第三层的网络设备可以基于第三层的协议或逻辑地址进行数据包的路由与转发，从而可提供在不同 VLAN 之间以及 VLAN 与传统 LAN 之间进行通信的功能，同时也为 VLAN 提供访问网络中的共享资源提供途径。VLAN 之间的通信可以由外部路由器来完成。在交换机设备之外，提供只具备第三层路由功能的独立路由器用以实现不同 VLAN 之间的通信。图 4.76 给出了一个由外部路由器实现不同 VLAN 之间通信的示例。

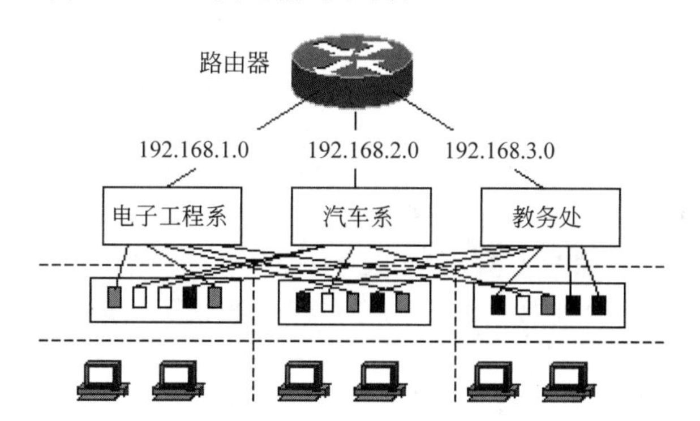

图 4.76 路由器用于实现不同 VLAN 之间的通信

事实上，路由器在计算机网络中除了上面所介绍的作用外，还可以实现其他一些重要的网络功能，如提供访问控制功能、优先级服务和负载平衡等。总之，路由器是一种功能非常强大的计算机网络互连设备。

4.9 实验：路由器配置

4.9.1 路由器的基本操作

一、实验目的

(1) 理解路由器的工作原理。

(2) 掌握路由器的基本操作。

二、实验设备

路由器一台，计算机一台，Console 线缆一条。

三、实验拓扑

实验的拓扑结构如图 4.77 所示。将计算机的 Com 口和路由器的 Console 口通过 Console 线缆连接起来，使用 Windows 提供的超级终端工具进行连接，登录路由器的命令行界面进行配置。

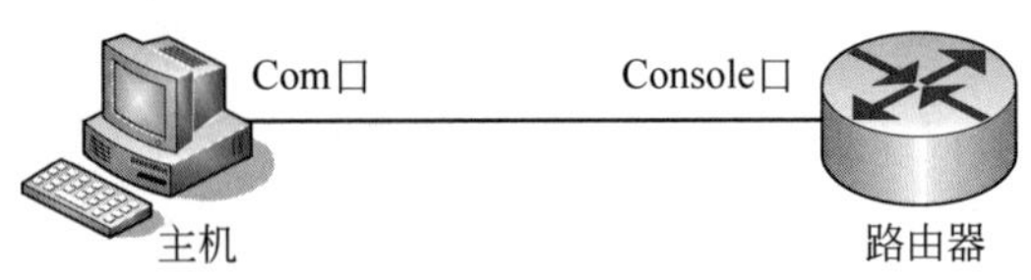

图 4.77　实验拓扑图

四、实验原理

路由器的管理方式基本分为两种：带内管理和带外管理。通过路由器的 Console 口管理路由器属于带外管理，不占用路由器的网络接口，但特点是线缆特殊，需要近距离配置。第一次配置路由器时必须利用 Console 进行配置，使其支持 Telnet 远程管理。

路由器的命令行操作模式主要包括用户模式、特权模式、全局配置模式、端口模式等几种。

(1) 用户模式：进入路由器后得到的第一个操作模式，该模式下可以简单查看路由器的软、硬件版本信息，并进行简单的测试。用户模式提示符为 Router>。

(2) 特权模式：由用户模式进入的下一级模式，该模式下可以对路由器的配置文件进行管理，查看路由器的配置信息，进行网络的测试和调试等。特权模式提示符为 Router#。

(3) 全局配置模式：属于特权模式的下一级模式，该模式下可以配置路由器的全局性参数(如主机名、登录信息等)。在该模式下可以进入下一级的配置模式，对路由器具体的功能进行配置。全局模式提示符为 Router(config)#。

(4) 端口模式：属于全局模式的下一级模式，该模式下可以对路由器的端口进行参数配置。

路由器命令行支持获取帮助信息、命令的简写、命令的自动补齐、快捷键功能。下面是几个常用命令。

- exit：退回到上一级操作模式。
- end：直接退回到特权模式。
- show version：查看路由器的版本信息，可以查看到路由器的硬件版本信息和软件版本信息，作为进行路由器操作系统升级时的依据。
- show ip route：查看路由表信息。
- show running-config：查看路由器当前生效的配置信息。

五、实验步骤

(1) 路由器命令行的基本功能。

- Router>?

!使用?显示当前模式下所有可执行的命令。

```
Exec commands:
<1-99>              Session number to resume
disable             Turn off privileged commands
disconnect          Disconnect an existing network connection
enable              Turn on privileged commands
exit                Exit from the EXEC
help                Description of the interactive help system
lock                Lock the terminal
ping                Send echo messages
ping6               ping6
show                Show running system information
start-terminal-service        Start terminal service
telnet              Open a telnet connection
traceroute          Trace route to destination
```

- Router>e?

```
enable exit
```

!显示当前模式下所有以 e 开头的命令。

- Router>en <tab>

!按键盘的 Tab 键自动补齐命令,路由器支持命令的自动补齐。

- Router>enable

!使用 enable 命令从用户模式进入特权模式。

- Router# copy ?

!显示 copy 命令后可执行的参数。

```
flash:                   Copy from flash: file system
running-config           Copy from current system configuration
startup-config           Copy from startup configuration
tftp:                    Copy from tftp: file system
xmodem:                  Copy from xmodem: file system
```

- Router# copy

```
% Incomplete command.
```

!提示命令未完,必须附带可执行的参数。

- Router# conf t

!路由器支持命令的简写,该命令代表 configure terminal。

!进入路由器的全局配置模式。

```
Enter configuration commands, one per line. End with CNTL/Z.
```

- Router(config)# interface fastEthernet 0/0

!进入路由器端口 F0/0 的接口配置模式。

```
Router(config-if)#
```

- Router(config-if)#exit

!使用 exit 命令返回上一级的操作模式。

- Router(config)#interface fastEthernet 0/0

```
Router(config-if)#end
```

!使用 end 命令直接返回特权模式。

```
Router#
```

(2) 配置路由器的名称。

```
Router>enable
Router#configure terminal
Enter configuration commands, one per line. End with CNTL/Z.
Router(config)#hostname RouterA
```

!将路由器的名称设置为 RouterA。

```
RouterA(config)#
```

(3) 配置路由器的接口并查看接口配置。

```
RouterA#configure terminal
Enter configuration commands, one per line. End with CNTL/Z.
RouterA(config)#interface fastEthernet 0/0
```

!进入端口 F0/0 的接口配置模式。

```
RouterA(config-if)#ip address 192.168.1.1 255.255.255.0
```

!配置接口的 IP 地址。

```
RouterA(config-if)#no shutdown
```

!开启该端口。

```
RouterA(config-if)# end
RouterA#show interfaces fastEthernet 0/0
```

!查看端口 F0/0 的状态是否为 UP,地址配置和流量统计等信息。

(4) 查看路由器的配置信息。

```
RouterA#show version
```

!查看路由器的版本信息。

```
RouterA#show ip route
```

!查看路由表信息。

```
RouterA#show running-config
```

!查看路由器当前生效的配置信息。

六、注意事项

(1) 命令行操作进行自动补齐或命令简写时，要求所简写的字母必须能够唯一区别该命令。如 Router#conf 可以代表 configure，但 Router#co 无法代表 configure，因为 co 开头的命令有两个 copy 和 configure，设备无法区别。

(2) 注意区别每个操作模式下可执行的命令种类。路由器不可以跨模式执行命令。

(3) 配置设备名称的有效字符是 22 字节。

(4) show interface 和 show ip interface 之间的区别。

4.9.2　单臂路由

一、实验目的

利用路由器的单臂路由功能实现 VLAN 间路由。

二、实验设备

路由器一台，交换机一台，计算机 2 台，若干条网线。

三、实验拓扑

实验的拓扑图如图 4.78 所示。为减小广播包对网络的影响，网络管理员在公司内部网络中进行了 VLAN 的划分。在实现 VLAN 间路由上，为节约成本并且充分利用现有设备，网络管理员计划利用路由器的单臂路由功能实现 VLAN 间路由。

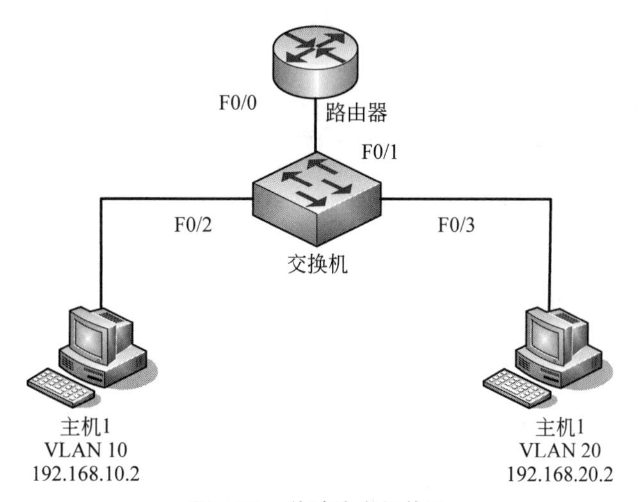

图 4.78　单臂路由拓扑图

四、实验原理

VLAN 间的主机通信为不同网段间的通信，需要通过三层设备对数据进行路由转发才可以实现，在路由器上对物理接口划分子接口并封装 IEEE 802.1q 协议，使每一个子接口都充当一个 VLAN 网段中主机的网关，利用路由器的三层路由功能可以实现不同

VLAN 间的通信。

五、实验步骤

(1) 在路由器上配置子接口并封装 IEEE 802.1q。

```
Router#configure terminal
Router(config)#interface fastEthernet 0/0
Router(config-if)#no shutdown
Router(config-if)#interface fastethernet 0/0.1
!创建并进入路由器子接口
Router(config-subif)#description vlan10
!对子接口进行描述
Router(config-subif)#encapsulation dot1q 10
!对子接口封装 801.2q 协议,并定义 VID 为 10
Router(config-subif)#ip address 192.168.10.1 255.255.255.0
!为子接口配置 IP 地址
Router(config-subif)#no shutdown
Router(config-subif)#exit
Router(config)#interface fastethernet 0/0.2
Router(config-subif)#description vlan20
Router(config-subif)#encapsulation dot1q 20
Router(config-subif)#ip address 192.168.20.1 255.255.255.0
Router(config-subif)#no shutdown
Router(config-subif)#end
```

(2) 在交换机上定义 Trunk。

```
Switch#configure terminal
Switch(config)#interface fastEthernet 0/1
Switch(config-if)#switchport mode trunk
!将与路由器相连的端口配置为 Trunk 口。
Switch(config-if)#exit
```

(3) 在交换机上划分 VLAN。

```
Switch(config)#vlan 10
Switch(config-vlan)#vlan 20
Switch(config-vlan)#exit
Switch(config)#interface fastEthernet 0/2
Switch(config-if)#switchport access vlan 10
Switch(config-if)#exit
Switch(config)#interface fastEthernet 0/3
Switch(config-if)#switchport access vlan 20
Switch(config-if)#end
```

(4) 测试网络连通性。

按图 4.78 连接拓扑,给主机配置相应 VLAN 的 IP 地址。从 VLAN10 中的 PC1

ping VLAN20 中的 PC2，由于路由器的单臂路由功能实现了 VLAN 间路由，测试结果如下所示：

```
C:\Documents and Settings\shil> ping 192.168.20.2
Pinging 192.168.20.2 with 32 bytes of data:
Reply from 192.168.20.2: bytes=32 time< 1ms TTL=63
Reply from 192.168.20.2: bytes=32 time< 1ms TTL=63
Reply from 192.168.20.2: bytes=32 time< 1ms TTL=63
Reply from 192.168.20.2: bytes=32 time< 1ms TTL=63
Ping statistics for 192.168.20.2:
Packets: Sent=4, Received=4, Lost=0(0%  loss),
Approximate round trip times in milli-seconds:
Minimum=0ms, Maximum=0ms, Average=0ms
```

从上述测试结果可以看到，通过在路由器上配置单臂路由，实现了不同 VLAN 之间的主机通信。

六、注意事项

交换机上和路由器相连的端口需配置为 Trunk。

本章小结

在计算机网络体系结构中，网络层主要要解决的问题就是如何将数据报从源端发往目的端。在本章的开始，我们系统地介绍了网络层的功能。紧接着介绍了网络层中所用到的协议，包括 IP、ARP、RARP、ICMP 以及 IGMP 等协议。本章重点介绍了 IP 协议中的 IPv4 数据报的格式、IPv4 地址空间的描述。为了解决 IPv4 地址耗尽问题，提出了子网划分技术、无类别域间路由技术(CIDR)以及网络地址转换技术(NAT)等。

然后本章介绍了路由选择及分组交付算法和路由选择相关的概念，如认识路由表，分组交付详细过程介绍等，从而引出路由选择算法——距离矢量路由算法和链路状态路由算法。其中重点介绍了基于距离矢量路由算法的路由信息协议 RIP 和基于链路状态路由算法的开放最短路径优先协议 OSPF。这两个协议都是作用于自治系统内部的内部网关协议。随后又介绍了作用于自治系统之间的边界网关协议 BGP。

本章还介绍了 IPv6 的数据报格式、IPv6 的地址表示方式以及从 IPv4 过渡到 IPv6 的方法。

最后结合这一章的理论知识，我们给出了两个实验——路由器的基本操作和单臂路由。

习　　题

一、选择题

1. 以下 IP 地址中，不属于私有 IP 地址的是(　　)。

A. 10.1.8.100　　B. 172.12.8.100　　C. 172.30.8.100　　D. 192.168.8.100

2. 下列三类地址格式中B类地址格式是(　　)。

A. 0 网络地址(7位)主机地址(24位)

B. 01 网络地址(14位)主机地址(16位)

C. 10 网络地址(14位)主机地址(16位)

D. 110 网络地址(21位)主机地址(8位)

3. 完成路径选择功能是在网络体系结构的(　　)。

A. 物理层　　B. 数据链路层　　C. 网络层　　D. 传输层

4. 在IP地址方案中,157.228.181.2是一个(　　)。

A. A类地址　　B. B类地址　　C. C类地址　　D. D类地址

5. 下列关于虚电路网络的叙述中错误的是(　　)。

A. 可以确保数据分组传输顺序

B. 需要为每条虚电路预分配带宽

C. 建立虚电路时需要进行路由选择

D. 依据虚电路号(VCID)进行数据分组转发

6. IPv6将32位地址空间扩展到(　　)。

A. 64位　　B. 128位　　C. 256位　　D. 1024位

7. 某个IP地址的子网掩码为255.255.255.224,该掩码又可以写为(　　)。

A. /22　　B. /27　　C. /26　　D. 28

8. ARP协议的功能是(　　)。

A. 根据IP地址查询MAC地址　　B. 根据MAC地址查询IP地址

C. 根据域名查询IP地址　　D. 根据IP地址查询域名

9. 若某公司分配给技术部的IP地址块为212.113.16.192/27,分配给销售部的IP地址块为212.113.16.224/27,那么这两个地址块经过聚合后的地址为(　　)。

A. 212.113.16.192/26　　B. 212.113.16.192/27

C. 212.113.16.128/26　　D. 212.113.16.128/25

10. TCP/IP网络中常用的距离矢量路由协议是(　　)。

A. ARP　　B. ICMP　　C. OSPF　　D. RIP

11. 路由器运行于网络哪一层(　　)。

A. 数据链路层　　B. 网络层　　C. 传输层　　D. 物理层

12. 下列关于OSPF协议的描述中,错误的是(　　)。

A. OSPF使用分布式链路状态协议

B. 链路状态协议"度量"主要是指费用、距离、延时、带宽等

C. 当链路状态发生变化时用洪泛法向所有路由器发送信息

D. 链路状态数据库中保存一个完整的路由表

13. 家庭需要通过无线局域网将分布在不同房间的三台计算机接入Internet,并且ISP只给其分配一个IP地址。在这种情况下,应该选用的设备是(　　)。

A. AP　　B. 无线路由器　　C. 无线网桥　　D. 交换机

14. 在同一自治系统之间使用的路由协议是(　　)。

A. RAP　　B. OSPF　　C. BGP-4　　D. ISIS

15. 下列网络设备中,能够抑制网络风暴的是(　　)。

Ⅰ中继器　Ⅱ集线器　Ⅲ网桥　Ⅳ路由器

A. 仅Ⅰ和Ⅱ　　B. 仅Ⅲ　　C. 仅Ⅲ和Ⅳ　　D. 仅Ⅳ

16. 某网络的 IP 地址为 192.168.5.0/24 采用长子网划分,子网掩码为 255.255.255.248,则该网络的最大子网个数,即每个子网内的最大可分配地址个数为(　　)。

A. 32,8　　B. 32,6　　C. 8,32　　D. 8,30

17. 现将一个 IP 网络划分为 3 个子网,若其中一个子网是 192.168.9.128/26,则下列网络中,不可能是另外两个子网之一的是(　　)。

A. 192.168.9.0/25　　B. 192.168.9.0/26

C. 192.168.9.192/26　　D. 192.168.9.192/27

18. 某网络拓扑如图 4.79 所示,路由器 R_1 只有到达子网 192.168.1.0/24 的路由。为使 R_1 可以将 IP 分组正确地路由所有子网,则在 R_1 中需要增加的一条路由(目的网络,子网掩码,下一跳)是(　　)。

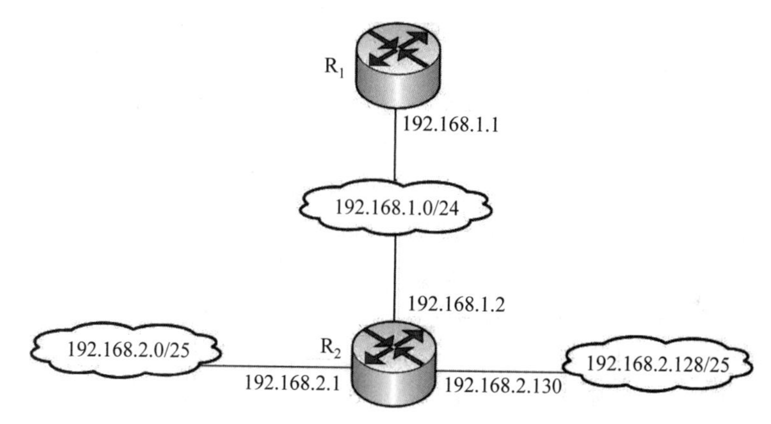

图 4.79　第 18 题用图

A. 192.168.2.0,255.255.255.128,192.168.1.1

B. 192.168.2.0,255.255.255.0,192.168.1.1

C. 192.168.2.0,255.255.255.128,192.168.1.2

D. 192.168.2.0,255.255.255.0,192.168.1.2

19. 在子网 207.51.6.0/29 中,能接收目的地址为 207.51.6.7 的 IP 分组的最大主机数是(　　)。

A. 0　　B. 1　　C. 6　　D. 8

20. Internet 的网络层含有四个重要的协议,分别为(　　)。

A. IP、ICMP、ARP、UDP　　B. TCP、ICMP、UDP、ARP

C. IP、ICMP、ARP、RARP　　D. UDP、IP、ICMP、RARP

21. 路由器的路由表包括目的地址、下一站地址以及(　　)。

A. 时间、距离　　B. 距离、计时器、标志位

C. 路由、距离、时钟　　D. 时钟、路由

22. 在一台功能完整的路由器中，能支持多种协议数据的转发。除此之外，还包括(　　)。

A. 数据过滤　　B. 计费　　C. 网络管理　　D. 以上都是

23. 必须要由网络管理员手动配置的是(　　)。

A. 静态路由　　B. 直连路由　　C. 动态路由　　D. 间接路由

24. 在路由器互联的多个局域网中，通常要求每个局域网的(　　)。

A. 数据链路层协议和物理层协议必须相同

B. 数据链路层协议必须相同，而物理层协议可以不同

C. 数据链路层协议可以不同，而物理层协议必须相同

D. 数据链路层协议和物理层协议可以不相同

25. 下面有最高可信度的路由协议是(　　)。

A. RIP　　B. OSPF　　C. IGRP　　D. EIGRP

26. 网络层、数据链路层和物理层传输的数据单位分别是(　　)。

A. 报文、帧、比特　　B. 包、报文、比特

C. 包、帧、比特　　D. 数据块、分组、比特

27. 若两台主机在同一子网中，则两台主机的 IP 地址分别与它们的子网掩码相与的结果一定(　　)。

A. 为全 0　　B. 为全 1　　C. 相同　　D. 不同

28. 下列关于 IPv6 协议优点的描述中，准确的是(　　)。

A. 协议允许全局 IP 地址出现重复

B. 协议解决了 IP 地址短缺的问题

C. 协议支持通过卫星链路的 Internet 连接

D. 协议支持光纤通信

29. 假如正在构建一个有 22 个子网的 B 类网络，但是几个月后该网络将增至 80 个子网。每个子网要求支持至少 300 个主机，应该选择(　　)子网掩码。

A. 255.255.0.0　　B. 255.255.254.0

C. 255.255.255.0　　D. 255.255.248.0

30. 为了解决 IP 地址耗尽的问题，可以采用以下的一些措施，其中治本的是(　　)。

A. 划分子网　　B. 采用无类别编址 CIDR

C. 采用网络地址转换 NAT 方法　　D. 采用 IPv6

31. 某路由表中有转发接口相同的 4 条路由表项，其目的网络地址分别为 35.230.32.0/21、35.230.40.0/21、35.230.48.0/21 和 35.230.56.0/21，将该 4 条路由聚合后的目的网络地址为(　　)。

A. 35.230.0.0/19　　B. 35.230.0.0/20

C. 35.230.32.0/19　　D. 35.230.32.0/20

32. 下列对 IPv6 地址 FF60:0:0:0601:BC:0:0:05D7 的简化表示中，错误的是(　　)。

A. FF60::601:BC:0:0:05D7　　B. FF60::601:BC::05D7
C. FF60:0:0:601:BC::05D7　　D. FF60:0:0:0601:BC::05D7

33. 下列关于外部网关协议 BGP 的描述中,错误的是(　　)。
A. BGP 是不同自治系统的路由器之间交换路由信息的协议
B. 一个 BGP 发言人使用 UDP 与其他自治系统中的 BGP 发言人交换路由信息
C. BGP 协议交换路由信息的结点数是以自治系统数为单位的
D. BGP-4 采用路由向量协议

34. IPV6 地址 FE::45:A2:的::之间被压缩的二进制数字 0 的位数为(　　)。
A. 16　　B. 32　　C. 64　　D. 96

35. 在配置路由器远程登录口令时,路由器必须进入的工作模式是(　　)。
A. 特权模式　　B. 用户模式
C. 接口配置模式　　D. 虚拟终端配置模式

二、填空题

1. 常用的 IP 地址有 A、B、C 三类 65.123.45.66 是一个________类地址,其网络标识为________,主机标识为________。

2. IPv4 地址的位数为________位。IPv6 地址的位数为________位。MAC 地址的位数是________位。

3. IP 地址的主机部分如果全为 1,则表示________地址。IP 地址的主机部分若全为 0,则表示________地址。127.0.0.1 被称为________地址。

4. 路由协议有很多种类,也有很多区分的角度,根据使用的范围即在自治系统内部或者外部使用,路由协议可以分为________和________。

5. 主机名转换成 IP 地址,要使用________协议;IP 地址转换成 MAC 地址,要使用________协议。

三、名词解释

1.IP 地址;2.RARP;3.OSPF;4.ARP;5. NAT;6.ICMP;7.IGP;8.EGP。

四、综合题

1. IP 地址为 192.72.20.111,子网掩码为 255.255.255.224,求该网段的广播地址。

2. 请详细地解释 IP 协议的定义,在哪个层上面?主要有什么作用?

3. 某校被分配了一个 192.168.10.0 的 C 类网络地址,但是现在需要 6 个子网分别给不同的部门使用,试分析:

(1) 请给这个网络选择一个子网掩码。

(2) 请问每个子网最多能接多少台主机。

(3) 给出其中与 IP 地址 192.168.10.48 在同一子网的 IP 地址的范围。

4. 某公司申请了一个 C 类地址 199.5.45.0。为了便于管理,需要划分成 5 个子网,每个子网都有不超过 26 台的主机,子网之间用路由器相连。请说明如何对该子网进行规划,并写出子网掩码和每个子网的子网地址。

5. 计算并填写下表。

IP 地址	144.150.128.57
子网掩码	255.255.192.0
地址类别	(1)
网络地址	(2)
广播地址	(3)
子网内的第一个可用 IP 地址	(4)

6. 有如下的 4 个/24 地址块,试进行最大可能的聚合。214.78.132.0/24、214.78.133.0/24、214.78.134.0/24、214.78.135.0/24,计算出聚合地址(请写出推算过程)。

7. 解析 ARP 协议的工作原理。

8. 简述 ping 命令的工作原理及用途。

9. 一个 IP 分组报头中的首部长度字段值为 101(二进制),而总长度字段值为 101000(二进制),请问该分组携带了多少字节的数据?

10. 设目的地址为 201.230.34.56,子网掩码为 255.255.240.0,试求出子网地址。

11. 若某 CIDR 地址块中的某个地址是 128.34.57.26/22,那么该地址块中的第一个地址是什么?最后一个地址是什么?该地址块的网络地址是什么?该地址块共包含多少个地址?

12. 设某路由器建立了如下所示的转发表,此路由器可以直接从接口 0 和接口 1 转发分组,也可通过相邻的路由器 R_2、R_3 和 R_4 进行转发。现共收到 5 个分组,其目的站 IP 地址分别为:

(1) 128.96.39.10;

(2) 128.96.40.12;

(3) 128.96.40.151;

(4) 192.4.153.17;

(5) 192.4.153.90。

试分别计算其下一跳。

目的网络	子网掩码	下一跳
128.96.39.0	255.255.255.128	接口 0
128.96.39.128	255.255.255.128	接口 1
128.96.40.0	255.255.255.128	R_2
192.4.153.0	255.255.255.192	R_3
*(默认)		R_4

13. 已知路由器 C 有以下路由表。现在收到相邻路由器 B 发来的路由更新信息。试用 RIP 更新路由器 C 的路由表。

C 路由表

目的网络	距离	下一跳路由器
N_2	3	D
N_3	4	E
N_4	5	A
N_5	8	B

B 发来的更新信息

目的网络	距离	下一跳路由器
N_1	2	A
N_2	5	E
N_3	1	直接交付

第 5 章 传 输 层

传输层的作用是在通信子网提供的服务的基础上，为上层应用进程提供端到端的服务。传输层是客户程序和服务器程序之间的联络人，是一个进程到进程的连接。它是 Internet 上从一点到另一个点传输数据的端到端逻辑传输媒介。传输层使高层用户在相互通信时不必关心通信子网的实现细节和具体服务质量。传输层是网络体系结构的关键层次。

本章在讨论传输服务的基础上，主要阐述了传输层的两个重要协议：无连接的用户数据报协议 UDP 和面向连接的传输控制协议 TCP，重点是 TCP 为保证可靠传输而采用的连接管理、序号与确认、流量控制、拥塞控制等机制。

5.1 传输层概述

5.1.1 传输层功能及提供的服务

网络层协议提供了主机之间的逻辑通信，而两台主机进行通信实际上是两台主机中的应用进程间互相通信，传输层协议正是为运行在不同主机上的应用进程提供逻辑通信功能。从通信的角度看，传输层属于面向通信部分的最高层，但从用户功能来看，传输层又是用户功能中的最低层。传输层的功能归属如图 5.1 所示。

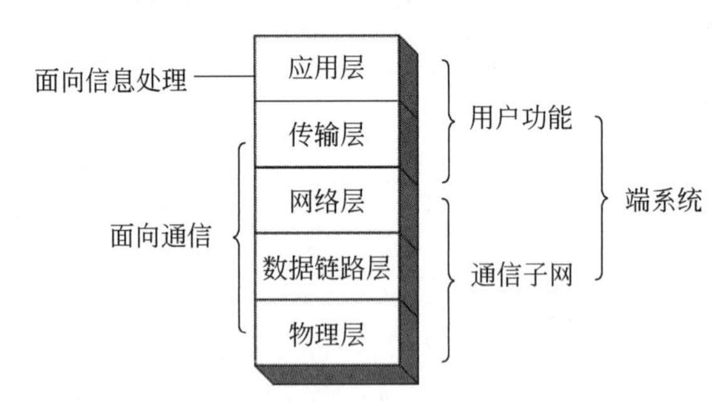

图 5.1 传输层的功能归属

从应用程序的角度看，通过逻辑通信，运行不同进程的主机好像直接相连；实际上这些主机是通过很多路由器和多种不同的链路相连。应用进程通过传输层提供的逻辑通信功能彼此发送报文，而不需要考虑承载报文的物理基础设施的细节，如图 5.2 所示。

一台主机上经常有多个应用进程同时分别与另一台主机上的多个应用进程通信。网

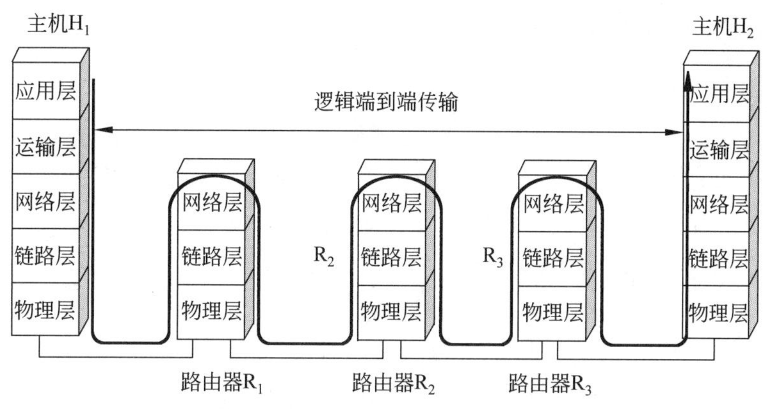

图 5.2 传输层为应用进程间提供逻辑通信

络层协议或网际互连协议能够将分组送达到目的主机,但它无法交付给主机中的某个对应的应用进程,因为在 TCP/IP 协议族中,IP 地址标识的是一台主机,并没有标识主机中的应用进程。因此,网络层是通过通信子网为主机之间提供逻辑的通信;而传输层依靠网络层的服务,在两台主机的应用进程间建立端到端的逻辑通信信道,如图 5.3 所示。

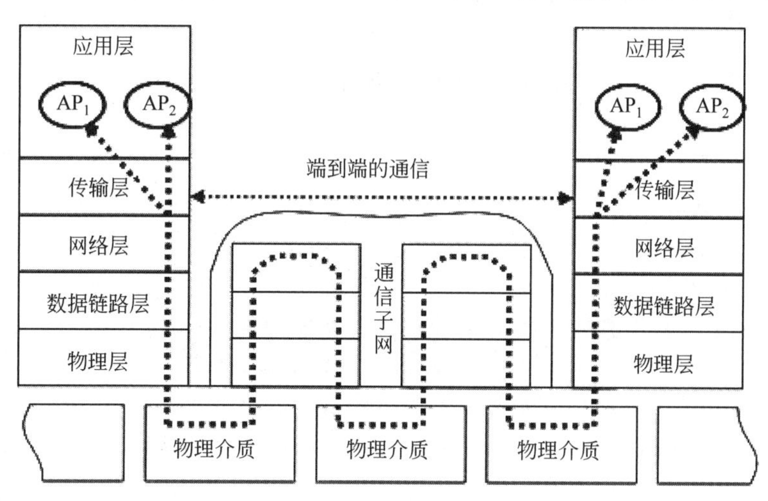

图 5.3 数据通信过程

传输层对整个报文段进行差错校验和检测。IP 在传输数据时并不保证传输的顺序,也不保证传输数据的质量。因此传输层协议要提供端到端的错误恢复与流量控制,对网络层出现的丢包、乱序或重复等问题做出反应。网络层如同邮递员,只负责将邮件从某个单位的收发室发送到另一个单位的收发室,传输层协议就像是将邮件从收发室传递到具体的个人的手中。另外,当上层的协议数据包的长度超过网络层所能承载的最大数据传输单元时,传输层提供必要的分段功能,并在接收方的对等层将分段合并。总之,传输层通过扩展网络层服务功能,为高层提供可靠数据传输,从而使系统之间实现高层资源的共享时不必再考虑数据通信方面的问题,即它是资源子网与通信子网的界面与桥梁,它完成资源子网中两结点间的逻辑通信,实现通信子网中端到端的透明传输。

5.1.2 应用进程、端口号与套接字

1. 应用进程、端口号

在计算机操作系统的术语中，进程即为运行着的程序。操作系统为每个进程分配一定的地址空间和CPU周期等资源，从而实现一台计算机上可以并发运行多个程序。传输层协议的首要任务是提供进程到进程通信(Process-to-process Communication)。进程是使用传输层服务的应用层实体。我们在讨论进程到进程通信如何实现之前，需要理解主机到主机通信与进程到进程通信的不同之处。

网络层负责计算机层次的通信(主机到主机通信)。IP地址标识的是一台主机，网络层协议只把报文传递到目的计算机。然而，这是不完整的传递。报文仍然需要递交给目的主机中正确的进程。这正是传输层接管的部分。传输层协议负责将报文传输到正确的进程。图5.4给出了网络层和传输层的范围。其中AP表示应用进程。

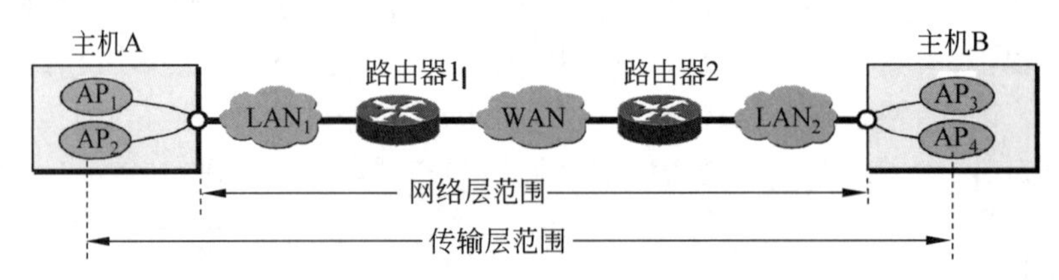

图5.4 网络层与传输层作用范围

那么两个彼此通信的进程之间是如何相互识别的呢？对通信来说，必须定义本地主机、本地进程、远程主机以及远程进程。使用IP地址来定义本地主机和远程主机(见第4章)。为了定义进程，我们需要第二个标识符，称为端口号(port number)。两台计算机中的进程要互相通信，不仅需要知道双方的IP地址，通过IP地址可以找到对方的计算机(类似于学校的地址)，而且还需要知道对方的端口号，其标识了计算机中的应用进程(类似于信箱号)。通过学校地址和信箱号，就可以进行邮政通信了。

所以准确地说，端口号是操作系统为不同的网络应用提供的一个用于区分不同网络通信进程的标识。端口号是16位的二进制数，即位于0～65 535的整数。每个通信进程产生时都同时被设定一个端口号用来标识该进程，且端口号在同一个操作系统上是唯一的。客户进程向某个服务器请求一种服务时，请求信息中指明服务器某个特定的端口号，服务器便可以将所接收的服务请求提交给对应该端口号的服务进程。客户进程在发送服务请求时，随即也产生一个客户进程端口号，客户端与服务器就这样相互识别进行通信。

端口在传输层的作用有点类似IP地址在网络层的作用或MAC地址在数据链路层的作用，只不过IP地址和MAC地址标识的是主机，而端口标识的是网络应用进程。由于同一时刻一台主机上会有大量的网络应用进程在运行，所以需要大量的端口号来标识不同的进程。当传输层收到IP层交上来的数据(即TCP报文段或UDP用户数据报)时，就要根据其中首部的端口号来决定应当通过哪一个端口上交给应当接受此数据的应用进程。图5.5说明了端口在进程之间的通信中所起的作用。传输层具有复用和分用的功能(将在5.1.3小节介绍)。应用层所有的应用进程都可以通过传输层再传送到网络层，这

称为复用。传输层从网络层收到的数据报后必须交付给指明的应用进程，这就是分用。

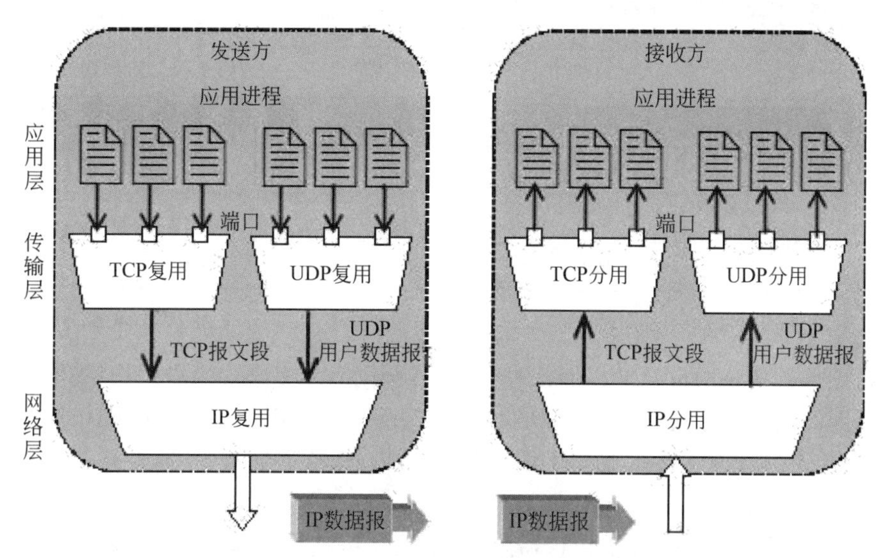

图 5.5 端口在进程之间的通信中所起的作用

端口可以分为两大类：服务器端使用的端口号和客户端使用的端口号。

(1) 服务器端使用的端口号又可以分为专用端口号和注册端口号。

- 专用端口号：也称为熟知端口号，端口号的范围是 0～1023，绑定于一些特定的服务，通常带有这些端口号的通信明确表明了某种服务的协议，这种端口号不可再重定义它的作用对象。
- 注册端口号：端口号的范围是 1024～49 151，多数没有明确的定义服务对象，不同程序可根据实际需要自己定义，比如远程控制软件和木马程序中都会有这些端口号的定义。

(2) 客户端使用的端口号：49 152～65 535，仅在客户进程运行时才动态分配，是留给客户进程暂时使用时选择。通信结束后被收回，供其他客户进程以后使用。

表 5.1 给出了常用的端口号及对应协议。在表 5.1 中我们可以看到常见的协议及它对应的端口号，如 DNS 的端口号是 53，HTTP 的端口号为 80 等。

表 5.1 常用的端口号及对应协议

端口号	应用程序	说　明
20	FTP_DATA	文件传输协议(数据)
21	FTP_CONTROL	文件传输协议(命令)
23	TELNET	远程连接
25	SMTP	简单邮件传输协议
53	DNS	域名解析服务
69	TFTP	简单文件传输协议

续表

端口号	应用程序	说　明
80	HTTP	超文本传输协议
110	POP3	邮局协议版本 3
161	SNMP	简单网络管理协议
179	BGP	边界网关协议
520	RIP	路由信息协议

2. 套接字

应用层通过传输层进行数据通信时，传输层会同时为多个应用进程提供并发服务，为了区分不同的应用程序进程和连接，计算机操作系统为应用进程与 TCP/IP 交互提供了被称为套接字(socket)的接口，用来区分不同应用程序进程间的网络通信和连接。Socket 的原意是“插座”，就像电话的插口一样，没有它就完全没办法通信。

在 TCP 协议簇中的传输层协议需要 IP 地址和端口号，它们各在一端建立一条连接。一个 IP 地址和一个端口号结合起来称为套接字地址(socket address)。

套接字地址 =(IP 地址：端口号)　　(5-1)

客户套接字地址唯一定义了客户进程，而服务器套接字地址唯一地定义了服务器进程。套接字可以看成在两个程序进行通信连接中的一个端点，如图 5.6 所示。一个程序将一段信息写入套接字中，该套接字将这段信息发送给另一个套接字中，使这段信息能传送到其他程序中。

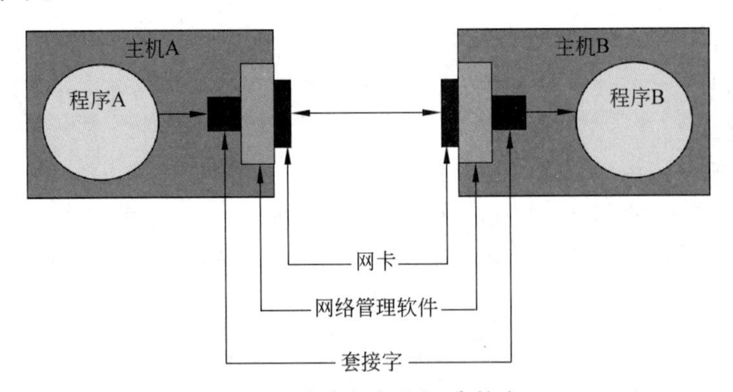

图 5.6　应用程序进程、套接字

两台计算机中的进程要互相通信，不仅需要知道双方的 IP 地址，而且还需要知道对方的端口号。将端口号拼接到 IP 地址后即构成了套接字。例如，IP 地址为 202.4.25.21，而端口号为 80，那么套接字就是(202.4.25.21:80)。如果加上协议，比如 http 协议，将是常见的在浏览器输入的 Web 请求(http:// 202.4.25.21:80)，请求远程 Web 服务器提供服务。

为了使用 Internet 中的传输服务，我们需要一对套接字地址：客户套接字地址和服务器套接字地址。这四条信息是网络层分组首部和传输层分组首部的组成部分。第一个首部包含 IP 地址，而第二个首部包含端口号。每一条 TCP 连接唯一地被通信两端的两个端点(即一对套接字)所确定，即：

$$\text{TCP 连接} ::= \{\text{Socket1}, \text{Socket2}\} = \{(\text{IP1}: \text{port1}), (\text{IP2}: \text{port2})\} \quad (5\text{-}2)$$

5.1.3 传输层的多路复用与多路分解

每当一个实体从一个以上的源接收到数据项时，称为多路复用(multiplexing，多对一)；每当一个实体将数据项传递到一个以上的源时，称为多路分解(demultiplexing，一对多)。源端的传输层执行复用；目的端的传输层执行多路分解，如图 5.7 所示。

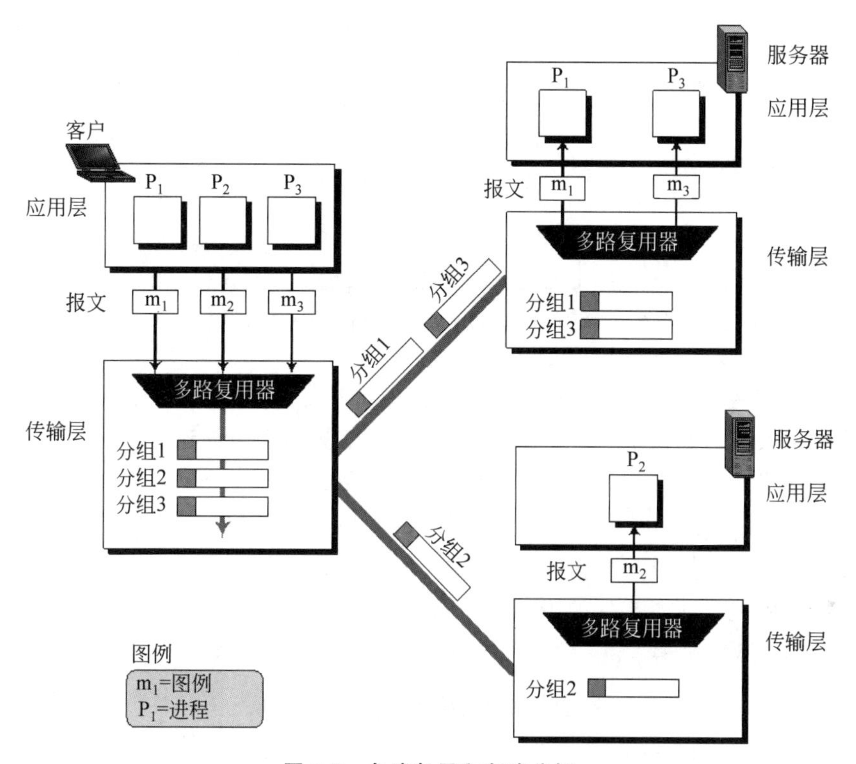

图 5.7 多路复用和多路分解

图 5.7 给出了一个客户和两个服务器之间的通信。客户端运行三个进程：P_1、P_2 和 P_3。进程 P_1 和 P_3 需要将请求发送到对应的服务器进程。客户进程 P_2 需要将请求发送到位于另外一个服务器的服务器进程。客户端的传输层接收到来自三个进程的三个报文并创建三个分组。它起到了多路复用器的作用，分组 1 和 3 使用相同的逻辑信道到达第一个服务器的传输层。当它们到达服务器时，传输层起到多路分解器的作用并将报文分发到两个不同的进程。第二个服务器的传输层接收分组 2 并将它传递到相应的进程。注意，尽管只有一个报文，我们仍然用到多路分解。

5.1.4 无连接服务与面向连接服务

从通信的角度上看，网络中各层所提供的服务可以分成两大类：无连接的服务和面向连接的服务。无连接的服务和邮政系统的工作模式相似，两个系统之间的通信不需要先建立好连接，是一种不可靠的传输。面向连接的服务和电话系统的工作模式相似，具有连接建立、数据传输和连接释放三个阶段。

由于 TCP/IP 的网络层提供的是面向无连接的数据报服务（见第 4 章的介绍），也就是说 IP 数据报传送会出现丢失、重复和乱序的情况，因此在 TCP/IP 网络结构中传输层就变得极为重要。TCP/IP 的传输层提供了两个主要的协议：用户数据报协议（User Datagram Protocol，UDP）和传输控制协议（Transmission Control Protocol，TCP），如图 5.8 所示，并给出了这两种协议在协议栈中的位置。

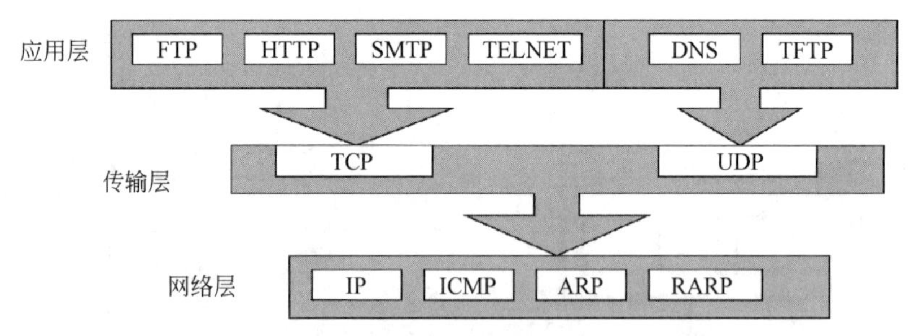

图 5.8　TCP/IP 的传输层协议与上下层中的协议

TCP 是面向连接的、可靠的传输协议。在传送数据之前必须先建立连接，数据传送结束后释放连接。它能把报文分解成数段，在目的端再重新装配这些段，重新发送没有被收到的段。在用户通信之间 TCP 提供了一个虚电路。

UDP 是无连接的，而且“不可靠”，远端主机的传输层在收到 UDP 报文后，不需要给出任何确认，也没有对发送段进行软件校验。因此，被称为“不可靠”。

无连接的服务和面向连接的服务在网络体结构的各层中都有实现。各功能层具体实现协议举例如表 5.2 所示。

表 5.2　两大类服务的具体实现协议

协议层次	无连接的服务	面向连接的服务
传输层	UDP	TCP
网络层	IP	X.25 分组级
数据链路层	CSMA/CD	PPP、HDLC

当传输层采用面向连接的协议（如 TCP）时，它为应用进程在传输实体间建立一条全双工的可靠逻辑信道，尽管下面的网络可能是不可靠的（如 IP 交换网络）。

5.2　UDP

用户数据报协议（User Datagram Protocol，UDP）是无连接不可靠的传输层协议，它除了提供进程到进程之间的通信之外，只是在 IP 的数据报服务的基础上增加了端口复用分用和差错检测的功能。UDP协议具有如下特点。

(1) UDP是无连接的,在传送数据前不需要与对方建立连接,因此减少了开销和发送数据之前的时延。

(2) UDP提供不可靠的服务,没有拥塞控制,数据传送到对方可能没有按顺序、重复甚至丢失,因此主机不需要维持具有许多参数的、复杂的连接状态表。

(3) UDP同时支持点到点和多点之间的通信,对网络实时应用(如视频电话等)是很重要的。网络出现拥塞不会使源主机的发送速率降低,而这些实时应用要求源主机以恒定的速率发送数据,允许在网络发生拥塞时丢失一些数据,但不允许数据有太大的时延。UDP正好适合这种要求。

(4) UDP的首部只有8字节,传输开销小。

(5) UDP是面向报文的。使用UDP发送一个很短的报文,在发送方和接收方之间的交互要比使用TCP时少得多。

5.2.1　用户数据报概述

UDP分组称为用户数据报(user datagram),有8字节的固定首部,这个首部由4个字段组成,每个字段2字节(16位)。图5.9说明了用户数据报的格式。

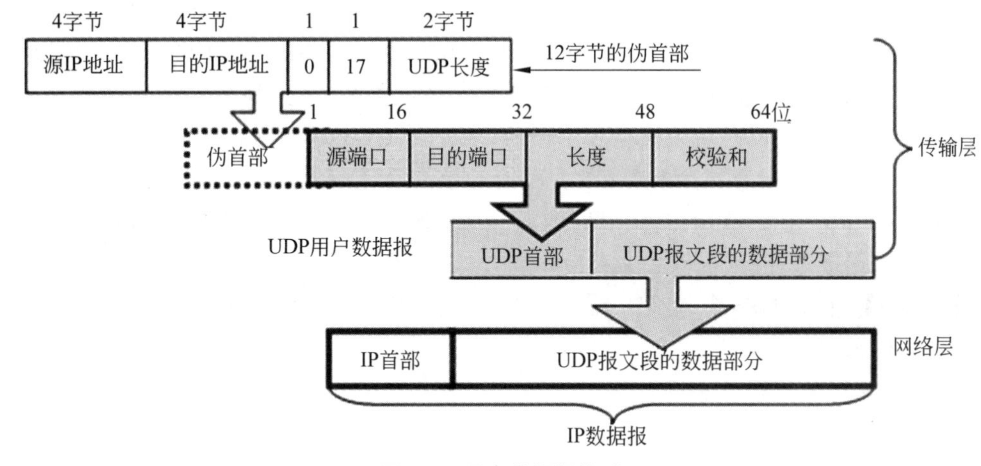

图5.9　用户数据报格式

(1) 源端口字段:包含16位长度的发送端UDP协议端口号。

(2) 目的端口字段:包含16位长度的接收端UDP协议端口号。

(3) 长度字段:UDP用户数据报的长度,记录该数据报的长度,即首部加数据的长度,16位可以定义的总长度范围是0～65 535。

(4) 校验和字段:防止UDP用户数据报在传输中出错。校验和字段是可选择的,如该字段值为0则表明不进行校验。一般说来,使用校验和字段是必要的。

UDP校验和包含三部分:伪首部、UDP首部和从应用层来的数据。伪首部是IP分组的首部的一部分,其中有些字段要填入0,如图5.9所示。伪首部总共12字节,分5个字段,第1个字段为源IP地址占4字节(32位);第2个字段为目的IP地址占4字节(32

位)；第 3 字段是全 0；第 4 个字段是 IP 首部中的协议字段的值，对于 UDP，此协议字段值为 17；第 5 字段是 UDP 用户数据报的长度。

所谓“伪首部”是因为这种伪首部并不是 UDP 用户数据报真正的首部。只是在计算校验和时，临时和 UDP 用户数据报连接在一起，得到一个过渡的临时的 UDP 用户数据报。校验和就是按照这个过渡的 UDP 用户数据报来计算的。伪首部既不向下传送，也不向上递交。如果校验和不包括伪首部，用户数据报也可能是安全完整地到达。但是，如果 IP 首部受到损坏，那么它可能被提交到错误的主机。

增加协议字段是确保这个分组是属于 UDP，而不是属于其他传输层协议。我们在后面将会看到，如果一个进程既可用 UDP 又可用 TCP，则端口号可以是相同的。UDP 的协议字段值是 17。如果传输过程中这个值改变了，在接收端计算校验和时就可检测出来，UDP 就可丢弃这个分组。这样就不会传递给错误的协议。

UDP 计算校验和的方法和计算 IP 数据报首部校验和的方法相似(在第 4 章介绍)。但不同的是：IP 数据报的校验和只检验 IP 数据报的首部，但 UDP 的校验和是将首部和数据部分一起都检验。在发送端，首先是将全零放入检验和字段。再将伪首部以及 UDP 用户数据报看成是由许多 16 位的字串接起来。若 UDP 用户数据报的数据部分不是偶数字节，则要填入一个全零字节(即：最后一个基数字节应是 16 位数的高字节，而低字节填 0)。然后按二进制反码计算出这些 16 位字的和(两个数进行二进制反码求和的运算的规则是：从低位到高位逐列进行计算。0 和 0 相加是 0，0 和 1 相加是 1，1 和 1 相加是 0 但要产生一个进位 1，加到下一列。若最高位相加后产生进位，则最后得到的结果要加 1)。将此和的二进制反码写入校验和字段后，发送此 UDP 用户数据报。在接收端，将收到的 UDP 用户数据报连同伪首部(以及可能的填充全零字节)一起，按二进制反码求这些 16 位字的和。当无差错时其结果应全为 1。否则就表明有差错出现，接收端就应将此 UDP 用户数据报丢弃(也可以上交给应用层，但附上出现了差错的警告)。

【例 5-1】 假设从源端 A 要发送下列 3 个 16 位的二进制数：word1、word2 和 word3 到终端 B，校验和计算如下：

word1：0110011001100110

word2：0101010101010101

word3：0000111100001111

【解】 先将校验和字段全填 0；即 word4 为 0000000000000000。

将 4 个 16 位二进制反码求和 sum＝word1＋word2＋word3＋word4＝1100101011001010。

校验和(sum 的反码)为 0011010100110101。

从发送端发出的 4 个(word1、word2、word3 以及校验和)16 位二进制数之和为 1111111111111111，如果接收端收到的这 4 个 16 位二进制数之和也是全“1”，就认为传输过程中没有出差错。

【例 5-2】 以下是十六进制格式的 UDP 首部内容：DDAB 0035 002A 8E7A，请问：

(1) 源端口号是多少？

(2) 目的端口号是多少？

(3) 用户数据报总长度是多少？

(4) 数据长度是多少？

(5) 分组是从客户端发往服务器端的还是相反方向的？

(6) 客户进程是什么？

【解】 (1) 源端口号是头 4 位十六进制数(DDAB)16,这意味着源端口号是 56747 (一般的端口号)。

(2) 目的端口号是第二组 4 位十六进制数(0035) 16,即目的端口号为 53(是 DNS 的查询默认端口)。

(3) 第三组 4 位十六进制数(002A)16,定义了整个 UDP 分组的长度,即长度为 42 字节。

(4) 数据的长度是整个分组长度减去首部长度,即 42－8＝34 字节。

(5) 由于目的端口号是 53(为专用端口号),分组是从客户端发送到服务器端。

(6) 客户进程是 DNS(见表 5.1)。

5.2.2 UDP 应用

尽管 UDP 不满足我们之前讨论的可靠传输层协议标准,但是,UDP 更适合某些应用。

如前所述,UDP 是无连接协议。同一个应用程序发送的 UDP 分组之间是独立的。这个特征可以看作是优势也可以看作是劣势,这要取决于应用要求。例如,如果一个客户应用需要向服务器发送一个短的请求并接收一个短的响应,那么这就是优势。如果请求和响应各自可以填充进一个数据报,那么无连接服务可能就更可取。在这种情况下,建立和关闭连接的开销可能很可观。在面向连接服务中,要达到以上目标,至少需要在客户和服务器之间交换 9 个分组;在无连接服务中只需要交换 2 个分组。无连接提供了更小的延迟;面向连接服务造成了更多的延迟。例如,一种客户－服务器应用如 DNS(第 6 章讨论),它使用 UDP 服务,因为客户需要向服务器发送一个短的请求,并从服务器接收快速响应。请求和响应可以填充进一个用户数据报。由于在每个方向上只交换一个报文,因此无连接特性不是问题;客户或服务器不担心报文会时序传递。

UDP 不提供差错控制;它提供的是不可靠服务。绝大多数应用期待从传输层协议中得到可靠服务。尽管可靠服务是人们想要的,但是它可能有一些副作用,这些副作用对某些应用来说是不可接受的。当一个传输层提供可靠服务时,如果报文的一部分丢失或者被破坏,它就需要被重传。这意味着接收方传输层不能向应用立即传送那一部分信息;在传向应用层的不同报文部分会有不一致的延迟。对于某些应用根本注意不到这些不一致的延迟,但是对于有些应用这些延迟却是致命的。假设我们正在使用一个实时交互应用,例如 Skype。音频和视频被分割成帧并且一个接一个发送。如果传输层应该重传某些被破坏或丢失的帧,那么整个传输的同步性就会丧失。观众会突然看到空白屏幕并且需要等待,直到第二个传输到达。这是不可容忍的。然而,如果屏幕的每个小部分都使用一个用户数据报传送,那么接收 UDP 可以轻易地忽略被破坏或丢失的分组,并将其余分组传递到应用程序。屏幕的那部分会空白很短时间,而绝大多数观众都不会注意到。

UDP 不提供拥塞控制。然而在倾向于出错的网络中 UDP 没有创建额外的通信量。

TCP可能多次重发一个分组，这个行为促使拥塞发生或者使得拥塞状况加重。因此，在某些情况下，当拥塞是一个大问题时，UDP中缺乏差错控制可以看成是一个优势。传输层使用UDP协议的常见的应用层协议如表5.3所示。

表5.3 使用UDP协议的应用层协议

协议名称	协议	使用UDP协议原因说明
域名系统	DNS	为了减小协议的开销
动态主机配置协议	DHCP	需要进行报文广播
简单文件传输协议	TFTP	实现简单，文件须同时向许多机器下载
简单网络管理协议	SNMP trap	网络上传输SNMP报文的开销小 SNMP接收trap消息
路由选择信息协议	RIP	实现简单，路由协议开销小
实时传输协议	RTP	Internet的实时应用
实时传输控制协议	RTCP	

5.3 TCP

传输层的TCP是TCP/IP体系中非常复杂的一个协议，该协议指定了两台计算机之间为了进行可靠传输而交换的数据和确认信息的格式，以及计算机为了确保数据的正确到达而采取的措施。TCP从应用程序接收字节流，字节流被TCP分组成为多个数据段，并按照顺序编号发送。TCP会在每个数据段前添加TCP报头，其中包括各种控制信息。接收端通过这些控制信息，向发送端做出相应响应，并在将TCP报头剥离后，把收到的多个数据段重组成为字节流，把字节流传递给应用层。TCP使用IP数据报作为载体，在网络层，每一个TCP包封装在一个IP数据报中，然后通过网络传输。当数据报到达目的主机，IP将数据报的内容传给TCP。在此过程中，IP只把每个TCP消息看作数据来传输，而并不关心这些消息的内容。可以将数据传送过程形象地理解为：TCP和IP就像两个信封，要传递的信息被划分成若干段，每一段塞入一个TCP信封，并在该信封上记录分段号信息，再将TCP信封塞入IP大信封中，发送上网。在接收端，每个TCP软件包收集信封，抽出数据，按照发送前的序列还原，并加以校验，若发现差错，TCP将会要求重发。因此，TCP在Internet中几乎可以无差错地传送数据。

本节先对TCP所提供服务的特点进行概括的介绍，然后详细讨论TCP分段格式、TCP连接管理、TCP的流量控制、差错控制和拥塞控制等问题。

5.3.1 TCP服务的主要特点

TCP协议具有如下特点。

(1) 面向连接的传输：应用程序在使用TCP之前，通信双方必须先建立TCP连接。在传送数据结束后，必须释放建立的TCP连接。也就是说，应用程序之间的通信好像“打

电话”,通话前先拨号建立连接,通话结束后要挂机释放连接。

(2) 端到端的通信:每一个 TCP 连接只能有两个端点,只有连接的源和目的之间可以通信,不提供广播或者多播服务。

(3) 高可靠服务:TCP 确保发送端发出的消息能够被接收端正确无误地接收到,且不会发生数据丢失或乱序。接收端的应用程序确信从 TCP 接收缓存中读出的数据是否正确是通过检查传送的序列号(sequence number)、确认(acknowledgement)和出错重传(retransmission)等措施给予保证的。

(4) 全双工通信:TCP 连接允许任何一个应用程序在任何时刻都能发送数据,使数据在该 TCP 的任何一个方向上传输。因为在 TCP 连接的两端都设有发送缓存和接收缓存,用来临时存放通信的数据。发送时,应用程序把数据传递给 TCP 缓存,TCP 在合适的时刻把数据发送出去。接收时,TCP 把接收到的数据放入缓存,上层的应用进程在适当的时刻读取缓存数据。

(5) 采用字节流方式,即以字节为单位传输字节序列:这种字节流是无结构的,不能确保数据块传递到接收端应用进程时保持与发送端有同样的尺寸。但接收端应用程序收到的字节流必须和发送端应用程序发出的字节流完全一样。因此,使用字节流的应用程序必须在开始连接之前就了解字节流的内容并对格式进行协商。

(6) 可靠的连接建立:TCP 要求当两个应用程序进程创建一个连接时,两端必须遵从新的连接。前一次连接所用的重复的包是非法的,也不会影响新的连接。

5.3.2　TCP 报文格式

应用层的报文传送到传输层,被分割成若干段,每一段加上 TCP 的首部,即构成传输控制协议(TCP)报文。它是 TCP 层传输的数据单元,也称为报文段,一个 TCP 报文段由首部和数据段两部分组成。其中,首部是 TCP 为了实现端到端可靠传输所加上的控制信息,而数据段部分则是由高层即应用层来的数据。图 5.10 给出了 TCP 报文段的首部格式。其中有关字段的意义如下。

(1) 源端口和目标端口:分别写入源端口号和目的端口号,支持 TCP 的多路复用机制。

(2) 发送序号:为了确保数据传输的正确性,TCP 对每一个传输的字节进行 32 位的按顺序的编号,这个编号不一定从 0 开始,首部中的序号字段值指的是本报文段所发送的数据的第一个字节的编号。如某个 TCP 发送序号为 2600,报文包含 1200 字节数据,则这个 TCP 连接产生的下一个 TCP 报文段的发送序号为 2600+1200=3800。这样 TCP 的接收端能够通过跟踪所接收 TCP 报文的发送序号判断是否有数据报文丢失、重复或乱序等情况,并进行相应的修正。

(3) 确认序号:确认序号也称为接收序号,是期望收到对方下一个报文段的第一个数据字节的编号。如 A 发送一个发送序号为 200 包括 100 字节的 TCP 报文段,B 收到这个 TCP,假设校验正确,B 可以返回 A 一个确认序号为 300 的 TCP 确认报文,意思是告诉 A 它已经收到序号为 300 号以前的报文,A 可以继续发送序号为 300 的新报文了。

(4) 首部长度:占 4 位,表示 TCP 报文的首部长度(从图 5.10 中纵向上看,以 32 位

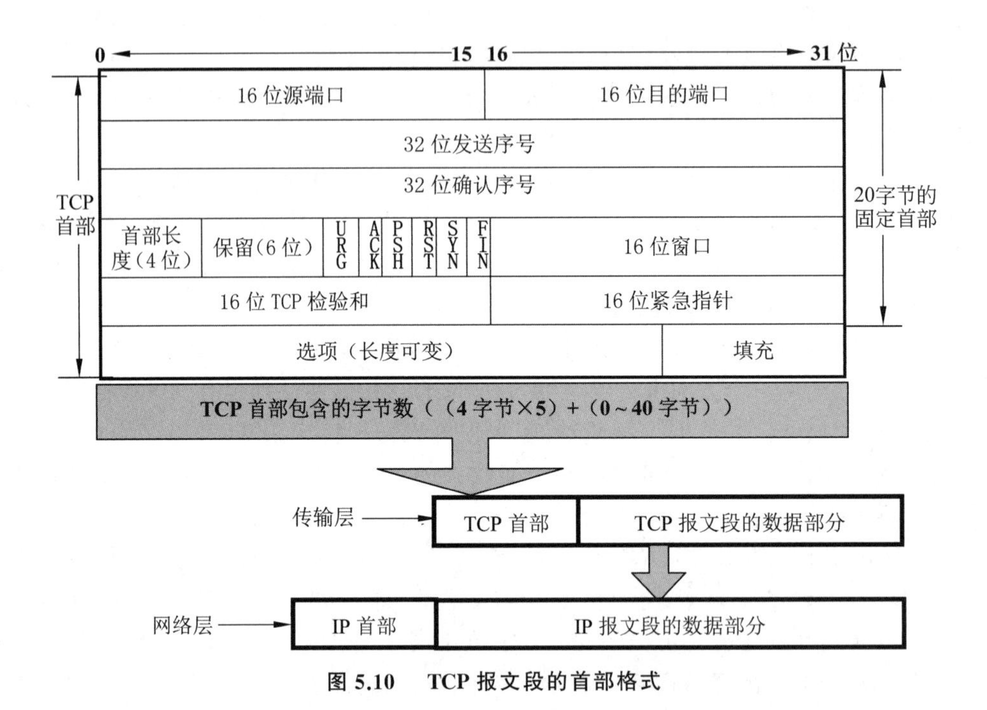

图 5.10　TCP 报文段的首部格式

为单位，表明在 TCP 报文首部中包含有 5 个 32 位的固定首部，即 20 字节的固定首部），由于 4 位二进制数表示的最大十进制数是 15，因此数据偏移的最大值是 4 字节×15 即 60 字节，这也就是 TCP 首部的最大长度，即选项长度不能超过 40 字节。

(5) 保留：未用的 6 位，为将来的应用而保留，目前置为“0”。

(6) 6 个控制位：完成 TCP 的主要传输控制功能（比如会话的建立和终止）。各标志位的含义如表 5.4 所示。

表 5.4　TCP 报文首部标志位的含义

TCP 控制	说　　明
紧急比特 URG	当 URG=1 时表示本报文段包含紧急数据，应该优先处理本段数据
确认比特 ACK	当接收到一个 TCP 报文其 ACK=1 时，表示对方已经正确接收到这个确认号之前的所有字节，并希望这一方继续发送从该确认号开始以后的数据。当 ACK=0 时，确认号无效
推送比特 PSH	当发送端 PSH=1 时，便立即创建一个报文段发送出去。接收端 TCP 收到 PSH=1 的报文段，应该立即上交给应用程序，即使其接收缓冲区尚未填满
复位比特 RST	也称重置位，RST=1 表示 TCP 连接中出现严重差错，必须释放连接，然后再重新建立连接
同步比特 SYN	用于在初始化 TCP 连接时同步源系统和目的系统之间序号。SYN=1，ACK=0，表明这是一个连接请求报文段；SYN=1，ACK=1，表明这是一个连接请求接受报文段
终止比特 FIN	当 FIN=1，表明此报文段发送端的数据已发送完毕，请求释放连接

(7) 窗口：这个字段定义对方必须维持的窗口大小(以字节为单位)。注意，这个字段的长度是16位，这意味着窗口的最大长度是65 535字节。这个值通常称为接收窗口，它由接收方确定。此时，发送方必须服从接收端的支配。

(8) 检验和：这个16位的字段包含了校验和。TCP校验和的计算过程与前面描述的UDP的校验和所用的计算过程相同。但是，在UDP数据报中校验和是可选的。然而，对TCP来说，将校验和包含进去是强制的。

(9) 紧急指针：给出从当前顺序号到紧急数据位置的偏移量。

(10) 任选项：提供一种增加额外设置的方法，长度可变，最长可达40字节，当没有使用任选项时，TCP的首部长度是20字节。

(11) 填充：当任选项字段长度不足32位字长时，将会在TCP报头的尾部出现若干字节的全0填充。

(12) 数据：来自高层即应用层的协议数据。

【例5-3】 根据TCP报文段首部的格式，回答下列问题：

(1) 为什么TCP首部的最大长度不能超过60字节？

(2) 主机甲向主机乙连续发送了两个TCP报文段，其序号分别是100和200，请问第一个报文段携带了多少字节的数据？当主机乙收到第一个报文段后，发回的确认报文中的确认号字段值是多少？

【解】 (1) TCP首部中的"数据偏移"字段指出TCP报文段的首部长度，由于该字段占4比特，所以能够表示的最大值(1111) 2，即十进制的15。而该字段以4字节为单位，所以最大的TCP首部长度为：15×4=60字节。

(2) 主机甲向主机乙连续发送了两个TCP报文段，其序号分别是100和200，所以第一个报文段的数据序号是：第100～199字节，即携带了100字节的数据。

TCP首部中确认号字段的值是表示期望收到的下一个报文段首部的序号字段的值。所以主机乙收到第一个报文段后，发回的确认报文中的确认号字段值是200。

5.3.3 TCP连接管理

TCP是面向连接的协议，连接的建立和释放是每一次面向连接的通信中必不可少的过程。TCP连接的管理就是使连接的建立和释放都能正常地进行。

1. TCP连接的建立——三次握手建立TCP连接

TCP通过三次握手信号建立一个TCP连接。连接可以由任何一方发起，也可以由双方同时发起，图5.11表示了一个建立TCP连接的三次握手过程，假设客户端主机A向服务器端主机B请求一个TCP连接。主机B运行了一个服务器进程，它要提供相应的服务，就首先发出一个被动打开命令，要求它的TCP准备接收客户进程的连接请求，此时服务器进程就处于"监听"状态，等待客户的连接请求。如有，就做出响应。这里以SYN、ACK表示TCP报文段中的控制位，以seq、ack分别表示TCP的发送序号和确认序号。连接过程分为以下三步。注意：TCP报文段首部的SYN和FIN置位的时候，需要消耗一个序列号，而ACK置位时，不需要消耗序列号。

(1) 若主机A中运行了一个客户进程，当它需要主机B的服务时，就发起TCP连接

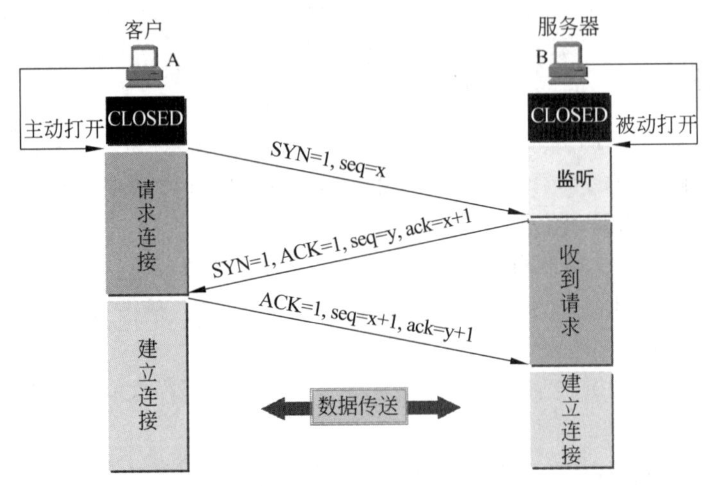

图 5.11 三次握手建立 TCP 连接

请求，并在所发送的分段中用 SYN＝1 表示连接请求，并产生一个随机发送序号 x，如果连接成功，A 将以 x 作为其发送序号的初始值：seq＝x。主机 B 收到 A 的连接请求报文，就完成了第一次握手。

(2) 主机 B 如果同意建立连接，则向主机 A 发送确认报文，用 SYN＝1 和 ACK＝1 表示同意连接，用 ack＝x＋1(因为之前的连接请求报文段中 SYN＝1，需要消耗掉一个序号，所以此时主机 B 的确认号为 ack＝x＋1) 表明正确收到 A 的序号为 x 的连接请求，同时也为自己选择一个随即发送序号 seq＝y 作为它的发送序号的初始值。主机 A 收到 B 的请求应答报文，完成第二次握手。

(3) 主机 A 收到主机 B 的确认后，还要向主机 B 发出确认，用 ACK＝1 表示同意连接，用 ack＝y＋1 表明收到 B 对连接的应答，同时发送 A 的第一个数据 seq＝x＋1。主机 B 收到主机 A 的确认报文，完成第三次握手。此时双方就可以使用协定好的参数以及各自分配的资源进行正常的数据通信了。

完成了上面所述的三次握手，才算建立了可靠的 TCP 连接。该顺序就如同两人谈话。第一个人想对第二个人说话，于是他说，“我想和你说话”(SYN)。第二个人回答“好的，我愿意和你说话”(SYN，ACK)。第一个人说，“好，开始吧”(ACK)。

如果仅仅使用两次握手而不使用三次握手，会出现什么情况呢?

假定 A 给 B 发送一个连接请求报文段，B 收到了这个报文段，并发送了确认应答报文段。按照两次握手的协定，B 认为连接已经成功地建立了，可以开始发送数据报文段。

然而另一方面，A 在 B 的应答报文段传输中丢失的情况下，将不知道 B 是否已准备好，不知道 B 建议将什么样的序号用于 B 到 A 的传输，也不知道 B 是否同意 A 的初始序列号，A 甚至怀疑 B 是否收到了自己的连接请求报文段。在这种情况下，A 认为连接还未成功建立，将丢弃 B 发来的任何数据报文段。

通过第三次握手，还有另一个目的是为了防止已失效的连接请求报文段突然又传送到了主机 B，因而产生错误。所谓“失效的连接请求报文段”是指一端(如 A)发出的连接请求，由于没有在允许的时间内传送到目的方(如 B)，使得发送方不得不又发送一个新的连接请求报文段。而在新的连接请求建立并传送完数据将连接释放后，出现了一种情况，即主机 A 发出的第一个连接请求报文段迟迟到达了 B。本来，这是一个已经失效的报文段，但主机 B 收到此失效的连接请求报文段后，就误认为是主机 A 又发出一次新的连接请求，于是向主机 A 发出确认报文段，同意建立连接。主机 A 由于并没有要求建立连接，因此不会理睬主机 B 的确认，也不会向主机 B 发送数据。但主机 B 却以为传输连接就这样建立了，并一直等待主机 A 发来数据。主机 B 的许多资源就这样白白浪费了。采用三次握手机制可以防止上述现象的发生。在上述情况下，主机 A 就不会理睬主机 B 发来的确认，也不会向主机 B 发出确认报文，连接也就建立不起来。

2. TCP 连接的拆除——用四次握手释放 TCP 连接

由于一个 TCP 连接是全双工（即数据在两个方向上能同时传递），因此每个方向必须单独地进行关闭。关闭的原则就是当一方完成它的数据发送任务后就能发送一个 FIN 来终止这个方向连接。当一端收到一个 FIN，它必须通知应用层另一端已经终止了那个方向的数据传送。四次握手释放过程如图 5.12 所示。

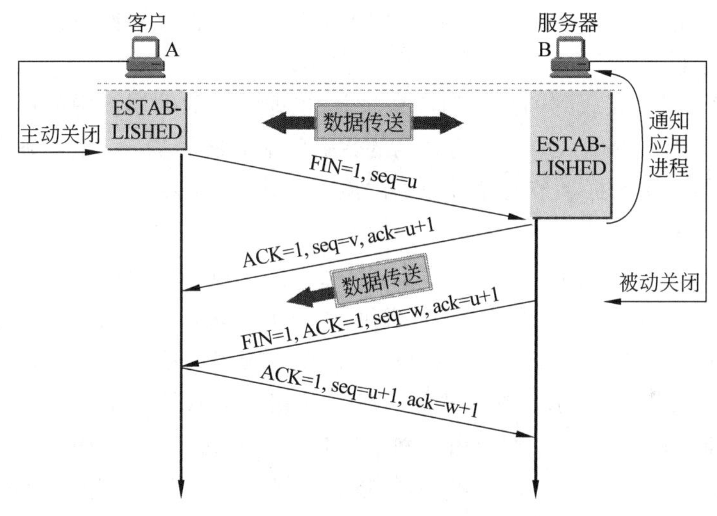

图 5.12 四次握手释放 TCP 连接

(1) 在数据传输结束后，通信双方都可以释放连接，如图 5.12 中，主机 A 的应用进程先向其 TCP 发出连接释放请求，并不再发送数据。TCP 通知对方要释放从 A 到 B 这个方向的连接，便发送 FIN=1 的报文段给主机 B，其序号 u 等于已传送过的数据的最后一字节的序号加 1。这时 A 处于等待 B 确认的状态。

(2) 主机 B 的 TCP 收到释放连接的通知后，即发出确认，其确认序号 ack=u+1，而这个报文段自己的序号是 v，等于主机 B 已经传送过的数据的最后一字节的序号加 1。同时通知高层的应用进程。这样，从 A 到 B 的连接就释放了，连接处于半关闭状态。即主机 A 已经没有数据要发送了，但主机 B 若发送数据，A 仍要接收。也就是说，从 B 到 A 这个方向的连接并未关闭，可能还要等待一段时间。等待是因为若主机 B 还有一些数据要发往主机 A，则可以继续发送，主机 A 只要收到数据，仍应向主机 B 发送确认。

(3) 在主机 B 向主机 A 的数据发送结束后，其应用进程就通知 TCP 释放连接。主机

B 发出的连接释放报文段必须将 FIN 置 1,先假设 B 的序号为 w(在半关闭状态下主机 B 可能又发送了一些数据),同时还必须重复上次已发送过的确认序号 ack=u+1。这时主机 B 进入等待 A 的确认状态。

(4) 主机 A 收到 B 的连接释放报文段后,必须对此发出确认,在确认报文段中将 ACK 置 1,给出确认序号 ack=w+1,而自己的序号是 seq=u+1。从 B 到 A 的连接被释放掉。主机 A 的 TCP 再向其应用进程报告,整个连接已经全部释放。

5.3.4 TCP 可靠传输的实现

TCP 采用许多与数据链路层类似的机制来保证可靠的数据传输,如采用序列号确认、滑动窗口机制等。但 TCP 是为了实现端到端的可靠数据传输,而数据链路层协议则会为了实现相邻结点之间的可靠数据传输。

1. 序号确认机制

TCP 将要传送的整个应用层报文看成是一个个字节组成的数据流然后对每一字节编一个序号。在连接建立时,双方要商定初始序号。TCP 将每一次所传送的报文段中的第一个数据字节的序号,放在 TCP 首部的序号字段中。

TCP 的确认是对接收到的数据的最高序号,也即收到的数据流中的最后一字节的序号,表示确认,但返回的确认序号是已收到的数据的最高序号加 1。也即确认序号表示期望下次收到的第一个数据字节的序号,具有“累积确认”的效果。

2. 超时重传机制

TCP 采用具有重传功能的积极确认技术作为可靠数据流传输服务的基础。这里“确认”是指接收端正确收到报文段后向发送端回送一个确认(ACK)信息;发送端将每个已发送的报文段备份在自己的发送缓冲区里,而且在收到相应的确认之前是不会丢弃所保存的报文段的。图 5.13 表示带重传功能的确认协议传输数据的情况,图 5.14 表示报文段丢失引起超时和重传。为了避免由于网络拥塞引起迟到的确认和重复的确认,TCP 规定在确认信息中附带一个报文段的序号,使接收端能正确地将报文段与确认关联起来。

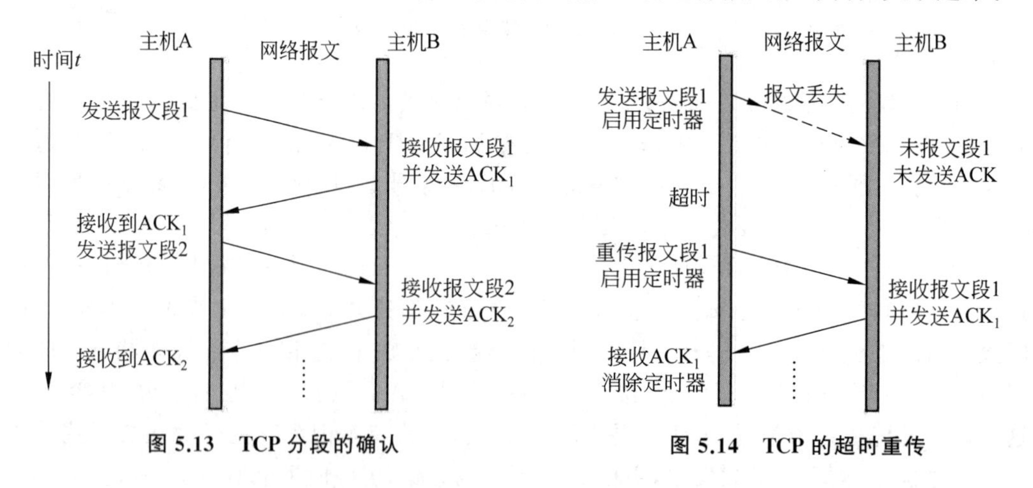

图 5.13 TCP 分段的确认 **图 5.14 TCP 的超时重传**

“积极”是指发送端在送出一个报文段的同时启动一个定时器,假如定时器的定时期满而报文的确认信息还未到达，则发送端认为该报文段已丢失并主动重发。那么，传输层的超时计时器的重传时间究竟应设置为多大是最为合适的呢？

TCP采用了一种自适应算法。这种算法记录每一个报文段发出的时间，以及收到相应的确认报文段的时间。这两个时间之差就是报文段的往返时延。将各个报文段的往返时延样本加权平均，就得出报文段的平均往返时延 T，每测量到一个新的往返时间样本，就按式(5-3)重新计算一次平均往返时延：

$$平均往返时延\ T = a \times 旧的往返时延\ T + (1-a) \times 新的往返时延样本 \quad (5\text{-}3)$$

在式(5-3)中，$0 < a \leqslant 1$。若 a 很接近于1，表示新算出的往返时延 T 和原来的值相比变化不大，而新的往返时延样本的影响不大(T 值更新较慢)。若选择 a 接近于0，则表示加权计算的往返时延 T 受新的往返时延样本的影响较大(T 值的更新较快)。典型的 a 值为7/8，即0.875。

显然，计时器设置的重传时间应略大于上面得出的平均往返时延，即

$$重传时间 = B \times 平均往返时延 \quad (5\text{-}4)$$

这里 B 是个大于1的系数，实际上，系数 B 是很难确定的，若取 B 很接近于1，发送端可以很及时地重传丢失的报文段，因此效率得到提高。但若报文段并未丢失而仅仅是增加了一点时延，那么过早地重传未收到确认的报文段，反而会加重网络的负担。因此TCP原先的标准推荐将 B 值取为2。但现在已有了更好的办法。

上面所说的往返时间的测量，实现起来相当复杂，试看下面的例子。

如图5.15所示，发送出一个TCP报文段1，设定的重传时间到了，但还没有收到确认。于是重传此报文段，即图中的报文段2，后来收到了确认报文段ACK。现在的问题是：如何判断此确认报文段是对原来的报文段1的确认，还是对重传的报文段2的确认呢？由于重传的报文段2和原来的报文段1完全一样，因此源站在收到确认后，就无法做出正确的判断了。

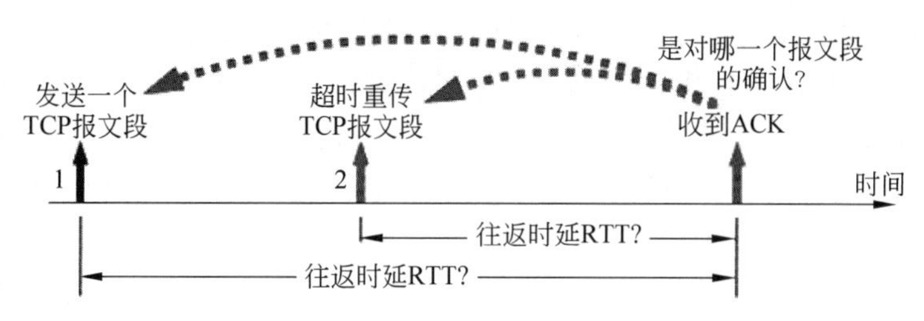

图5.15 收到的确认报文段ACK是对哪一个报文段的确认

若收到的确认是对重传报文段2的确认，但被源站当成是对原来的报文段1的确认，那么这样计算出的往返时延样本和重传时间就会偏大。如果后面再发送的报文段又是经过重传后才收到确认报文段，那么按此方法得出的重传时间就越来越长。

同样，若收到的确认是对原来的报文段1的确认，但被当成是对重传报文段2的确认，则由此计算出的往返时延样本和重传时间都会偏小。这就必然更加频繁地导致报文段的重传，有可能使重传时间越来越短。

根据以上所述，Karn提出了一个算法：在计算平均往返时延时，只要报文段重传了，

就不采用其往返时延样本。这样得出的平均往返时延和重传时间当然就较准确。

但是,这又引起新的问题。设想出现这样的情况:报文段的时延突然增大了很多。因此在原来得出的重传时间内,不会收到确认报文段,于是就重传报文段。但根据 Karn 算法,不考虑重传的报文段的往返时延样本。这样,重传时间就无法更新。

因此,对 Karn 算法进行修正的方法是:报文段重传一次,就将重传时间增大一些,即

$$新的重传时间 = Y \times 旧的重传时间 \tag{5-5}$$

系数 Y 的典型值是 2,当不再发生报文段的重传时,才根据报文段的往返时延更新平均往返时延和重传时间的数值。实践证明,这种策略较为合理。

3. 滑动窗口协议

采用可变长的滑动窗口协议进行流量控制,以防止由于发送端和接收端之间的不匹配而引起数据丢失。这里采用的滑动窗口协议与数据链路层所讨论的滑动窗口协议在工作原理上是完全相同的。TCP 采用可变长的滑动窗口,使得发送端与接收端可以根据自己的 CPU 和数据缓存资源对数据发送和接收能力做出动态调整,从而达到合理的网络数据流量控制。关于滑动窗口协议的工作原理详见第 3 章数据链路层的相关介绍,在此不再重复讲述。

5.3.5 TCP 流量控制和拥塞控制

传输层中两个用户进程间的流量控制是要防止发送端快速发送数据时超过接收端的接收能力而导致接收端溢出,或者因接收端处理太快而浪费时间。在 TCP 协议中采用的方法都是基于滑动窗口的原理。与链路层采用固定窗口大小不同,传输层则采用可变窗口大小和使用动态缓冲分配。

TCP 采用可变发送窗口机制可以很方便地在 TCP 连接上实现对发送端的流量控制。窗口大小的单位是字节。在 TCP 报文段首部的窗口字段写入的数值就是当前设定的接收窗口大小,即当前给对方设置的发送窗口数值的上限。发送窗口在连接建立时由双方商定。但在通信的过程中,接收端可根据自己的资源情况,随时动态地调整对方的发送窗口上限值(可增大或减小)。这种由接收端控制发送端的做法,在计算机网络中经常使用。图 5.16 表示的是在 TCP 中使用的窗口概念。在 TCP 中接收端的接收窗口总是等于发送端的发送窗口(因为后者是由前者确定的),因此一般就只使用发送窗口这个词汇。

图 5.16(a)表示发送端要发送 900 字节长的数据,划分为 9 个 100 个节长的报文段,对方确定的发送窗口为 500 字节。发送端只要收到了对方的确认,发送窗口就可前移。发送端的 TCP 要维护一个指针。每发送一个报文段,指针就向前移动一个报文段的距离。当指针移动到发送窗口的最右端(即窗口前沿)时就不能再发送报文段了。

图 5.16(b)表示发送端已发送了 400 字节的数据,但只收到对前 200 字节数据的确认,同时窗口大小不变,我们注意到,现在发送端还可发送 500－200＝300 字节。

图 5.16(c)表示发送端收到了对方对前 400 字节的确认,但窗口减小到 400 字节,于是,发送端还可发送 400 字节的数据。

下面通过图 5.17 的例子说明利用可变窗口大小进行流量控制。

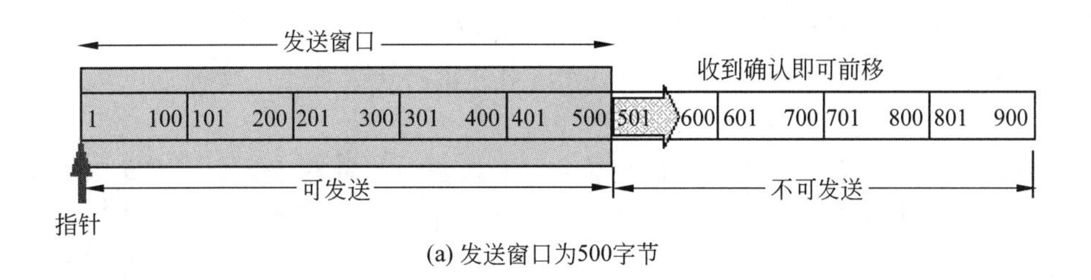

(a) 发送窗口为500字节

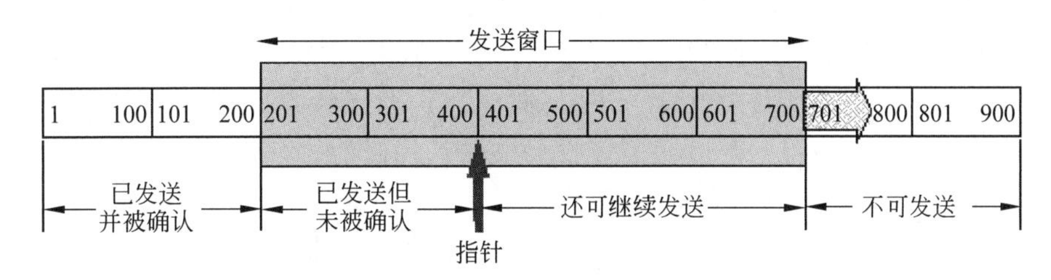

(b) 发送窗口为400字节

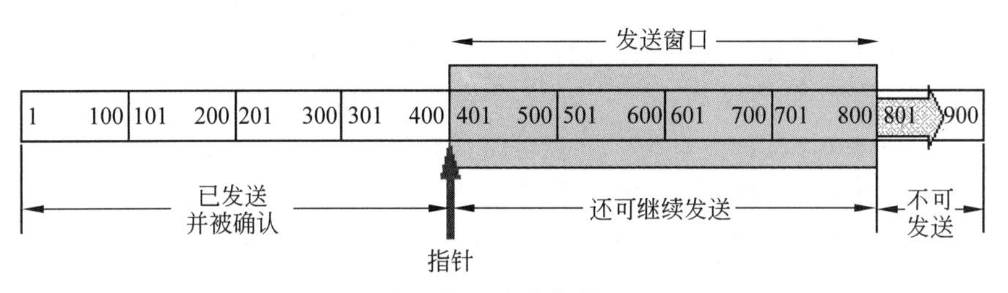

(c) 收到前400字节的确认

图 5.16 TCP 中的窗口概念

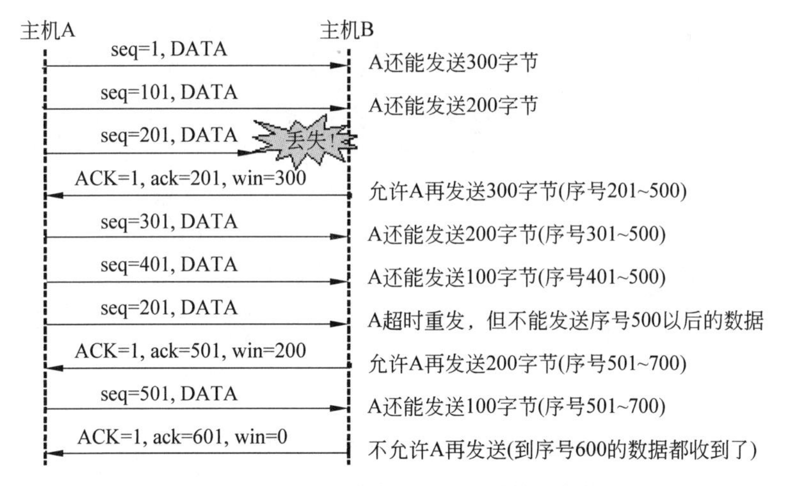

图 5.17 利用可变窗口进行流量控制举例

主机 A 向主机 B 发送数据。双方确定的窗口值是 500。设每一个报文段为 100 字节长，序号的初始值为 1(见图 5.17 中第一个箭头上的 seq=1)。图中 ACK 表示 TCP 报文首部中的确认位 ACK，小写 ack 表示确认字段的值。图 5.17 中右边的注释可帮助理解整个的过程。我们应注意到，主机B进行了3次流量控制。第一次将窗口减小为300字节，第二次又减为200字节，最后减至0，即不允许对方再发送数据了。这种暂停状态将持续到主机B重新发出一个新的窗口值为止。

实现流量控制并非仅仅为了使接收端来得及接收。如果发送端发出的报文过多会使网络负荷过重。由此会引起报文段的时延增大。但报文段时延的增大，将使主机不能及时地收到确认。因此会重传更多的报文段，而这又会进一步加剧网络的拥塞。为了避免发生拥塞，主机应当降低发送速率。可见发送端的主机在发送数据时，既要考虑到接收端的接收能力，又要使网络不要发生拥塞。因而发送端的发送窗口应以下方式确定：

$$发送窗口 = \min[通知窗口,拥塞窗口] \tag{5-6}$$

通知窗口(advertised window)是接收端根据其接收能力许诺的窗口值，是来自接收端的流量控制。接收端将通知窗口的值放在TCP报文的首部中，传送给发送端。

拥塞窗口(congestion window)是发送端根据网络拥塞情况得出的窗口值，是来自发送端的流量控制。

式(5-6)表明，发送端的发送窗口取“通知窗口”和“拥塞窗口”中的较小的一个。在未发生拥塞的稳定工作状态下，接收端通知的窗口和拥塞窗口是一致的。

为了更好地进行拥塞控制，Internet标准推荐使用以下三种技术，即慢启动(slow-start)、加速递减(multiplicative decrease)和拥塞避免(congestion avoidance)。使用这些技术的前提是：由于通信线路带来的误码而使得分组丢失的概率很小(远小于1%)。因此只要出现分组丢失或迟延过长而引起超时重传，就意味着在网络的某处出现了拥塞。在TCP连接中维护两个变量：拥塞窗口和慢启动门限。

图5.18用具体数值说明拥塞控制的过程，具体实现步骤如下所述。

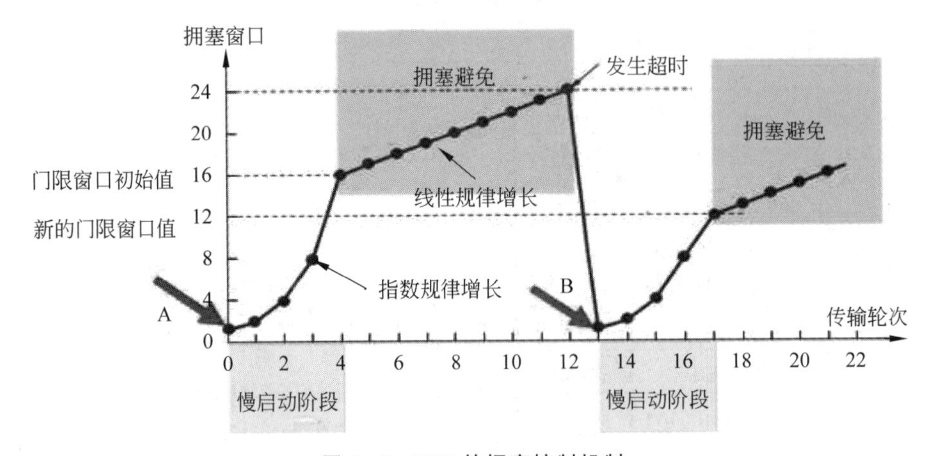

图5.18 TCP的拥塞控制机制

(1) 当一个连接初始化时，将拥塞窗口置为1(即窗口允许发送1个报文段，实际上窗口的单位是字节。这里讨论原理，不用字节这个单位)，并设置慢启动的门限窗口值为16个报文段。

(2) 在执行慢启动算法时，拥塞窗口的初始值为1。以后发送端每收到一个对新报文段的确认ACK，就只将拥塞窗门值加1，然后开始下一轮的传输(图5.18中的横坐标是传输轮次)。因此拥塞窗口随着传输轮次按指数规律增长。当拥塞窗口增长到慢开始门限值时(即为16时),就改为执行拥塞避免算法,拥塞窗口按线性规律增长。

(3) 假定当拥塞窗口增长到24时出现了网络超时。于是将24的一半,即12,作为新的门限窗口值,同时拥塞窗口再次设置为1,就是图5.18中的B起点,并开始执行慢启动算法。当按指数规律增长到新的门限窗口12时,改为执行拥塞避免算法,拥塞窗口每次加1按线性规律增长。

从以上讨论可看出,“慢启动”是指每出现一次超时,拥塞窗口都降低到1,使报文段慢慢注入网络中。“加速递减”是指每出现一次超时,就将门限窗口值减半。若超时频繁出现,则门限窗口减小的速率是很快的。“拥塞避免”是指当拥塞窗口增大到门限窗口值时,就将拥塞窗口指数增长速率降低为线性增长速率,避免网络再次出现拥塞。

采用这样的流量控制和拥塞控制方法使得TCP的性能有明显的改进。

5.3.6 TCP应用

TCP面向连接,且具有序号与确认、流量控制、拥塞控制等机制保障其可靠传输,应用层协议如果强调数据传输的可靠性,则选择TCP较好。使用TCP协议的常见应用层协议如表5.5所示。

表5.5 使用TCP协议的应用层协议

协议名称	协议	默认端口	使用TCP协议原因
文件传输	FTP	20或21	要求保证数据传输的可靠性
远程终端接入	TELNET	23	要求保证字符的正确传输
邮件传输	SMTP POP3	25 110	要求保证邮件从发送方正确到达接收方
万维网	HTTP	80	要求可靠的交换超媒体信息

5.4 实验:TCP分析

一、实验目的

(1) 掌握TCP协议的报文形式。

(2) 掌握TCP连接的建立和释放过程。

(3) 掌握TCP数据传输中编号与确认的过程。

(4) 理解TCP重传机制。

二、实验设备

(1) 计算机一台。

(2) 实验软件:Wireshark。

三、实验原理

TCP报文首部长度为20~60字节,报文段首部格式如5.3.2节所介绍的。TCP连接的建立需要经过三次握手过程。

四、实验步骤

(1) 设定实验环境。

安装 Wireshark,下载地址：www.wireshark.org。主机连接网络。

(2) 熟悉 Wireshark。

打开桌面上的 Wireshark 软件,如图 5.19 所示,Wireshark 抓取数据包界面可以分为如下七个部分：①主菜单栏,②快捷方式,③过滤栏,④数据包列表区,⑤数据包详细信息区,⑥比特区,⑦数据包统计区域。

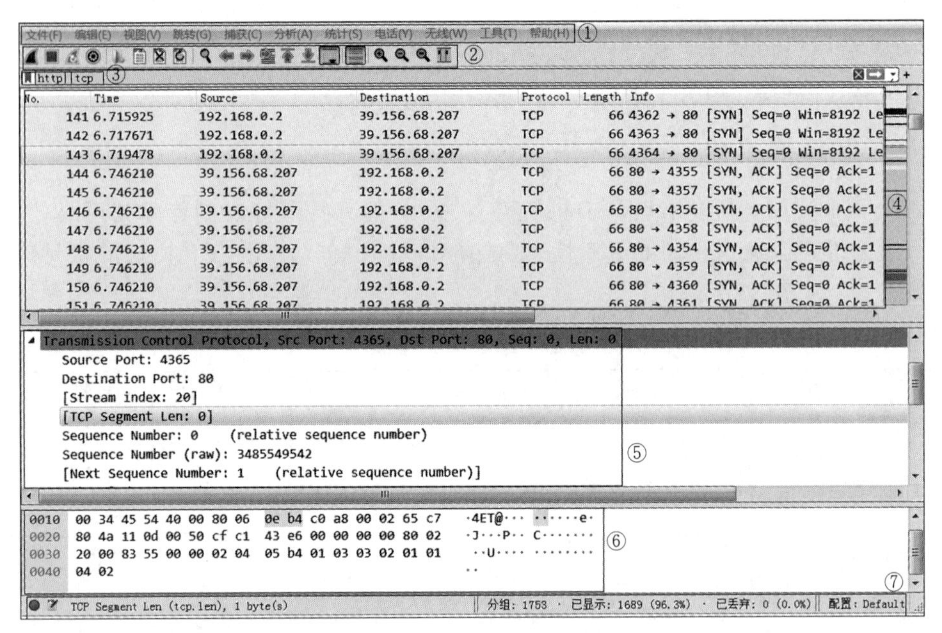

图 5.19 Wireshark 抓取数据包界面

(3) 分析 TCP 三次握手过程。

TCP 三次握手建立连接过程如图 5.11 所示。现利用 Wireshark 软件分析三次握手的过程。

步骤 1：打开 Wireshark 软件,打开浏览器输入网址 www.yit.edu.cn,在 Wireshark 中输入 http 过滤,然后选中 HTTP 502 GET/这条记录,右键单击"Follow TCP Stream",这样做的目的是为了得到与浏览器打开的网站相关的数据包,得到如图 5.20 所示结果。由图可见,经历了三个 TCP 数据包之后才是 HTTP 的包,这说明 HTTP 的确是使用了 TCP 建立连接的。

三次握手建立连接

tcp.stream eq 6

No.	Time	Source	Destination	Protocol	Length	Info
69	0.866678	192.168.0.2	152.136.151.57	TCP	66	8613 → 80 [SYN] Seq=0 Win=8192 Len=0 MSS=1460 WS=4 SACK_PERM=1
71	0.885744	152.136.151.57	192.168.0.2	TCP	66	80 → 8613 [SYN, ACK] Seq=0 Ack=1 Win=29200 Len=0 MSS=1424 SACK_PERM=1 W
72	0.885838	192.168.0.2	152.136.151.57	TCP	54	8613 → 80 [ACK] Seq=1 Ack=1 Win=66928 Len=0
73	0.886232	192.168.0.2	152.136.151.57	HTTP	502	GET /?dm=d2f4569553ed227c5830126f4c404b5a&action=load&blogid=5&siteid=1

图 5.20 三次握手建立连接界面

步骤2：第一次握手数据包，客户发送一个TCP，标志位为SYN，序列号为0，即seq=x=0，代表客户端请求建立连接，如图5.21所示。

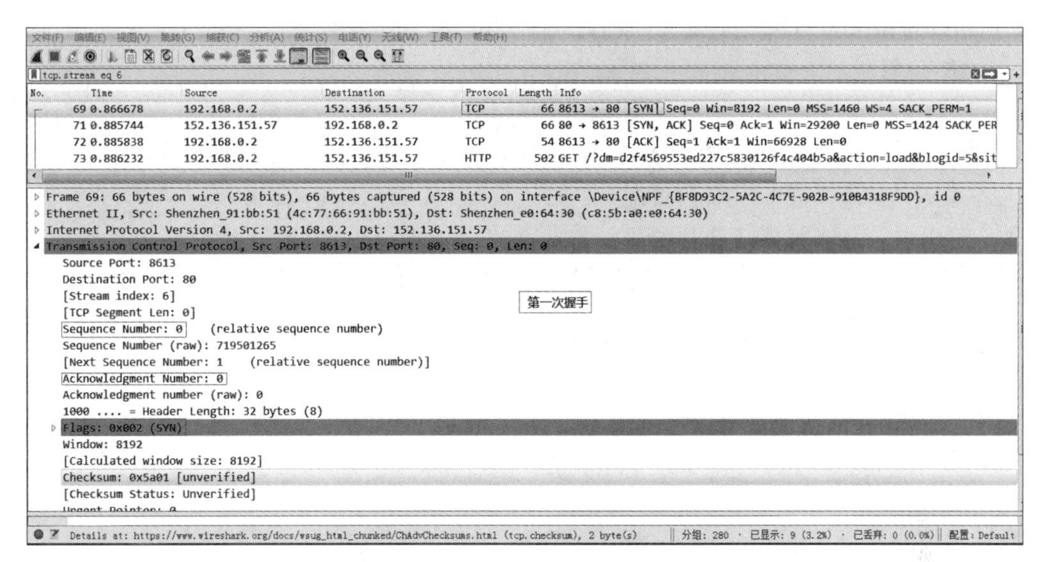

图5.21 第一次握手数据包

步骤3：第二次握手数据包，服务器发回确认包，标志位为SYN，ACK。将确认序号设置为客户的seq加1，即ack=seq+1=x+1=0+1=1，发送数据序列seq=y=0，如图5.22所示。

```
tcp.stream eq 6
No. Time Source Destination Protocol Length Info
69 0.866678 192.168.0.2 152.136.151.57 TCP 66 8613 → 80 [SYN] Seq=0 Win=8192 Len=0 MSS=1460 WS=4 SACK_PERM=1
71 0.885744 152.136.151.57 192.168.0.2 TCP 66 80 → 8613 [SYN, ACK] Seq=0 Ack=1 Win=29200 Len=0 MSS=1424 SACK_PER
72 0.885838 192.168.0.2 152.136.151.57 TCP 54 8613 → 80 [ACK] Seq=1 Ack=1 Win=66928 Len=0
73 0.886232 192.168.0.2 152.136.151.57 HTTP 502 GET /?dm=d2f4569553ed227c5830126f4c404b5a&action=load&blogid=5&sit
Frame 71: 66 bytes on wire (528 bits), 66 bytes captured (528 bits) on interface \Device\NPF_{BF8D93C2-5A2C-4C7E-902B-910B4318F9DD}, id 0
Ethernet II, Src: Shenzhen_e0:64:30 (c8:5b:a0:e0:64:30), Dst: Shenzhen_91:bb:51 (4c:77:66:91:bb:51)
Internet Protocol Version 4, Src: 152.136.151.57, Dst: 192.168.0.2
Transmission Control Protocol, Src Port: 80, Dst Port: 8613, Seq: 0, Ack: 1, Len: 0
Source Port: 80
Destination Port: 8613
[Stream index: 6]
[TCP Segment Len: 0]
Sequence Number: 0 (relative sequence number)
Sequence Number (raw): 863812565
[Next Sequence Number: 1 (relative sequence number)]
Acknowledgment Number: 1 (relative ack number)
Acknowledgment number (raw): 719501266
1000 .... = Header Length: 32 bytes (8)
Flags: 0x012 (SYN, ACK)
Window: 29200
[Calculated window size: 29200]
Checksum: 0x18ad [unverified]
[Checksum Status: Unverified]
第二次握手
```

图5.22 第二次握手数据包

步骤4：第三次握手数据包，客户端再次发回确认包，SYN标志位为0，ACK标志位为1.并且把服务器发来的确认序号ack=y+1=0+1=1，放在确认字段中发送给对方。并发送序列号seq=x+1=1，如图5.23所示。

通过上面的 TCP 三次握手的报文，可以很清楚地分析出在 TCP 连接建立时，客户端和服务端所进行的工作。三次报文的重要区别在于标识位的不同，第一个报文，SYN 位置 1，第二个报文是对第一个报文的确认，SYN 位置 1，ACK 位置 1，第三个报文是确认报文，ACK 位置 1。

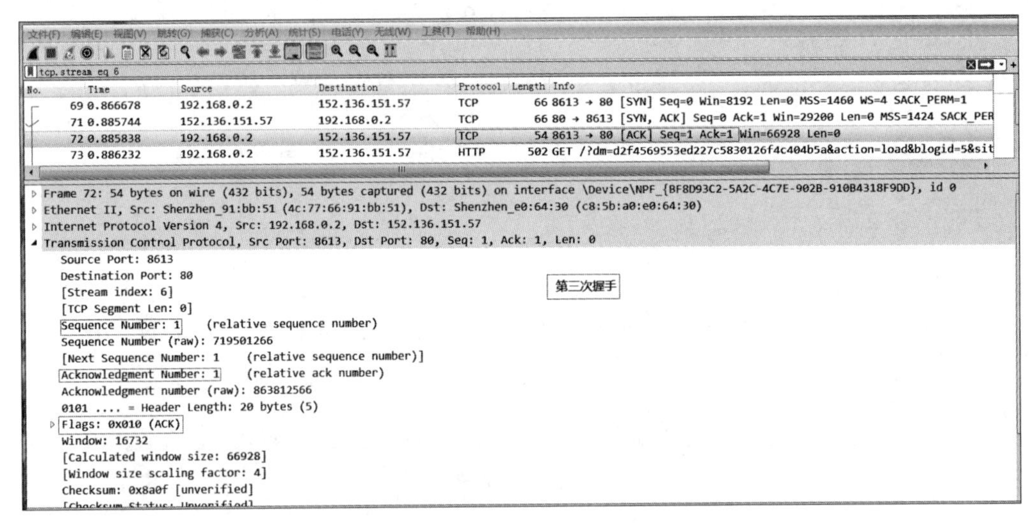

图 5.23 第三次握手数据包

五、注意事项

在实验过程中，抓取到的数据报会根据具体情况变化，但是原理是不变的。

本 章 小 结

传输层协议的主要职责是提供进程到进程的通信。为了定义进程，我们需要端口号。客户程序使用临时端口号定义自身。服务器使用熟知端口号定义自身。为了从一个进程向另一个进程发送报文，传输层协议对报文进行封装和解封装。传输层协议可以提供两种类型的服务：无连接和面向连接。在无连接服务中，发送方向接收方发送分组，而没有连接建立。在面向连接服务中，客户和服务器首先需要在它们之间建立连接。

在本章中，我们讨论了很多常见的传输层协议。停止—等待协议、回退 N 协议和选择重传协议提供流量控制。

UDP 是一个传输协议，它创建了进程到进程的通信。UDP 是不可靠的无连接协议，它需要很小的开销并提供快速传递。UDP 分组称为用户数据报。

传输控制协议（TCP）是 TCP/IP 协议簇中的另一个传输层协议。TCP 提供进程到进程、全双工的面向连接服务。两个使用 TCP 软件的服务之间的数据传输单位称为段。TCP 三次握手建立连接和四次握手断开连接也是我们学习的重点。在 TCP 中还实现了流量控制、拥塞控制和超时重传，真正实现了可靠传输。

习　　题

一、选择题

1. 下列为 UDP 的重要特征的是(　　)。
   A. 确认数据送达　　B. 数据传输的延迟最短
   C. 数据传输的高可靠性　　D. 同序数据传输
2. TCP 的协议数据单元被称为(　　)。
   A. 比特　　B. 帧　　C. 分段　　D. 字符
3. 下面不属于 TCP 报文格式中的字段的是(　　)。
   A. 子网掩码　　B. 序列号　　C. 数据　　D. 目的端口
4. TCP 和 UDP 协议的相似之处是(　　)。
   A. 面向连接的协议　　B. 面向非连接的协议
   C. 传输层协议　　D. 以上均不对
5. 关于传输控制协议 TCP,描述正确的是(　　)。
   A. 面向连接、不可靠的数据传输　　B. 面向连接、可靠的数据传输
   C. 面向无连接、可靠数据的传输　　D. 面向无连接、不可靠的数据传输
6. 下面可用于流量控制的是(　　)。
   A. 滑动窗口　　B. SNMP　　C. UDP　　D. RARP
7. FTP 工作时使用(　　)条 TCP 连接来完成文件的传输。
   A. 1　　B. 2　　C. 3　　D. 4
8. 在 TCP/IP 协议栈中,(　　)能够唯一地确定一个 TCP 连接。
   A. 源 IP 地址和源端口地址
   B. 源 IP 地址和目的端口地址
   C. 目的地址和源端口号
   D. 源地址、目的地址、源端口号和目的端口
9. TCP/IP 模型中,完成进程到进程之间的通信的层是(　　)。
   A. 传输层　　B. 网络接口层　　C. 网络层　　D. 物理层
10. 套接字是指下列(　　)的组合。
    A. IP 地址和协议号　　B. IP 地址和端口号
    C. 端口号与协议号　　D. 源端口号与目的端口号
11. 当 TCP 实体要建立连接时,其段头中的(　　)标志置 1。
    A. SYN　　B. FIN　　C. RST　　D. URG
12. 采用 TCP/IP 数据封装时,以下(　　)端口号范围标识了所有常用应用程序。
    A. 0～255　　B. 256～1022　　C. 0～1023　　D. 1024～2047
13. 以下事件发生于传输层三次握手期间的是(　　)。
    A. 两个应用程序交换数据
    B. 初始化会话的序列号

C. 确认要发送的最大字节数

D. 服务器确认从客户端接收的数据字节数

二、综合题

1. 简述三次握手建立 TCP 连接的过程。

2. 简述四次握手释放 TCP 连接过程。

3. 简述 TCP 协议和 UDP 协议的相似点和区别。

4. 端口和套接字的区别是什么?

5. 一个套接字能否同时与远地的两个套接字相连?

6. TCP 协议能够实现可靠的端到端传输。在数据链路层和网络层的传输还有没有必要来保证可靠传输呢?

7. 在 TCP 报文段的首部中只有端口号而没有 IP 地址。当 TCP 将其报文段交给 IP 层时,IP 协议怎样知道目的 IP 地址呢?

8. 是否 TCP 和 UDP 都需要计算往返时间 RTT?

9. 为什么 TCP 在建立连接时不能每次都选择相同的、固定的初始序号?

10. 假定在一个互联网中,所有的链路的传输都不出现差错,所有的结点也都不会发生故障。试问在这种情况下,TCP 的"可靠交付"的功能是否就是多余的?

11. TCP 是通信协议还是软件?

12. 一个 TCP 报文段中的首部最多能包含多少字节? 为什么?

13. 以下是十六进制格式的 UDP 首部内容：9B8A 0015 0030 B348,请问：

(1) 源端口号是多少?

(2) 目的端口号是多少?

(3) 用户数据报总长度是多少?

(4) 数据长度是多少?

(5) 分组是从客户端发往服务器端的还是相反方向的?

(6) 客户进程是什么?

14. TCP 的拥塞窗口 cwnd 大小(以报文段个数为单位)与传输轮次 n 的关系如表 5.6 所示(这里假设 cwnd 足够大,不予考虑)。

表 5.6 TCP 的拥塞窗口 cwnd 与传输轮次 *n* 的关系

cwnd	1	2	4	8	16	17	18	19	20	
n	1	2	3	4	5	6	7	8	9	
cwnd	1	2	4	8	16	17	18	19	20	
n	10	11	12	13	14	15	16	17	18	

(1) 试画出拥塞窗口与传输轮次的关系曲线图。

(2) 试问各个传输轮次使用的是什么拥塞控制算法?

(3) 各个阶段的门限值 ssthresh 是多大?

(4) 第 40 个报文段在第几个传输轮次发送?

第6章 应 用 层

应用层是网络体系结构的最高层。每个应用层协议都是为了解决某一类应用问题，问题的解决往往是通过位于不同主机中的多个应用进程之间的通信和协同工作来完成的。应用层的具体内容就是规定应用进程在通信时所遵循的协议，各种应用进程通过应用层协议来使用网络所提供的通信服务。Internet技术的发展极大地丰富了应用层的内容，并且不断有新的协议加入。

目前流行的计算机网络工作应用模型有C/S模型和P2P模型两大类。本章首先对两大模型进行介绍，然后给出各模型的应用举例，帮助读者更好地理解网络应用模型。

6.1 网络应用模型

6.1.1 C/S模型

C/S模型是客户/服务器模型的简称。客户(Client)和服务器(Server)都是指通信中所涉及的两个应用进程，客户/服务器模型所描述的是进程之间服务和被服务的关系。所谓的客户是服务的请求方，服务器是服务的提供方。在C/S模型中客户与服务器在网络服务中的地位是不平等的，服务器在网络服务中处于中心地位。C/S模型如图6.1所示。

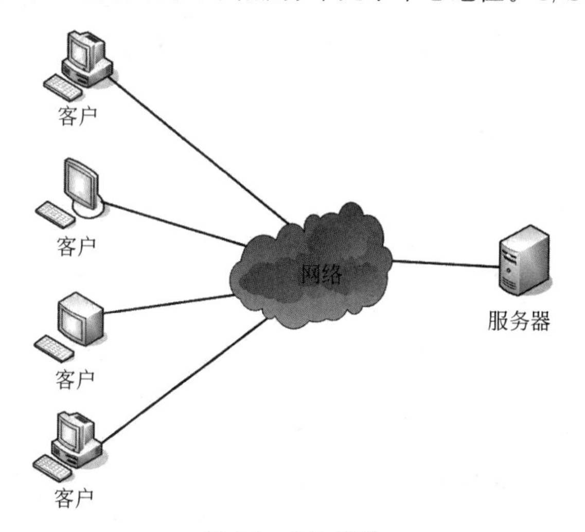

图6.1 C/S模型

客户软件被用户调用后运行，在打算通信时首先主动向服务器发起通信(请求服务)，随后服务器向客户提供相应的服务。因此，客户进程必须知道服务器的地址，它一般不需要特殊的硬件和很复杂的操作系统。

服务器软件是专门用来提供某种服务的程序，可同时处理多个远地或本地客户的请求。系统启动后即被调用，一直不断地在后台运行着，被动地等待并接受来自各地的客户的通信请求。因此，服务器程序不需要知道客户程序的地址，它一般需要强大的硬件和高级的操作系统支持。

C/S 模型的典型应用有 DNS、FTP、WWW、E-mail、Telnet、DHCP 等。

C/S 模型优点如下。

(1) 信息存储管理比较集中规范。目前互联网上可以公开访问的信息基本都保存在服务器上，信息的储存管理功能比较透明，用户提出访问请求后，无需再过问其他，服务器就根据一定的规则应答访问请求。

(2) 安全性较好。从安全的角度来说，各种系统都存在或多或少的安全漏洞，由于 C/S 模式采用集中管理，因此如果客户机出现安全问题，不会影响整个网络访问。

6.1.2 P2P 模型

P2P 是“Peer to Peer”的缩写，P2P 模型也称对等网络模型，是指两个主机在进行通信时不存在中心结点，结点之间是对等的，这些结点称为对等结点(Peer)。每个结点既充当服务器，为其他结点提供服务，同时也享用其他结点提供的服务。P2P 模型摒弃了以服务器为中心的网络格局，让网络上所有的主机重新回归对等的地位。P2P 模型如图 6.2 和图 6.3 所示。

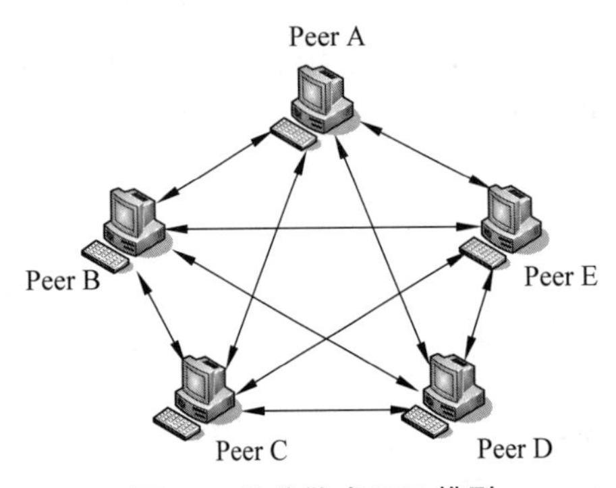

图 6.2 纯分散式 P2P 模型

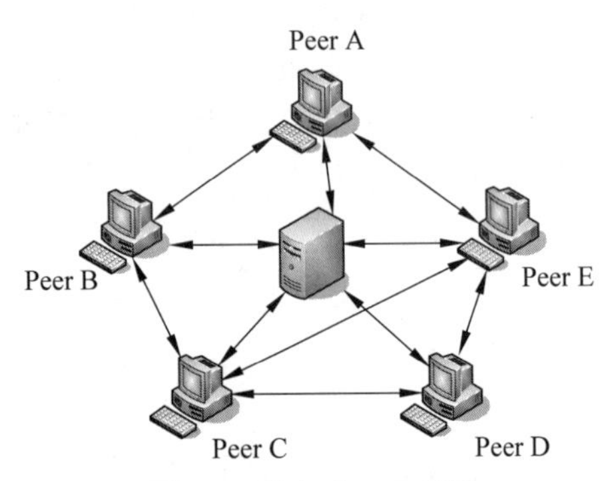

图 6.3 混合式 P2P 模型

P2P 模型的核心是利用用户资源，通过对等方式进行文件传输，这完全不同于传统的客户/服务器模型。P2P 通过“非中心化”的设计和多点传输机制，实现了不依赖服务器而快速地交换文件，在 P2P 模型的对等连接中，每一个主机既是客户端同时又是服务器。P2P 模型由于能够极大缓解传统网络模型中服务器端的压力过大、单一失效点等问题，又能充分利用终端的丰富资源，所以被广泛应用于计算机网络的各个应用领域，如分布式科学计算、文件共享、流媒体直播与点播、语音通信及在线游戏支撑平台等方面。

P2P 模型典型应用有 Napster MP3(音乐文件搜索与共享)、BitTorrent(多点文件下载)、Skype VoIP(话音通信)和 PPLive(网络视频)等。

P2P 模型的优点:

(1) P2P 模型工作完全不依赖于集中式服务和资源。系统由直接互连通信的对等结点组成,信息传递更加高效及时。

(2) 具有高扩展性。对等结点越多,网络的性能越好,网络随着规模的增大而越发稳固,不存在瓶颈问题。

(3) 资源利用率高。在 P2P 网络上,每一个对等结点可以发布自己的信息,也可以利用网络上其他对等结点的信息资源,使闲散资源有机会得到利用。

6.2 C/S 模型应用举例

在网络应用中,属于 C/S 模型的应用有很多。在本小节选择了六个标准应用的基本原理和协议介绍给大家,包括 DNS 域名解析服务、FTP 文件传输服务、HTTP 超文本传输服务、E-mail 电子邮件服务、Telnet 远程登录服务、DHCP 动态主机配置服务。

6.2.1 域名解析应用

DNS 是 Domain Name System(域名系统)的缩写,也是 TCP/IP 网络中的一个协议。在 Internet 上域名与 IP 地址之间是一一对应的,域名虽然便于人们记忆,但计算机之间只能互相认识 IP 地址,域名和 IP 地址之间的转换工作称为域名解析,域名解析需要由专门的域名解析服务器来完成,DNS 就是进行域名解析的服务器。

大家都知道,当我们在上网的时候,通常输入的是如:www.yit.edu.cn 这样的网址,其实这就是一个域名,而该域名实际对应的 IP 地址是 152.136.151.57。但是这样的 IP 地址我们很难记住,所以有了域名的说法,域名会让人们更容易记住。而且网站即使要更换 IP 地址,也不会给用户的访问造成影响,因为其网站域名是不变的,如图 6.4 所示。

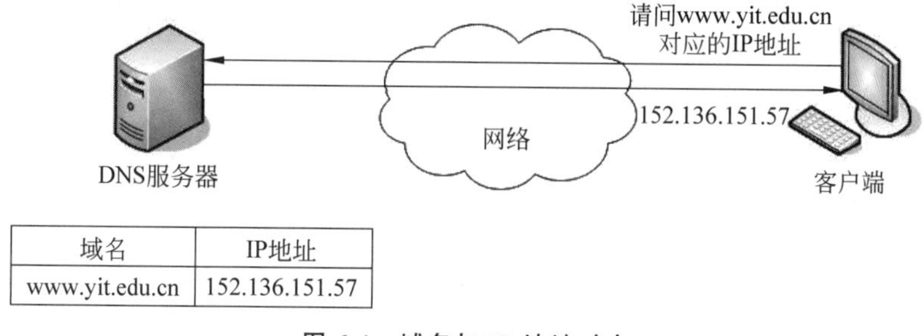

图 6.4 域名与 IP 地址对应

网站管理者只需要将 IP 地址与现有域名链接起来即可保证连通性。DNS 使用分布式服务器来解析与这些 IP 地址相关联的域名。

1. DNS 概述

DNS 协议定义了一套自动化服务,该服务将资源名称与所需的网络 IP 地址匹配。协议涵盖了查询格式、响应格式及数据格式。DNS 协议通信采用单一格式,即消息格式。

该格式用于所有类型的客户端查询和服务器响应、报错消息以及服务器间的资源记录信息的传输。

DNS 是一种客户端/服务器服务。然而，它与我们讨论的其他客户端/服务器不同。其他服务使用的客户端是应用程序(如 Web 浏览器、电子邮件客户端程序)，而 DNS 客户端本身就是一种服务。DNS 客户端有时被称为 DNS 解析器，它支持其他网络应用程序和服务的名称解析。

我们通常在配置网络设备时提供一个或者多个 DNS 服务器地址，DNS 客户端可以使用该地址进行域名解析，如图 6.5 所示。Internet 服务供应商(ISP)往往会为 DNS 服务器提供地址。当用户的应用程序请求通过域名连入远程设备时，DNS 客户端将向某一域名服务器请求查询，获得域名解析后的 IP 地址。

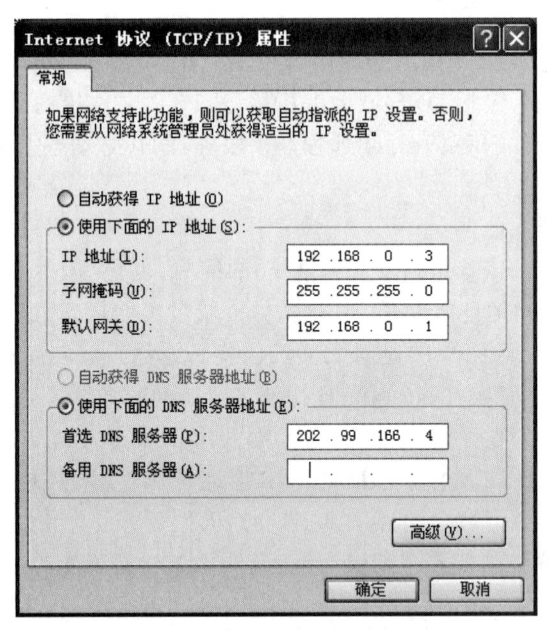

图 6.5　DNS 客户端的设置

用户可以使用操作系统中名为 nslookup 的实用程序来诊断域名系统(DNS)基础结构的信息，如手动查询域名服务器，来解析给定的主机名。该实用程序也可以用于检测域名解析的故障，以及验证域名服务器的当前状态。

在 Windows 系统的命令提示符窗口输入 nslookup 命令回车后，即显示为主机配置的默认 DNS 服务器，如图 6.6 所示，DNS 服务器是域名 CU.1an，其 IP 地址是 192.168.2.254。在提示符后面输入域名可以解析出所对应的 IP 地址，输入 IP 地址可以解析出所对应的域名。

2. 域名的层次结构

域名系统采用分级系统创建域名数据库，从而提供域名解析服务。该层级模型的外观类似一棵倒置的树，枝叶在下，而树根在上。

域名系统采用层次化的命名机制，任何一个连接在 Internet 上的主机或路由器，都有

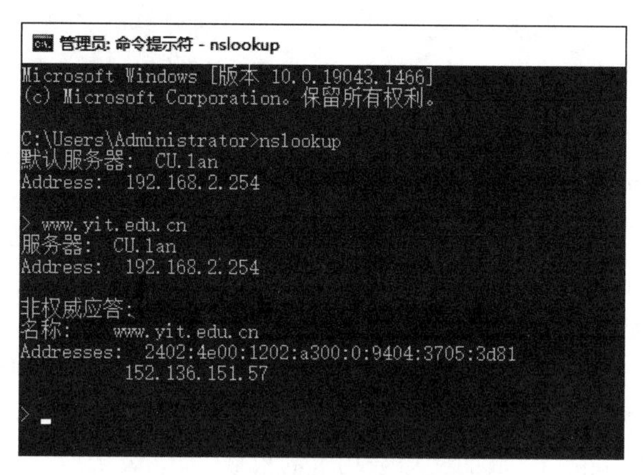

图 6.6 nslookup 命令使用演示

一个唯一的层次结构的名字即域名。一个域由若干子域构成，而子域还可继续划分为子域的子域，如图 6.7 所示，域名的层次结构是树型的，最大的域是根域，根域是没有标识的，用“.”来表示。在根域下面是一级域名(也称为顶级域名)，如表 6.1 所示为一组域名对应表，不同的顶级域名有不同的含义，分别代表组织类型或起源国家/地区。

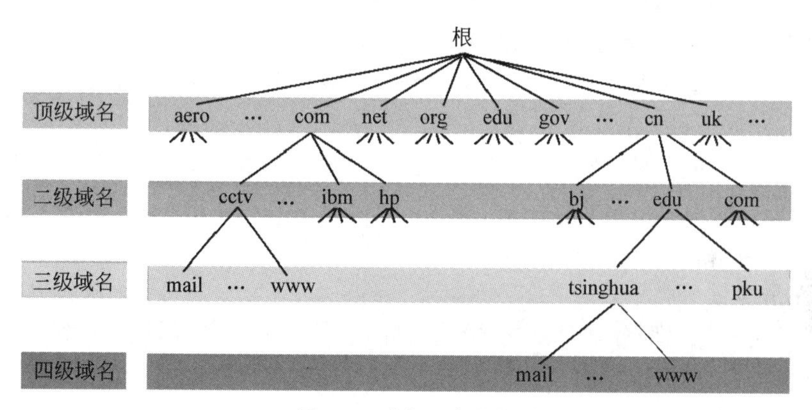

图 6.7 域名层次结构

表 6.1 部分顶级域名

顶级域名	域名类型	顶级域名	域名类型
com	商业组织	ca	加拿大
edu	教育机构	cn	中国
gov	政府机构	de	德国
int	国际组织	fi	芬兰
mil	美国军事机构	kr	韩国
net	网络支持机构	us	美国
org	非盈利性组织	ua	乌克兰

顶级域名下层为二级域名，二级域名下层又可以划分多级子域。在最下面一层被称为 hostname（主机名称）如“host”。一般我们使用完全合格域名（FQDN）来表示域名，如：

```
host.example.Microsoft.com.
```

“host”是最基本的信息，一般是一台计算机的主机名称。常见的 www 代表的是一个 Web 服务器，ftp 代表的是 FTP 服务器，smtp 代表的是电子邮件发送服务器，pop 代表的是电子邮件接收服务器。

“example”表示主机名称为 host 的计算机在这个子域中注册和使用它的主机名称，example 为三级域名。

“microsoft”是“example”域的父域或相对的根域，即二级域。

“com”是用于表示商业机构的顶级域。

“.”最后的句点表示域名空间的根。

国家级域名下注册的二级域名结构由各国自己确定，中国互联网络信息中心（CNNIC）负责管理我国的顶级域名，它将二级域名划分为类别域名（如 com 表示商业组织）与行政区域域名（如 bj 代表北京）两类。

域名只是一个逻辑概念，并不代表计算机所在的物理位置。域名中的“点”和点分十进制 IP 地址中的“点”并无任何对应关系。

当一个组织希望加入域名系统时，必须到指定的域名管理机构申请，并申请自某个顶级域名下，大多数公司登记在 com 域，大多数大学登记在 edu 域。各级域名字段由上一级域名管理机构管理，顶级域名则由 Internet 有关国际机构管理。这种方法可以使每个域名是唯一的。新域名申请批准后，企业可以创建这个域名下的子域，创建子域无需征得域名树的上级同意。

3. 域名服务器分类

Internet 上的域名服务器也是按层次安排的。每一个域名服务器只对域名体系中的一部分进行管辖。根据域名服务器所起的作用，可以把域名服务器划分为以下 4 种类型。

（1）根域名服务器。

根域名服务器是最重要的域名服务器。所有的根域名服务器都知道所有的顶级域名服务器的域名和 IP 地址。不管是哪一个本地域名服务器，若要对 Internet 上任何一个域名进行解析，只要自己无法解析，就首先求助于根域名服务器。在 Internet 上共有 13 个不同 IP 地址的根域名服务器，它们的名字是用一个英文字母命名，从 a 一直到 m（英文前 13 个字母）。尽管我们将这 13 个根域名服务器中的每个都视为单个的服务器，但每台服务器实际上是冗余服务器的群集，以提供安全性和可靠性服务。

（2）顶级域名服务器。

这些域名服务器负责管理在该顶级域名服务器注册的所有二级域名。当收到 DNS 查询请求时，就给出相应的回答（可能是最后的结果，也可能是下一步应当找的域名服务器的 IP 地址）。

(3) 权限域名服务器。

一个服务器所负责管辖的(或有权限的)范围称为区(Zone)。各单位根据具体情况来划分自己管辖范围的区。但在一个区中的所有结点必须是能够连通的。每一个区设置相应的权限域名服务器,用来保存该区中的所有主机的域名到 IP 地址的映射。DNS 服务器的管辖范围不是以“域”为单位,而是以“区”为单位。当一个权限域名服务器还不能给出最后的查询回答时,就会告诉发出查询请求的 DNS 客户,下一步应当找哪一个权限域名服务器。

(4) 本地域名服务器。

本地域名服务器对域名系统非常重要。当一个主机发出 DNS 查询请求时,这个查询请求报文就发送给本地域名服务器。每一个 Internet 服务提供者 ISP,或一个大学,甚至一个大学里的系,都可以拥有一个本地域名服务器,这种域名服务器有时也称为默认域名服务器。

DNS 域名服务器都把数据复制到几个域名服务器来保存,其中的一个是主域名服务器,其他的是辅助域名服务器。当主域名服务器出故障时,辅助域名服务器可以保证 DNS 的查询工作不会中断。主域名服务器定期把数据复制到辅助域名服务器中,而更改数据只能在主域名服务器中进行。这样就保证了数据的一致性。

4. 域名解析过程

当 DNS 客户端向 DNS 服务器查询 IP 地址,或本地域名服务器(本地域名服务器有时也扮演 DNS 客户端的角色)向另一台 DNS 服务器查询 IP 地址时,可以有两种查询方式:递归查询和迭代查询。

(1) 递归查询。

一般由 DNS 客户端向本地域名服务器提出的查询都是采用递归查询。递归查询是指 DNS 客户端发出查询请求后,如果本地域名服务器缓存内没有域名对应的 IP 地址,则本地域名服务器会代替 DNS 客户端向其他的 DNS 服务器进行查询。在这种查询方式中,本地域名服务器必须给 DNS 客户端做出回答。返回的查询结果要么是所要查询的 IP 地址,要么是报错,表示无法查询到所需的 IP 地址。

(2) 迭代查询。

迭代查询多用于 DNS 服务器与 DNS 服务器之间的查询方式。它的工作过程是:当第 1 台 DNS 服务器向第 2 台 DNS 服务器提出查询请求后,如果在第二台 DNS 服务器内没有所需要的数据,则它会提供第三台 DNS 服务器的 IP 地址给第 1 台 DNS 服务器,让第 1 台 DNS 服务器直接向第 3 台 DNS 服务器进行查询。以此类推,直到找到所需的数据为止。如果到最后一台 DNS 服务器中还没有找到所需的数据时,则通知第 1 台 DNS 服务器查询失败。

域名解析过程如图 6.8 所示,域名为 me.abc.com 的主机打算发送邮件给域名为 a.xyz.com 的另一个主机,那么域名为 me.abc.com 的主机就必须知道域名为 a.xyz.com 主机的 IP 地址。它所经历的查询步骤如下:

① 主机 me.abc.com 先向本地域名服务器 dns.abc.com 进行递归查询。

② 本地域名服务器采用迭代查询,向一个根域名服务器查询。

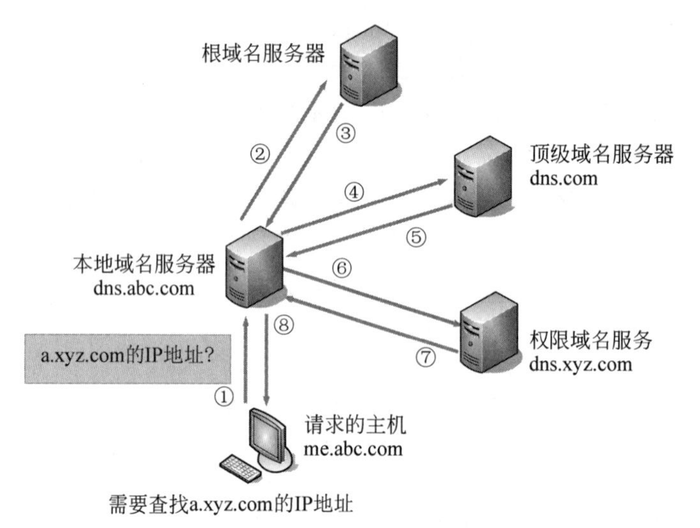

图 6.8 域名解析过程

③ 根域名服务器告诉本地域名服务器，下一次应查询的顶级域名服务器 dns.com 的 IP 地址。

④ 本地域名服务器向顶级域名服务器 dns.com 进行查询。

⑤ 顶级域名服务器 dns.com 告诉本地域名服务器，下一次应该查询的权限域名服务器 dns.xyz.com 的 IP 地址。

⑥ 本地域名服务器向权限域名服务器 dns.xyz.com 进行查询。

⑦ 权限域名服务器 dns.xyz.com 告诉本地域名服务器，所查询的主机的 IP 地址。

⑧ 最后，本地域名服务器把查询结果告诉主机 me.abc.com。

以上 8 个步骤要使用 8 个 UDP 用户数据报报文。本地域名服务器经过三次迭代查询，从权限域名服务器得到了主机 a.xyz.com 的 IP 地址，最后把结果返回给发起查询的主机 me.abc.com。

域名解析请求将会发送到很多服务器，因此需要耗费额外的时间，而且耗费带宽。当检索到匹配信息时，当前服务器将该信息返回至源请求服务器，并将匹配域名的 IP 地址临时保存在缓存中。每个域名服务器都维护一个高速缓存，存放最近用过的名字以及从何处获得名字映射信息的记录。因此，当再次请求解析相同的域名时，第一台服务器就可以直接调用域名缓存中的地址。通过缓存机制，不但降低了 DNS 查询数据网络的流量，也减少了上层服务器工作的负载。为保持高速缓存中的内容正确，域名服务器应为每项内容设置计时器，并处理超过合理时间的项。在安装了 Windows 系统的个人计算机中，DNS 客户端服务可以预先在内存中存储已解析的域名，从而优化 DNS 域名解析性能。在 Windows 操作系统中，输入 ipconfig /displaydns 命令可以显示所有 DNS 缓存条目。

6.2.2 文件传输应用

文件传输是互联网最早提供的服务功能之一，在 Internet 发展的早期阶段，用文件传输协议(File Transfer Protocol，FTP)传送文件约占整个 Internet 的通信量的三分之一。

FTP 凭借其独特的优势一直都是 Internet 中最重要、最广泛的应用之一。

FTP 是基于客户/服务器模型而设计的，在客户端与 FTP 服务器之间建立两个连接。文件传输协议(FTP)是一个用于在计算机网络上在客户端和服务器之间进行文件传输的应用层协议。FTP 提供交互式的访问，允许客户指明文件的类型与格式(如指明是否使用 ASCII 码)，并允许文件具有存取权限(如访问文件的用户必须经过授权，并输入有效的口令)。FTP 屏蔽了各计算机系统的细节，因而适合于在异构网络中任意计算机之间传送文件。

1. 文件传输协议的工作原理

在网络环境中的一项基本应用就是将文件从一台计算机中复制到另一台计算机中(它们可能相距很远)，但这往往是很困难的。原因是由于众多的计算机厂商研制出的文件系统多达数百种，且差别很大。经常遇到的问题是：

(1) 计算机存储数据的格式不同。

(2) 文件命名规定不同。

(3) 对于相同的功能，操作系统使用的命令不同。

(4) 访问控制方法不同。

文件传送协议 FTP 只提供文件传送的一些基本的服务，它使用 TCP 可靠的运输服务。FTP 的主要功能是减少或消除在不同操作系统下处理文件的不兼容性。

FTP 使用客户/服务器模式。一个 FTP 服务器进程可同时为多个客户进程提供服务。FTP 的服务器进程由两大部分组成：一个主进程，负责接受新的请求；另外有若干个从属进程，负责处理单个请求。

主进程的工作步骤如下：

(1) 打开熟知端口(端口号为 21)，使客户进程能够连接上。

(2) 等待客户进程发出连接请求。

(3) 启动从属进程来处理客户进程发来的请求。从属进程对客户进程的请求处理完毕后即终止，但从属进程在运行期间根据需要还可能创建其他一些子进程。

(4) 回到等待状态，继续接受其他客户进程发来的请求。主进程与从属进程的处理是并发地进行。

FTP 的工作情况如图 6.9 所示。图中的圆圈表示在系统中运行的进程。

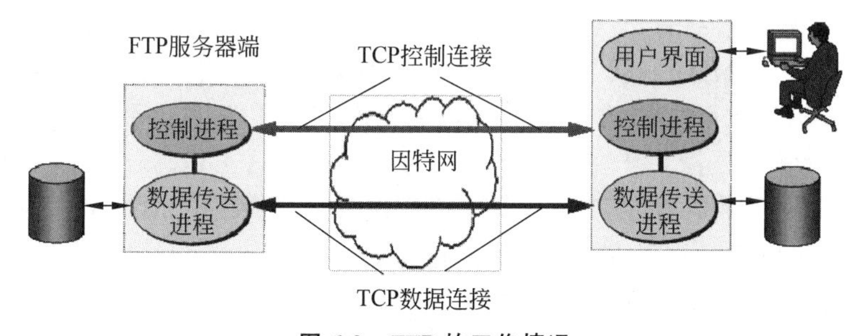

图 6.9　FTP 的工作情况

在进行文件传输时，FTP 的客户和服务器之间要建立两个连接：“控制连接”和“数据连接”。图 6.9 中的控制进程就是上述的“从属进程”。在创建该进程时，控制连接随之创建并连接到控制进程上。控制连接在整个会话期间一直保持打开，FTP 客户所发出的传送请求通过控制连接发送给控制进程，但控制连接并不用来传送文件，实际用于传输文件的是“数据连接”。控制进程在接收到 FTP 客户发送来的文件传输请求后就创建一个“数据传送进程”和一个“数据连接”，并将数据连接连接到“数据传送进程”，数据传送进程实际完成文件的传送，在传送完毕后关闭“数据传送连接”并结束运行。

当客户进程向服务器进程发出建立连接请求时，要寻找连接服务器进程的熟知端口(21)，同时还要告诉服务器进程自己的另一个端口号码，用于建立数据传送连接。接着，服务器进程用自己传送数据的熟知端口(20) 与客户进程所提供的端口号码建立数据传送连接。由于 FTP 使用了两个不同的端口号，所以数据连接与控制连接不会发生混乱。

使用两个独立的连接的主要好处是使协议更加简单和更容易实现，同时在传输文件时还可以利用控制连接(例如，客户发送请求终止传输)。

2. 文件传输协议的使用

在 FTP 的使用当中，用户经常遇到两个概念：“下载”(Download)和“上传”(Upload)。“下载”文件就是从远程主机复制文件至自己的计算机上；“上传”文件就是将文件从自己的计算机中复制至远程主机上。用 Internet 语言来说，用户可通过客户机程序向(从)远程主机上传(下载)文件。

使用 FTP 时必须首先登录，在远程主机上获得相应的权限以后，方可上传或下载文件。也就是说，想要同哪一台计算机传送文件，就必须具有哪一台计算机的适当授权。换言之，除非有用户 ID 和口令，否则便无法传送文件。这种情况违背了 Internet 的开放性，Internet 上的 FTP 主机何止千万，不可能要求每个用户在每一台主机上都拥有账号。匿名 FTP 就是为解决这个问题而产生的。

匿名 FTP 是这样一种机制，用户可通过它连接到远程主机上，并从其下载文件，而无需成为其注册用户，系统管理员建立了一个特殊的用户名，即 anonymous，这是一个匿名用户，Internet 上的任何人在任何地方都可以使用该用户访问 FTP。

当远程主机提供匿名 FTP 服务时，会指定某些目录向公众开发，允许匿名存取。系统中其余目录则处于隐匿状态。作为一种安全措施，大多数匿名 FTP 主机都只允许用户从其下载文件，而不允许用户向其上传文件，即使有些匿名 FTP 主机允许用户上传文件，用户也只能将文件上传至某一指定的上传目录中。利用这种方式，远程主机的用户得到了保护，避免有人上传有问题的文件，如带病毒文件。

Internet 中有数据巨大的匿名 FTP 主机以及更多的文件，那么到底怎样才能知道某一特定文件位于哪个匿名 FTP 主机上的哪个目录中呢？这正是 Archie 服务器要完成的工作。Archie 服务器将自动在 FTP 主机中进行搜索，构造一个包含全部文件目录信息的数据库，使用户可以直接找到所需文件的位置信息。

传输文件的一般步骤如下：

(1) 从本地计算机登录到互联网上。

(2) 搜索有文件共享的主机或个人计算机(一般有专门的 FTP 服务器网站上公布的，上面有进入该主机或个人计算机的名称、口令和路径)。

(3) 当与远程主机或者对方的个人计算机建立连接后,用对方提供的用户名和口令登录到该主机或对方个人计算机。

(4) 在远程主机或对方的个人计算机登录成功后,就可以按账户所拥有的权限上传或下载文件了。

6.2.3　万维网和 HTTP

万维网(World Wide Web,WWW)是目前 Internet 上发展最快、应用最广泛的服务,WWW 在 20 世纪 90 年代产生于欧洲高能粒子物理实验室(European High－Energy Particle Physical Lab,CERN)。1993 年 3 月,第一个图形界面的浏览器开发成功,名字为 Mosaic。1995 年,著名的 Netscape Navigator 浏览器上市。现在应用浏览器用户数最多的是微软公司的 Internet Explorer。

1. 万维网概述

万维网 WWW 并非某种特殊的计算机网络。万维网是一个大规模的、联机式的信息储藏所,英文简称为 Web,万维网提供分布式服务。

从用户的角度来看,Web 是由数量巨大且遍布全球的文档组成的,这些文档称为 Web 页(或简称页)。每个页除了含有基本的信息之外,还可以含有指向其他页的链接,这样的页就称为超文本(hypertext)页或超媒体(hypermedia)页。超文本和超媒体的不同在于文档内容,超文本文档只包含文本信息,而超媒体文档还包含其他媒体信息,如图标、图形、数字照片、音频、视频等。

页需要用称为浏览器的程序阅读,浏览器负责取回指定的页,并按照指定的格式显示在屏幕上。页中指向其他页的文本串称为超级链接(hyperlink),通常用下画线、加亮、闪烁、突出的颜色等进行强调。其实除了文本串以外,页中的其他元素,如图标、照片、地图等,都可以有指向其他页的超级链接。当用户单击超级链接时,浏览器就会取回该链接指向的页,并显示给用户。

万维网也是采用客户/服务器的工作方式。浏览器就是在用户计算机上的万维网客户程序。万维网文档所驻留的计算机则运行服务器程序,因此这个计算机也称为万维网服务器。客户程序向服务器程序发出请求,服务器程序向客户程序送回客户所要的万维网文档。万维网使用统一资源定位符 URL 来标志万维网上的各种文档。万维网使用搜索工具让用户方便地找到所需信息。万维网使用超文本传送协议 HTTP 来实现万维网上的各种链接。HTTP 属于应用层,使用 TCP 连接。

统一资源定位符 URL 是用来表示从 Internet 上得到的资源位置和访问这些资源的方法。资源指的是 Internet 上可以被访问的任何对象。URL 相当于是与 Internet 相连的机器上的任何可访问对象的一个指针。由于访问不同对象所使用的协议不同,所以 URL 还指出读取某个对象时所使用的协议。URL 的格式如下:

<协议>: //<主机>: <端口>/<路径>

其中,协议为 http 和 ftp 等;主机为该主机在 Internet 上的域名。端口和路径有时可以省略。

对于万维网的网点的访问要使用HTTP协议。HTTP的默认端口是80,通常省略。如果省略端口和路径,那么URL就是指到Internet上的某个主页。主页是一个WWW服务器的最高级别的页面。

Web文档按照文档内容产生的时间可以划分为静态文档、动态文档和主动文档三个较宽的范畴。静态文档以文件方式保存在Web服务器上。文档的内容不会改变,所以对静态文档的请求会产生相同的响应。静态文档使用HTML语言书写。动态文档不是预先存在的,它是在浏览器请求文档时由Web服务器创建的。当请求到达时,Web服务器运行一个应用程序创建动态文档,服务器将应用程序的输出作为响应。因为针对每个请求均会创建一个新的文档,所以每个请求产生的动态文档是不同的。主动(Active)文档不是完全由服务器指定,主动文档由一个计算机程序组成,该程序知道如何进行计算并显示结果。当浏览器请求一个主动文档时,服务器返回一个必须在浏览器本地运行的程序的副本。当程序运行时,主动文档程序可以与用户进行交互,并不断地改变显示。因此,主动文档的内容不是固定不变的。

2. 超文本传输协议

(1) HTTP的操作过程。

服务器运行服务进程,监听服务端口(默认端口80),以便发现是否有客户浏览器发出的连接请求。一旦监听到客户连接请求,建立TCP连接后,浏览器就向服务器发出浏览某个页面的请求。服务器作为响应将客户请求的页面返回给客户浏览器。最后,TCP连接释放。在浏览器与服务器之间的请求与响应的交互,必须按照规定的格式和遵循一定的规则。这些格式和规则就是超文本传输协议HTTP。它是Web的核心。HTTP是面向事务的应用层协议,它是万维网上能够可靠地交换文件(包括文本、声音、图像等各种多媒体文件)的重要基础。

用户浏览页面的方法有两种。一种是鼠标单击页面中的链接,另一种是在浏览器的地址栏输入所要找的页面的URL,如图6.10所示,用户单击鼠标后所发生的事件如下。

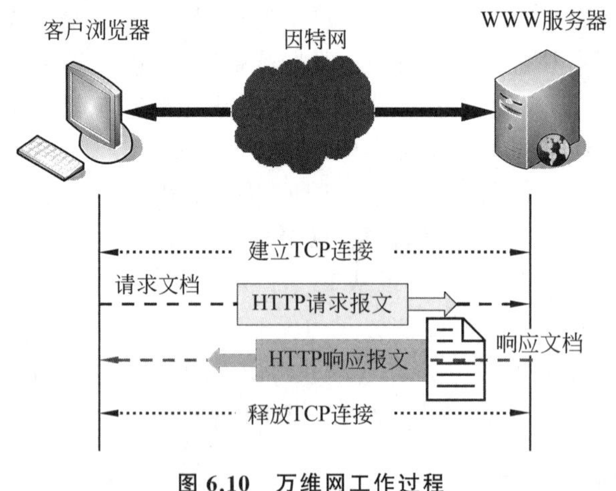

图6.10 万维网工作过程

① 浏览器分析链接指向的URL。

② 浏览器向 DNS 请求解析 URL 的 IP 地址。

③ DNS 解析出 IP 地址。

④ 浏览器和服务器建立 TCP 连接。

⑤ 浏览器发出取文件命令：GET /路径+文件名。

⑥ 服务器给出响应，把指定文件发送给浏览器。

⑦ 释放 TCP 连接。

⑧ 浏览器显示发送回来的文件。

当版本 1.1 出现时，它以一种根本的方式改变了基本 HTTP 模式。它不是为每个传输使用 TCP 连接，而是把持久连接用作默认方式，即一旦客户建立了和特定服务器的 TCP 连接，客户就让该连接在多个请求和响应过程中一直存在，当客户或服务器准备关闭连接时就通知另一端，然后关闭连接。还可以用流水线技术进一步优化使用持久连接的浏览器，可令浏览器逐个连续地发送请求而不必等待响应。在必须为某个页面取得多幅图像的情况下，流水线技术特别有用，它使得底层互联网具有较高的吞吐量，且应用具有较快的响应速度。

(2) HTTP 报文格式。

HTTP 有两种报文。

① 请求报文：从客户向服务器方式请求报文。

② 响应报文：从服务器到客户的回答。

由于 HTTP 是面向文本的，因此在报文中的每一个字段都是一些 ASCII 码串，各个字段的长度都是不明确的。

如图 6.11 和图 6.12 所示，请求报文和响应报文都是由三个部分组成。两者的区别就是开始行不同。

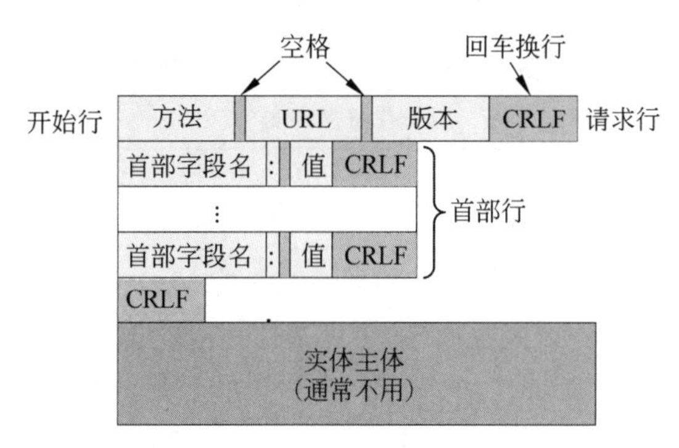

图 6.11　请求报文

① 开始行：用于区分报文。在请求报文中的开始行称为请求行。在响应报文中的开始行称为状态行。

② 首部行：用来说明浏览器、服务器或报文主体的一些信息。可以省略。在整个首部行结束时，还有一空行将首部行和后面的实体主体分开。

③ 实体主体：请求报文通常不用，响应报文可以不用。

在请求报文中，开始行就是请求行。请求报文的开始行由“方法＋URL＋版本

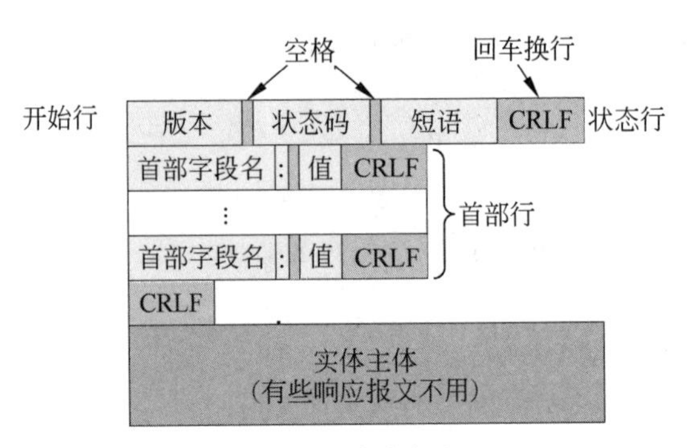

图 6.12 响应报文

CRLF”组成。“方法”是面向对象技术中使用的专门名词。所谓“方法”就是对所请求的对象进行的操作,因此这些方法实际上也就是一些命令,如表 6.2 所示。因此,请求报文的类型是由它所采用的方法决定的。

表 6.2 请求报文的方法

方法(操作)	意 义
OPTION	请求一些选项的信息
GET	请求读取由 URL 所标志的信息
HEAD	请求读取由 URL 所标志的信息的首部
POST	给服务器添加信息(例如,注释)
PUT	在指明的 URL 下存储一个文档
DELETE	删除指明的 URL 所标志的资源
TRACE	用来进行环回测试的请求报文
CONNECT	用于代理服务器

下面给出一个请求报文的例子:

```
GET /pub/index.htm HTTP/1.1        //开始行,方法、URL、版本
Host: www.ncbuct.edu.cn            //首部行的开始,给出主机的域名
Connection:close                   //告诉服务器发送完请求的报文后可以释放连接
                                   //请求报文的最后一般为空行
```

响应报文的开始行是状态行。状态行包括三项内容,即 HTTP 的版本、状态码以及解释状态码的简单短语。

状态码都是 3 位数字,分为 5 大类 33 种。

- 1**: 表示通知信息的。
- 2**: 表示成功。
- 3**: 表示重定向。
- 4**: 表示客户的差错。

- 5**：表示服务器的差错。

3. 状态信息和 Cookie

Web 本质上是无状态的，浏览器向服务器发送一个文件请求，服务器将请求的文件返回，此后服务器上不保留有关客户的任何信息。当 Web 只用于获取公开可访问的文档时，这种工作模式是非常合适的。但随着 Web 涉足其他领域，有些服务需要在确认了用户的身份后才能提供，这就需要将用户信息保存起来。如有些软件需要用户注册后才能使用，当用户注册后，用户信息必须被保存下来，当用户下次请求服务时，这些信息就被用来判断用户是否是注册用户，从而决定如何向用户提供服务。

在两次调用之间程序保存的信息称为状态信息，保存状态信息的方法依赖于这些信息需要被保存的时间和信息的大小。服务器可以将少量信息传递给浏览器，浏览器将这些状态信息存储在磁盘上，然后在后续请求中将这些信息返回给服务器。如果服务器需要存储大量的信息，服务器必须将这些信息保存在本地磁盘上。

传递给浏览器的状态信息称为 Cookie，它被保存在浏览器的 Cookie 目录下。Cookie 是一个小文件，最多包括 5 个字段，包括产生 Cookie 的 Web 站点名称、适用的路径（在服务器的哪部分文件树上要使用这个 Cookie）、内容、有效期和安全性要求。当浏览器要向某个 Web 服务器发送请求时，先检查 Cookie 目录，看看是否有从那个服务器发来的 Cookie，如果有就把发来的所有 Cookie 都包含在请求消息中，发送给服务器。由于 Cookie 很小，大多数服务器软件不会在 Cookie 中存储实际数据，两次调用之间需要保存的信息实际上是存放在服务器本地磁盘的文件中，而 Cookie 被用作这些信息的索引。

Cookie 是文本文档，用户可以拒绝 Cookie。

4. Web 缓存

随着 Web 应用的普及，互联网络流量激增，网络经常处于超载状态，网络响应速度变慢。针对这种情况，人们提出改善 Web 传输效率的技术（如 Web 缓存），目的是尽量避免不必要的传输，减少网络负载，从而加快响应速度。

Web 缓存，即将请求到的网页放到缓存中，以备过后还要使用。通常的做法是用一个称为代理的进程来维护这个缓存，浏览器被配置为向代理而不是真正的服务器请求网页。当缓存中有所请求的页时，代理直接将页返回，否则先从服务器取回，添加到缓存中，然后返回给请求页的客户。

在这里涉及两个重要的问题，一是谁来做缓存，二是一个页可以缓存多长时间。在实际的使用中，每一台 PC 通常都会运行一个本地代理，缓存自己请求过的页，以便在需要时快速找到自己访问过的页。在一个公司的局域网上，通常有一台专门的机器作为代理，该代理可被所有的机器访问。许多 ISP 也运行代理，以便为它的客户提供更快速的服务。通常所有这些代理都是一起工作的，因此请求首先被发送到本地代理，如果本地缓存中没有，本地代理会向局域网代理查询，如果局域网代理也没有，局域网代理会向 ISP 代理查询，若 ISP 代理也没有，它必须向更高层的代理请求（如果有的话）或者向真正的服务器查询。每个代理都将获得的页添加到自己的缓存中，然后再返回给请求者，这种方法称为分级缓存。

确定一个页需要缓存多长时间是比较困难的，因为这和页的内容以及生成时间等各种因素都有关系。事实上，所有高速缓存方案中的主要问题都是和时限有关。一方面，保留高速缓存的副本时间太长会使副本变得陈旧；另一方面，如果保留副本时间不够长效率就会降低。因此，方案的选择既要考虑到用户对过时信息的忍受程度，也要考虑到系统为此付出的开销。

解决这个问题有两种方法。第一种方法是使用一个启发式来猜测每个页要保存多长时间。常用的一个启发式是根据 Last－Modified 头来确定保存时间，即若一个页是在距今 T 时间前更新的，那么这个页可以在缓存中存放 T 时间。尽管这个启发式在实际工作中运行得很好，但它确实会经常返回过时的页。另一种方法是使用条件请求，代理将客户请求的页的 URL 及缓存中该页的最后修改时间放入 If-Modified-Since 请求头中发送给服务器，若服务器发现该页自请求头中给出的时间以后未曾修改过，就发回一个简短的 Not Modified 消息，告诉代理可以使用缓存中的页，否则返回新的页。尽管该方法总是需要一个请求消息和一个响应消息，但是当缓存中的页仍然有效时响应消息是非常短的。这两种方法也可以结合起来使用。

改善性能的另一个方法是积极缓存。当代理从服务器取得一个页后，它可以检查一下该页上是否有指向其他页的链接，如果有就向相关的服务器发送请求预取这些页，放在缓存中以备今后需要。这种方法能够减小后继请求的访问时间，但它也会消耗许多带宽取来许多可能根本不会用的页。

6.2.4 电子邮件应用

电子邮件(E-mail)是 Internet 上使用最为广泛的一种服务之一。欲使用电子邮件的人员可到提供电子邮件服务机构(一般是 ISP)的网站注册申请邮箱，获得电子邮件账号(电子邮件地址)及口令后，就可通过专用的邮件处理程序接、发电子邮件了。邮件发送者将邮件发送到邮件接收者的 ISP 邮件服务器的邮箱中，接收者可在任何时刻主动地通过 Internet 查看或下载邮件。电子邮件可以在两个用户间交换，也可以向多个用户发送同一封邮件，或将收到的邮件转发给其他用户。电子邮件不仅包含文本信息，还可包含声音、图像、视频、应用程序等各类计算机文件。

1. 电子邮件概述

电子邮件服务中最常见的两种应用层协议是邮局协议(POP)和简单邮件传输协议(SMTP)，这些协议用于定义客户端/服务器进程。

POP 和 POP3(邮局协议，版本 3) 是入站邮件分发协议，是典型的客户端/服务器协议。它们将邮件从邮件服务器分发到客户端。

在另一方面，SMTP 在出的方向上，控制着邮件从发送的客户端到邮件服务器(MDA)的传递，同时，也在邮件插口间传递。SMTP 保证邮件可以在不同类型的服务器和客户端的数据网络上传递，并使邮件可以在 Internet 上交换。

当撰写一封电子邮件信息时，我们往往使用一种称为邮件用户代理的应用程序，或者电子邮件客户端程序。通过邮件用户代理程序，我们可以发送邮件，也可以把接收到的邮件保存在客户端的邮箱中。这两个操作属于不同的两个进程，如图 6.13 所示。

电子邮件客户端可以使用 POP 协议从电子邮件服务器接收电子邮件消息。从客户

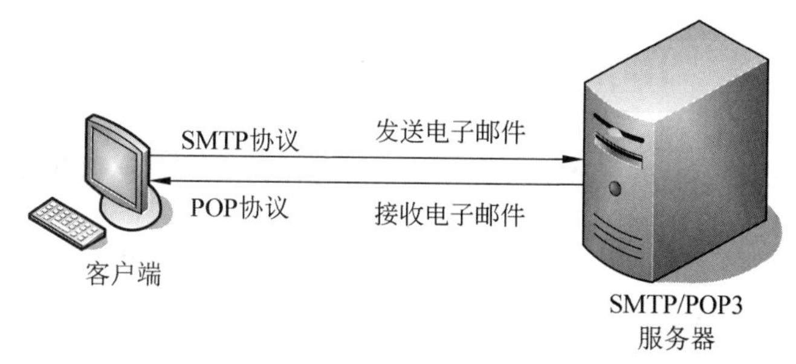

图 6.13 客户发送和接收电子邮件

端或者从服务器中发送的电子邮件消息格式以及命令字符串必须符合 SMTP 协议的要求。通常,电子邮件客户端程序可同时支持上述两种协议。

一个电子邮件系统应具有三个主要的组成部件：①用户代理；②邮件服务器；③邮件发送协议(SMTP)和邮件读取协议(POP3)。用户代理 UA(User Agent)就是用户与电子邮件系统的接口,在大多数情况下它就是在用户 PC 中运行的程序。用户代理允许用户阅读、撰写、发送和接收信件以及和本地邮件服务器通信。邮件服务器需要使用两个不同的协议。一个协议用于发送邮件,即 SMTP 协议,而另一个协议用于接收邮件,即邮局协议(Post Office Protocol,POP)。

图 6.14 给出了 PC 之间发送和接收电子邮件的几个重要步骤。SMTP 协议和 POP3 协议(或 IMAP)协议都是在 TCP 连接的上面传送邮件,使得邮件的传送成为可靠的方式。

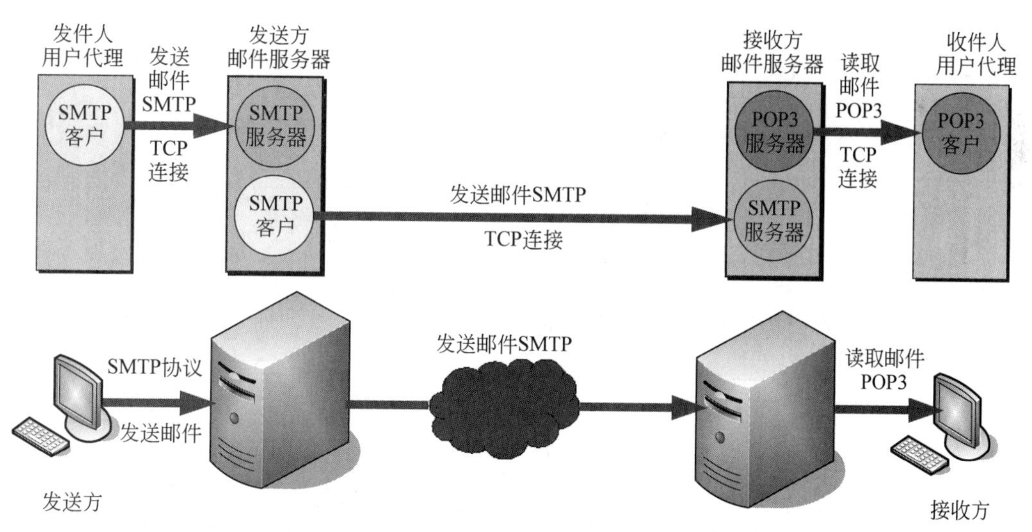

图 6.14 PC 之间发送和接收电子邮件的步骤

① 用户通过用户代理程序撰写、编辑邮件。

② 撰写完邮件后,单击发送按钮,准备将邮件通过 SMTP 协议传送到发送邮件服务器。

③ 发送邮件服务器将邮件放入邮件发送缓存队列中,等待发送。

④ 接收邮件服务器将收到的邮件保存到用户的邮箱中,等待收件人提取邮件。

⑤ 收件人在方便的时候,使用 POP3 协议从接收邮件服务器中提取电子邮件,通过用户代理程序进行阅览、保存及其他处理。

电子邮件由信封(Envelope)和内容(Content) 两部分组成。在电子邮件的信封上,最重要的就是收件人的地址。E-mail 地址的格式是固定的,并且在全球范围内是唯一的。用户的电子邮件地址格式为:收件人邮箱名@邮件所在主机域名,其中符号"@"读作"at",表示"在"的意思。RFC 822 只规定了邮件内容中的首部(Header)格式,而对邮件的主体(Body)部分则让用户自由撰写。用户写好首部后,邮件系统将自动地将信封所需的信息提取出来并写在信封上。邮件内容首部包括一些关键字,后面加上冒号。最重要的关键字是:To 和 Subject。"To:"后面填入一个或多个收件人的电子邮件地址。用户只需打开地址簿,单击收件人名字,收件人的电子邮件地址就会自动地填入到合适的位置上。"Subject:"是邮件的主题。它反映了邮件的主要内容,便于用户查找邮件。

2. 简单邮件传送协议

SMTP 所规定的就是在两个相互通信的 SMTP 进程之间应如何交换信息。由于 SMTP 使用客户服务器方式,因此负责发送邮件的 SMTP 进程就是 SMTP 客户,而负责接收邮件的 SMTP 进程就是 SMTP 服务器。SMTP 规定了 14 条命令和 21 种应答信息。每条命令用 4 个字母组成,而每一种应答信息一般只有一行信息,由一个 3 位数字的代码开始,后面附上(也可不附上)很简单的文字说明。

发送方和接收方的邮件服务器之间 SMTP 通信分为三个阶段。

(1) 连接建立。

发件人的邮件送到发送方邮件服务器的邮件缓存后,SMTP 客户就每隔一定时间对缓存扫描一次。一旦发现邮件,就使用 SMTP 的端口号 25 与接收方的邮件服务器的 SMTP 服务器建立 TCP 连接。连接建立后,接收方 SMTP 服务器要发出"220 Service ready"。

SMTP 客户向 SMTP 服务器发送 HELO 命令,附上发送方的主机名。SMTP 服务器若要接收,就回答"250 OK"。SMTP 服务器若要拒绝,就回答"421 Service not available"。

发送方和接收方的邮件服务器之间建立 TCP 连接不使用任何中间邮件服务器。

(2) 邮件传送。

邮件传送从 MAIL 命令开始。MAIL 命令后有发件人地址。如 MAIL FROM:<发件人地址>。若 SMTP 服务器做好接收准备,就回答"250 OK"。

下面跟着一个或多个 RCPT 命令,取决于把同一个邮件发送给一个或多个收件人。其格式为:RCPT TO:<收件人地址>。每发送一个 RCPT 命令,都应当有相应的信息从 SMTP 服务器返回。RCPT 命令的作用是:先弄清接收方系统是否做好接收邮件的准备,然后才发送邮件。

再下面就是 DATA 命令,表示要开始传送邮件的内容。SMTP 服务器返回的信息是:"354 Start mail input;end with <CRLF>.<CRLF>"。接着 SMTP 客户就发送邮件的内容。发送邮件完毕后,再发送<CRLF>.<CRLF>表示邮件内容结束。

(3) 连接释放。

邮件发送完毕后,SMTP 客户发送 QUIT 命令。SMTP 服务器返回"221(服务关闭)",表示 SMTP 同意释放 TCP 连接。

SMTP 只能传送 7 位的 ASCII 码,不能发送其他非英语国家的文字。SMTP 会拒绝超过一定长度的邮件。

3. 通过 Internet 邮件扩充

随着网络规模的扩大和通信业务类型的增多,越来越多的用户要求电子邮件不仅能传输英文,也能传输其他语系的文字,甚至能传输多媒体信息。当邮件主体是非 ASCII 文本形式的数据时,为了保证这些数据在现有系统中得以可靠传输,发送前通常必须将它们转换成某种适合传输的代码形式,接收时再进行相应的解码。另外,非 ASCII 文本形式的邮件主体大多是具有一定数据结构的信息块,必须调用相应的信件浏览器才能进行显示,因此在用户端需要运行特殊的发信程序和收信程序。为此,人们对 RFC 822 进行了扩展,提出了多用途 Internet 邮件扩展协议(Multipurpose Internet Mail Extensions, MIME)。MIME 对 RFC 822 所做的扩充是,允许邮件主体具有一定的数据结构,规定了非 ASCII 文本信息在传输时的统一编码形式,并在邮件内容的首部扩充了一些域,用以指明邮件主体的数据类型和传输编码形式,从而引导收信程序正确地接收和显示信件。

如图 6.15 所示,MIME 并没有改动 SMTP 或取代它。MIME 的意图是继续使用目前的 RFC 822 格式,但增加了邮件主体的结构,并定义了传送非 ASCII 码的编码规则。也就是说,MIME 邮件可在现有的电子邮件程序和协议下传送。

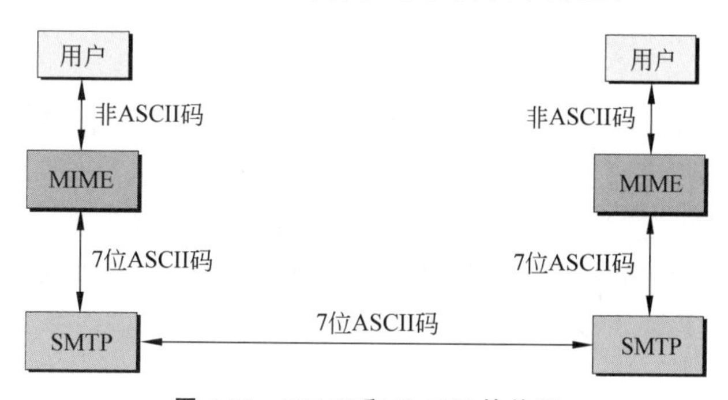

图 6.15 MIME 和 SMTM 的关系

MIME 在邮件首部中扩充的最重要的两个域是:邮件主体传输编码形式和邮件主体数据类型及子类型。MIME 定义了五种传输编码形式:基本的 ASCII 编码集、扩展的 ASCII 编码集、二进制编码、基 64 编码(Base64 Encoding),Quoted-Printable 编码。在基 64 编码中,每 24 比特数据被分成 4 个 6 比特的单元,每个单元编码成一个合法的 ASCII 字符,其对应关系为:0～25 编码成"A"～"Z",26～51 编码成"a"～"z",52～61 编码成"0"～"9",62 和 63 分别编码成"+"和"/","=="和"="分别表示最后一组只有 8 比特和 16 比特,回车和换行忽略。使用这种编码方式可以正确传输二进制文件。Quoted-printable 编码适用于消息中绝大部分都是 ASCII 字符的场合。每个 ASCII 字符仍用 7 比特表示,大于 127 的字符编码成一个等号再跟上该字符的十六进制值。例如汉字"系统"的十六进制数字为：CFB5CDB3，用 Quoted-printable 编码表示为=CF=B5=CD=B3。

RFC 1521 定义了七种数据类型，有些类型还定义了子类型。比如，文本(text)类型分为无格式文本(text/plain)和带有简单格式的文本(text/richtext)，图像类型分为静态 GIF 图像(image/gif)和 JPEG 图像(image/jpeg)，还有音频类型、视频类型、消息类型(信体中包含另一个报文)、多成分类型(信体中包含多种数据类型)和应用类型(需要外部处理且不属于其他任何一种类型)。

4. 邮件读取协议 POP3 和 IMAP

有两个协议可允许用户从邮件服务器读取邮件，一个是邮局协议 POP，另一个是网际报文存取协议 IMAP。

邮局协议 POP 是一个非常简单、但功能有限的邮件读取协议，现在使用的是它的第三个版本 POP3。POP 也使用客户服务器的工作方式。在接收邮件的用户 PC 中必须运行 POP 客户程序，而在用户所连接的 ISP 的邮件服务器中则运行 POP 服务器程序。用户激活一个 POP3 客户，该客户与邮件服务器的计算机的端口 110 建立一个 TCP 连接；连接建立后，用户发送用户名和口令；一旦 POP 服务器接受了鉴别，用户就可以对邮箱进行读取。只要用户从 POP 服务器读取了邮件，POP 服务器就把该邮件删除。

使用 POP3 协议接收邮件，对于那些经常使用多台计算机却只有一个邮箱账号的用户来说很不方便，因为他们的邮件会散布到多台机器上，而这些机器可能并不是他们自己的。

与 POP3 不同，IMAP 允许用户将所有邮件无限期地保留在服务器中，在线地阅读邮件，并允许用户动态地在服务器上创建、删除和管理多个信箱，将阅读过的信件放到相应的信箱中保存。

IMAP 使用客户服务器方式。在使用 IMAP 时，用户和服务器建立 TCP 连接。用户在自己的计算机上就可以操作邮件服务器的邮箱。因此 IMAP 是个联机协议。当用户 PC 上的 IMAP 客户程序打开邮箱时，用户就可以看到邮件的首部。若用户需要打开某个邮件，则该邮件才会传到用户的计算机上。用户可以分类管理邮件。用户未发出删除邮件命令之前，IMAP 服务器邮箱中的邮件一直保存着。IMAP 允许收件人只读取邮件中某一部分内容。

我们要注意，不要将邮件读取协议 POP 或 IMAP 与邮件传送协议 SMTP 弄混。发信人的用户代理向源邮件服务器发送邮件，以及源邮件服务器向目的邮件服务器发送邮件，都是使用 SMTP。而 POP 或 IMAP 则是用户从目的邮件服务器上读取邮件所使用的协议。

5. 基于万维网的电子邮件

今天越来越多的用户使用他们的 WEB 浏览器收发电子邮件。20 世纪 90 年代中期，HOTMAIL 引入了基于 Web 的接入。每个门户网站以及重要的大学或者公司都提供了基于 Web 的电子邮件。使用这种服务，用户代理就是普通的浏览器，用户和其远程邮箱之间的通信则通过 HTTP 进行。当发件人(如 A)要发送一封电子邮件报文时，该电子邮件报文从 A 的浏览器发送到他的邮件服务器，使用的是 HTTP 而不是 SMTP。当一个收件人(如 B)想从他的邮箱中取一个报文时，该电子邮件报文从 B 的邮件服务器发送到他的浏览器，使用的是 HTTP 而不是 POP3 或者 IMAP 协议。然而，邮件服务器在与其他的邮件服务器之间发送和接收邮件时，仍然使用 SMTP，如图 6.16 所示。

图 6.16 基于万维网的电子邮件

6.2.5 远程登录应用

远程登录服务采用典型的 C/S 模型。远程登录的功能是把用户正在使用的终端或主机变成他要在其上登录的某一远程主机的仿真远程终端。利用远程登录，用户可以通过自己正在使用的计算机与其登录的远程主机相连，进而使用该主机上的各种资源。这些资源包括该远程主机的硬件、软件资源以及数据资源，这些可远程登录的主机一般都位于异地，但使用起来就像在身旁一样方便。

实现远程登录使用的是 Telnet 协议，该协议是 TCP/IP 协议族中的一员，是 Internet 远程登录服务的标准协议和主要方式。它为用户提供了在本地计算机上完成远程主机工作的能力。在终端使用者的计算机上使用 Telnet 程序，用它连接到服务器。终端使用者可以在 Telnet 程序中输入命令，这些命令会在服务器上运行，就像直接在服务器的控制台上输入一样。可以在本地就能控制服务器。要开始一个 Telnet 会话，必须输入用户名和密码来登录服务器。Telnet 是常用的远程控制服务器的方法。

Telnet 工作原理

当使用 Telnet 远程登录计算机时，实际上启动了两个程序，一个是客户程序，它在本机上运行，另一个是服务器程序，它在用户要登录的远程计算机上运行。

使用 Telnet 协议进行远程登录时需要满足以下条件：在本地计算机上必须装有包含 Telnet 协议的客户程序；必须知道远程主机的 IP 地址或域名；必须知道登录标识与口令。

Telnet 远程登录服务分为以下 4 个过程。

(1) 本地与远程主机建立连接。该过程实际上是建立一个 TCP 连接，用户必须知道远程主机的 IP 地址或域名。

(2) 将本地终端上输入的用户名和口令及以后输入的任何命令或字符以 NVT(Net Virtual Terminal)格式传送到远程主机。该过程实际上是从本地主机向远程主机发送一个 IP 数据包。

(3) 将远程主机输出的 NVT 格式的数据转化为本地所接受的格式送回本地终端，包括输入命令回显和命令执行结果。

(4) 最后，本地终端对远程主机进行撤销连接。该过程是撤销一个 TCP 连接。

6.2.6 动态地址分配应用

通过动态主机配置协议(Dynamic Host Configuration Protocol，DHCP)服务，网络中

的设备可以从 DHCP 服务器中获取 IP 地址和其他信息。该服务自动分配 IP 地址、子网掩码、网关以及其他 IP 网络参数。

DHCP 协议允许主机在连入网络时动态获取 IP 地址。主机连入网络时,将联系 DHCP 服务器并请求 IP 地址。DHCP 服务器从已配置地址范围(也称为"地址池")中选择一条地址,并将其临时"租"给主机一段时间。

在较大型的本地网络中,或者用户经常变更的网络中,常选用 DHCP。新来的用户可能携带笔记本计算机并需要连接网络,其他用户在有了新工作站时,也需要新的连接。与由网络管理员为每台工作站分配 IP 地址的做法相比,采用 DHCP 自动分配 IP 地址的方法更有效。

当配置了 DHCP 协议的设备启动或者登录网络时,客户端将广播"DHCP 发现"数据包,以确定网络上是否有可用的 DHCP 服务器。DHCP 服务器使用"DHCP 提供"回应客户端。"DHCP 提供"是一种租借提供消息,包含分配的 IP 地址、子网掩码、DNS 服务器和默认网关信息,以及租期等信息。

但是 DHCP 分配的地址并不是永久性地址,而是在某段时间内临时分配给主机的。如果主机关闭或离开网络,该地址就可返回池中供再次使用。这一点特别有助于在网络中进进出出的移动用户。因此,用户可以自由换位,并随时重新连接网络。无论是通过有线还是无线局域网,只要硬件连通,主机就可以获取 IP 地址。

在 DHCP 协议下,用户可以在机场或者咖啡店内使用无线热点来访问 Internet。当用户进入该区域时,笔记本计算机的 DHCP 客户端程序会通过无线连接联系本地 DHCP 服务器。DHCP 服务器会将 IP 地址分配给用户的笔记本计算机。

当运行 DHCP 服务软件时,很多类型的设备都可以成为 DHCP 服务器。在大多数中型到大型网络中,DHCP 服务器通常都是基于 PC 的本地专用服务器。

而家庭网络的 DHCP 服务器一般位于 ISP 处,家庭网络中的主机直接从 ISP 接收 IP 配置。

许多家庭网络和小型企业使用集成服务路由器(ISR)设备连接到 ISP。在这种现况下,ISR 既是 DHCP 客户端又是服务器。ISR 作为客户端从 ISP 接收 IP 配置并为在本地网络上的主机做服务器。

图 6.17 显示了 DHCP 服务器的不同配置方法。

由于任何连接到网络上的设备都能接收到地址,因此采用 DHCP 会有一定的安全风险。所以,在确定是采用动态地址分配还是手动地址分配时,物理安全性是重点考虑的因素。

动态和静态地址分配方式在网络设计中都占有一席之地。很多网络都同时采用 DHCP 和静态地址分配方式。DHCP 适用于一般主机,如终端用户设备;而固定地址则适用于如网关、交换机、服务器以及打印机等网络设备。

如果在本地网络上有不止一个 DHCP 服务器,则客户端可能会收到多个 DHCP 提供数据包。此时,客户端必须在这些服务器中进行选择,并且将包含服务器标志信息及所接受的分配信息的 DHCP 请求数据包广播出去。客户端可以向服务器请求分配以前分配过的地址。

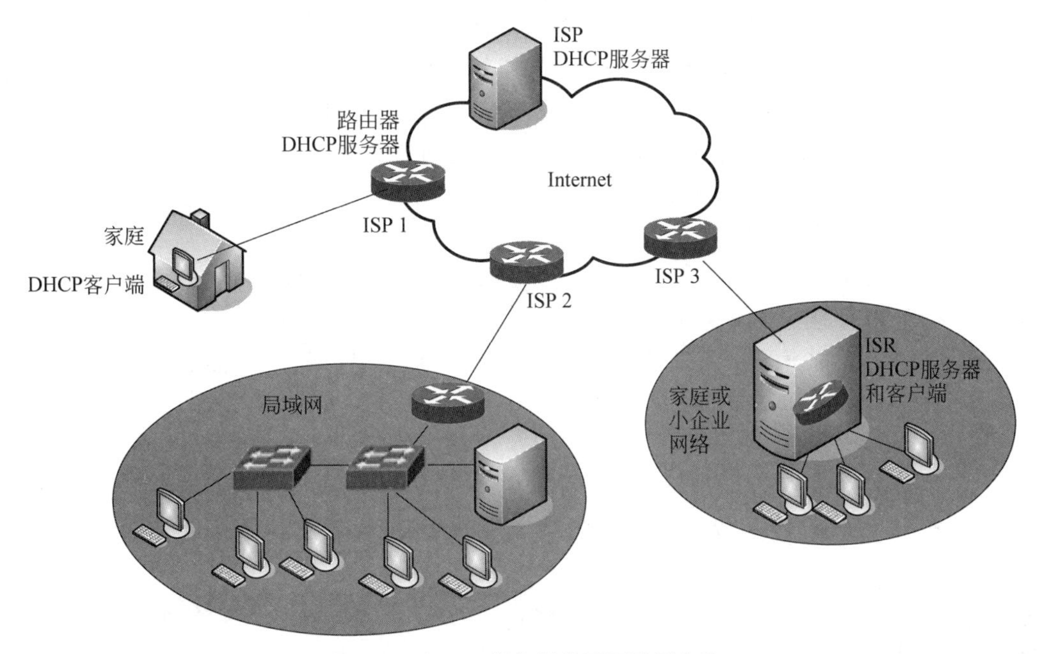

图 6.17 DHCP 服务器的不同配置方法

如果客户端请求的 IP 地址或者服务器提供的 IP 地址仍然有效,服务器将返回 DHCP ACK(确认信息)消息以确认地址分配。如果请求的地址不再有效,可能由于超时或被其他用户使用,则所选服务器将发送 DHCP NAK(否定)信息。一旦返回 DHCP NAK 消息,应重新启动选择进程,并重新发送新的 DHCP 发现消息。DHCP 服务器确保每个 IP 地址都是唯一的(一个 IP 地址不能同时分配到不同的网络设备上)。

6.3 P2P 模型应用举例

P2P 技术以其特有的自组织性、分布性、在互联网上迅速发展,已成为网络不可分割的一部分,基于 P2P 技术的应用软件也遍布网络,像迅雷、eMule、BT、Skype 等。

6.3.1 P2P 文件分发

P2P 技术更好地解决了网络中的文件共享、对等技术、协同工作等问题,其中文件分发是 P2P 技术应用中最为广泛的领域之一。文件分发一般是指包括文件共享及流媒体在线观看等将文件发送到大量客户端的应用总称,它是一种最常见也是最常用的互联网应用。传统文件分发采用的是集中服务器模式,每当有一个大文件需要通过网络向位置分散的多个用户进行分发时,系统首先要把发送的文件传到中心服务器上,之后通知用户从该中心服务器上下载文件。而基于 P2P 技术的文件分发,是指采用 P2P 网络技术所进行的数据共享和传输,当多个用户同时请求下载同一文件时,用户之间可共享自身已经下载完成的文件部分,这样实际上是把中心服务器的上传开销转给了网络中大量的用户,它有效克服了 C/S 模式在传输速率以及在用户数量增多的情况下由于服务器压力过大而导致的系统处理瓶颈等性能上的缺陷。基于 P2P 的文件分发模式中每个结点既是资源的索取者,也是资源的提供者,大大加速了数据在网络中的传播。当然 P2P 系统也存在明显的缺点,就是可用性问题,尽管从整个系统而言,P2P 是可靠的,但是对于单个内容或者单个任务而言,P2P 是不稳定的,每个结点可以随时终止服务,甚至退出系统,即交换的内容随时可能被删除或者被终止共享。

P2P 文件分发采用以下几个关键技术。

(1) 内容定位技术:内容定位是指用户寻找目的资源的过程。内容定位技术实现的功能是快速、可靠地在 P2P 网络上找到需要的目标文件。

(2) 内容存储技术:在 P2P 网络上进行内容存储,以达到可靠存储的目的。内容存储技术包括内容源存储和内容缓存两个方面。

(3) 内容分片技术:P2P 文件分发中一个很重要的问题就是文件分片,因为数据文件,尤其是影音文件越来越大,不进行分片难以进行存储和传输,因此必须采用内容分片技术对一个文件进行分片,将文件分成适当大小的片段,通过在 P2P 结点间传输这些片段实现文件的分发。

(4) 数据调度技术:根据业务的具体需求,制定合适的内容调度策略,最大限度利用结点存储空间和带宽,保证业务的 QoS。

6.3.2 在 P2P 区域中搜索信息

这里我们所说的 P2P 搜索和 Web 网页的搜索是两个不同概念。它们在实现机制和内部原理上有着根本的不同。

P2P 搜索是一种 P2P 资源的发现和定位技术,通过信息索引来发现、查找 P2P 网络中在时间和空间上都处于动态变化中的结点信息和资源存储信息,以最大限度、最快速度、尽可能多且准确地发现结点上的资源。由于 P2P 软件特殊的工作方式,所以也就拥有了自己独有的搜索特性。到目前,P2P 网络主要采用三种索引方式对信息进行搜索定位:集中式索引、查询洪泛、层次覆盖。

1. 集中式索引

集中式 P2P 网络被称为第一代 P2P 网络,其原理相对较简单,典型代表是 Napster。它由一台或多台大型服务器作为中央服务器来提供索引服务。当用户启动 P2P 文件共享应用程序时,该应用程序将它的 IP 地址以及可供共享的文件名称向索引服务器进行注册。索引服务器通过收集可共享的对象,建立集中式的动态数据库(对象名称到 IP 地址的映射)。当有结点查询索引服务器时,索引服务器在自己的动态数据库中进行搜索,找到存储请求文件的结点并返回该结点的 IP 地址。实际的文件传输还是在请求结点和目的结点之间直接进行的。

这种索引方式的特点是文件传输是分散的,但定位内容的过程是高度集中的。

它的优点是简单、易于实现,查询效率高、搜索全面、对等体负载均衡、系统可维护性好。

它的缺点是:

(1) 如果索引服务器出现故障,容易导致整个网络崩溃,可靠性和安全性较低。

(2) 由于随着网络规模的扩大,索引服务器维护和更新的费用将急剧增加,所需成本过高。因此不适合大型网络,可扩展性较差。

2. 查询洪泛

查询洪泛的典型代表是 Gnutella。查询洪泛采用完全分布式的方法,索引全面地分布在对等方的区域中,对等方形成了一个抽象的逻辑网络,称为覆盖网络。当 A 要定位索引(例如 xyz)时,它向它的所有邻居发送一条查询报文(包含关键字 xyz)。A 的所有邻居向它们的所有邻居转发该报文,这些邻居又接着向它们的所有邻居转发该报文等。如果其中一个对等结点与索引(xyz)配置,则沿发送路径返回一个查询命中报文。而此时其他结点仍然会继续转发该报文,直至请求的 TTL 递减为 0 时才停止转发。

这种索引的优点就是完全无中心结点,网络结构健壮。

这种索引方式的缺点是:

(1) 它会产生大量的网络流量,往往需要花费很长时间才能有返回结果。

(2) 可扩展性差,随着网络规模的扩大,通过洪泛方式定位结点及查询信息会造成网络流量急剧增加,从而导致网络拥塞,因此不适合大型网络。

(3) 安全性不高,容易受到恶意攻击,例如攻击者会发送垃圾查询信息,造成网络拥塞。

3. 层次覆盖

层次覆盖方法结合了集中式索引和查询洪泛的优点,与查询洪泛相似,层次覆盖设计并不使用专用的服务器来跟踪和索引文件。不同的是在层次覆盖中并非所有的结点都是平等的,如图 6.18 所示。

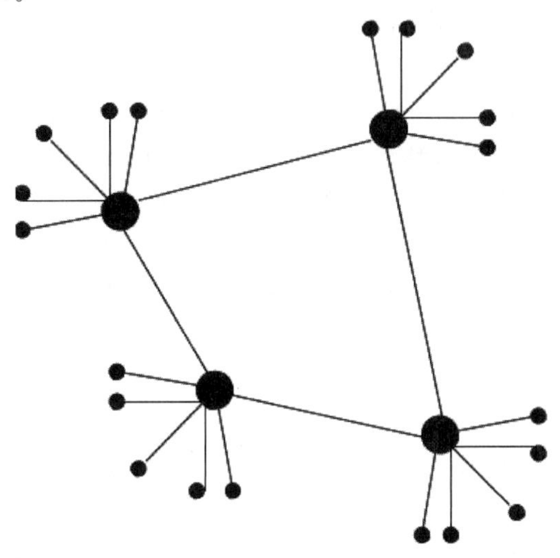

图 6.18 层次覆盖索引方式

在层次覆盖索引中选择性能较高的结点作为超级结点，每个超级结点上分布多个子结点。超级结点维护着一个索引，该索引包括了其子结点正在共享的所有文件的标识符、有关文件的元数据和保持这些文件的子结点的 IP 地址。超级结点之间相互建立 TCP 连接，从而形成一个覆盖网络，超级结点可以向其他超级结点转发查询，但是仅在超级结点使用范围查询洪泛。

当某结点进行索引时，它向其连接的超级结点发送带有关键词的查询。超级结点则用其具有相关文件的子结点的 IP 地址进行响应，如果在自身没有找到该查询结果，该超级结点还会向它连接的多个相邻的超级结点转发该查询。如果某相邻结点收到了这样一个请求，它也会用具有匹配文件的子结点的 IP 地址进行响应。KaZaa、POCO、Jxta 等都采用了这种超级结点的思想。

层次覆盖 P2P 网络搜索的优点是性能、可扩展性较好，较容易管理，但对超级结点依赖性大，易于受到攻击，容错性也受到影响，实现上比较困难，为了能够利用这种模式的优点，需要提供能够有效组织对等体间关系的搜索网络。

基于 P2P 的特点，P2P 的搜索系统与目前使用的其他各类搜索引擎相比，其最大优势在于应用先进的对等搜索理念，可不通过给定的中央服务器，也可不受信息文档格式和宿主设备的限制，对互联网络进行全方位的搜索。搜索深度和广度是传统搜索引擎所难以比拟的，其搜索范围可在短时间内以几何级数迅速增长，理论上最终将包括网络上的所有开放的信息资源，采集到的信息将有更强的实时性和有效性。

6.3.3 案例学习：BitTorrent

BitTorrent（简称 BT），俗称比特流、变态下载，是一种基于 P2P 的文件下载软件。它的特殊之处在于：一般使用的 HTTP/FTP 下载，若同时下载人数多时，基于服务器带宽的因素，速度会减慢许多；而 BT 下载却恰巧相反，它采用了多点对多点的传输原理，同时间下载的人数越多下载的速度就越快。在 BitTorrent 下载中，不同于一般的下载服务器为每一个发出下载请求的用户提供下载服务，而是一个文件的多个下载者之间互相上传自己所拥有的文件部分，直到所有用户的下载全部完成。所以，下载的人越多，提供文件的源就越多，相应每个用户的下载速度也就越快，这充分体现了 P2P 网络中"我为人人，人人为我"的思想。这种方法可以使下载服务器同时处理多个大体积文件的下载请求，而无须占用大量带宽。

1. BitTorrent 术语

与大多数互联网上的事物相似，BitTorrent 有自己的术语。与 BitTorrent 有关的一些常用术语包括以下几种。

(1) 寄生虫：下载文件，但不与他人共享自己计算机上文件的人。

(2) 种子：具有一份完整 BitTorrent 文件的计算机（执行 BitTorrent 下载至少需要一台种子计算机）。

(3) 群：同时发送（上传）或接收（下载）同一个文件的一组计算机。

(4) .torrent：引导计算机找到所要下载文件的指针文件，BT 下载是从解析 .torrent 文件开始的。

(5) Tracker：管理 BitTorrent 文件传输过程的服务器，客户端连上 Tracker 服务器，就会获得一个正在下载和上传的用户信息列表。

2. BT 下载原理

BT 的工作是从解析.torrent 文件开始的，从.torrent 文件里得到 Tracker 信息，然后与 Tracker 交互以找到运行 BitTorrent 并存储有完整文件的种子计算机以及存储有部分文件的计算机(即通常处于下载文件过程中的对等计算机)，Tracker 将识别计算机群，即具有全部或部分文件并正在发送或接收文件的互连计算机，并协助 BitTorrent 客户端软件与群中的其他计算机交换所需文件的片段，使正在下载的计算机同时接收多个文件片段。BT 工作原理如图 6.19 所示。

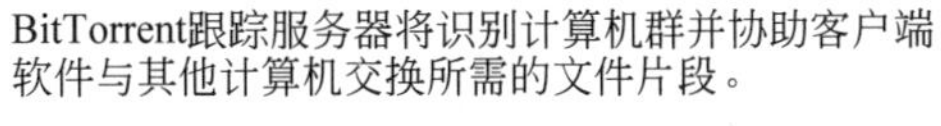

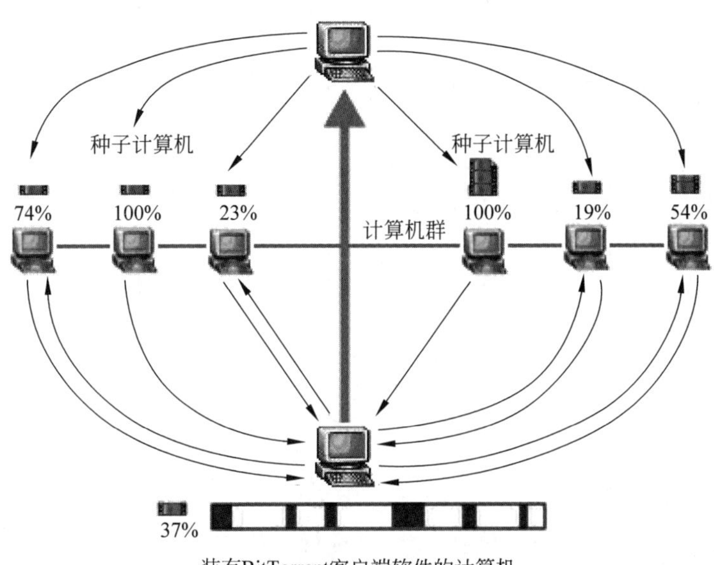

图 6.19　BT 工作原理图

如果某计算机在下载完成后继续运行 BitTorrent 客户端软件，则其他人可从该计算机中接收到.torrent 文件。对等计算机上传文件的速度要比下载文件的速度慢得多。通过同时下载多个文件片段，总体下载速度将大大提高。群中包含的计算机数量越多，文件传输的速度就会越快，因为文件片段的来源增多了。基于这个原因，BitTorrent 特别适用于大型的常用文件。

3. BitTorrent 下载步骤示例

用 BitTorrent 下载可以用以下三步来描述。

(1) 把一个文件分成三个部分，甲下载了第一部分，乙下载了第二部分，丙下载了第三部分。

(2) 甲下载完第一部分后，就可以脱离与服务器的交互，直接与乙和丙连接，从乙那里下载第二部分、从丙那里下载第三部分。当甲同时下载完这三部分后，就可以将这三部分进行组合，形成一个完整的文件。

(3) 以此类推，乙可以从甲那里获得第一部分内容，从丙那里获得第三部分内容，而丙从甲那里获得第一部分，从乙那里获得第二部分。

这样每个结点都可以通过结点之间的交互而取得全部文件的内容，结点之间一直这样交互下去，每个结点都与那些尚未下载到有关部分的其他结点分享它们已经下载的部分，直到全部下载完成。

下载的人越多，速度就越快，并不是总体的网络负载减轻了，而是通过 BT 技术，将庞大的网络负载均衡到每个结点中。当下载的人多时，每个结点均衡的负载就会变小，下载来源会变广，因而，直观的感觉就是速度越来越快。

使用 BitTorrent 软件本身是完全合法的。尽管有些人使用 BitTorrent 不当，将其用于分发受版权法保护的材料，但是 BitTorrent 程序本身还是合法并具有创新意义的。

6.4 实验：DNS 服务器配置

一、实验目的

(1) 掌握 DNS 服务器的安装与配置。

(2) 理解域名解析过程。

二、实验设备

(1) Windows Server 2008 R2 版操作系统。

(2) Windows Server 2008 R2 安装光盘一张。

三、实验步骤

(1) 安装 DNS 服务。

DNS 服务器需要使用“添加角色向导”来进行安装，在安装 DNS 服务之前，除了要规划好 DNS 域名以外，还必须为服务器设置固定 IP 地址。

- 选择管理工具中的“服务器管理器”，单击角色选项中的“添加角色”一项，弹出“添加角色向导”对话框，选择服务器角色一项，选择“DNS 服务器”，连续单击“下一步”按钮即可安装成功，如图 6.20 所示。
- DNS 服务安装成功后，可在“管理工具”中看到“DNS”项，单击打开 DNS 管理器，如图 6.21 所示。

(2) 添加正向查找区域。

DNS 服务器安装完成后，还需要添加相应的正、反向查找区域及各种主机记录，才能为网络提供解析服务，正向查找区域的功能是将 DNS 域名解析成 IP 地址。一台 DNS 服务器可以添加多个正向查找区域，同时为多个 DNS 域名提供解析服务。

- 打开“DNS 管理器”控制台，展开左侧目录树，右击“正向查找区域”选项，从快捷菜单中选择“新建区域”，弹出“新建区域向导”，单击“下一步”按钮，在弹出的“区域类型”对话框中选择“主要区域”单选按钮，单击“下一步”按钮，如图 6.22 所示。

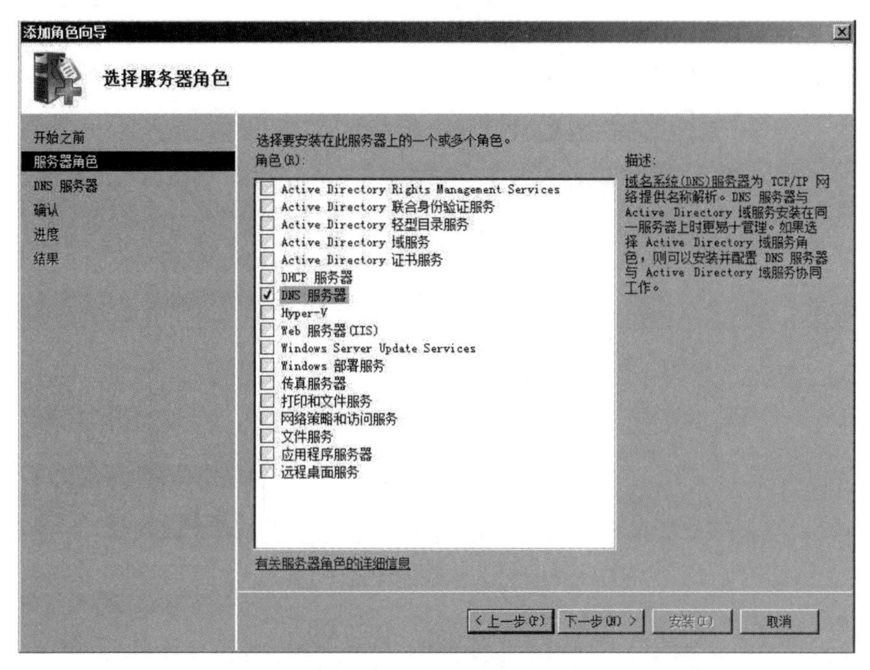

图 6.20 安装 DNS 服务器

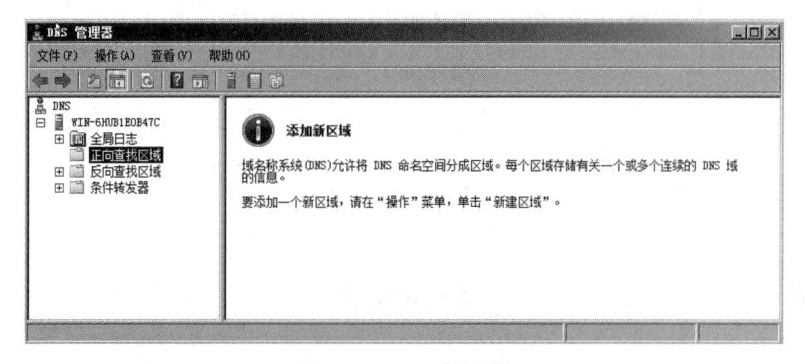

图 6.21 DNS 管理器

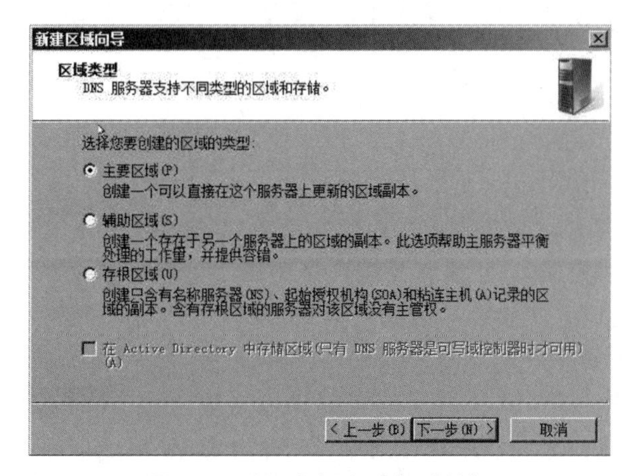

图 6.22 “区域类型”选择对话框

- 在“区域名称”对话框中，输入申请的域名，如“test.com”，单击“下一步”按钮，如图 6.23 所示。区域名称用于指定 DNS 名称空间部分，可以是域名或子域名。

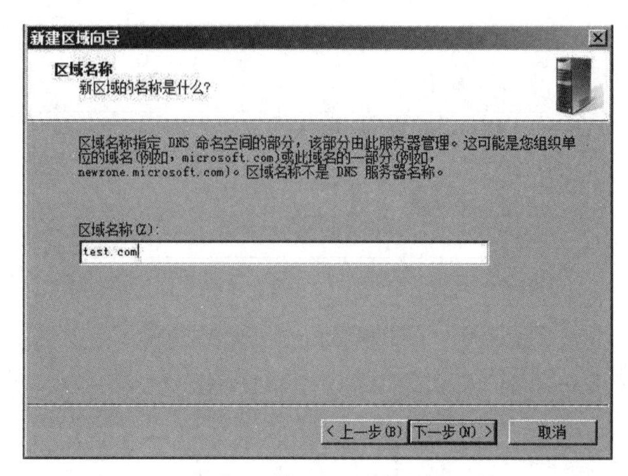

图 6.23 “区域名称”对话框

- 在“区域文件”对话框中，选择“创建新文件，文件名为”单选按钮，创建一个新的区域文件，文件名可以使用默认名称。单击“下一步”按钮，如图 6.24 所示。

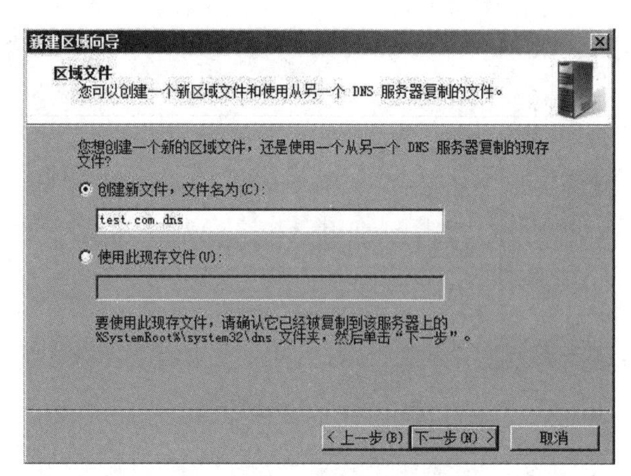

图 6.24 “区域文件”对话框

- 在“动态更新”对话框，选择动态更新方式，本实验选择“不允许动态更新”单选按钮，单击“下一步”按钮，如图 6.25 所示。
- 在“正在完成新建区域向导”对话框中单击“完成”按钮完成主要区域创建，“test.com”区域创建完成，在正向查找选项中可以看到新建的区域，如图 6.26 所示。按照以上步骤，可以添加多个 DNS 区域，分别指定不同的域名。

(3) 添加主机记录。

DNS 区域创建完成后，要为所属的域提供域名解析服务，还必须向 DNS 域中添加 DNS 主机记录。主机记录的作用是将主机名与对应的 IP 地址添加到 DNS 服务器中，每一条主机记录对应一个完整域名，如 www.test.com、ftp.china.com 等。

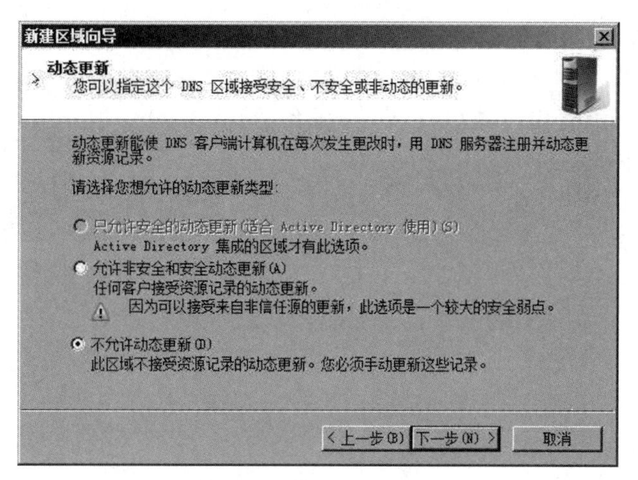

图 6.25 “动态更新”对话框

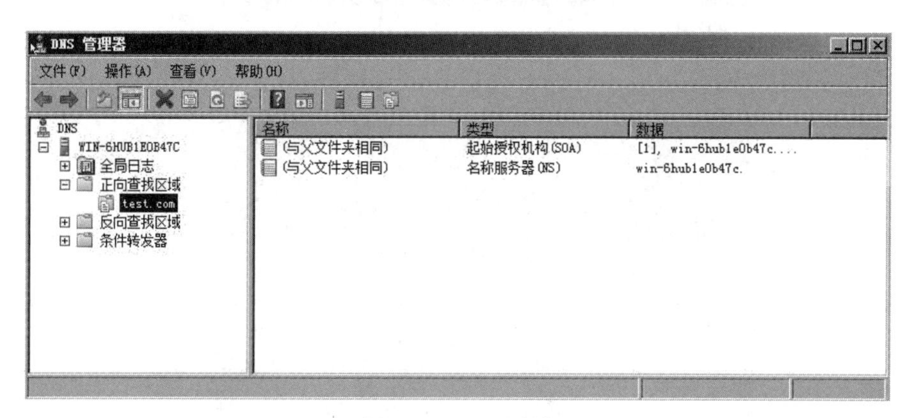

图 6.26 DNS 区域

- 选择刚才创建的 DNS 区域，test.com 域，右击并选择快捷菜单中的“新建主机”选项，弹出“新建主机”对话框。输入主机名称，如 www，同时在“完全限定的域名”中会显示完整域名，输入此域名所对应的 IP 地址，如图 6.27 所示。

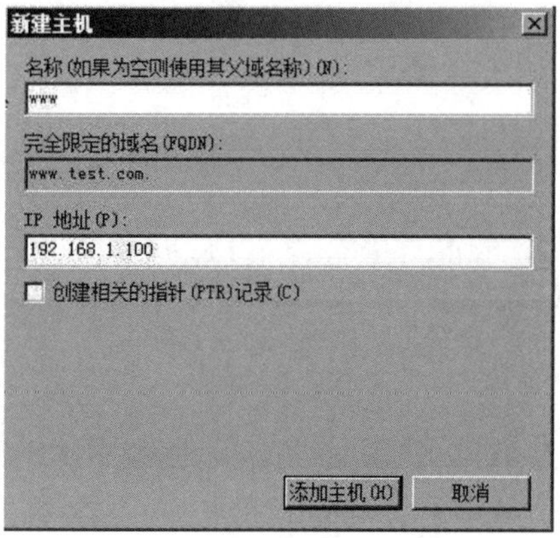

新建主机
名称(如果为空则使用其父域名称)(N)：
www
完全限定的域名(FQDN)：
www.test.com.
IP 地址(P)：
192.168.1.100
创建相关的指针(PTR)记录(C)
添加主机(H)
取消

图 6.27 “新建主机”对话框

- 单击“添加主机”按钮，显示如图 6.28 所示提示框，提示主机记录创建成功。单击“确定”按钮，主机记录 www.test.com 创建完成。当用户访问相应域名时，DNS 服务器会自动解析主机记录所对应的 IP 地址。

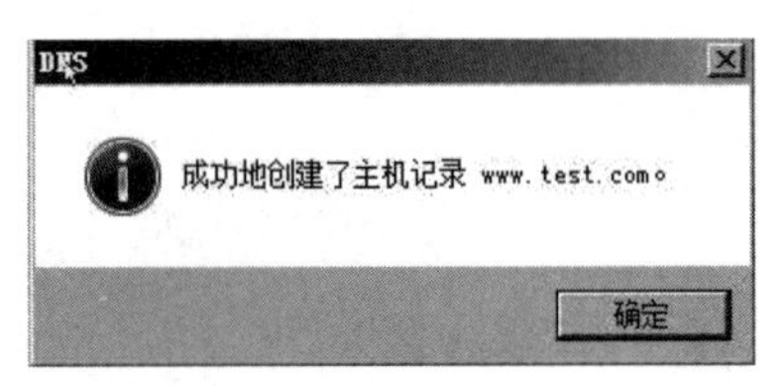

图 6.28　主机记录成功创建提示窗口

(4) 添加反向查找区域。

反向查找区域用于将 IP 地址解析成对应的 DNS 域名，和正向查找区域正好相反。

- 打开“DNS 管理器”控制台，展开左侧目录树，右击“反向查找区域”选项，从快捷菜单中选择“新建区域”，弹出“新建区域向导”，单击“下一步”按钮，在弹出的“区域类型”对话框中选择“主要区域”单选按钮，单击“下一步”按钮，如图 6.29 所示。

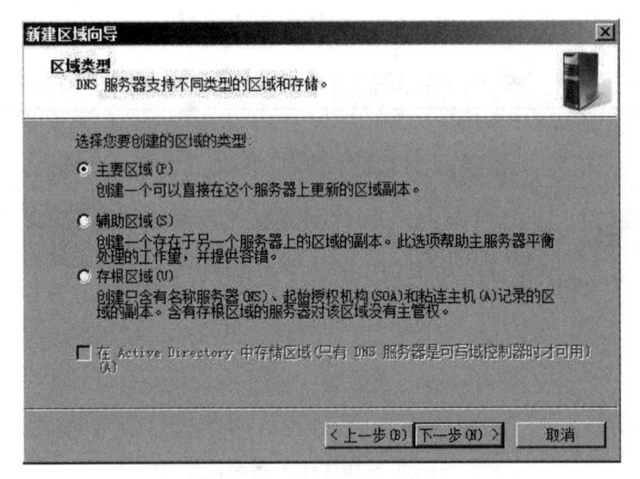

图 6.29　“区域类型”对话框

- 在“反向查找区域名称”对话框中，由于网络中只使用 IPv4，因此，选择“IPv4 反向查找区域”单选按钮，单击“下一步”按钮，如图 6.30 所示。

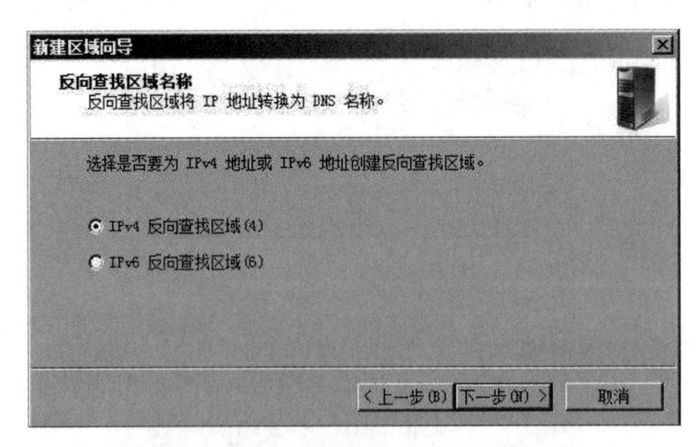

图 6.30　“反向查找区域名称”对话框

- 在“反向查找区域名称”对话框中，在“网络 ID”文本框中输入建立反向查找区域对应的 IP 地址段，如 196.168.1，如图 6.31 所示。

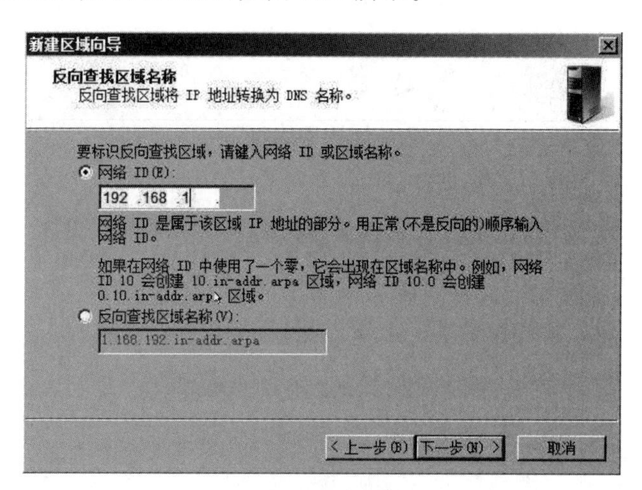

图 6.31　“反向查找区域名称”对话框

- 在“区域文件”对话框中，选择“创建新文件，文件名为”单选按钮，创建一个新的区域文件，文件名可以使用默认名称。单击“下一步”按钮，如图 6.32 所示。

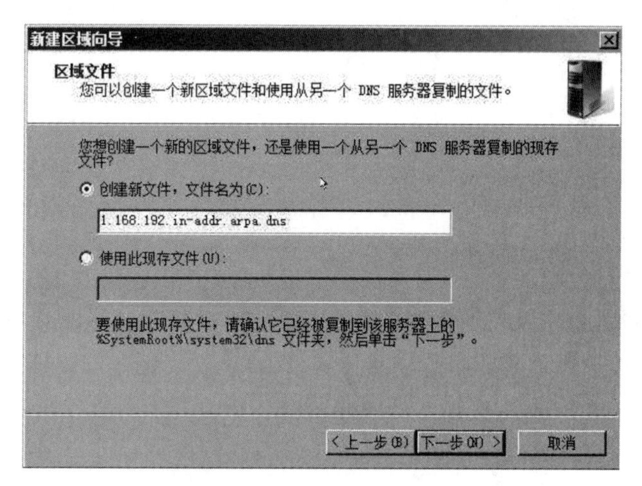

图 6.32　“区域文件”对话框

- 在“动态更新”对话框中，本实验选择“不允许动态更新”单选按钮，单击“下一步”按钮，如图 6.33 所示。
- 在“正在完成新建区域向导”对话框中单击“完成”按钮完成反向主要区域创建，“1.168.192.in-addr.arpa”区域创建完成，在反向查找选项中可以看到新建的区域，如图 6.34 所示。

(5) 添加反向记录。

当反向查找区域创建完成后，还应在该区域内创建资源记录，使服务器能够通过 IP 地址解析出其所对应的域名。

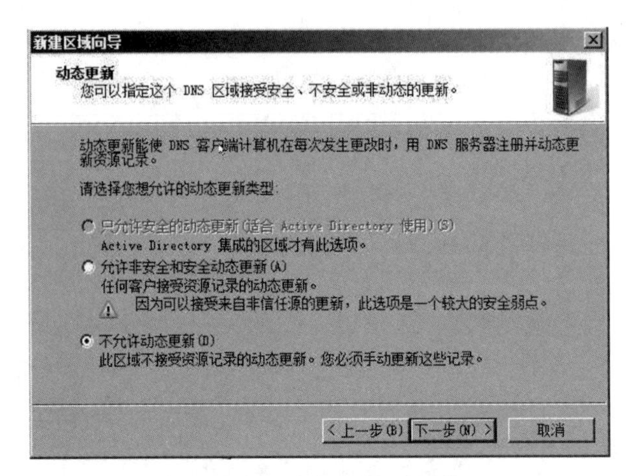

图 6.33 “动态更新”对话框

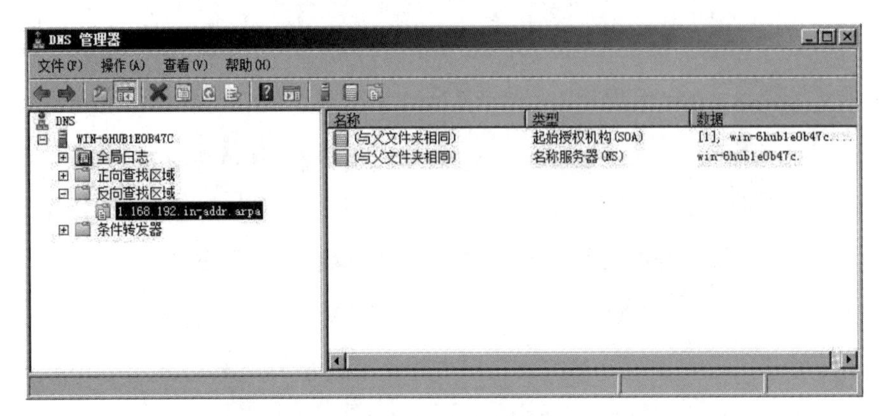

图 6.34 反向查找区域

- 右击新创建的反向查找区域，选择快捷菜单中的“新建指针”选项，弹出“新建资源记录”对话框，单击“浏览”按钮，选择要添加的主机记录，在“主机 IP 地址”文本框会自动添加该记录所对应的 IP 地址，如图 6.35 所示。

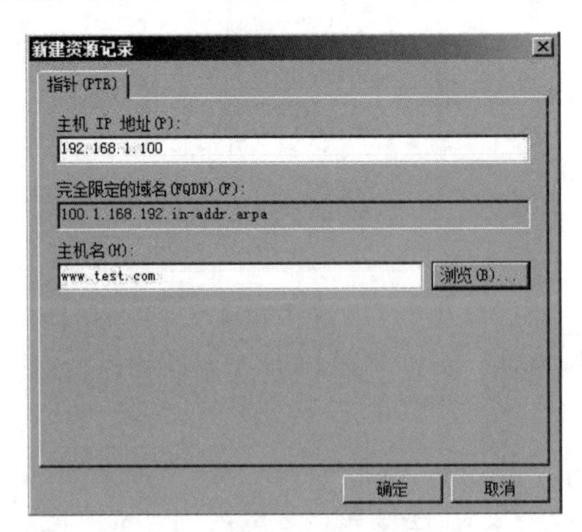

图 6.35 “新建资源记录”对话框

- 单击“确定”按钮，指针记录创建成功，如图6.36所示，按照同样步骤，可以添加多个指针记录。

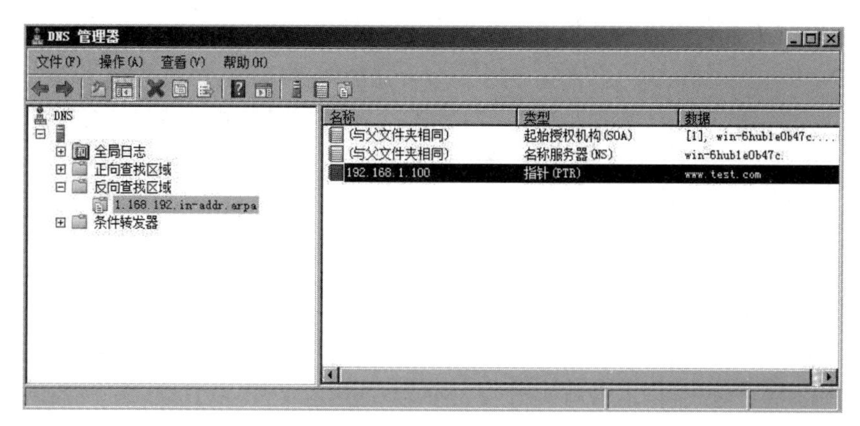

图6.36　指针记录

本章小结

应用层是网络体系结构的最高层。每个应用层协议都是为了解决某一类应用问题。客户/服务器模型所描述的是进程之间服务和被服务的关系，所谓的客户是服务的请求方，服务器是服务的提供方。P2P模型的核心是利用用户资源，通过对等方式进行文件传输，这完全不同于传统的客户/服务器模型。

本章基于C/S模型列举了下列应用服务：

(1) 域名系统(DNS)，域名和IP地址之间的转换工作称为域名解析，域名解析需要由专门的域名解析服务器来完成，DNS就是进行域名解析工作的。

(2) 文件传送协议(File Transfer Protocol，FTP)是Internet上使用得最广泛的文件传送协议。适合于在异构网络中任意计算机之间传送文件。

(3) 万维网是一个大规模的、联机式的信息储藏所，英文简称为Web，万维网提供分布式服务。

(4) 电子邮件是一种最常见的网络服务。由于它的简单快捷，人们的沟通方式发生了巨大变革。电子邮件服务中最常见的两种应用层协议是邮局协议(POP)和简单邮件传输协议(SMTP)，这些协议用于定义客户端/服务器进程。

(5) Telnet远程登录，把用户正在使用的终端或主机变成他要在其上登录的某一远程主机的仿真远程终端。

(6) DHCP允许主机在连入网络时动态获取IP地址、子网掩码、网关以及其他网络参数。

基于P2P模型列举了下列应用服务：

(1) P2P文件分发，有效克服了C/S模式在传输速率以及在用户数量增多的情况下由于服务器压力过大而导致的系统处理瓶颈等性能上的缺陷。

(2) P2P 搜索是一种 P2P 资源的发现和定位技术，通过信息索引来发现、查找 P2P 网络中在时间和空间上都处于动态的变化中的结点信息和资源存储信息，以最大限度、最快速度、尽可能多且准确地发现结点上的资源。

(3) BT 是一种典型 P2P 文件分发软件，它以无结构的 P2P 模型为基础，结合 HTTP、TCP 协议等传统网络技术，为大型文件的高效安全的分发提供了一个稳定的平台。

习　题

一、选择题

1. 以下关于 C/S 与 P2P 工作模式比较的描述中错误的是(　　)。
   A. 从工作模式角度，互联网应用系统分为两类：C/S 模式与 P2P 模式
   B. 在一次进程通信中发起通信一方叫客户端，接受连接请求的一方叫服务器端
   C. 所有程序在进程通信中的客户端与服务器端的地位是不变的
   D. C/S 模式反映出一种网络服务提供者与网络服务应用者的关系
2. 以下关于 P2P 概念的描述中错误的是(　　)。
   A. P2P 是网络结点之间采用对等方式直接交换信息的工作模式
   B. P2P 通信模式是指 P2P 网络中对等结点之间的直接通信能力
   C. P2P 网络是指与互联网并行建设的、由对等结点组成的物理网络
   D. P2P 实现技术是指为实现对等结点之间直接通信的功能和特定的应用所需要设计的协议、软件等
3. P2P 网络的主要优点是网络成本低、网络配置和(　　)。
   A. 维护简单　　B. 数据保密性好
   C. 网络性能较高　　D. 计算机资源占用小
4. DNS 完成的工作是实现域名到(　　)之间的映射。
   A. URL 地址　　B. IP 地址　　C. 主页地址　　D. 域名地址
5. 下列四项中表示域名的是(　　)。
   A. www.cctv.com　　B. hk@zj.school.com
   C. zjabc@china.com　　D. 192.96.68.123
6. 网址“www.pku.edu.cn”中的“cn”表示(　　)的顶级域名。
   A. 英国　　B. 美国　　C. 日本　　D. 中国
7. 顶级域名 gov 代表(　　)。
   A. 教育机构　　B. 商业组织　　C. 政府部门　　D. 国家域名
8. 测试 DNS 解析是否正常的命令是(　　)。
   A. nslookup　　B. ping　　C. netstat　　D. ipconfig
9. 假设所有域名服务器均采用迭代查询方式进行域名解析，如图 6.37 所示，当 H4 访问规范域名为 www.abc.xyz.com 的网站时，域名服务器 201.1.1.1 在完成该域名解析过程中，可能发出 DNS 查询的最少和最多次数分别是(　　)。
   A. 0,3　　B. 1,3　　C. 0,4　　D. 1,4

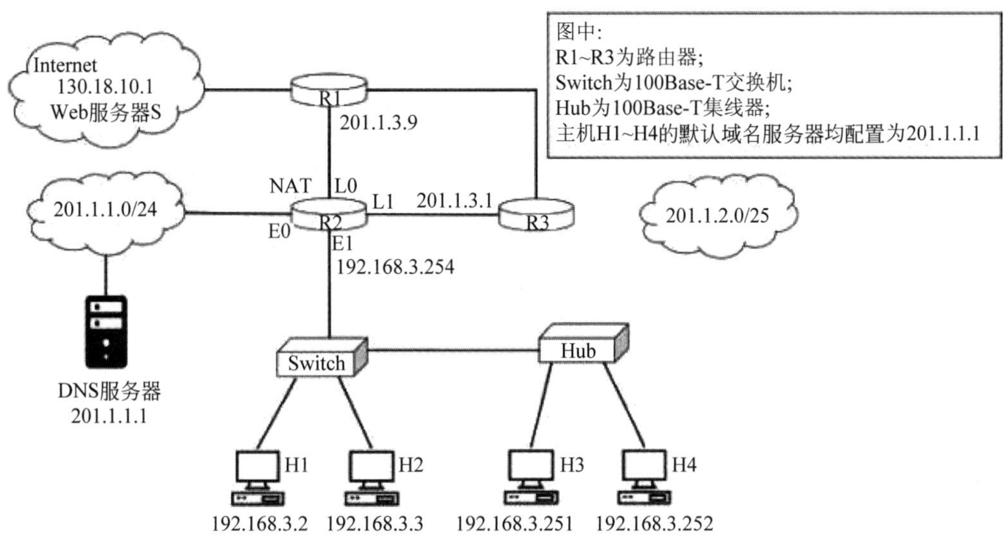

图 6.37　域名解析示例图

10. Ser-U 是(　　)服务的服务器安装程序。

A. WWW　　B. FTP　　C. E-mail　　D. DNS

11. FTP 服务器上的命令通道和数据通道分别使用(　　)端口。

A. 21 号和 20 号　　B. 21 号和大于 1023 号

C. 大于 1023 号和 20 号　　D. 大于 1023 号和大于 1023 号

12. 下列关于 FTP 协议的叙述中,错误的是(　　)。

A. 数据连接在每次数据传输完毕后就关闭

B. 控制连接在整个会话期间保持打开状态

C. 服务器与客户端的 TCP20 端口建立数据连接

D. 客户端与服务器的 TCP 21 端口建立控制连接

13. FTP 客户和服务器间传递 FTP 命令时,使用的连接是(　　)。

A. 建立在 TCP 之上的控制连接　　B. 建立在 TCP 之上的数据连接

C. 建立在 UDP 之上的控制连接　　D. 建立在 UDP 之上的控制连接

14. 下列协议中,与电子邮件系统没有直接关系的是(　　)。

A. MIME　　B. POP3　　C. SMTP　　D. SNMP

15. 在下面的服务中,(　　)不属于 Internet 标准的应用服务。

A. WWW 服务　　B. E-mail 服务　　C. FTP 服务　　D. NetBIOS 服务

16. Web 客户端与 Web 服务器之间的信息传输使用的协议为(　　)。

A. HTML　　B. HTTP　　C. SMTP　　D. IMAP

17. Web 上的每个网页都有一个独立的地址,这些地址被称为(　　)。

A. 域名　　B. IP 地址　　C. URL　　D. MAC 地址

18. 在 Internet 中能够提供任意两台计算机之间传输文件的协议是(　　)。

A. WWW　　B. FTP　　C. Telnet　　D. SMTP

19. Internet 远程登录使用的协议是(　　)。

A. SMTP　　B. POP3　　C. Telnet　　D. IMAP

20. 下列中英文名字对应正确的是(　　)。

A. TCP/IP:传输控制协议　　B. FTP:文件传输协议

C. HTTP:预格化文本协议　　D. DNS:统一资源定位器

21. Internet 的电子邮件采用(　　)协议标准,保证可以在不同的计算机之间传送电子邮件。

A. SNMP　　B. FTP　　C. SMTP　　D. ICMP

22. 用户 E-mail 地址中的用户名(　　)。

A. 在整个 Internet 上是唯一的　　B. 在一个国家是唯一的

C. 在用户所在邮件服务器中是唯一的　　D. 在同一网络标识的网上是唯一的

23. 已知接入 Internet 网的计算机用户为 Alex,而连接的服务商主机名为 public.tpt.tj.cn,他相应的 E-mail 地址为(　　)。

A. Alex@public.tpt.tj.cn　　B. @ Alex.public.tpt.tj.cn

C. Alex.public@tpt.tj.cn　　D. public.tpt.tj.cn@ Alex

24. 若用户 1 与用户 2 之间发送和接收电子邮件的过程如图 6.38 所示,则图中各阶段分别使用的应用层协议可以是(　　)。

A. SMTP、SMTP、SMTP　　B. POP3、SMTP、POP3

C. POP3、SMTP、SMTP　　D. SMTP、SMTP、POP3

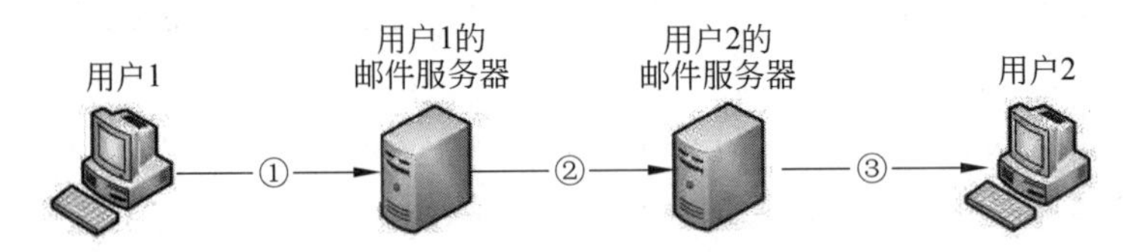

图 6.38　发送和接收电子邮件的过程

25. 下列关于 SMTP 协议的叙述中,正确的是(　　)。

Ⅰ. 只支持传输 7 比特 ASCII 码内容

Ⅱ. 支持在邮件服务器之间发送邮件

Ⅲ. 支持从用户代理向邮件服务器发送邮件

Ⅳ. 支持从邮件服务器向用户代理发送邮件

A. 仅Ⅰ、Ⅱ和Ⅲ　　B. 仅Ⅰ、Ⅱ和Ⅳ　　C. 仅Ⅰ、Ⅲ和Ⅳ　　D. 仅Ⅱ、Ⅲ和Ⅳ

二、问答题

1. 什么是域名?简述 Internet 域名系统 DNS 的构成及功能。

2. 根据所学的域名知识,分析网址 http://www.yit.edu.cn 每部分的结构组成以及实际所代表的含义。

3. C/S 模式有什么优点?

4. Internet 的主要应用服务有哪些(至少写五个)?

5. 简述 C/S 工作模式与 P2P 工作模式有何异同。

第7章 无线网络和移动通信网络

随着IT产业的深入发展，信息逐渐渗透到人们日常生活的方方面面。网络的泛在化使得任何人无论何时何地都可以通过电子设备与无线网络进行连接，获取个性化的信息服务。未来，无线通信技术将会更安全、更智能。

本章主要介绍两部分内容，即根据网络覆盖范围不同划分的无线网络内容和按照技术发展历程展开的移动通信网络内容。

7.1 无线网络

所谓无线网络，是指无需布线就能实现各种通信设备互连的网络。无线网络技术涵盖的范围很广，既包括允许用户建立远距离无线连接的全球语音和数据网络，也包括为近距离无线连接进行优化的红外线及射频技术。根据网络覆盖范围的不同，可以将无线网络划分为无线个人局域网(Wireless Personal Area Network，WPAN)、无线局域网(Wireless Local Area Network，WLAN)、无线城域网(Wireless Metropolitan Area Network，WMAN)和无线广域网(Wireless Wide Area Network，WWAN)。

7.1.1 无线个人局域网

无线个人局域网(WPAN)简称无线个域网，是一种与无线广域网(WWAN)、无线城域网(WMAN)、无线局域网(WLAN)并列但覆盖范围相对较小的无线网络。在网络构成上，WPAN位于整个网络链的末端，用于实现同一地点终端与终端间的连接，如连接手机和蓝牙耳机等。WPAN所覆盖的范围一般在10m半径以内，必须运行于许可的无线频段。WPAN设备具有价格便宜、体积小、易操作和功耗低等优点。

目前，WPAN的关键技术包括红外技术(IrDA)、家庭射频(HomeRF)、蓝牙(Bluetooth)、超带宽(UWB)、ZigBee、射频识别(RFID)等。它们都有其立足的特点，或基于传输速度、距离、耗电量的特殊要求，或着眼于功能的扩充性，或符合某些单一应用的特别要求，或建立竞争技术的差异化等。但是没有一种技术可以完美到足以满足所有的需求。

1. 红外技术(IrDA)

红外技术是一种利用红外线进行点对点通信的技术，是第一个实现无线个人局域网的技术。红外技术的优点有：

(1) 无需申请频率的使用权。

(2) 功率低,小于 40mW。

(3) 具有移动通信设备所必需的体积小的特点。

(4) 成本低廉。

(5) 连接方便、简单易用。

红外技术在实现短距离无线数据通信时也会受到一些条件的制约。首先,IrDA 是一种视距传输技术,具有 IrDA 端口的设备之间不能有阻挡物,这在两个设备间是容易实现的,但是对于多个设备,其点对点的传输连接受到设备位置和角度的限制,无法灵活地组成网络。其次,由于红外线发射角度一般不超过 30 度,所以可控性比较小,发送和接受方的位置要相对固定,移动性差。

2. 家庭射频(HomeRF)

HomeRF 无线标准是由 HomeRF 工作组开发的开放性行业标准,目的是在家庭范围内,使计算机与其他电子设备之间实现无线通信。

HomeRF 基于共享无线接入协议(Shared Wireless Access Protocol,SWAP),是对现有无线通信标准的综合和改进:当进行数据通信时,采用 IEEE 802.11 规范中的 TCP/IP 传输协议;当进行语音通信时,则采用数字增强型无绳通信标准(DECT)。但是,该标准与 IEEE 802.11b 不兼容,并占据了与 IEEE 802.11b 和蓝牙(Bluetooth)相同的 2.4GHz 频率段,所以在应用范围上会有很大的局限性,更多的是在家庭网络中使用。

HomeRF 安全可靠、成本低廉、简单易行,可以使计算机共享 Internet 接入、文件资源、外部设备。随着业务和设备的不断发展,HomeRF 网络将支持多种家庭娱乐、家庭自动化控制甚至是远程医疗服务。因此,从家庭网络中的新型数字娱乐装置到传统的家用设施,用户将逐步认识到它的新的益处和方便性。

3. 蓝牙(Bluetooth)

所谓蓝牙,实际上是一种短距离无线通信技术,是由东芝、爱立信、IBM、Intel 和诺基亚公司于 1998 年 5 月共同提出的近距离无线数字通信的技术标准。蓝牙采用分散式网络结构以及快跳频和短包技术,支持点对点及点对多点通信,其目标是实现最高数据传输速度 1Mb/s(有效传输速度为 721kb/s)、最大传输距离为 10m,用户不必经过申请便可以利用 2.4GHz 的 ISM(工业、科学、医学)频带。利用蓝牙技术,能够有效地简化移动通信终端设备之间和这些设备与因特网(Internet)之间的通信,从而使这些现代通信设备与 Internet 之间的数据传输变得更加迅速高效,为无线通信拓宽道路。

蓝牙技术使用高速跳频(Frequency Hopping,FH)和时分多址(Time Division Multiple Access,TDMA)等先进技术,像一种无处不在的数字化神经末梢一样,把各种网络终端设备和各种信息化设备连接起来,并在无线通信、消费类电子、汽车电子以及工业领域中得到广泛应用。

(1) 蓝牙外设:计算机使用蓝牙鼠标和蓝牙键盘,代替有线鼠标和有线键盘。

(2) 文件传输:从计算机向打印机无线发送文件。

(3) 蓝牙网络:组建硬件、软件和互操作需求的一种无固定的中心站蓝牙网络。PPC 与 PC 在非同步的方式下共享网络。

(4) 拨号网络:拨号到调制解调器,以连接到 Internet。

(5) 汽车电子：蓝牙汽车音响、蓝牙后视镜、蓝牙车载导航，蓝牙汽车防盗系统。

(6) 工业控制：通过蓝牙网关进行工业仪表的控制。

4. 超带宽(UWB)

UWB即IEEE 802.15.3a技术，是一种无载波通信技术。它是一种超高速的短距离无线接入技术。它在较宽的频谱上传送极低功率的信号，能在10m左右的范围内实现每秒数百兆比特的数据传输率，具有抗干扰性能强、传输速率高、消耗电能小、保密性好、发送功率小等诸多优势。UWB早在1960年就开始开发，但仅限于军事应用，美国FCC于2002年2月准许该技术进入民用领域。但是，由于UWB系统占用的带宽极宽，这可能会对其他无线通信系统产生干扰。

5. ZigBee

ZigBee技术是一种短距离、低功耗、低成本、低传输速率的无线通信技术，是当前面向无线传感器网络的IEEE 802.15.4技术标准，主要适用于工业、家庭自动控制以及远程控制领域，满足小型廉价设备的无线联网和控制需求。ZigBee无线传感网络仅有10m左右的短覆盖距离、20～250kb/s的低数据传输速率，可实现一点对多点或两点间的对等通信，而且具有快速组网和自动配置的功能，适合在低成本和低功耗的场合工作。

ZigBee技术主要有以下特点：

(1) 低功耗。在低耗电待机模式下，2节5号干电池可支持1个结点工作6～24个月，甚至更长。

(2) 传输可靠。ZigBee的MAC协议层采用载波侦听/碰撞避免(CSMA/CA)机制，提高了数据传输的可靠性。它为需要固定带宽的通信业务预留了专用时隙，避免了发送数据时的竞争和冲突。

(3) 组网灵活、配置快捷。ZigBee协调器自动建立网络，采用灵活的拓扑结构，结点可以根据位置的变化随时加入和离开网络，采用了自配置、自组织的组网模式。

(4) 短时延。ZigBee的响应速度较快，一般从睡眠转入工作状态只需要15ms，结点连接进入网络只需30ms。

(5) 高容量。ZigBee可采用星状、片状和网状网络结构，由一个主结点管理若干子结点，最多一个主结点可管理254个子结点；同时主结点还可由上一层网络结点管理，最多可组成65 000个结点的大网。

ZigBee的应用领域主要包括如下。

(1) 家庭领域：空调系统的温度控制、照明的自动控制、窗帘的自动控制、煤气计量控制、家用电器的远程控制等。

(2) 工业领域：各种监控器、传感器的自动化控制。

(3) 智能交通：公交车站台监控器监控。

(4) 智慧医疗：紧急呼叫器和医疗传感器等。

6. 射频识别(RFID)

无线射频识别即射频识别技术，是自动识别技术的一种，通过无线射频方式进行非接触双向数据通信，利用无线射频方式对记录媒体(电子标签或射频卡)进行读写，从而达到识别目标和数据交换的目的，其被认为是21世纪最具发展潜力的信息技术之一。

通常来说，射频识别技术具有如下特性：适用性、高效性、独一性、简易性。

7.1.2 无线局域网

1. 无线局域网的定义

无线局域网（WLAN）是指利用微波、无线电波等无线信道将局部区域的计算机设备互联起来，从而实现相互通信和资源共享的计算机网络体系。其中，“无线”定义了网络连接的方式，“局域网”定义了网络应用的范围。这个范围可以是一个房间，也可以是一个校园、一个机场或者一个更大的区域。无线局域网最通用的标准是 IEEE 定义的 IEEE 802.11 系列标准。

2. 无线局域网的组成

在 IEEE 802.11 体系结构中，无线局域网由站点（Station，STA）、接入点（Access Point，AP）、基本服务组（Basic Service Set，BSS）、独立基本服务组（Independent Basic Service Set，IBSS）、分布式系统（Distributed Sytem，DS）、扩展服务组（Expand Service Set，ESS）6 大部分组成。

（1）站点（STA）。站点（STA）也称主机（Host）或终端（Terminal），是无线局域网的最基本组成单元。它包括以下几个部分。

① 终端用户设备：台式计算机、手机、笔记本电脑等。

② 无线网络接口：无线网卡及驱动程序。

③ 网络软件：网络操作系统、网络协议以及网络应用程序。

（2）接入点（AP）。接入点（AP）通常由一个无线输出口和一个以太网接口（IEEE 802.3 接口）构成，是用于无线局域网的无线交换机。AP 是无线局域网的核心，其主要作用是提供 STA 和现有骨干网络（有线网络或无线网络）的桥接，主要用于宽带家庭、大楼内部以及园区内部。大多数 AP 还带有接入点客户端模式（AP Client），可以和其他 AP 进行无线连接，以延展网络的覆盖范围。

（3）基本服务组（BSS）。基本服务组（BSS）由一个 AP 和一组任意数量的 STA 组成，是 IEEE 802.11 网络结构上的单元结构。

（4）独立基本服务组（IBSS）。独立基本服务组（IBSS）是指不含 AP 的基本服务组，此独立基本服务组构成了一个独立的网络，站点间直接通信。

（5）分布式系统（DS）。分布式系统（DS）是用于将基本服务组（BSS）互联的逻辑组成单元，通过接口（Portal）与骨干网络和无线局域网络相连。

（6）扩展服务组（Expand Service Set，ESS）。由多个 BSS 通过 DS 组成的多区网，即为了覆盖更大的区域，把多个基本服务区（BSA）通过分布式系统连接起来，形成一个扩展服务区（ESA），通过 DS 互联起来的属于同一个 ESA 的所有主机组成一个扩展服务组（ESS）。

3. 无线局域网的特点

无线局域网具有以下优点。

（1）灵活性和可移动性。在有线网络中，网络设备的安放位置受网络位置的限制，而无线局域网在无线信号覆盖区域内的任何一个位置都可以接入网络。无线局域网另一个最大的优点在于其移动性,连接到无线局域网的用户可以移动且能同时与网络保持连接。

(2) 安装便捷。无线局域网可以免去或最大程度地减少网络布线的工作量,一般只要安装一个或多个接入点设备,就可建立覆盖整个区域的局域网络。

(3) 易于扩展。无线局域网有多种配置方式,可以很快从只有几个用户的小型局域网扩展到上千用户的大型网络,并且能够提供结点间"漫游"等有线网络无法实现的特性。

无线局域网在能够给网络用户带来便捷和实用的同时,也存在着一些缺陷。

(1) 性能。无线局域网是依靠无线电波进行传输的。这些电波通过无线发射装置进行发射,而建筑物、车辆、树木和其他障碍物都可能阻碍电磁波的传输,所以会影响网络的性能。

(2) 速率。无线信道的传输速率与有线信道相比要低得多。无线局域网的最大传输速率为1Gb/s,只适合于个人终端和小规模网络应用。

(3) 安全性。无线信号的开放性特点使得数据在传输过程中可能被侦听或篡改。

4. 无线局域网的标准

IEEE 802.11是IEEE于1997年制定的无线局域网标准,是第一个在无线局域网领域内被国际认可的协议。IEEE 802.11主要用于解决办公室局域网和校园网中用户与用户终端的无线接入,业务主要限于数据存取,速率最高只能达到2Mb/s。由于它在速率和传输距离上都不能满足人们的需要,因此,IEEE小组又相继推出了IEEE 802.11b和IEEE 802.11a两个新标准。随后又出现了IEEE 802.11g和IEEE 802.11n等标准。无线局域网标准发展历程如图7.1所示。

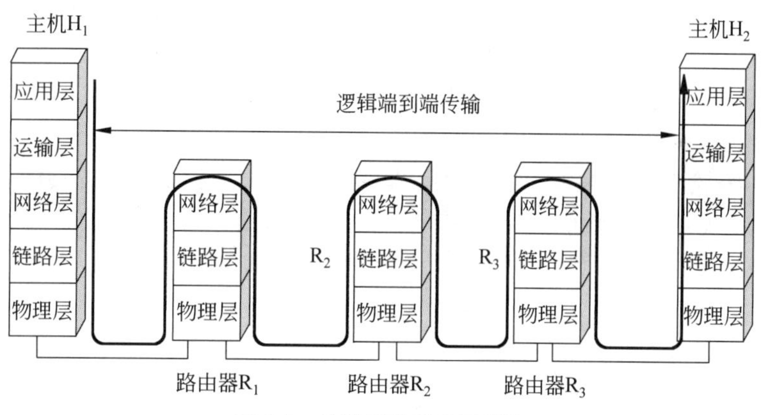

图7.1　无线局域网发展历程

7.1.3　无线城域网

无线城域网(WMAN)是指在地域上覆盖城市及其郊区范围的分布结点之间传输信息的本地分配无线网络,能实现语音、数据、图像、多媒体、IP等多业务的接入服务。其覆盖范围的典型值为3～5km,点到点链路的覆盖可以高达几十千米,可以提供支持QoS的能力和具有一定范围移动性的共享接入能力。MMDS、LMDS和WiMAX等技术属于城域网范畴。本节将对WiMAX进行介绍。

WiMAX 即全球微波接入互操作性，是基于 IEEE 802.16 标准的一项无线城域网接入技术，其信号传输半径可达 50 公里，基本上能覆盖到城郊。正是由于这种远距离传输特性，WiMAX 将不仅仅是解决无线接入的技术，还能作为有线网络接入（Cable、DSL）的无线扩展，方便地实现边远地区的网络连接。由于成本较低，将此技术与需要授权或免授权的微波设备相结合之后，将扩大宽带无线市场，改善企业与服务供应商的认知度。

1. IEEE 802.16 体系结构

（1）物理层。

物理层协议主要是关于频率带宽、调制模式、纠错技术以及发射机同接收机之间的同步、数据传输率和时分复用结构等方面。对于从用户到基站的通信，该标准使用的是“按需分配多路寻址一时分多址（DAMA-TDMA）”技术。按需分配多路寻址（Dcmand Assigned Multiple Access，DAMA）技术是一种根据多个站点之间的容量需要的不同而动态地分配信道容量的技术。时分多路技术可以根据每个站点的需要为其在每个帧中分配一定数量的时隙来组成每个站点的逻辑信道。通过 DAMA-TDMA 技术，每个信道的时隙分配可以动态地改变。

（2）数据链路层

在该层上 IEEE 802.16 规定的主要是为用户提供服务所需的各种功能。这些功能都包括在介质访问控制 MAC 层中，主要负责将数据组成帧格式来传输和对用户如何接入到共享的无线介质中进行控制。MAC 协议规定基站或用户在什么时候采用何种方式来初始化信道，并分配无线信道容量。位于多个 TDMA 中的一系列时隙为用户组成一个逻辑上的信道，而 MAC 帧则通过这个逻辑信道来传输。IEEE 802.16.1 规定每个单独信道的数据传输率范围是 2Mb/s～155Mb/s。

（3）汇聚层

在 MAC 层之上是汇聚层，该层根据提供服务的不同而提供不同的功能。对于 IEEE 802.16.1 来说，能提供的服务包括数字音频/视频广播、数字电话、异步传输模式（ATM）、Internet 接入、电话网络中无线中继和帧中继。

2. 协议栈参考模型

用于空中接口的 IEEE 802.16 协议栈总体结构与其他 802 网络相似，但有了更多子层。空中接口由物理层和 MAC 层组成。物理层由传输汇聚子层（TCL）和物理媒质依赖子层（PMD）组成，通常说的物理层主要是指 PMD。物理层定义了两种双工方式：时分双工（TDD）和频分双工（FDD），这两种方式都使用突发数据传输格式，这种传输机制支持自适应的突发业务数据，传输参数（调制方式、编码方式、发射功率等）可以动态调整，但是需要 MAC 层协助完成。

MAC 层分成三个子层：特定服务汇聚子层（CS）、公共部分子层（CPS）和安全子层（PS）。

（1）CS 子层主要功能是负责将其业务接入点（SAP）收到的外部网络数据转换和映射到 MAC 业务数据单元（SDU），并传递到 MAC 层的 SAP。协议提供多个 CS 规范作为与外部各种协议的接口。

(2) CPS是MAC的核心部分，主要功能包括系统接入、带宽分配、连接建立和连接维护等。它通过MAC SAP接收来自各种CS层的数据并分类到特定的MAC连接，同时对物理层上传输和调度的数据实施QoS控制。

(3) PS子层的主要功能是提供认证、密钥交换和加解密处理。

3. IEEE 802.16技术应用

根据技术特性，WiMAX/IEEE 802.16宽带无线接入技术有五种典型应用场景：固定、游牧、便携、简单移动和全移动。

(1) 固定接入应用场景：固定接入业务是宽带无线接入网络中最基本的业务模型，包括用户Internet接入、传输承载业务及Wi-Fi热点回程等。该场景下，终端可以根据基站信号质量选择和偶尔改变其连接，切换到信号覆盖更好的基站上，IP连接之前，必须对用户进行授权或鉴权。

(2) 游牧接入应用场景：用户终端可以从不同的接入点接入一个运营商的网络中，但是每次会话连接中，用户终端只能进行站点式的接入。在两次不同网络的接入中，传输的数据将不被保留。在此应用场景中，需进行交互的鉴权，若归属运营商和拜访运营商具相同的鉴权数据，用户便可以在这两个不同运营网络之间进行漫游，但是不支持不同基站之间的切换。

(3) 便携接入应用场景：在该场景下，用户可以步行连接到网络，除了进行小区切换外，连接不会发生中断。从这个阶段开始，终端可以在不同的基站之间进行切换，切换可以由基站或终端触发。当终端静止不动时，便携式业务的应用模型与固定式业务和游牧式业务相同。当终端进行切换时，用户将经历短时间(最长为2s)的业务中断。切换过程结束后，TCP/IP应用能对当前IP地址进行刷新，或者重建IP地址。网络能够支持在多个基站中的连续预置QoS级别。

(4) 简单移动接入应用场景：在该场景下，用户在使用宽带无线接入业务中能够步行、驾驶或者乘坐公共汽车等，但当终端移动速度达到60～120km/h时，数据传输速度将会有所下降。简单移动接入是能够在相邻基站之间切换的第一个场景。切换可以由基站或者移动终端触发，当用户处于固定接入和漫游状态时，使用模式和固定接入和漫游是没有任何区别的。在切换过程中，连接采用尽力而为的方式，数据包的丢失将控制在一定范围。切换完成后，可容忍延迟的TCP/IP应用能在它当前的IP地址上刷新，或者在一个新的绑定IP地址上重新连接，QoS将重建到初始级别。简单移动需要支持休眠模式、空闲模式和寻呼模式。

(5) 全移动接入应用场景：在该场景下，用户终端可以在移动速度为120km/h甚至更高的情况下无中断地使用宽带无线接入业务，当没有网络连接时，用户终端模块将处于低功耗模式。该场景对延迟敏感的业务、终端低功耗运行、切换时延、切换期间分组丢失率等方面进行了优化以支持车辆速度移动下无中断的应用，且能够实行漫游。漫游可以使用户在归属网络得到的标识在拜访网络中得到重用，最终形成同业的业务计费。

除了上述5种典型应用场景外，WiMAX/IEEE 802.16技术还将应用于IPTV传输、家庭网络等场合。

7.1.4 无线广域网

1. 定义

无线广域网(WWAN)是基于移动通信基础设施,由网络运营商,例如中国移动、中国联通等所经营,负责一个城市所有区域甚至一个国家所有区域的通信服务。WWAN连接地理范围较大,常常是一个国家或是一个洲。其目的是为了让分布较远的各局域网互连,它的结构分为末端系统(两端的用户集合)和通信系统(中间链路)两部分。

WWAN的重要标准协议是IEEE 802.20。IEEE 802.20是由IEEE 802.16工作组于2002年3月提出的,并为此成立专门的工作小组,这个小组是2002年9月独立为IEEE 802.20工作组。IEEE 802.20是为了实现高速移动环境下的高速率数据传输,以弥补IEEE 802.1x协议族在移动性上的劣势。IEEE 802.20技术可以有效解决移动性与传输速率相互矛盾的问题,它是一种适用于高速移动环境下的宽带无线接入系统空中接口规范,其工作频率小于3.5GHz。

2. 典型行业应用

无线广域网的典型行业应用如下。

(1) 电力系统,把分布于不同地点的变电站、电厂和电力局连接起来。

(2) 税务系统,将税务征收点、各级税收部门、税务分局和税务局连接起来。

(3) 教育系统,将分布于不同区域的学校和各级教育部门联系起来。

(4) 医疗系统,连接医院、药房和诊所。

(5) 银行系统,将分散的营业网点、营业所和分行连接起来。

(6) 交通运输系统,将分散在各个路口的监控点和监控中心连接起来。

(7) 大型企业,将公司总部、远程办公室、销售终端和厂区连接。

7.2 移动通信网络

7.2.1 移动通信

移动通信(Mobile Communication)是通信双方或至少其中一方在移动环境下进行信息传递的通信方式,包括移动体之间或移动体与固定体(固定无线电台或有线用户)之间的通信。其中,移动体可以是人,也可以是汽车、火车、轮船、收音机等在移动状态中的物体。

移动通信是进行无线通信的现代化技术,这种技术是电子计算机与移动互联网发展的重要成果之一。移动通信技术经过第一代、第二代、第三代、第四代技术的发展,目前,已经迈入了第五代发展的时代(5G移动通信技术),这也是目前改变世界的几种主要技术之一。

现代移动通信技术主要可以分为低频、中频、高频、甚高频和特高频几个频段,在这几个频段之中,技术人员可以利用移动台技术、基站技术、移动交换技术,对移动通信网络内的终端设备进行连接,满足人们的移动通信需求。从模拟制式的移动通信系统、数字蜂窝通信系统、移动多媒体通信系统，到目前的高速移动通信系统，移动通信技术的速度不断提升，延时与误码现象减少，技术的稳定性与可靠性不断提升，为人们的生产生活提供了多种灵活的通信方式。

7.2.2 移动通信系统

顾名思义，移动通信系统是指能够实现移动通信的无线电通信系统。早期军事上用的报话机、对讲机或一机对多机群呼机是移动通信的初级阶段。近年来，随着计算机技术的发展，人们从机对机、局对局、站对站的通信走向人对人的通信。高速发展的国民经济和各行各业对通信的要求，将刺激移动通信产业的发展，使方便快捷的移动通信具有更加强劲的市场。

1. 移动通信系统的特点

(1) 移动通信必须利用无线电波进行信息传输。

这种传播媒介允许通信中的用户在一定范围内自由活动，其位置不受限制，但无线电波的传输特性一般都很差，会产生多径效应、阴影效应、多普勒效应等。因此，移动通信系统必须根据移动信道的特性，进行合理的设计。

(2) 移动通信是在复杂的干扰环境中运行的。

除去一些常见的外部干扰(如工业干扰和信道噪声干扰)外，系统本身和不同系统之间还会产生各种各样的干扰，如用户之间、基站与用户之间和各种收发信机之间产生的干扰。这些干扰主要有邻道干扰、互调干扰、共道干扰、多址干扰以及远近效应(近地无用强信号压制远地有用弱信号的现象)等。

(3) 移动通信业务量的需求与日俱增。

提高移动通信系统的容量始终是移动通信发展的重中之重。解决的方法是：一方面开辟和启用新的频段；另一方面要研究各种新技术和新措施，如信号处理技术、新的调制解调技术、多址技术等，以压缩信号所占的频带宽度和提高频谱利用率。

(4) 移动通信系统的网络结构多种多样，网络管理和控制必须有效。

根据通信地区的不同，移动通信网络可以组成带状(如铁路沿线、隧道等)、面状(覆盖一整个城市和地区)和立体状(地面通信设施与中低轨道卫星通信系统一起组网或由微微蜂窝、微蜂窝和宏蜂窝一起组网)等，也可以单网运行，多网并行并实现互联互通。因此，移动通信网络必须具备很强的管理和控制能力。

(5) 移动通信设备(主要是移动台)必须适于在移动环境中使用。

移动通信设备要求体积小、重量轻、省电、携带方便、操作简单、可靠耐用和维护方便，还应保证在振动、冲击、高低温环境变化等恶劣条件下能够正常工作。

2. 移动通信系统的分类

(1) 按使用对象可分为：民用移动通信系统和军用移动通信系统。

(2) 按使用环境可分为：陆地移动通信系统、海上移动通信系统和空中移动通信系统。

(3) 按多址方式可分为：频分多址(FDMA)移动通信系统、时分多址(TDMA)移动通信系统和码分多址(CDMA)移动通信系统等。

（4）按工作方式可分为：单工移动通信系统、双工移动通信系统和半双工移动通信系统。

（5）按覆盖范围可分为：个域网移动通信系统、局域网移动通信系统、城域网移动通信系统和广域网移动通信系统。

（6）按业务类型可分为：电话网移动通信系统、数据网移动通信系统和综合业务网移动通信系统。

（7）按服务范围可分为：专用网移动通信系统和公用网移动通信系统。

（8）按信号形式可分为：模拟网移动通信系统和数字网移动通信系统。

3. 常见的移动通信系统

常见的移动通信系统包括蜂窝移动通信系统、无绳电话系统、集群移动通信系统和卫星移动通信系统等。

（1）无绳电话系统。

无绳电话是指用无线信道代替普通电话线，在限定的业务区内给无线用户提供移动或固定公共交换电话网(PSTN)业务的电话系统，这也是一种无线接入系统。它由一个或若干个基站和多部手机组成，允许手机在一组信道内任选一个空闲信道进行通信。一个基站形成一个微蜂窝，多个微蜂窝构成一个服务区，区内的手机都可通过基站得到服务。

（2）集群移动通信系统。

集群移动通信系统（简称集群系统）是一种共用无线频道的专用调度移动通信系统，它采用多信道共用和动态分配信道技术。集群是指无线信道不是仅给某一用户群所专用，而是若干个用户群共同使用。集群移动通信系统所采用的基本技术是频率共用技术。它的一个最重要的目的是尽可能地提高系统的频率利用率，以便在有限的频率空间内为更多用户服务。集群移动通信系统由于布放灵活、开展业务方便的特点，在公安、消防、煤矿、车辆调度等领域得到广泛的应用，在战场战术场合也有很好的应用。

（3）移动卫星通信系统。

移动卫星通信系统是利用通信卫星作为中继站，为舰船、车辆、飞机、边远地点用户或运动部队等移动用户之间或移动用户与固定用户之间提供通信手段的一种卫星通信系统。系统一般由通信卫星、关口站、控制中心、基站以及移动终端组成。移动卫星通信系统的主要特点是不受地理环境、气候条件和时间的限制，在卫星覆盖区域内无通信盲区。移动卫星通信可提供移动用户间、移动用户与陆地用户间的语音、数据、寻呼和定位等业务，适用于多种通信终端。利用移动卫星通信业务可以建立范围广大的服务区，成为覆盖地域、空域、海域的超越国境的全球系统。

（4）蜂窝移动通信系统。

蜂窝移动通信系统是覆盖范围最广的陆地移动通信系统。蜂窝移动通信网的概念实质上是一种系统级的概念，利用蜂窝小区结构实现了频率的空间复用。它采用许多小功率发射机形成的小覆盖区来代替采用大功率发射机形成的大覆盖区，并将大覆盖区内较多的用户分配给不同蜂窝小区的小覆盖区以减少用户间和基站间的干扰，同时再通过区群间空间复用的概念满足用户数量不断增长的需求，从而大大提高系统的容量，真正解决公用移动通信系统要求容量大与有限的无线频率资源之间的矛盾。蜂窝移动通信系统一般由移动台(MS)、基站(BS)、移动交换中心(MSC)及与公用交换电话网(PSTN)相连的中继线等组成。

常见的蜂窝移动通信系统按照功能的不同可以分为三类,它们分别是宏蜂窝、微蜂窝以及智能蜂窝,通常这三种蜂窝技术各有特点。

① 宏蜂窝技术:蜂窝移动通信系统中,在网络运营初期,运营商的主要目标是建设大型的宏蜂窝小区,取得尽可能大的地域覆盖率,宏蜂窝每小区的覆盖半径大多为1~25km,基站天线尽可能做得很高。在实际的宏蜂窝小区内,通常存在着两种特殊的微小区域。一是"盲点",由于电波在传播过程中遇到障碍物而造成的阴影区域,该区域通信质量严重低劣;二是"热点",由于空间业务负荷的不均匀分布而形成的业务繁忙区域,它支持宏蜂窝中的大部分业务。以上两"点"问题的解决,往往依靠设置直放站、分裂小区等办法。除了经济方面的原因外,从原理上讲,这两种方法也不能无限制地使用,因为扩大了系统覆盖,通信质量要下降;提高了通信质量,往往又要牺牲容量。近年来,随着用户的增加,宏蜂窝小区进行小区分裂,变得越来越小。当小区小到一定程度时,建站成本就会急剧增加,小区半径的缩小也会带来严重的干扰,另一方面,盲区仍然存在,热点地区的高话务量也无法得到很好的吸收,微蜂窝技术就是为了解决以上难题而产生的。

② 微蜂窝技术:与宏蜂窝技术相比,微蜂窝技术具有覆盖范围小、传输功率低以及安装方便灵活等优点,该小区的覆盖半径为30~300m,基站天线低于屋顶高度,传播主要沿着街道的视线进行,信号在楼顶的泄露小。微蜂窝可以作为宏蜂窝的补充和延伸,微蜂窝的应用主要有两方面:一是提高覆盖率,应用于一些宏蜂窝很难覆盖到的盲点地区,如地铁、地下室;二是提高容量,主要应用在高话务量地区,如繁华的商业街、购物中心、体育场等。微蜂窝在作为提高网络容量的应用时一般与宏蜂窝构成多层网。宏蜂窝进行大面积的覆盖,作为多层网的底层,微蜂窝则小面积连续覆盖叠加在宏蜂窝上,构成多层网的上层,微蜂窝和宏蜂窝在系统配置上是不同的小区,有独立的广播信道。

③ 智能蜂窝技术:智能蜂窝技术是指基站采用具有高分辨阵列信号处理能力的自适应天线系统,智能地监测移动台所处的位置,并以一定的方式将确定的信号功率传递给移动台的蜂窝小区。对于上行链路而言,采用自适应天线阵接收技术,可以极大地降低多址干扰,增加系统容量;对于下行链路而言,则可以将信号的有效区域控制在移动台附近半径为100~200波长的范围内,使同道干扰大小为减小。智能蜂窝小区既可以是宏蜂窝,也可以是微蜂窝。利用智能蜂窝小区的概念进行组网设计,能够显著地提高系统容量,改善系统性能。

下面,我们将详细介绍蜂窝移动通信系统的发展历程。

7.2.3 1G

第一代蜂窝移动通信系统(1G)是指首先使用蜂窝通信技术的系统。在20世纪70年代,贝尔实验室首次提出蜂窝系统的概念。蜂窝通信采用蜂窝无线组网方式,在终端和网络设备之间通过无线通道连接起来,进而实现用户在移动中相互通信。所谓蜂窝移动通信中的蜂窝是指解决移动通信中信号的覆盖问题,人们仿效蜜蜂的蜂房形式来实现信号的全覆盖，即采用正六边形形成一个面状覆盖服务区，六边形互相相邻实现全覆盖。初期的蜂窝采用的是大区制，后来为了增加移动用户，而采用了小区制。1978年底，美国贝尔试验室研制成功了全球第一个移动蜂窝电话系统——先进移动电话系统（Advanced Mobile Phone System，AMPS），这是第一种真正意义上的具有随时随地通信能力的大容量的蜂窝移动通信系统。

但是对于第一代蜂窝移动通信系统，国际电商联盟（ITU）并没有统一标准。因此，第一代蜂窝移动通信系统属于各自国家自己的标准，可以说是“七国八制”。当时有条件的国家争相研制第一代蜂窝移动通信系统，成功开通最多并有影响力的是美国的AMPS、英国的全接入通信系统（Total Access Communication Aystem，TACS）、瑞典的北欧移动电话系统（Nordic Mobile Telephone，NMT）等。

在各种1G系统中，美国AMPS制式的移动通信系统在全球的应用最为广泛，它曾经在超过72个国家和地区运营，直到1997年还在一些地方使用。同时，也有近30个国家和地区采用英国TACS制式的1G系统。这两个移动通信系统是世界上最具影响力的1G系统。

中国的第一代模拟移动通信系统于1987年11月18日在广东第六届全运会上开通并正式商用，采用的是英国TACS制式。从中国电信1987年11月开始运营模拟移动电话业务到2001年12月底中国移动关闭模拟移动通信网，1G系统在中国的应用长达14年，用户数最高曾达到了660万。如今，1G时代那像砖头一样的手持终端——大哥大，已经成为了很多人的回忆。

第一代蜂窝移动通信系统采用蜂窝结构，克服了大区制容量低，活动范围受限的问题，实现了频谱复用和广域覆盖；采用漫游和越区切换技术，实现了移动中的连续通信。但是，由于系统采用的是模拟技术，1G系统的容量十分有限。此外，安全性和干扰也存在较大的问题。1G系统的先天不足，使得它无法真正大规模普及和应用，价格更是非常昂贵，成为当时的一种奢侈品和财富的象征。与此同时，不同国家的各自为政也使得1G的技术标准各不相同，即只有“国家标准”，没有“国际标准”，国际漫游成为一个突出的问题。这些缺点都随着第二代移动通信系统的到来得到了很大的改善。

7.2.4 2G

第二代移动通信系统（2G）起源于20世纪90年代初期，其主要特征是蜂窝数字移动通信，使蜂窝系统具有数字传输所能提供的综合业务等优点。2G仍是多种系统，如GSM系统和CDMA系统等。但由于CDMA技术成熟较晚，标准化程度较低，CDMA系统在全球的市场规模远不如GSM系统。在中国，以GSM为主，IS-95、CDMA为辅的第二代移动通信系统只用了十年的时间，就发展了近2.8亿用户，成为世界上最大的移动经营网络。

1. GSM技术的发展历史

GSM数字移动通信系统源于欧洲。早在1982年，欧洲已有几大模拟蜂窝移动系统在运营，例如北欧多国的NMT（北欧移动电话系统）和英国的TACS（全接入通信系统），西欧其他各国也提供移动业务。当时这些系统是国内系统，用户的手机无法在其他标准的网络上使用。为了方便全欧洲统一使用移动电话，需要一种公共的移动通信系统。因此，1982年，北欧国家向CEPT（欧洲邮电管理委员会）提交了一份建议书，要求制定900MHz频段的公共欧洲电信业务规范。

最开始，标准起草和制定的准备工作由CEPT负责管理，其具体工作由1982年起成立的"移动特别小组（Group Special Mobile）"，简称"GSM"负责。

1986年，该小组在巴黎对欧洲各国及各公司经大量研究和实验后所提出的8个建议系统进行了现场实验。

1987年5月，GSM成员国达成一致，确定了GSM最重要的几项关键技术。

1989年，欧洲电信标准协会（ETSI）从CEPT接手标准的制定工作。

1990年，第一版GSM标准完成。

1991年，在欧洲开通了第一个系统，同时MoU组织为该系统设计和注册了市场商标，将GSM更名为"全球移动通信系统"（Global System for Mobile Communications）。从此，移动通信跨入了第二代数字移动通信系统。

1992年1月，芬兰的Oy Radiolinja Ab成为第一个商业运营的GSM网络。

1995年，全球用户达到1000万。

1998年，全球用户达到1亿。

2005年，全球用户已经超过15亿。

2. GSM系统的特点

（1）使用特点：GSM系统的防盗能力强、网络容量大、手机号码资源丰富、通话清晰、稳定性强、不易受干扰、信息灵敏、通话死角少、手机耗电量低。

（2）技术特点：

① 频谱效率高。由于采用了高效调制解调器、信道编码、交织、均衡和语音编码技术，使得系统具有高频谱效率。

② 容量效率高。由于每个信道传输带宽增加，使得同频复用载波比要求降低至9dB，故GSM系统的同频复用模式可以缩小到4/12或3/9，甚至更小；加上半速率话音编码的引入和自动话务分配以减少越区切换的次数，使GSM系统的容量效率（每兆赫每小区的信道数）比TACS系统高3～5倍。

③ 话音质量稳定。鉴于数字传输技术的特点以及GSM规范中有关空中接口和话音编码的定义，在门限值以上时，话音质量总是达到相同的水平而与无线传输质量无关。

④ 接口开放。GSM标准提供的开放性接口不只有空中接口，还包含网络之间以及网络中各设备实体之间的接口，例如A接口和Abis接口。

⑤ 安全。通过鉴权、加密和TMSI号码的使用，达到安全的目的。鉴权用来验证用户的入网权利。加密用于空中接口，由SIM卡和网络AUC的秘钥决定。TMSI是一个由业务网络给用户指定的临时识别号，以防止有人跟踪而泄露其地理位置。

⑥ 与ISDN，PSTN等的互连。与其他网络的互连通常利用现有的接口，如ISUP或TUP等。

⑦ 在SIM卡基础上实现漫游。漫游是移动通信的重要特征，它标志着用户可以从一个网络自动进入另一个网络。GSM系统可以提供全球漫游，当然也需要网络运营商之

间的某些协议，例如计费协议。

⑧ 能自动选择路由。对一个移动用户发起一次呼叫的用户将不需要知道移动用户的位置，因为呼叫将被自动选路到合适的移动设备。

3. GSM 系统的组成

GSM 系统主要由移动台（MS）、移动网子系统（NSS）、基站子系统（BSS）和操作维护中心（OMC）四部分组成。简单的 GSM 系统如图 9.2 所示。

（1）移动台 MS：MS 是 GSM 系统的移动用户设备，它由移动终端和客户识别卡（SIM 卡）两部分组成。移动终端就是“机”，它可完成话音编码、信道编码、信息加密、信息的调制和解调、信息发射和接收。SIM 卡就是“人”，它类似于我们现在所用的 IC 卡，存有认证客户身份所需的所有信息，并能执行一些与安全保密有关的重要信息，以防止非法客户进入网络。SIM 卡还存储与网络和客户有关的管理数据，只有插入 SIM 卡后，移动终端才能接入网络。

（2）移动网子系统（NSS）：移动网子系统主要包含有 GSM 系统的交换功能和用于用户数据与移动性管理、安全性管理所需的数据库功能，它对 GSM 移动用户之间通信和 GSM 移动用户与其他通信网用户之间通信起着管理作用。NSS 由一系列功能实体构成，整个 GSM 系统内部，即 NSS 的各功能实体之间和 NSS 与 BSS 之间都通过符合 CCITT 信令系统 No.7 协议和 GSM 规范的 7 号信令网路互相通信。

（3）基站子系统（BSS）：BSS 系统是在一定的无线覆盖区中由 MSC 控制、与 MS 进行通信的系统设备完成信道的分配、用户的接入和寻呼、信息的传送等功能。

（4）操作维护中心（OMC）：操作维护中心（OMC）又称 OSS 或 M2000，需完成许多任务，包括移动用户管理、移动设备管理以及网路操作和维护。

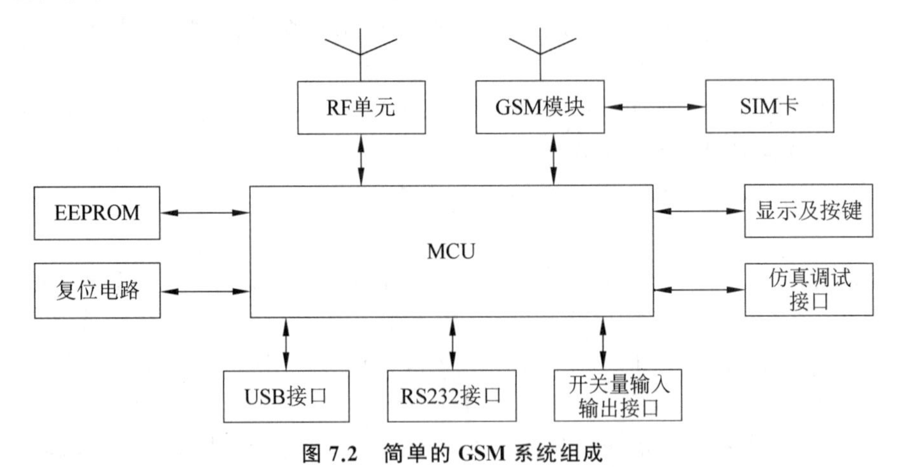

图 7.2　简单的 GSM 系统组成

4. GSM 系统提供的业务

（1）电信业务：这是 GSM 的主要业务，包括电话业务、紧急呼叫业务、短消息业务、可视图文接入业务、智能用户电报传送业务、传真业务等。

（2）承载业务：ETSI 定义的 GSM 的承载业务与 ISDN 定义的一样，它不需调制解调器就可提供数据业务，但不能与基本电话业务同时使用。

(3) 补充业务：用于补充或修改基本业务，以提供用户完整的业务。如呼叫偏转(有被叫、实时前转)、呼叫前转(无条件、遇忙、无应答、不可及)、主叫号码识别、呼叫等待(被叫忙时，接收新业务)、呼叫保持(保持当前呼叫，发起新呼叫)、呼入呼出限制等，但是补充业务不能独立存在。

(4) 增强型补充业务：包括语音群呼叫(VGCS)、话音广播业务(VBS)、多用户特征(MSP)、移动定位业务等。

5. GPRS 系统

GPRS 是通用无线分组业务(General Packet Radio Service)的英文简称，是一种新的分组数据承载业务，提供端到端的、广域的无线 IP 连接。GPRS 与现有的 GSM 语音系统最根本的区别是，GSM 是一种电路交换系统，而 GPRS 是一种分组交换系统。因此，GPRS 特别适用于间断的、突发性的或频繁的、少量的数据传输，也适用于偶尔的大数据量传输。这一特点正适合大多数移动互联的应用。

(1) GPRS 的特点：相对原来 GSM 的拨号方式的电路交换数据传送方式，GPRS 是分组交换技术，具有实时在线、按量计费、快捷登录、高速传输、自如切换的特点。

① 实时在线：用户将随时与网络保持联系，始终处于连线和在线状态，这将使接入服务变得非常简单、快速。

② 按量计费：GPRS 用户可以一直在线，但只有在发送或接收数据期间才占用资源，并按照用户接收和发送数据包的数量来收取费用，没有数据流量的传递时，用户即使挂在网上，也是不收费的。

③ 快捷登录：GPRS 的用户一开机，就始终附着在 GPRS 网络上，每次使用时只需一个激活的过程，一般只需要 1～3s 的时间马上就能登录至互联网。

④ 高速传输：GPRS 采用分组交换的技术，数据传输速率最高理论值能达 171.2kb/s，实际速度受到编码的限制和手机终端的限制，可能会有所不同。

⑤ 自如切换：GPRS 还具有数据传输与话音传输可同时进行或切换进行的优势。也就是说，用户在用移动电话上网冲浪的同时，可以接收语音电话。

(2) GPRS 的技术优势：GPRS 技术较完美地结合了移动通信技术和数据通信技术，是这两种技术的结晶，是 GSM 网络和数据通信发展融合的必然结果。GPRS 采用分组交换技术，以“分组”的形式传送资料到用户手上，可以让多个用户共享某些固定的信道资源。如果把空中接口上的 TDMA 帧中的 8 个时隙捆绑起来用来传输数据，可以提供高达 71.2kb/s 的无线数据接入，可向用户提供高性价比业务并具有灵活的资费策略。GPRS 既可以使运营商直接提供丰富多彩的业务，同时也可以给第三方业务提供商提供方便的接入方式，这样便于将网络服务与业务有效地分开。此外，GPRS 能够显著地提高 GSM 系统的无线资源利用率，它在保证话音业务质量的同时，利用空闲的无线信道资源提供分组数据业务，并可对之采用灵活的业务调度策略，大大提高了 GSM 网络的资源利用率。

(3) GPRS 的应用：GPRS 的移动数据业务能够为用户提供丰富的应用服务。

① 移动商务：包括移动银行、移动理财、移动交易(股票和彩票)等。

② 移动信息服务：信息点播、天气、旅游、新闻和广告等。

③ 移动互联网业务：网页浏览、E-mail 等。

④ 基于位置的业务：位置查询、导航等。

⑤ 多媒体业务：可视电话、多媒体信息传送、网上游戏、音乐、视频点播等。

(4) GPRS 与第二代、第三代的关系。

GPRS 是在第二代移动通信系统 GSM 基础上发展起来的，为 GSM 网络进行数据流的传输增加了支持分组交换的网络系统设备。第三代无线通信系统将会在 GPRS 的基础上进行更进一步的技术进步与发展，为网络全面支持高速、宽带的多媒体数据传输提供支持。也就是说，GPRS 是介于第二代和第三代之间的一种网络技术，也就是一般称为的 2.5 代。

7.2.5　3G 和 4G

1. 3G

(1) 3G 简介。

第三代移动通信系统（3G）的概念最早于 1985 年由国际电信联盟（International Telecommunication Union，ITU）提出，是首个以“全球标准”为目标的移动通信系统，简称 IMT-2000 系统。

从第二代到第三代系统的变化并不像从第一代模拟网络到第二代数字网络那样存在重大的技术变迁。第三代移动通信技术是在第二代移动通信技术基础上进一步演进的，并以宽带 CDMA 技术为主。3G 与 2G 的主要区别是在传输声音和数据的速度上的提升，它能够在全球范围内更好地实现无线漫游，并处理图像、音乐、视频流等多种媒体形式，提供包括网页浏览、电话会议、电子商务等多种信息服务，同时也要考虑与已有第二代系统的良好兼容性。为了提供这种服务，无线网络必须能够支持不同的数据传输速度，也就是说，在室内、室外和行车的环境中能够分别支持至少 2Mb/s（兆比特/秒）、384kb/s（千比特/秒）以及 144kb/s（千比特/秒）的传输速度（此数值根据网络环境会发生变化）。

当时，国内不支持除 GSM 和 CDMA 以外的网络，而 GSM 设备采用的是频分多址技术，CDMA 使用码分扩频技术，先进功率和话音激活至少可提供大于三倍 GSM 网络容量，因此，业界将 CDMA 技术作为 3G 的主流技术，国际电联确定三个无线接口标准，分别是 CDMA2000，WCDMA，TD-SCDMA。

(2) 3G 技术标准。

① W-CDMA：W-CDMA（宽带码分多址）全称为 Wideband CDMA，是由欧洲提出的基于 GSM 网发展出来的 3G 宽带 CDMA 技术。W-CDMA 的支持者主要是以 GSM 系统为主的欧洲厂商，日本公司也或多或少参与其中，包括欧美的爱立信、阿尔卡特、诺基亚、朗讯、北电，以及日本的 NTT、富士通、夏普等厂商。W-CDMA 系统能够架设在 GSM 网络上，对于系统提供商而言可以较轻易地过渡。所以，在 GSM 系统相当普及的亚洲，人们当时对这套技术的接受度比较高。因此 W-CDMA 具有先天的市场优势。

② CDMA2000：CDMA2000，也称为 CDMA Multi-Carrier，是由窄带 CDMA（CDMA IS95）技术发展而来的宽带 CDMA 技术。CDMA2000 是由以美国高通北美公司为主导，摩托罗拉、Lucent 和后来加入的韩国三星都有参与实现的一种 3G 通信标准，韩国是该标准的主导者。这套系统是从窄频 CDMAOne 数字标准衍生出来的，可以从原

有的CDMAOne结构直接升级到3G,建设成本低廉。但是CDM2000技术对W-CDMA和TD-SCDMA技术都不兼容。因此电信的定制手机一般都同时支持2G的CDMA标准及3G的CDMA2000标准。由于2008年电信收购联通的CDMA网络和用户,故市场上的电信定制手机只能是电信自己的卡才可以使用。

③ D-SCDMA：TD-SCDMA全称为Time Division-Synchronous CDMA(时分同步CDMA),该标准是由中国独自制定的3G标准,1999年6月29日,由中国原邮电部电信科学技术研究院(大唐电信)向ITU提出。由于TD-SCDMA具有辐射低的特点,因而被誉为绿色3G。该标准将智能无线、同步CDMA和软件无线电等技术融于其中,在频谱利用率、频率灵活性及成本等方面有独特优势。另外,由于中国内地庞大的市场,该标准受到各大主要电信设备厂商的重视,全球有一半以上的设备厂商都宣布可以支持TD-SCDMA标准。该标准提出不经过2.5代的中间环节,直接向3G过渡,非常适用于GSM系统向3G升级。军用通信网也是TD-SCDMA的核心任务。相对于另两个主要3G标准CDMA2000和W-CDMA,它的起步较晚,技术不够成熟。

2. 4G

正当第三代国际移动通信系统(IMT-2000)开发工作如火如荼进行的时候,第四代移动通信系统的脚步声也开始悄然响起。2000年11月12～15日,来自英国电信部、日本的NTT DoCoMo公司、国际电联和欧盟电信政策委员会等世界著名的专家聚集于英国伦敦,就第四代移动通信问题进行了广泛的讨论和研究。

(1) 4G概念：4G是第四代移动通信及其技术的简称,是集3G与WLAN于一体并能够传输高质量视频图像,且图像传输质量与清晰度电视不相上下的技术产品。4G LTE系统能够以100Mb/s的速度下载,比拨号上网快50倍,上传的速度也能达到20Mb/s,并能够满足几乎所有用户对于无线服务的要求。此外,4G可以在DSL和有线电视调制解调器没有覆盖的地方部署,然后再扩展到整个地区,有着不可比拟的优越性。

(2) 4G的特点：4G是多功能集成宽带移动通信系统,比3G更接近于个人通信。其特点主要如下。

① 通信速度快：4G的信息传输速率要比3G高一个等级,最高可达到100Mb/s。

② 灵活性强：4G采用智能技术,可自适应地进行资源分配。人们不仅可以随时随地通信,还可以双向下载传递资料、影像等。

③ 网络频谱宽：4G网络在通信带宽上比3G网络的蜂窝系统的带宽高出许多。

④ 智能性高：第四代移动通信的智能性更高,不仅表现于4G通信的终端设备的设计和操作具有智能化,例如对菜单的依赖程度会大大降低。

(3) 4G的关键技术。

① OFDM调制技术。未来无线多媒体业务既要求数据传输速率高,又要保证传输质量,这就要求所采用的调制解调技术既要有较高的信元速率,又要有较长的码元周期,OFDM技术正满足这一需求。

OFDM是一种无线环境下的高速传输技术,其主要思想就是在频域内将给定信道分成许多正交子信道,在每个子信道上使用一个子载波进行调制,各子载波并行传输。尽管总的信道是非平坦的,但每个子信道是相对平坦的,还在各子信道上进行的是窄带传输,信号带宽小于信道带宽，大大消除信号波形间的干扰。

OFDM 技术的最大优点是能对抗频率选择性衰落和窄带干扰，从而减小各子载波间的相互干扰，提高频谱利用率。

② 软件无线电技术（SDR）。软件无线电的基本思想是把尽可能多的无线及个人通信功能通过可编程软件来实现，使其成为一种多工作频段、多工作模式、多信号传输与处理的无线电系统。也可以说，是一种用软件来实现物理层连接的无线通信方式。

③ 智能天线（SA）。智能天线具有抑制信号干扰、自动跟踪及数字波束调节等功能，被认为是未来移动通信的关键技术。智能天线成形波束可在空间域内抑制交互干扰，增强特殊范围内想要的信号，既能改善信号质量又能增加传输容量。其基本原理是在无线基站端使用天线阵和相干无线收发信机来实现射频信号的收发，同时，通过基带数字信号处理器，对各天线链路上接收到的信号按一定算法进行合并，实现上行波束赋形。

④ 多入多出天线（MIMO）技术。MIMO 技术是指利用多发射、多接收天线进行空间分集的技术，它采用的是分立式多天线，能够有效地将通信链路分解成为许多并行的子信道，从而大大提高容量。信息论已经证明，当不同的接收天线和不同的发射天线之间互不相关时，MIMO 系统能够很好地提高系统的抗衰落和噪声性能，从而获得巨大的容量。在功率带宽受限的无线信道中，MIMO 技术是实现高数据速率、提高系统容量、提高传输质量的空间分集技术。

（4）4G 的应用。

① 手机网游。手机网游是我国现在经济组成的重要支撑行业之一，最初在手机网游的运作过程中便是应用了 4G 通信技术。4G 通信技术的发展促使了手机网游的快速发展，让人们在游戏过程中的使用感觉越来越好，同时，高速度的 4G 通信技术也满足了人们随时随地可以开始游戏的需求，这表明 4G 通信技术给手机网游的发展提供了一定的机遇。

② 云计算和视频直播。云计算是我国重点钻研的一个领域，其对于我国的进步和发展具有十分重大的意义。由于计算的信息量十分巨大，在 4G 通信技术没有研发出来以前，这一项工作将会浪费大量的人力、物力和财力，因而业界对云计算提出了更高的技术需求。4G 通信技术的出现与发展，很好地弥补了这一方面的不足，大大提高了云计算的效率。

视频直播也同手机网游一样，在当下掀起了很大的狂潮，但是视频直播也需要强大的通信技术作为支撑，运用 4G 通信技术以后视频直播变得更加方便和顺畅。

整体而言，4G 网络提供的业务数据大多为全 IP 化网络，所以在一定程度上可以满足移动通信业务的发展需求。然而，随着经济社会及物联网技术的迅速发展，云计算、社交网络、车联网等新型移动通信业务不断产生，对通信技术提出了更高层次的需求。将来，移动通信网络将会完全覆盖我们的办公娱乐休息区、住宅区，且每一个场景对通信网络的需求完全不一样。例如，一些场景对高移动性要求较高，一些场景要求较高的流量密度等，然而对于这些需求 4G 网络难以满足。针对用户的新需求，第五代移动通信技术（5G）应运而生。

7.2.6 5G

1. 5G 概念

5G 是继 4G 之后，为了满足智能终端的快速普及和移动互联网的高速发展而研发的新一代宽带移动通信技术，是面向 2020 年以后人类信息社会需求的第五代移动通信系统，是实现人机物互联的网络基础设施。

2. 5G 发展背景

移动通信延续着每十年一代技术的发展规律，已历经 1G、2G、3G、4G 的发展。每一次代际跃迁，每一次技术进步，都极大地促进了产业升级和经济社会发展。从 1G 到 2G，实现了模拟通信到数字通信的过渡，移动通信走进了千家万户；从 2G 到 3G、4G，实现了语音业务到数据业务的转变，传输速率成百倍提升，促进了移动互联网应用的普及和繁荣。当前，移动网络已融入社会生活的方方面面，深刻改变着人们的沟通、交流乃至整个生活方式。4G 网络造就了繁荣的互联网经济，解决了人与人随时随地通信的问题。随着移动互联网快速发展，新服务、新业务不断涌现，移动数据业务流量爆炸式增长，4G 移动通信系统难以满足未来移动数据流量暴涨的需求，急需研发下一代移动通信(5G)系统。

5G 作为一种新型移动通信网络，不仅要解决人与人通信，为用户提供增强现实、虚拟现实、超高清(3D)视频等更加身临其境的极致业务体验，更要解决人与物、物与物通信问题，满足移动医疗、车联网、智能家居、工业控制、环境监测等物联网应用需求。最终，5G 将渗透到经济社会的各行业各领域，成为支撑经济社会数字化、网络化、智能化转型的关键新型基础设施。

3. 5G 性能指标

(1) 峰值速率需要达到 10～20Gb/s，以满足高清视频、虚拟现实等大数据量传输。

(2) 空中接口时延低至 1ms，满足自动驾驶、远程医疗等实时应用。

(3) 具备百万连接/平方公里的设备连接能力，满足物联网通信。

(4) 频谱效率要比 LTE 提升 3 倍以上。

(5) 连续广域覆盖和高移动性下，用户体验速率达到 100Mb/s。

(6) 流量密度达到 10Mbps/m^2 以上。

(7) 移动性支持 500km/h 的高速移动。

4. 5G 关键技术

(1) 5G 无线关键技术。

5G 国际技术标准重点满足灵活多样的物联网需要。在 OFDMA 和 MIMO 基础技术上，5G 为支持三大应用场景，采用了灵活的全新系统设计。在频段方面，与 4G 支持中低频不同，考虑到中低频资源有限，5G 同时支持中低频和高频频段，其中中低频满足覆盖和容量需求，高频满足在热点区域提升容量的需求，5G 针对中低频和高频设计了统一的技术方案，并支持百 MHz 的基础带宽。为了支持高速率传输和更优覆盖，5G 采用 LDPC、Polar 新型信道编码方案、性能更强的大规模天线技术等。为了支持低时延、高可靠，5G 采用短帧、快速反馈、多层/多站数据重传等技术。

(2) 5G 网络关键技术。

5G 采用全新的服务化架构,支持灵活部署和差异化业务场景。5G 采用全服务化设计,模块化网络功能,支持按需调用,实现功能重构;采用服务化描述,易于实现能力开放,有利于引入 IT 开发实力,发挥网络潜力。5G 支持灵活部署,基于 NFV/SDN,实现硬件和软件解耦,实现控制和转发分离;采用通用数据中心的云化组网,网络功能部署灵活,资源调度高效;支持边缘计算,云计算平台下沉到网络边缘,支持基于应用的网关灵活选择和边缘分流。通过网络切片满足 5G 差异化需求,网络切片是指从一个网络中选取特定的特性和功能,定制出的一个逻辑上独立的网络,它使得运营商可以部署功能、特性服务各不相同的多个逻辑网络,分别为各自的目标用户服务,目前定义了三种网络切片类型,即增强移动宽带、低时延高可靠、大连接物联网。

5. 应用领域

(1) 工业领域。以 5G 为代表的新一代信息通信技术与工业经济深度融合,为工业乃至产业数字化、网络化、智能化发展提供了新的实现途径。

(2) 车联网。5G 车联网助力汽车、交通应用服务的智能化升级,如:5G 网络的大带宽、低时延等特性,支持实现车载 VR 视频通话、实景导航等实时业务。

(3) 教育领域。5G 促进了智慧课堂的发展。5G+智慧课堂,凭借 5G 低时延、高速率特性,结合 VR/AR/全息影像等技术,可实现实时传输影像信息,为两地提供全息、互动的教学服务,提升教学体验。

(4) 医疗领域。5G 通过赋能现有智慧医疗服务体系,提升远程医疗、应急救护等服务能力和管理效率,并催生 5G+远程超声检查、重症监护等新型应用场景。

(5) 智慧城市领域。5G 时代的到来让智慧城市建设成为可能。在城市安防监控方面,结合大数据及人工智能技术,5G+超高清视频监控可实现对人脸、行为、特殊物品等精确识别,形成对潜在危险的预判能力和紧急事件的快速响应能力。

6. 正向我们走来的 6G 技术

2019 年 6 月,中国移动、中国电信、中国联通等移动通信巨头获得了 5G 商用牌照,这标志着 5G 技术"飞入寻常百姓家"指日可待。但就在我们畅想 5G 时代生活的同时,殊不知更新迭代的 6G 技术已经开始悄悄在路上了。

在关键技术指标上,6G 追求更快、更精准、更实时。根据 6G 白皮书提示的指标数据预测,6G 峰值传输速度将达到 100Gb/s~1Tb/s,而 5G 仅为 10Gb/s;室内定位精度达到 10cm,室外为 1m,相比 5G 提高 10 倍;通信时延 0.1ms,是 5G 的十分之一。

6G 网络将是一个地面无线与卫星通信集成的全连接世界。通过将卫星通信整合到 6G 移动通信,实现全球无缝覆盖,网络信号能够抵达任何一个偏远的乡村,让深处山区的病人能接受远程医疗,让孩子们能接受远程教育。此外,在全球卫星定位系统、电信卫星系统、地球图像卫星系统和 6G 地面网络的联动支持下,地空全覆盖网络还能帮助人类预测天气、快速应对自然灾害等。这就是 6G 的未来。6G 通信技术不再是简单的网络容量和传输速率的突破,它更是为了缩小数字鸿沟,实现万物互联这个"终极目标"。

在 5G 时代下的虚拟会议中,人们不仅可以听到对方的声音,还可以看到对方的影像。但如果要达到电影中那样高清晰度的全息投影,能够互相摸到对方甚至闻到气味,就需要更多的传感器、更快的通信速率，这就远远超出了 5G 技术所能达到的程度，这一技术难点将交给拥有更快速率、更低延迟的 6G 技术来解决。

7.3　实验：无线网络配置

一、实验目的

掌握无线网络配置简单技能。

二、实验设备

网线 1 根；笔记本电脑 2 台。

三、实验任务

一根网线实现两台电脑同时上网。

四、实验步骤

（1）打开两台笔记本电脑的无线网络开关，让其中一台笔记本电脑连接网线。

首先在连接网线的电脑上进行设置。依次打开“网络连接”→“无线网络连接”→“属性”，双击 TCP/IP 协议，在如图 7.3 所示的窗口内把 IP 地址设置为 192.168.0.1；子网掩码设置为 255.255.255.0；网关设置为 192.168.0.1，DNS 根据具体情况填写（DNS 地址寻找方式：选择“开始”→“运行”，在运行里输入 cmd，确定，会出来命令提示符，输入 ipconfig/all 回车，就会找到 DNS）。

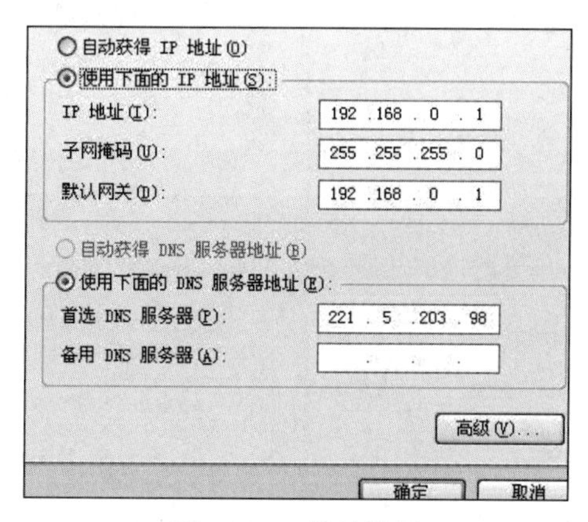

图 7.3　IP 地址设置

（2）然后切换到“无线网络连接”选项卡，勾选“用 Windows 配置我的无线网络设置”选项；接着切换到“高级”选项卡，在“要访问的网络”窗口里点选“仅计算机到计算机”，网络访问设置如图 7.4 所示。

（3）返回“无线网络连接属性”对话后，单击“添加”按钮；然后在弹出的如图 7.5 所示对话框中，在“网络名(SSID)”框内输入 SSID 值，“网络验证”选择“开放式”，“数据加密”选择 WEP，接着去掉“自动为我提供此密钥”复选框，最后填入相应的网络密钥，如 1023456789，单击“确定”按钮退出即可。

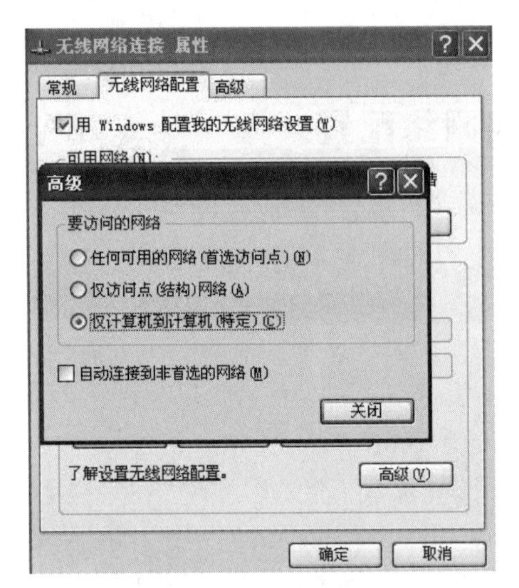

图 7.4　网络访问设置

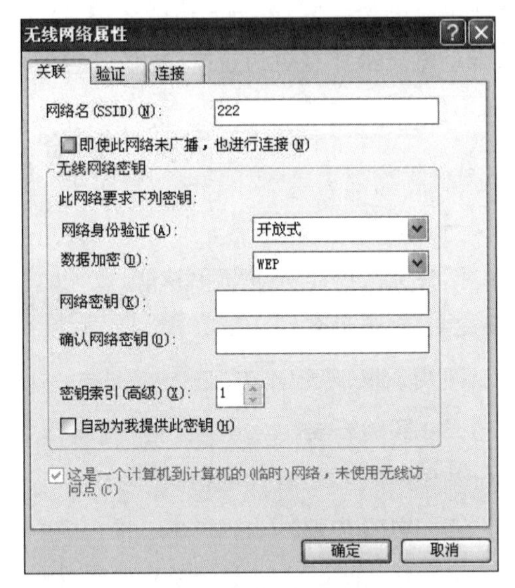

图 7.5　无线网络秘钥设置

(4) 找到本机与 Internet 连接的网络连接，在属性对话框中切换到“高级”选项卡，然后勾选“允许其他网络用户通过此计算机的 Internet 连接来连接”；在高级设置里，选取关闭防火墙，Internet 连接共享和防火墙设置如图 7.6 所示。

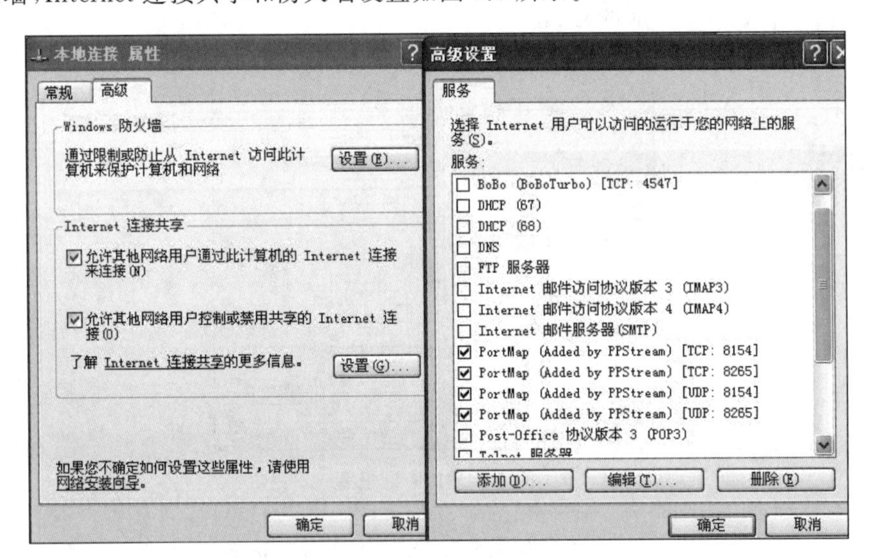

图 7.6　Internet 连接共享和防火墙设置

(5) 在另外一台笔记本电脑上，设置好无线网络的 IP 地址，IP 地址不要与连接网线的电脑相同，其他则都相同。

(6) 打开该电脑无线网络，找到刚才设置好的无线名称，连接即可。无线网络连接页面如图 7.7 所示。

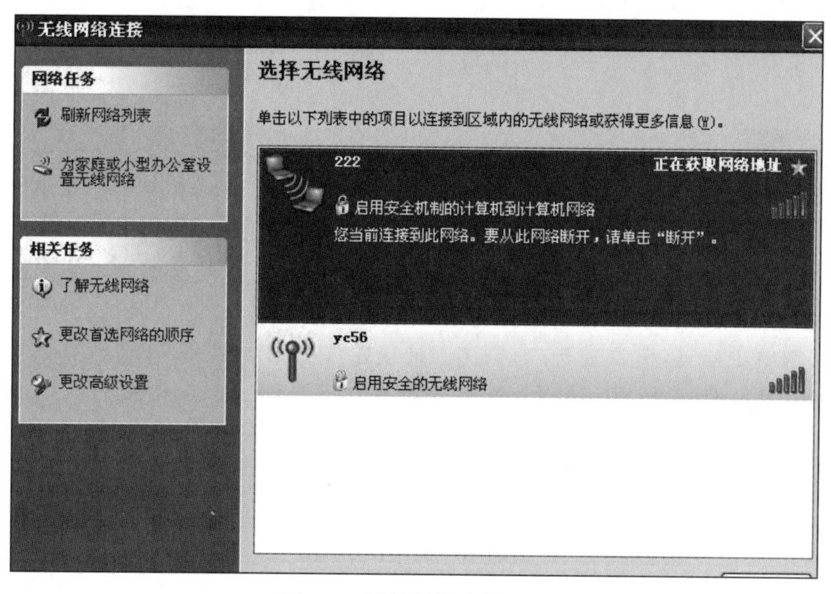

图7.7 无线网络连接页面

本章小结

本章的学习分为三个部分。前两个部分为理论，主要对无线网络和移动通信网络所涉及的基本概念、关键技术和发展历程等进行了如下介绍。

第一部分介绍了无需布线就能实现各种通信设备互联的网络，即无线网络。对根据覆盖范围不同而划分的无线网络中的无线个人局域网、无线局域网、无线城域网和无线广域网分别进行了阐述。

第二部分主要讲述了能够实现移动通信的无线电移动通信系统，并按照蜂窝移动通信系统(1G、2G、3G、4G、5G)的发展历程，从特点、关键技术和应用领域等方面进行了简单梳理。在移动通信技术的更新迭代中，1G主要解决语音通信问题；2G可支持窄带的分组数据通信；3G在2G的基础上，发展了诸如图像、音乐、视频流等的高宽带多媒体通信，并提高了语音通话的安全性，解决了部分移动互联网相关网络及高速数据传输的问题；4G是专为移动互联网而设计的通信技术，从网速、容量、稳定性上相比之前的技术有了跳跃式的提升；5G是为物联网而生的，与其他的网络技术相比，5G通信网络的容量更大，上网速率更快；未来，6G将在5G的基础上进一步拓展和深化物联网应用范围和领域，持续提升现有网络基础能力，进而实现由万物互联到万物智联的跃迁。通俗一点来讲，1G、2G满足了人们的语音通话需求，3G、4G实现了随时随地连接互联网的梦想，5G开启了万物互联的时代，6G完成万物智联、数字孪生的目标。

本章第三部分为实验，主要对无线网络进行了简单配置。

习　　题

一、选择题

1. 以下属于 WLAN 协议的协议是(　　)。

A. IEEE 802.15　　B. IEEE 802.16

C. IEEE 802.20　　D. IEEE 802

2. 以下特点中,不属于卫星通信所具有的是(　　)。

A. 通信距离远,覆盖面积大,费用与通信距离有关

B. 通信频带宽,传输容量大

C. 通信线路稳定可靠,传输质量高

D. 较大的信号传输时延和回声干扰

3. GSM 和(　　)有关。

A. 3G　　B. 2G　　C. 5G　　D. 4G

4.下面不属于 3G 技术标准的是(　　)。

A. W-CDMA　　B. CDMA2000

C. TD-SCDMA　　D. S-SCDMA

5. IEEE 802.11 为无线网络标准的是(　　)。

A. 无线局域网　　B. 无线个域网

C. 无线城域网　　D. 无线广域网

二、问答题

1. 无线局域网的特点是什么?

2. 常见的移动通信系统有哪几个?

3. GSM 由哪几部分组成?

4. 5G 主要由哪几部分组成?

第8章 计算机网络发展新技术

计算机网络技术是计算机技术和通信技术密切结合的产物。21世纪以来计算机网络技术迅速发展，在信息社会得到了极其广泛的应用。当今世界，各类信息技术发展日新月异，这也促使计算机网络技术不断快速发展，其中出现的许多新技术正加速改变人类的生产生活，推动各产业各环节发生重大变革。本章将重点讲述近几年来新兴的计算机网络技术，包括物联网、云计算、边缘计算、SDN和NFV技术、QoS和QoE。本章内容将帮助同学们认识了解计算机网络技术发展的最新动态和趋势，为后续学习其他相关学科知识打下良好的基础，并对未来新型网络架构的人才需求和知识结构有充足的把握。

8.1 物 联 网

自从20世纪末，“物联网”的概念被提出以来，其市场潜力在全球范围内被迅速认可。随着计算机和互联网技术的不断发展，应用创新层出不穷，其中，物联网改变了信息世界新的走向，高速发展之势已成必然，被认为是继计算机和互联网之后的又一个信息发展浪潮。

目前，我国已将物联网明确定位为新型基础设施的重要组成部分，并将其上升为国家层面的战略性新兴产业。依赖于互联网技术的发展，众多领域纷纷开启了“智慧”的新局面，其中包括智慧农业、智慧工业、智慧城市、智慧医疗等。

那么，什么是物联网？互联网的原理是什么？这些问题，我们将在本节中进行说明。

8.1.1 物联网的发展历程

物联网(Internet of Things，IoT)起源于传媒领域，即物物相连的互联网。物联网是最近几年比较新的概念。

1999年，中国科学院就启动了物联网的研究和开发，当时称为“传感网”。与其他国家相比，我国的技术研发水平已处于世界前列。

2005年11月27日，在突尼斯举行的信息社会峰会上，国际电信联盟(ITU)发布了《ITU互联网报告2005：物联网》，这时物联网的概念正式被提出。

2008年后，为促进科技发展，寻求新的经济增长点，各国政府开始重视下一代的网络技术规划，逐渐将目光放在了物联网上。

2009年2月24日，IBM公布了名为“智慧地球”的最新策略，这个概念是在物联网的基础上实现人类社会与物理系统的整合；8月24日，中国移动总裁王建宙在台湾公开演讲中，也提到了物联网这个概念。

2009年8月，我国物联网领域的研究和应用开发达到了高潮，无锡市率先建立了“感知中国”研究中心，中国科学院、运营商和多所大学在无锡建立了物联网研究院，无锡市江南大学还建立了全国首家实体物联网工厂学院，从此，物联网被正式列为国家五大新兴战略性产业之一，写入“政府工作报告”。物联网在中国受到了全社会极大的关注，其受关注的程度远远高于美国、欧盟以及其他各国。

物联网的概念已经成为一个“中国制造”的概念，它的覆盖范围逐渐扩大，已经超越了1999年Ashton教授和2005年ITU报告所指的范围，物联网已被贴上了“中国式”的标签。

8.1.2 物联网的基本概念

“物联网”是指各类传感器和现有的“互联网”相互结合的一种新技术。具体来说，物联网是指通过信息传感设备（传感器、激光扫描器等）、绑定在物体上的条码和二维码、全球定位系统，按约定的协议，将任何物体（包括人与人、人与物、物与物）与网络相连接，通过信息传播介质进行信息交换和通信，以实现智能化的识别、跟踪、定位和管理等功能。其实质是利用射频自动识别（RFID）技术，通过计算机互联网实现物品的自动识别和信息的互联与共享。物联网技术是对网格计算、并行计算和分布式计算的发展与运用，是继计算机、互联网之后世界信息产业发展的又一次浪潮。

物联网的核心技术主要包括RFID技术、传感器技术、无线通信技术、云计算技术等，如图8.1所示。

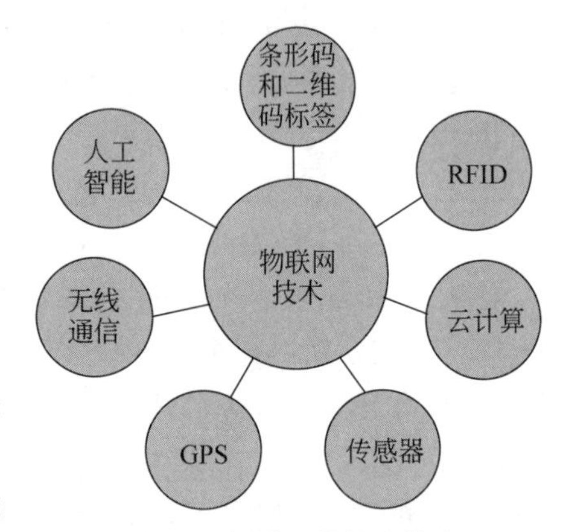

图8.1 物联网的核心技术

1. RFID技术

RFID技术是一种无接触式自动识别技术，可将标识采集点的信息标准化，是物联网的关键技术，推动了物联网的发展和应用。RFID技术由电子标签、读写器和天线构成，与互联网和通信技术结合，可实现全球范围内物品的信息跟踪和共享。

2. 传感器技术

传感器、传感结点和电子标签等方式是物联网中信息采集的主要实现方式。传感器技术是从自然源中获取最初信息并对其进行处理、转换和识别。目前，传感器技术面临着更大的挑战：恶劣环境下精准采集信息的能力和传感器自身的网络化和智能化的能力。

3. 无线通信技术

能够传输海量数据的高速无线网络是物联网实现的关键所在。允许用户建立远距离无线连接的全球语音和数据网络是一种无线网络，除此之外，无线网络还包括短距离蓝牙技术、红外线技术和ZigBee技术。

4. 云计算

云计算为物联网技术的发展提供了强大的支撑。物联网终端的计算和存储能力有限，云计算则为物联网提供了一种高效率计算模式，实现海量数据的存储和计算。有关云计算的概念将在 8.2 节进行说明。

通俗来讲，当物联网技术来临的时候，司机操作不当时汽车会自动报警；城市的基础设施会“提醒”维修师是否需要更换；远程的设备会“通知”工程师是否需要检查或维修；书包会“提醒”主人是否丢失了东西；田里的庄稼也会“通知”农民是否需要浇水或施肥……在物联网技术的支持下，人类可以用更加便捷、及时和动态的方式管理生活和工作，达到“智慧”的状态，提高资源利用率和生产力水平，从而改善人与自然的关系。

8.1.3　物联网的原理

在物联网时代，犹如无数双眼睛，遍布世界各地的传感设备，将众多贴有电子标签的物品尽收眼底。物联网中央信息处理系统则通过云计算、边缘计算等技术，对整个网络内的人员、设备、物品和基础设施进行实时的运算、监控和管理。在这个网络中，物品间不需要人的干预和管理，就能够彼此直接地进行交流、沟通和处理问题。下面是物联网工作原理的说明。

根据物联网对信息感知、传输、处理的过程，其参考体系结构可以被分为四层，即感知层、网络层、支撑层和应用层。具体体系结构如图 8.2 所示。

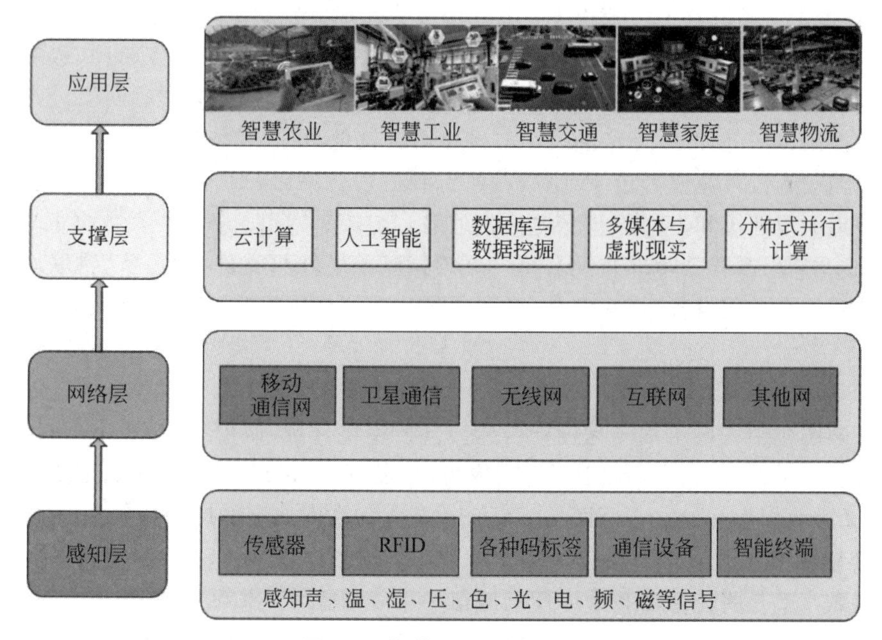

图 8.2　物联网四层体系结构

1. 感知层

感知层是物联网的皮肤和五官，起到信息的收集与简单处理的作用。感知层主要包括码标签和识读器、RFID 标签和读写器、摄像头、GNSS（全球导航卫星系统）和传感器网络等，主要对物理世界中的各类静态和动态的物理量、标识以及音视频等数据进行感知采集，与人体结构中的皮肤和五官的作用类似。

2. 网络层

网络层是物联网的神经中枢，具有信息的远距离传输等功能。网络层用于物联网的通信网络，主要包括现有的互联网、移动通信网、卫星通信网等基础网络设施。网络层将感知层获取的信息进行可靠安全地接入和传送，其作用类似于人体结构中的神经中枢。

3. 支撑层

支撑层主要是在高性能网络环境下，通过计算，将网络内海量的信息资源整合成一个可互联互通的大型智能网络，建立一个高效可靠的网络计算超级平台，从而为上层（应用层）提高更加完备的服务。支撑层的核心技术包括云计算、嵌入式系统、人工智能、数据库与数据挖掘技术等。

4. 应用层

应用层主要完成服务发现和呈现的工作，从而实现广泛的智能化，也是物联网系统结构的最高层。通过应用层的操作，物联网与各行业需求深度融合，在各类管理平台和运行平台的基础上，给各类用户提供相关贴合的内容服务，如智能交通系统、环境监测系统、远程医疗系统、智能工业系统等。

现以智慧工厂为例，说明物联网的具体实现过程。

在智慧工厂中安装有充分的监控系统，并将具有通信功能的智能传感器嵌入各种设备，以此获得工厂内的各类参数指标：工厂环境状况和设备的实时运作状态等。通过2D看板与3D模型结合，展示出设备和产品的相关数据，例如抛料数、工作时间、吸取数和产量。例如，SPI监测出的良品数量和直通数量以及总产量，可保证工程师对工艺进行全面的验证和控制。另外，产线上产品每小时的良率或其他数据、设备的运行状态等会通过网络层的传输进入云计算或者边缘计算，进而传到可视化平台，通过对数据的分析处理，平台可以得出工厂环境和生产总状况的相关结论。如果产品和设备的相关数据偏离正常水平，就会驱动工厂改善其管理并做出相关决策。以上硬件与软件结合，将“物联网＋大数据＋云计算＋自动化设备”相互融合，得到“智慧工厂”自我驱动的效果，保证其良好运行。

8.1.4 物联网的应用场景

物联网的应用领域非常广泛，遍及智能交通、环境保护、政府工作、公共安全、平安家居、智能消防、工业监测、个人健康、花卉栽培、食品溯源、敌情侦察和情报搜集等众多领域，几乎涵盖我们生活的方方面面。下面介绍几种物联网典型的应用场景。

1. 智慧城市

智慧城市就是将传感器技术应用到城市中的供电系统、供水系统、物流系统、交通系统以及政府公共服务平台等，运用信息和通信技术手段感测、分析、整合城市运行核心系统的各项关键信息，实现人类社会与物理系统的整合，从而对包括民生、环保、公共安全、城市服务、工商业活动在内的各种需求做出智能响应。

随着科技的发展，智慧城市允许人类能以更加精细和动态的方式管理生产和生活状态，实现城市智慧式管理和运行，进而为城市中的人创造更美好的生活，使城市更加具有活力并得以长久发展。

2. 智慧工业

物联网技术可用于制造业，实现工厂的数字化和智能化改造。智慧工业是基于泛在技术的计算模式、移动通信等，在工业生产的各个环节融入具有感知能力的各类智能终端，包括工厂机械设备监控和工厂的环境监控等。智慧工业可大幅提高制造效率，改善产品质量，降低生产成本和资源消耗。

通过在设备上加装物联网装备，工作人员远程随时随地对设备进行监控、升级和维护等操作，完成设备全生命周期的信息收集；通过工厂的环境监控和生产的各类信息收集，企业可将生产过程中的相关情况尽收眼底，达到实时监控和预测的目的，实现工业智能化。

3. 智慧农业

智慧农业指的是农业与物联网、人工智能、大数据等现代信息技术相结合，实现农业生产全过程的信息感知、精准管理和智能决策的一种全新的农业生产方式，可实现农业可视化诊断、远程控制以及灾害预警等功能，对建设世界水平农业具有重要意义。

农业分为农业种植和畜牧养殖两个方面。农业种植主要包括播种、施肥、灌溉、除草以及病虫害防治等五个部分，通过传感器、摄像头和卫星等收集数据，并将信息汇总到中控系统，农业人员通过数据有针对性地投放或调动设施，实现数字化和智能机械化控制。畜牧养殖主要是将物联网新技术、新理念应用在生产中，包括繁育饲养、疾病防疫、屠宰、物流配送、外来管理等环节，实现对畜牧业成本、销售、服务、流通一体化的管理。

4. 智慧医疗

融入了更多的人工智能和传感器技术的医疗服务将走向真正意义的智能化，走进寻常百姓的生活。

通过传感器的监测，人的生理状态（如心跳频率、体力消耗、血压高低等）被实时捕捉和监测，相关数据被记录到电子健康文件中，在任何一家医院都可以被查阅；通过无线网络，医务人员可以随时掌握每个病人的最新病历信息和诊疗记录；通过物联网技术，医疗物品也可以方便地被监控与管理，实现医疗设备、用品可视化。

毫无疑问，“物联网”时代已经来临，人们的日常生活将发生翻天覆地的变化，但是“物联网”技术仍然面临着一些问题，比如技术的创新和安全保证、市场的推广和各行业的有序衔接等，“物联网”的大范围覆盖的过程可能还需要很长一段时间。

8.2 云计算

我们现在常见的搜索引擎、邮箱、云盘等都是利用云计算技术的网络服务，大量的数据和信息部署在云端，使用者只要输入简单指令即可获得。在未来，互联网透过云计算技术可以发展出更多的应用服务。目前，越来越多的用户正在利用“云”来解决传统网络上存在的难题，云计算正在逐渐成为像水、电一样重要的、能按需购买和使用的基础资源。

8.2.1 云计算的发展历程

云计算(Cloud Computing)并不是一个全新的概念。早在 1961 年,计算机先驱 John Mccarthy 就预言:“未来的计算机资源能像公共设施(如水、电)一样使用。”而后随着网络技术的发展,分布式计算、集群计算、网格计算、服务计算等技术相继出现,逐渐孕育了云计算的萌芽。

1983 年,SUN 公司提出“网络即计算机(network is computer)”的概念。

在 2004 年,Web 2.0 成为当时的热点,在这一阶段,各大网络公司急需解决如何让更多的用户方便快捷地使用网络服务的问题。一些大型公司开始致力于大型计算能力技术的开发,目的是为用户提供更加强大的计算处理服务。

在 2006 年 8 月 9 日,Google 首席执行官在搜索引擎大会(SESSanJose 2006) 首次提出“云计算”的概念。这是在互联网发展史上,云计算第一次被正式提出,有着巨大的历史意义。

2007 年以来,“云计算”成为了计算机领域最令人关注的话题之一,同样也是大型企业、互联网建设着力研究的重要方向。因为云计算的提出,网络服务出现了新的模式,引发了一场互联网变革。

在 2008 年,微软发布了公共云计算平台(Windows Azure Platform),推动了云计算在全球的发展。同样,云计算在国内的势头也同样强盛,许多大型网络公司纷纷致力于云计算的开发当中。

2009 年 1 月,阿里软件在江苏南京建立首个“电子商务云计算中心”。同年 11 月,中国移动云计算平台“大云”计划启动。到现阶段,云计算已经发展到较为成熟的阶段。

2019 年 8 月 17 日,北京互联网法院发布《互联网技术司法应用白皮书》。发布会上,北京互联网法院互联网技术司法应用中心揭牌成立。

我国政府高度重视云计算的建设与发展。随着大数据、物联网、人工智能、移动互联网等新型技术的快速发展,我国在多个城市开展云计算试点和示范工程,云计算在智能电网、智能交通、智能医疗、智能家居的试点已取得初步成效。云计算已成为推动我国互联网、物联网和移动互联网发展的重要信息基础设施。

8.2.2 云计算的基本概念

云计算自 2006 年提出至今,大致经历了形成阶段、发展阶段和应用阶段。如今越来越多的应用正在迁徙到“云”上,我们最常见的是各种“云盘”存储,8.1 节提到的“物联网”也需要云计算技术的支撑。随着“云”技术的发展,几乎所有的应用都会部署到云端,为人类提供各种各样的服务。

对一家企业来说,如果想要提升整体的数据处理能力,就需要购置更多的服务器。而大量的中小企业难以承担其中高额的初期建设费用、电费以及计算机和网络的维护支出。在这种情况下,云计算方案应运而生,促使社会的工作方式和商业模式都发生了巨大的变革。

云计算是一种分布式计算,指的是在网络“云”的基础上,将巨大的数据计算处理程序分解成众多分布的小程序。在云端，多部服务器组成一个完整庞大的系统，这些小程序在此系统上被处理和分析，最后得到结果返回给用户。通过这项技术，数以万计的数据可以在很短的时间内得到计算、分析和处理，从而用户可以获得强大的网络服务。这种模式下，各类应用被部署到云端，云服务提供商的专业团队解决相关的硬件和软件问题，用户可直接享受其强大的平台服务。云计算模型如图 8.3 所示。

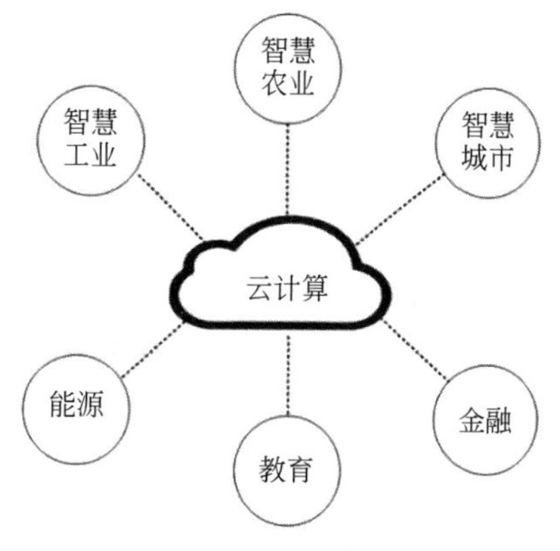

图 8.3　云计算模型

云计算是一种资源交付和使用模式，指通过网络获得应用所需的资源（硬件、平台、软件），提供资源的网络被称为“云”。“云”中的资源在使用者看来是可以无限扩展的，并且可以随时获取。这种资源是一种像水电一样付费的硬件资源，按需购买和使用。下面将从云计算的特点、云计算的服务模式和云计算的部署方式几个方面详细说明，如图 8.4 所示。

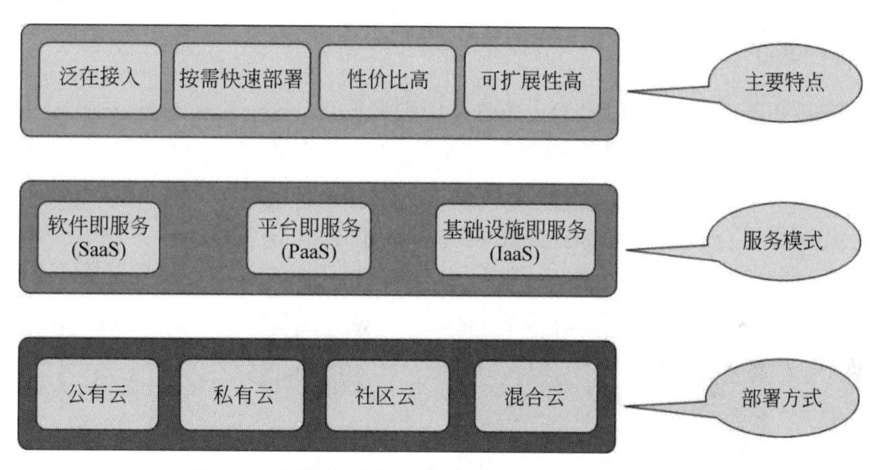

图 8.4　云计算的主要特点、服务模式和部署方式

8.2.3　云计算的特点

与传统的网络应用模式相比，云计算的可贵之处在于高灵活性、可扩展性和高性价比等，其主要的优势与特点具体如下。

1. 泛在接入

云计算支持任意位置、使用各种终端的用户获取“云”中运行的应用程序，用户无须了解“云”的具体位置和配置。用户只需要一台笔记本计算机、手机，甚至智能手表等智能终端，就可以随时访问云，获得所需要的网络服务。

2. 按需快速部署

计算机包含了许多应用、程序软件等，不同的应用对应的数据资源库不同，所以用户运行不同的应用需要不同的计算能力对资源进行部署,而云计算平台能够面向各种应用程序,根据用户的需求快速配备计算能力及资源,避免由于服务器性能超载或冗余导致客户体验差或资源闲置。在云的支持下,用户可以方便地开发各类应用软件,快速、弹性地使用资源和部署业务。

3. 性价比高

云计算将资源放在虚拟资源池中,自动化集中式管理在一定程度上优化了物理资源,用户不再需要承担昂贵、存储空间大的主机的消耗,可以选择相对廉价的 PC 组成云,一方面减少费用,另一方面计算性能也大幅度提升。除此之外,云计算采用数据多副本备份、结点可替换等技术,极大提高了网络应用系统的可靠性和可用性。

4. 可扩展性强

用户可以利用应用软件的快速部署条件,简单快捷地扩展自身所需的已有业务以及新业务,无须在业务扩大时不断购置服务器、存储设备和增加网络带宽等,也无须在数据中心运维上花费很大精力。如果云计算系统中出现设备故障,对于用户来说,不会阻碍应用程序的正常运转,因为云计算具有的动态扩展功能,可以有效扩展其他服务器,这样一来就能够确保任务的正常进行。

8.2.4 云计算的服务模式

云计算服务主要包括三种模式:基础设施即服务(IaaS)、平台即服务(PaaS)、软件即服务(SaaS)。以上三种模型对用户和云服务提供商的职责进行了划分,如图 8.5 所示。在图 8.5 中,高层的应用和数据是云应用软件,中间层的运行、中间件和操作系统是云平台,低层的服务器、存储和网络是云计算的基础设施。

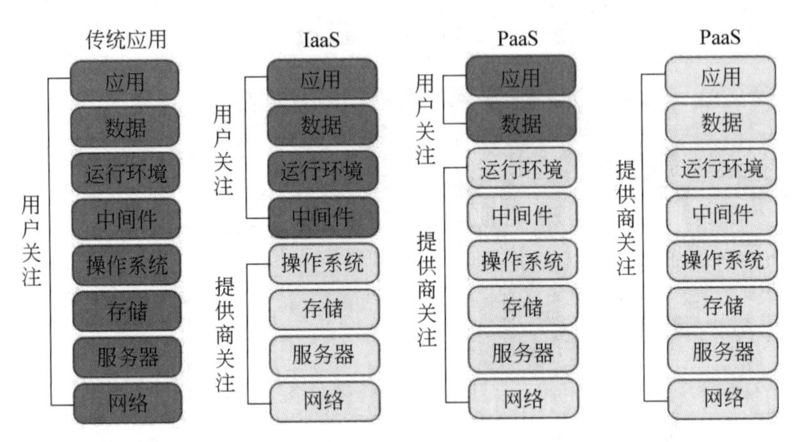

图 8.5 IaaS、PaaS 和 SaaS 的区别

1. 基础设施即服务

基础设施即服务(Infrastructure as a Service,IaaS)是云计算提供的最基本的服务。在 IaaS 模式下,云服务提供商出租 IT 基础设施,如服务器和虚拟机(VM)、存储空间和网络等,用户需自己开发应用软件,运行在操作系统上的软件和数据等需要用户自行管理。

2. 平台即服务

平台即服务(Platform as a Service,PaaS)可以按照客户特定的需求,提供必要的软件环境,包括开发、测试、交付和管理,如操作系统、服务器系统和数据库等。PaaS的目的是让开发人员更轻松快速地创建应用程序,节省时间和投入成本,但用户应自行管理应用软件和数据。

3. 软件即服务

软件即服务(Software as a Service,SaaS)是通过Internet将应用程序交付给用户的方法,用户只需按照特定需求租赁即可。云提供商负责管理软件和硬件基础结构,负责软件升级和安全维护等工作。通过Internet终端设备与应用程序相连,用户可直接部署自己的网络应用系统,专注于自身的运营推广。

IaaS、PaaS和SaaS的关系如下:

(1) 从用户体验的角度来看,因为三者可以面对不同类型的用户,所以它们的关系是相对独立的;

(2) 从技术的角度来看,三者不是简单的继承关系(即SaaS基于PaaS,PaaS基于IaaS),首先SaaS可以基于PaaS或者直接部署于IaaS之上,其次PaaS可以构建于IaaS之上,也可以直接构建在物理资源之上。

8.2.5 云计算的部署方式

云计算有四种部署方式,分别是私有云、公有云、社区云和混合云,每一种部署方式都具备独特的功能,满足用户不同的要求。

1. 公有云

公有云(Public Cloud)方式下,应用程序、资源、存储和其他服务,都由云服务供应商开放提供给用户,这些服务多半都是免费的,也有部分按使用量来付费,这种模式属于社会共享资源性质的云计算系统。公有云模式在私人信息和数据保护方面的安全防范要求较高,这种部署模型通常都可以提供可扩展的云服务,并能对其进行高效设置。

2. 私有云

私有云(Private Cloud)方式的核心特征是专门为某一个企业服务,只有内部人员有权使用云端计算资源,允许自己管理负责或者第三方管理负责。

各个城市的政务云、公安云是典型的私有云。另外,企业私有办公云正被很多大中型单位组织采用,这种私有云为每个员工创建一个登录云端的账号,员工的程序和数据全部放在云端。这种私有云办公模式相比传统的计算机办公有很多优势,如可实现移动办公、维护方便、稳定性高、成本低等。

3. 社区云

社区云(Community Cloud)方式是建立在一个特定的小组里、多个目标相似的公司之间的,它们共享一套基础设施,对云端具有相同的需求,如资源、功能、安全和管理等,社区云的成员都可以登入云中获取信息和使用应用程序。社区云兼有公有云和私有云的特征,一方面能降低各自的费用,另一方面能互相共享信息。医疗云就是一种典型的社区云。

4. 混合云

混合云(Hybrid Cloud)方式是由两种或两种以上的云计算模式(私有云、公有云、社区云)组成,如公有云和私有云混合,它们相互独立,但在云的内部又相互结合,可以发挥出所混合的多种云计算模型各自的优势。

在混合云中,企业敏感数据与应用部署在私有云中,非敏感数据与应用部署在公有云中,行业间相互协作的信息部署在社区云中。混合云的优势表现在架构更灵活、数据更安全、成本费用更低等,是一种企业重视的云计算部署方式。

表 8.1 列出了 4 种云部署方式的比较。

表 8.1　4 种云部署方式的比较

类型	公有云	私有云	社区云	混合云
性能	一般	很好	很好	较好
可靠性	一般	很好	很好	较好
安全性	较好	很好	很好	较好
可扩展性	很好	一般	一般	很好
成本	低	高	较高	较高

8.2.6　云计算的发展前景

过去十年是云计算突飞猛进的十年,我国云计算政策环境日趋完善,云计算技术不断发展成熟,已经融入了现今的社会生活,从互联网行业向政务、金融、工业、医疗等传统行业加速渗透。

存储云向用户提供了存储服务、备份服务和归档服务等,大大方便了使用者对资源的管理;医疗云与医疗技术相结合,创建医疗健康服务云平台,提高了医疗机构的效率,方便了居民就医;金融云为金融机构提供互联网处理和运行服务,存款、保险和基金等业务都可以直接在手机上进行;教育云将所需的任何教育硬件资源虚拟化,并将其传入云平台,给教育机构和师生提供了方便。

未来,云计算仍将迎来下一个黄金十年,进入高速发展期:

(1) 随着新基建的推进,云计算将加快应用落地进程,在互联网、政务、金融、交通、物流、教育等不同领域实现快速发展。

(2) 全球数字经济背景下,云计算成为企业数字化转型的必然选择,企业上云进程将进一步加速。

(3) 新冠肺炎疫情的出现,加速了远程办公、在线教育等 SaaS 服务落地,推动云计算产业快速发展。

新时期计算机网络云计算技术仍然存在着一些问题,只要不断强化安全技术体系的构建、增强技术创新、理念创新以及完善相关法律法规,就能为云计算技术提供良好的发展环境。

8.3　边缘计算

随着科技的发展，物联网和移动设备产生的数据急剧增加，云计算支持的服务和应用的需求已将其性能推向极限。数据被发送到遥远的云端进行处理和存储的单一模式已不占优势，而分布式模型的优势逐渐凸显。在分布式模型下，部分计算发生在网络边缘，更靠近数据的创建位置。在很多情况下，更高的带宽或计算能力并不一定能更快速地处理来自互联网设备上的数据，更不能近乎实时地产生预见和行动。以上这些情况正推动着边缘计算的产生和发展，边缘计算和云计算有什么区别和联系呢？

8.3.1　边缘计算的研究背景

随着大数据、人工智能与5G的发展，出现了越来越多的新的网络应用，如虚拟现实/增强现实、网络游戏、无人驾驶汽车等。这些新型的实时智能系统和基于互联网平台的应用服务组合在一起，会产生大量的实时数据，并需要对这些数据进行实时处理，对延时、延时抖动、带宽与可靠性等指标都有很高的要求。例如，中国用于打击犯罪的"天网"监控网络，已经在全国各地安装超过2000万个高清监控摄像头，实时监控和记录行人以及车辆等实时信息。在此背景下，大部分应用背景下产生的海量数据不仅在地理上非常分散，并且还对响应时间以及安全性都提出了更高的要求。云计算虽然为大数据提供了高效的计算平台和网络服务，但是目前数据的增长速度远远大于网络带宽的增长速度，而且网络带宽成本相比CPU、内存这些硬件资源成本来说，要高出很多。同时，复杂的网络环境让网络延迟现象不能得到有效的解决。

综合上述，想要实时高效地支撑实现基于万物互联的应用程序服务，传统的单一的云计算模式是不够的，带宽和延时是这其中两大棘手的问题，而且这两大瓶颈都不能在短期内得到有效解决。

正是基于上述现象，一开始主要作为数据消费者的边缘设备和移动边缘设备已经慢慢地转变为数据生产者和数据消费者的双重角色。同时，网络边缘设备也逐渐具有利用收集的实时数据进行模式识别、执行预测分析或优化以及智能处理等功能。

边缘计算或移动边缘计算模型不仅可以降低网络传输过程当中的带宽压力，加速数据分析处理，同时还能降低终端敏感数据信息隐私泄露的风险。目前，以云计算为中心的集中式大数据处理时代，正逐渐转向以万物互联为核心的边缘计算时代。

8.3.2　边缘计算的基本概念

边缘计算是指在更接近数据生成的网络位置处理、分析和存储数据，以实现快速、实时的分析和响应，从而节省运营时间和成本。边缘计算本质上也是一种服务，类似于云计算、大数据服务，是一种非常靠近用户的服务。

在边缘计算或移动边缘计算模型当中，计算资源更加接近数据源，而网络边缘设备已经具有足够的计算能力来实现源数据的本地处理，并将结果发送至云计算中心。图8.6给出了云计算架构和边缘计算架构的比较。

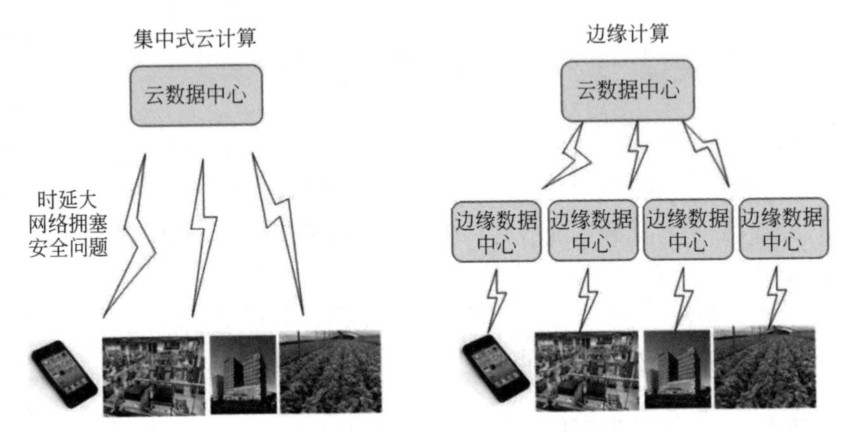

图 8.6　云计算和边缘计算的架构比较

理解边缘计算的概念时需要注意以下几个问题。

(1) 边缘是相对的，泛指从数据源途经核心交换网到远端云计算中心路径中，任意一个或多个计算、存储和网络资源结点。边缘计算中的“边缘”是相对于连接在互联网中的远端云计算中心而言的。

(2) 边缘计算是绕过网络带宽和时延的问题，在靠近源头的地方获取到数据后直接处理分析，有助于改善终端用户的体验。

(3) 边缘计算中的“靠近”用户包含网络距离和空间距离两个角度的靠近。网络距离表示数据源头和处理数据的边缘计算结点的距离。随着网络规模的缩小，带宽、延迟和抖动等不稳定因素可以更容易被控制和改进。空间距离表示边缘计算资源与用户共处于同一场景当中，从而边缘计算可以为用户提供更优良和针对性的服务。用户根据自身应用程序的特殊需求选择合适的边缘计算结点，而此时网络距离和空间距离不一定保持关联。不管是网络距离还是空间距离，边缘计算是将贴近用户的独立的、分散的资源进行统一，为应用提供计算、存储以及网络服务。

边缘计算着重要解决的是传统云计算模式下存在的高延迟、网络不稳定和低带宽等问题，边缘计算能够大大减少在云中心模式下给应用程序所带来的负面影响。边缘计算的典型应用主要包括物流、医疗、教育、自动驾驶以及工业制造等领域。

8.3.3　边缘计算的特点

云中心具有强大的存储和处理海量数据的能力，但是云计算技术也面临着很多问题，正是这些问题驱动着边缘计算的产生与发展，边缘计算突出特点主要表现如下。

1. 响应快，延时小

越来越多的行业需要实施快速分析和响应的应用程序，因为数据源与处理中心的距离大产生了延时，云计算无法满足此要求，客户体验较差；通过增加传输带宽或设备数量可以解决延时问题，但是，在此情况下，提供云计算服务的成本将会大大提高，而边缘处理、存储和分析数据是将计算能力部署在设备侧附近，故可极大地加速数据处理，提升体验。

2. 安全与隐私性强

云计算服务需要构架在互联网的基础上，数据在传输过程中存在不安全因素。而边缘计算是本地采集、分析和处理数据，有效减少了数据暴露在公共网络的机会，从而提高了数据的安全性，保护了客户的隐私。

3. 可靠性高

云计算技术依赖于可靠持久的互联网连接，对于网络连接较差的位置，借助在边缘存储和处理数据的能力，可提高云连接中断时的可靠性，也降低了传输数据时的带宽和成本。

8.3.4　云计算与边缘计算协同发展

虽然边缘计算能够解决实际应用中延时、带宽及安全性的一些问题，但云计算仍然是数据库中心和处理中心。在未来的发展中，边缘计算作为云计算的补充，将共同存在于物联网的体系架构中，云边协同布局，促使计算机资源分布式发展。

物联网和边缘计算设备会收集数据，并通过以下两种方式进行操作：一种是智能边缘设备搭载内置处理器，可直接提供分析或人工智能等高级功能；一种是在本地边缘部署服务器，不搭载处理器的设备，将其生成的数据发送到服务器进行存储和分析。本地边缘服务器会处理来自边缘计算设备的数据，并近乎实时地将关键数据返回应用程序，或仅将相关数据部分发送到云。来自众多边缘计算设备的数据可以整合到云中，以便进行更广泛的处理和分析。

现阶段，边缘计算市场规模增长迅速，尤其在工业制造、自动驾驶等为代表的生产控制类应用场景中，大量数据需要在用户侧进行处理，来保证低时延、高并发、大流量等需求。同时，数据存储、模型训练、大数据挖掘等操作需要云端的强大计算能力的支持。在实际应用中，云边协同已成为加速工业、农业、交通等行业数字化进程的主流模式。

(1) 在工业领域，云边协同实现传统工业与信息化的融合。

(2) 在农业领域，云边协同帮助传统农业向数字化、智能化、网络化转型。

(3) 在交通领域，云边协同助力智能驾驶升级。

(4) 在构建智慧城市方面，云边协同可以实现感知、互联和智慧。

8.4　SDN/NFV 技术

随着5G时代的到来，SDN和NFV技术逐渐成为信息通信行业兴起的热门技术，出现的频率越来越高。SDN技术和NFV技术经常在一起以“SDN/NFV”的形式出现，它们是什么样的技术，两者之间又有什么联系呢？

8.4.1　SDN 的研究背景

随着互联网、移动互联网与物联网的发展以及云计算、大数据和智能技术的应用，网络规模、覆盖范围、应用领域、应用软件的种类、终端系统类型都在快速发展和变化，传统网络架构的不适应逐渐显露出来，主要表现在以下几个方面。

(1) 流量路径不能灵活调整。

(2) 网络协议实现复杂,运维难度太大。

(3) 网络新业务升级速度较慢。

传统网络是一个分布式网络,不管是二层网络下的广播模式还是三层网络下的路由协议模式传输数据,都要求设备之间具有相同的网络协议,才能保证不同厂商的交换机或者路由器等设备可以互相通信。随着科技的不断发展,一旦网络需求产生变化,原有的网络硬件、软件设施和协议都可能需要做出相应更改,这样网络架构迭代成本高,周期长。而且,计算机网络当中的标准协议仍存在一些不明确的地方,也会令网络管理和调度效率低下。如果可以将网络控制(操作系统和软件)和网络拓扑结构分离开来,就可以摆脱硬件设施对网络架构的限制,可以解决网络的发展速度滞后于计算机发展速度的问题,这样我们就可以相对自由地对网络架构进行修改,比如扩容、升级等。在这种情况下,SDN 技术应运而生,节省了大量运维成本,大大缩短了网络架构迭代周期。

8.4.2 SDN 的基本概念

SDN(Software Defined Network,软件定义网络)技术可对网络进行动态的可编程配置,是一种像云计算一样弹性灵活的网络管理方法,提高了网络性能和效率。SDN 是一种新的网络架构,拥有互相分离的逻辑集中式的控制平面和抽象化的数据平面,统一的开放接口 OpenFlow 可以实现网络流量的灵活控制,是最具前途的网络技术之一。

SDN 重构了传统网络架构,由原来分布式控制重构为集中控制。SDN 的体系架构如图 8.7 所示。

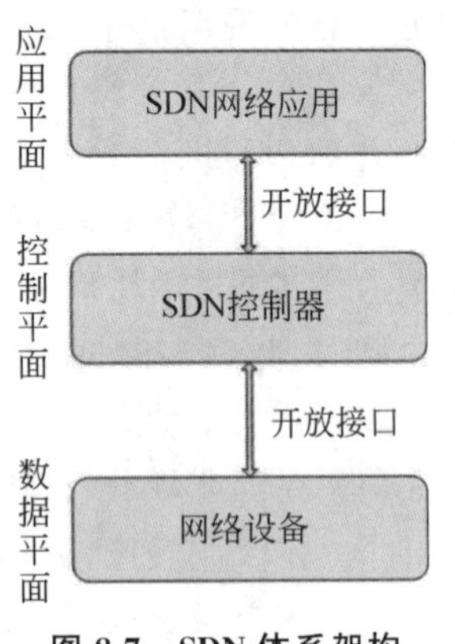

图 8.7 SDN 体系架构

SDN 体系结构由下到上(由南到北)是由数据平面、控制平面和应用平面组成,其中,数据平面由交换机等网络通用硬件设备组成;控制平面包含逻辑中心 SDN 控制器,掌握全局网络信息,负责各种转发规则的控制;应用平面包含各种基于 SDN 的网络应用。控制平面与数据平面的接口一般被称为南向接口,具有统一的通信标准,主要负责将控制器中的转发规则下发至转发设备,主要应用 OpenFlow 协议。控制平面与应用平面的接口一般被称为北向接口,它是开放的,允许用户根据自身需求定制开发各种应用。

SDN 与传统网络相比,主要优势如下。

(1) 数据平面和控制平面解耦:不再相互依赖的控制平面和数据平面可以独立进行体系结构的改进,双方只需通过统一开放的接口进行通信即可,将传统的专业网络设备变为可编程定义的通用网络设备。

(2) 网络开放可编程:新的网络抽象模型为用户提供了一套完整通用的应用编程接口(API),用户可以在控制器上编程,无须知道各种设备配置命令的具体语法和语义。SDN 体系结构可以将网络的配置、控制和管理变得灵活、通用、安全、支持创新,加快了网络业务部署的进程。

(3) 控制的逻辑中心化:控制器负责收集和管理所有网络状态,提供全局、实时的网络状态视图,使用户和运营商等可以通过控制器获取全局网络信息,从而优化网络,使网络具有更强的管理、控制能力与安全性。

8.4.3 NFV的研究背景

NFV(Network Functions Virtualization,网络功能虚拟化)是一种关于网络架构的概念,是为了解决现有的专用通信设备不足而产生的。传统的网络设备,比如路由器、交换机、防火墙、CDN服务器等,均有自己独立的硬件和软件系统,这些专用通信设备具有可靠性和高性能优势的同时,也带来一些问题,比如垂直一体化的封闭架构、开发周期长、技术创新难、扩展性受限等。此种网络结构一旦部署,很难做到自由的升级、改造和重构。

面对互联网业务的大规模开展,以电信运营商为首的企业,急于改变传统网络封闭、专用、成本高、利用率低的局面。如果能够打破软硬件垂直一体化的封闭架构,使用通用标准的硬件和专用软件来重构网络设备,可以极大减少运维成本、实现资源的共享和业务的融合。NFV技术就此出现,推动了网络体系结构与技术的变革。

8.4.4 NFV的基本概念

NFV是利用虚拟化技术,将路由器、交换机、防火墙、网关、网络地址转换器(NAT)等不同的网络功能封装成独立的模块化软件,通过在业界标准的服务器上运行不同的模块化软件,在单一硬件设备上实现多样化的网络功能,构建开放、统一的软件平台。软件化的功能模块可迁移或部署在网络的多个位置,无须安装新的设备,是一种定义、创建和管理网络的新方式。

NFV适用于各种网络解决方案,由于NFV将软件功能与硬件设备进行了解耦,随着标准化架构的完善,NFV表现出了很多优势,具体如下。

(1) 灵活的可扩展性:当网络需求发生变更时,根据需求进行软件重组并快速更新基础网络架构,可以方便快捷地在多个服务器上对网络架构进行扩展,加快了网络功能交付和应用的速度,极大减少了网络成熟周期。

(2) 更低的成本:使用NFV后,网络通信实体将变为虚拟化的网络功能,这使得单一硬件服务器上可以同时运行多种网络功能,从而减少了物理设备的数量,实现了资源整合,降低了设备成本和能源开销。

(3) 避免供应商锁定:灵活部署在基于标准的服务器、交换机等构建的统一平台上,将网络功能软件化,避免了某种功能被特定的供应商锁定,降低了网络设备维护带来的服务费用。

NFV技术架构主要由NFV基础设施、虚拟化的网络功能和NFV管理与编排模块等组成,如图8.8所示。

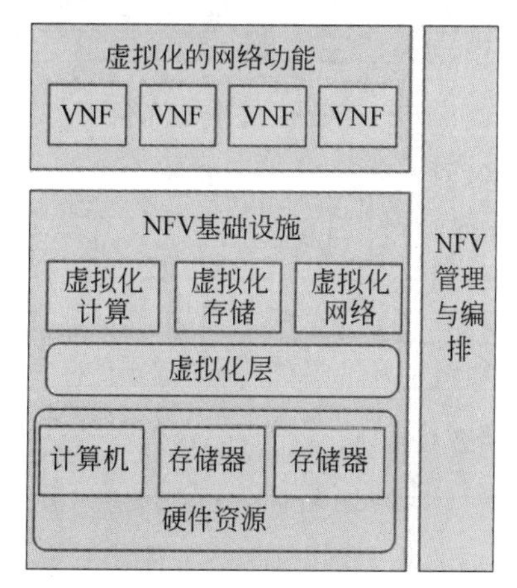

图8.8 NFV技术架构

在NFV技术架构中,虚拟化的网络功能包括各种网络服务功能;NFV基础设施通过虚拟化层将计算、存储和网络资源转换为虚拟的计算、存储和网络资源，并将它们放置在统一的资源池里；NFV 管理与编排模块负责编排、部署与管理 NFV 中的所有虚拟资源，包括创建 VNF 应用实例，编排、监视和迁移 VNF 服务链以及关机与计费等。

8.4.5 SDN 和 NFV 的关系

NFV 与 SDN 技术来源于相同的技术基础，即基于服务器、云计算和虚拟化技术。NFV 和 SDN 技术相互补充，相互独立，不相互依赖，但是 SDN 中控制和数据转发的分离可以改善 NFV 网络性能。SDN 的目的是生成抽象的网络，快速进行网络创新，重点在于集中控制、开放、协同、可编程。NFV 的重点是高性能转发和虚拟化网络功能软件。综上，NFV 是网络演进的主要架构。在一些特定场景，将引入 SDN。

SDN 和 NFV 的相似之处主要体现在如下方面。

(1) 两者都提升了网络管理和业务编排效率，体现了网络创新发展的趋势。

(2) 两者从技术上高度互补，都以实现网络虚拟化为目标，实现物理设备的资源池化。

(3) 两者都是以重构网络架构、建设未来网络为目标，都是为了使现代网络技术适应大数据时代对通信和网络功能、性能的需求。

SDN 和 NFV 的不同之处如表 8.2 所示。

SDN 代表未来的新型网络，NFV 引领着未来的计算。基于 SDN/NFV 的新型网络架构将给电信业、软件和网络行业等带来历史性的发展机遇，促进了以计算机和软件技术为主的 IT 行业与 CT 行业的渗透、交叉、融合，体现了创新发展的趋势。在新技术的应用过程中，某些职位势必会消失，但也会出现一些新的职位。未来新型网络架构下的人才需求和新型人才的知识结构、岗位职责是我们应该重点提前了解的内容。

表 8.2 NFV 和 SDN 的区别

对比点	NFV/SDN	
	NFV	SDN
概念	网络功能与设备解耦，实现网络功能虚拟化	网络的控制面与转发面解耦，实现网络控制的可编程、自动化
目的	将网络功能从原来的专业设备转移到通用设备	网络硬件设备可编程化，实现集中管理和控制
关键点	标准化的程序 通用的网络设备	开放可编程的控制平面 硬件负责转发，控制面负责决策
两者关系	SDN 和 NFV 不冲突，两者也不相互依赖，二者都是新兴的网络技术，相结合可产生更好的效果	

8.5　QoS与QoE

运营商的最终目标是为终端用户提供各式各样的业务和服务，即要将用户的需求放在首位。那么，为了提升用户的体验质量，运营商需要研究不同客户对网络服务的不同需求，并对不同用户提供匹配的网络服务。在这种情况下，QoS和QoE的概念被引入进来，下面将对QoS和QoE的概念进行详细说明。

8.5.1　QoS的基本概念

QoS(Quality of Service，服务质量)指一个网络能够利用各种基础技术，为指定的网络通信提供更好的服务能力，是网络中的一种安全机制。狭义上讲，网络服务质量指的是网络传输带宽、传送时延、数据的丢包率等，所以若要提升网络服务质量就要保证传输的带宽，降低传送的时延，降低数据的丢包率以及时延抖动等。广义上讲，服务质量涉及网络应用的众多方面，只要是对网络应用有利的措施，其实都是在提高服务质量。因此，从这个意义上来说，提升网络服务质量的措施还应包括防火墙、策略路由、快速转发等。

当网络发生拥塞的时候，所有的数据流都有可能被丢弃，这种情况不利于重要数据的及时处理。如果网络能根据用户的要求分配和调度资源，对不同的数据流提供不同的服务质量，就可以满足不同用户对服务质量的特殊要求，这就是QoS技术要解决的问题。QoS技术能对实时性强且重要的数据报文优先处理，对于实时性不强的普通数据报文，提供较低的处理优先级，网络拥塞时甚至丢弃。支持QoS功能的设备，能够提供传输品质服务，可以为数据流赋予某个级别的传输优先级，并使用设备所提供的各种优先级转发策略、拥塞避免等机制为这些数据流提供特殊的传输服务。配置了QoS网络环境，增加了网络性能的可预知性，并能够有效地分配网络带宽，网络资源得到了更合理的利用。

通常QoS提供以下三种服务模型：尽力而为服务(Best-Effort Service)模型、综合服务(Integrated Service，Int-Serv)模型、区分服务(Differentiated Service，Diff-Serv)模型。

(1) 尽力而为服务模型是最简单的服务模型，是网络的默认服务模型，如FTP、E-mail等都是应用此服务模型。对该模型来说，网络将尽最大的可能性来发送报文，但对延时、可靠性等性能不提供任何保证。

(2) 综合服务模型适用于多种QoS需求。该模型从源端到目的端的每个设备上使用资源预留协议(RSVP)，可以防止每个流消耗过多资源。这种体系能够为网络提供最细粒度化的服务质量区分。但是，当网络中的数据流数量很大时，设备的存储和处理能力会遇到很大的压力，因此该模型对网络设备的性能要求高。综合服务模型可扩展性很差，在Internet核心网络难以实施。

(3) 区分服务模型是一个多服务模型，适用于不同的QoS需求。它不需要通知网络为每个业务预留资源，这一点与综合服务模型不同。此模型区分服务实现简单，扩展性较好。

8.5.2 QoE 的基本概念

QoE(Quality of Experience,用户体验质量)是指用户对设备、网络和系统、应用或业务的质量和性能的主观感受,是用户对所使用的服务或者业务的认可程度。根据 QoE 评分,服务者可以了解用户对业务质量和性能的综合评价,从而优化网络。

比如,当人们使用移动设备访问移动互联网观看视频时,用户体验主要包括以下几方面。

(1) 视频是否流畅?

(2) 音视频是否同步?

(3) 画面清晰、音质好吗?

(4) 单击后是否需要缓冲? 缓冲时间长吗?

理解 QoE 概念时,应注意以下几点。

(1) 用户关心的不仅是客观的服务质量(QoS),而且还包括主观的体验质量(QoE),QoE 直接关系到用户对网络产品和服务的接受程度。

(2) QoE 是对网络产品与服务的多个层面的综合评价,包括服务可用性、界面操作性、体验效果等,是一个集计算、网络、通信与管理学、心理学等多学科交叉的课题。

QoE 的影响因素决定着最终评价结果。QoE 的影响因素大致可分为三部分: 环境、用户以及服务,如图 8.9 所示。

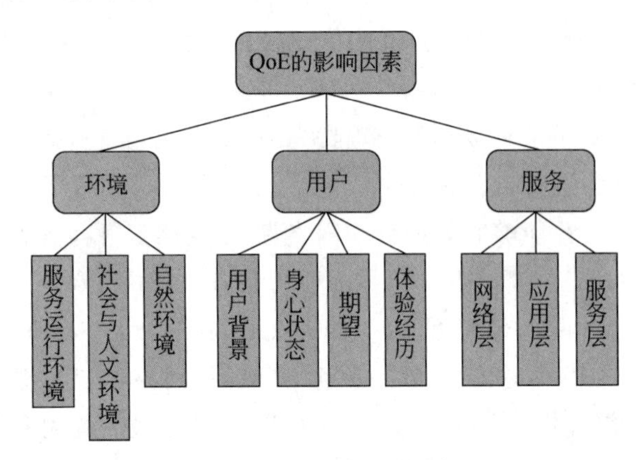

图 8.9 QoE 的影响因素

(1) 环境层面的影响因素首先有自然环境,包括光照条件、噪声的大小、环境的固定或移动;另外还有人文与社会环境,如社会观念、文化规范;此外,还有服务运行环境,包括软硬件环境等。如果用户热衷于移动社交网络,欢迎并期待新的网络应用,与服务内容的观点一致,体验时心情愉悦,那么用户主观体验的质量评价一般较高。

(2) 用户层面的因素包括用户的期望、体验经历、用户体验时所处的身心状态和自身背景,体现在年龄、性别、受教育程度、价值观念等方面。用户对体验质量的期望值与服务的价格有关,用户对高收费服务的体验预期高,也对其服务质量较关注。

(3) 服务层面的影响因素包括传输层、应用层及服务层等方面。延迟、带宽、丢包率、误码率和抖动等是传输层涉及的指标;OSI模型中会话层、表示层、应用层对服务的影响是应用层涉及的指标,此时数据并没有经过传输;通信的语义、内容、优先级、重要性以及定价是服务层涉及的指标,如服务层的配置和质量保证等。

QoE是当前网络技术研究的一个热点课题,运营商是QoE研究的主要推动者,研究工作主要集中于QoE的形成过程、QoE设计和QoE标准化等。

8.5.3 QoS和QoE的关系

QoE的评价主体是终端用户,评价对象是业务和支撑业务的网络。QoS机制主要负责从网络的角度进行业务管理和提供业务的差异性。QoE和QoS的关系如图8.10所示。

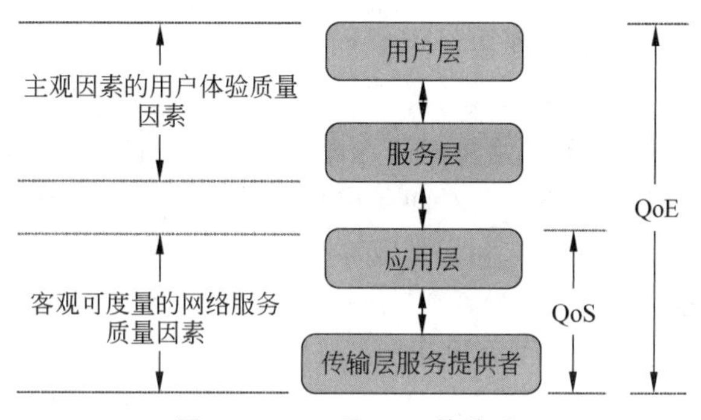

图8.10 QoE和QoS的关系

对于QoE而言,QoS是应用在网络上的技术体制之一,目的是保证或改善QoE,但是并不能完全保证QoE的最终结果。最终的QoE需要传输层服务的提供者、应用层、服务层和用户层共同保证。当客户有不同的网络需求时,QoE和QoS的标准也会随之变化。例如,在网络资源有限的情况下,对时延较敏感的业务和对丢包率较敏感的业务的QoE和QoS的标准就不同,QoS需要提供不同等级的网络服务,QoE关注的对象也不同。如果在某项业务上QoE不能得到有效保证,那么就会直接影响服务提供者和用户的合作关系,所以QoE对于运营商来说至关重要。QoE与QoS的对比如表8.3所示。

表8.3 QoE和QoS的对比

对比点	QoE/QoS	
	QoE	QoS
面向对象不同	面向业务、用户	面向网络、运营商
关注点不同	关注用户的体验效果	关注管理用户会话
研究对象不同	用户的主观体验	网络的性能

本章小结

随着科技的快速发展，计算机网络技术也随着其需求的增加而不断发展。本章针对计算机网络发展过程中的新技术进行了说明，其中包括物联网、云计算、边缘计算、SDN/NFV、QoS和QoE。

“物联网”是指各类传感器和现有的“互联网”相互结合的一种新技术，其核心技术主要包括RFID技术、传感器技术、无线网络技术、云计算技术等。物联网中央信息处理系统通过云计算、边缘计算等技术，对整个网络内的人员、设备、物品和基础设施进行实时的运算、监控和管理。物联网技术正逐渐覆盖人们生活的方方面面。

云计算是一种分布式计算，指的是在网络“云”的基础上，将巨大的数据计算处理程序分解成众多分布的小程序。我们现在常见的搜寻引擎、邮箱、云盘等都是利用云计算技术的网络服务，将大量相关的数据和信息部署在云端。云计算已经融入了现今的社会生活，从互联网行业逐渐向政务、金融、工业、医疗等传统行业加速渗透。

边缘计算是指在更接近数据生成的网络位置处理、分析和存储数据，以实现快速、实时的分析和响应，从而能够节省运营时间和成本。边缘计算着重要解决的是传统云计算模式下存在的高延时、网络不稳定和低带宽等问题。边缘计算的典型应用主要包括物流、医疗、教育、自动驾驶以及工业制造等领域。

SDN可对网络进行动态的可编程配置，是一种像云计算一样弹性灵活的网络管理方法，提高了网络性能和效率。NFV是一种关于网络架构的概念，是为了解决现有的专用通信设备不足而产生的。SDN代表未来的新型网络，NFV引领着未来的计算，基于SDN/NFV的新型网络架构将给电信业、软件和网络行业等带来历史性的发展机遇。

QoS指一个网络能够利用各种基础技术，为指定的网络通信提供更好的服务能力，是网络中的一种安全机制。QoE是指用户对设备、网络和系统、应用或业务的质量和性能的认可程度。QoE的评价主体是终端用户，评价对象是业务和支撑业务的网络。QoS机制主要负责从网络的角度进行业务管理和提供业务的差异性。

习　　题

一、选择题

1.（　　）是物联网在个人用户的智能控制应用。

A. 精细农业　　B. 医疗保险　　C. 智能交通　　D. 智能家居

2. 云计算是对（　　）技术的发展与运用。

A. 并行计算　　B. 网格计算　　C. 分布式计算　　D. 以上都对

3. 互联网属于物联网体系结构中的（　　）。

A. 应用层　　B. 支撑层　　C. 传输层　　D. 感知层

4. 将平台作为服务的云计算服务类型是（　　）。

A. IaaS　　B. PaaS

C. SaaS　　D. 三个选项都不是

5. 下列关于公有云和私有云描述不正确的是(　　)。

A. 公有云是云服务提供商通过自己的基础设施直接向外部用户提供服务

B. 公有云能够以低廉的价格,提供有吸引力的服务给最终客户,创造新的业务价值

C. 私有云是为企业内部使用而构建的计算架构

D. 构建私有云比使用公有云更便宜

6. 未来云计算服务面向(　　)用户。

A. 个人和企业　　B. 政府和研究所

C. 教育领域　　D. 以上都是

7. 边缘计算与云计算相比,最大的优势在于(　　)。

A. 速度快,延迟小　　B. 保证安全与隐私

C. 可靠性高　　D. 架构简单

8. 新型电信设备使用(　　)实现软硬件分离,电信网元将以软件形式承载在统一资源池上。

A. NFV　　B. SDN　　C. CDN　　D. NAT

9. 在 SDN 网络中,网络设备只单纯地负责(　　)。

A. 流量控制　　B. 数据处理　　C. 数据转发　　D. 维护网络拓扑

二、问答题

1. 在物联网的技术基础上的智慧城市有哪些特征?
2. 简述物联网技术的原理和体系结构。
3. 简述云计算的三种服务类型,并说明每种服务方式的特点。
4. 简述云的几种部署方式。
5. 简述云边协同发展的工业互联网场景。
6. 简述 SDN/NFV 技术的区别和联系。
7. 简述 QoE 和 QoS 的关系,并说明影响 QoE 的主要因素有哪些。

参考文献

[1] 刘佩贤，张玉英，刘淑艳，等. 计算机网络[M]. 北京：人民邮电出版社，2015.
[2] 张玉英，梁光华 .计算机网络[M]. 北京：人民邮电出版社，2010.
[3] 吾功宜，吴英. 计算机网络[M]. 5 版. 北京：清华大学出版社，2021.
[4] 沈红，李爱华. 计算机网络[M]. 3 版. 北京：清华大学出版社，2021.
[5] 陈鸣. 计算机网络：原理与实践[M]. 北京：高等教育出版社，2013.
[6] 谢希仁. 计算机网络[M]. 8 版. 北京：电子工业出版社，2021.
[7] 王景中，张萌萌，鲁远耀，等. 计算机通信网络技术[M]. 北京：机械工业出版社，2010.
[8] 杨庚，胡素君，等. 计算机网络[M]. 北京：高等教育出版社，2009.

图书资源支持

感谢您一直以来对清华版图书的支持和爱护。为了配合本书的使用，本书提供配套的资源，有需求的读者请扫描下方的“书圈”微信公众号二维码，在图书专区下载，也可以拨打电话或发送电子邮件咨询。

如果您在使用本书的过程中遇到了什么问题，或者有相关图书出版计划，也请您发邮件告诉我们，以便我们更好地为您服务。

我们的联系方式：

地　　址：北京市海淀区双清路学研大厦A座714

邮　　编：100084

电　　话：010-83470236　010-83470237

客服邮箱：2301891038@qq.com

QQ：2301891038（请写明您的单位和姓名）

资源下载：关注公众号“书圈”下载配套资源。

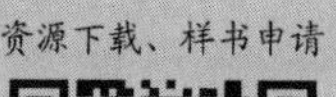

书圈

图书案例

清华计算机学堂

观看课程直播